住房城乡建设部土建类学科专业“十三五”规划教材
高校城乡规划专业规划推荐教材

城市中心区规划设计

Urban Central District Planning and Design

杨俊宴　史北祥　著

中国建筑工业出版社

图书在版编目（CIP）数据

城市中心区规划设计／杨俊宴等著．—北京：中国建筑工业出版社，2015.12

住房城乡建设部土建类学科专业“十三五”规划教材

高校城乡规划专业规划推荐教材

ISBN 978-7-112-18999-1

Ⅰ．①城…　Ⅱ．①杨…　Ⅲ．①市中心－城市规划－高等学校—教材　Ⅳ．① TU984.16

中国版本图书馆 CIP 数据核字（2016）第 010410 号

本书是在作者多年教学、理论研究及实践基础上，针对中心区教学特点而编写的。首先通过对中心区概念内涵的剖析，提出现代城市中心区的发展体系，并根据中心区服务对象、空间形态等的不同特征，将其划分为 10 种类型，以此作为本书的写作框架。在此基础上，针对每种类型中心区的具体特征，以图文结合的方式，通过大量案例的归纳与总结，对中心区概念内涵、空间特征、设计要点及设计手法等多个方面深入剖析，以使读者对不同类型中心区的自身特征及规划设计核心价值拥有较为深入的理解与认识。进而通过实际教学案例的逐层解析，阐述中心区规划设计的过程及设计逻辑，可以有效地帮助读者掌握各类中心区规划设计的一般性方法、梳理设计思路、并回避常见错误问题，顺利地开展相关的规划设计工作。

责任编辑：杨　虹

责任校对：陈晶晶　刘梦然

住房城乡建设部土建类学科专业“十三五”规划教材

高校城乡规划专业规划推荐教材

城市中心区规划设计

杨俊宴　史北祥　著

*

中国建筑工业出版社出版、发行（北京海淀三里河路9号）

各地新华书店、建筑书店经销

北京嘉泰利德公司制版

北京中科印刷有限公司印刷

*

开本：787×1092毫米　1/16　印张：24　字数：481千字

2017 年 1 月第一版　2017 年 1 月第一次印刷

定价：49.00元

ISBN 978-7-112-18999-1

（28275）

前言

在信息化、全球化的时代背景下，城市中心区已然成为城市竞争力的核心体现，通过其在经济、产业、文化等诸多方面的控制、决策与引导能力，推动城市的全面发展，成为城市的标志性窗口地区，也成为各界关注的热点地区。而随着城市化的不断深化及经济社会的不断发展，城市人口、规模不断扩大，服务需求不断提升与细化，又使得城市中心区的内涵逐渐深化与扩展，中心区的类型更加的多样与丰富，所面临的规划设计环境及要求也更加的复杂与多变。而目前与城市中心区规划有关的著作，更多地偏重于对中心区概念、发展演替、结构形态及规划理论等的探讨，针对本科生与研究生的教学需求，针对详细的规划设计方法及设计过程的教材类著作还是空白。

对城市中心区的研究一直是东南大学建筑学院的传统优势方向，早在 1983 年就开设了国内第一门“市中心综合改建规划”课程，从那时开始，对中心区的研究及教学工作就一直没有中断过。而在 1990 年代末以来，作者一直致力于城市中心区的研究与设计实践工作，面对快速城市化进程中，城市中心区的培育、转型和提升特征，从传统商业中心、商务中心、综合商业中心等不同中心区类型入手，主持了一系列关于城市中心区的基金课题，并承担了全国多个特大城市中心区规划实践项目，对高密度城市中心区的空间特征、结构形态、产业布局等具有较为深入的理解与认识。在此基础上，经过多年城市中心区规划课程的教学实践，作者对于各种类型城市中心区的设计手法、设计逻辑、设计要点等有了更为深入的理解，并将一些新方法、新技术应用于城市中心区规划的教学之中。这些都为本书的创作提供了良好的基础。

本书针对现代城市中心区发展特征，对城市中心区类型特征进行了详细的梳理与归纳总结，根据服务对象的不同，将中心区划分为生活服务、生产服务及公益服务等三个大的类别，并进一步细分为 10 个具体的类型，便于针对每个类型中心区的具体空间及产业特征进行详尽的分析与剖析。同时，在总结多年中心区规划教学的基础上，针对实际教学需求，在各类中心区概念内涵剖析的基础上，以中心区规划设计的空间逻辑为主线，从基地现状条件的深入分析出发，梳理规划构思及设计突破点，在此基础上，针对规划设计的常见错误进行解析，避免中心区规划设计的一般问题，进而通过典型案例的深度剖析，对该类型中心区的规划设计方法进行归纳总结及具体应用方法的阐述。

本书以具体的本科教学需求为基础，以现代多样的中心区类型为载体，以先进的规划设计技术方法为依托，形成一本具有较强实践指导价值的工具型规划设计教材。希望通过本书的创作，能够帮助本科生深入的理解城市中心区的内涵及空间特征，了解并掌握各类城市中心区的规划设计方法，进而培养学生良好的规划设计习惯，及创造性的分析问题、解决问题的能力。

目录

绪论

新世纪以来，我国进入了一个快速城市化的过程，这一过程既包括了一系列巨大的经济与社会结构的重构，也包括了一系列大规模城市建设活动。在城市的发展过程中，中心区作为城市的标志性窗口地区，集中体现了城市经济、社会的发展水平，是充分展示城市形象的精华所在。区位上，大多数中心区都处于城市几何中心位置，拥有向四方辐散的能级；功能上，是政治、经济、文化、交通、信息和服务聚集的中枢。这使中心区成为城市中建 筑密集、功能重叠、交通繁忙、地价昂贵、人口集中的特定区域，也成为空间形态变化最为剧烈的区域，受到城市管理者、规划者、决策者们的重视。

本书在大量理论研究及实践探索的基础上，对城市中心区进行分类解析，并对其规划设计方法进行详细的剖析及总结，提出针对性的方法及要点，为城市中心区的规划设计探索提供借鉴。

城市中心区的演变及概念

城市中心区是城市结构中的一个特定地域概念，是城市建设及经济活动的中心，是在长期的城市演替及服务产业的发展中逐渐形成的。

芒福德（1961）的《城市发展史》指出，城市的整体是由圣祠、城堡、村庄、作坊和市场一起形成的。而圣祠代表的宗教礼仪功能和城堡代表的王权统治功能，是诸多功能中首要考虑的，所以被放置在城市的显要位置。这种安排使得圣祠、教堂等成为早期西方城市的中心。而在我国早期的城市中则是以行政为核心，如《周礼·考工记》中“王城图”的记载。至希腊化时期以后，早期民主制度的发展使城市广场取代庙宇成为城市的中心。广场的周围有商店、议事厅和杂耍场等，城市中心开始由神圣的职能向世俗化职能转变。18世纪下半叶，英国发生科技革命和产业革命，开始了机器工业时代，引起了社会经济领域和城市规划结构的巨大变革，城市化进程加快，城市中心空前繁荣，功能多样化发展，公共职能空间高度集中，规模扩展巨大，城市中心区开始形成。

早在1920年代，美国地理学家伯吉斯以芝加哥为蓝本概括出城市宏观空间结构为同心圆圈层模式，认为：城市空间结构可以分成5个圈层，而城市中心为城市地理及功能的核心区域。第二次世界大战后至1970年代，从迪肯森（1947）的三地带理论，到埃里克森（1954）的折衷理论，城市中心区都被界定为以商务功能为主体的城市地域中心。霍伍德和伯伊斯（1959）提出了城市中心区的“核心—外围”结构理论，认为中心区是由核心部分和支持中心的外围组织结构构成。

随着资本主义的发展，工业、人口等在城市中大量集中，引发了城市的种种矛盾。1898年，英国社会学家霍华德为了彻底改良资本主义城市，解决工业化条件下城市与居住、自然之间的矛盾，提出了“花园城市”的构想：城区内有多层同心圆组成，6条林荫大道由市中心放射出去;中心部分布置公园，环绕公园的是公共建筑，包括市政厅、音乐厅兼会堂、剧院、图书馆、医院等，外围是一些商店、商品展览馆等服务设施。这些部分构成了城市的中心，各种用途加以严格区分，以为市民服务的公共建筑和公园为主。1920年代后泰勒提出的“卫星城”概念，赖特的“广亩城市”，嘎涅的“工业城市”以及柯布西耶的“光明城市”等都对城市的发展提出了相应的设想，而这些设想都使得中心区的功能被分离出来，并强调中心区职能的分离与疏散。在此背景下，城市中心区一度走向衰败。

1960年代，学者们开始对现代主义影响下的城市发展进行质疑与反思，提出城市中心区仍然需要成为城市生活的核心，这引起来城市中心区的复兴运动。复兴后的中心区包括了更多的功能，诸如商务、商业、行政、金融、信息、文化、娱乐、居住等功能进一步的复合和聚集，并在此基础上着力于更高的开发强度，使得城市中心区成为城市生活高度集中的核心，表现了更强的多样性和复杂性。

当代社会，在逐渐加剧的全球一体化进程中，城市间的国际化合作日益加深，使得城市的服务产业出现新的增长，跨国公司总部、金融证券中心等高端职能形成较强的吸聚作用，促使人口、资金、产业等在此高度集聚，使得城市规模急剧增加。其中，中心区的不断裂变与拓展是特大城市增长的重要表现，其重要现象之一就是城市由单个中心发展为多个中心区组成的中心体系。同时，这也是减少通勤交通、缓解城市中心区交通及环境压力，应对城市及中心区巨型化发展的有力措施。

可以看出，就其空间显性因素而言，中心区主要指各类公共服务设施的集聚区。历史上，随着城市各职能用地的集聚效益导致城市空间的地域分化，其中的商业、办公、行政、文化等公共服务职能在市场经济的推动下相对集聚，这些集聚的物质空间形态逐渐形成城市中心区。同时，尽管我们强调研究对象为物质空间形态，但我们不能避开非物质的产业支撑与公共文化休闲活动等隐性要素。因为自古以来，这种产业经济与社会文化上的支撑一直影响着城市中心区的形成与发展。当城市服务产业高度发达，经济外向度高，核心地区提供的公共活动和社会交往空间达到一定的聚集规模，且获得市民的普遍认同，便可形成完整意义的中心区。

本书从城市整体功能结构的演变过程角度入手，提出对城市中心区的理解：城市中心区是位于城市功能结构的核心地带，以高度集聚的公共设施及街道交通为空间载体，以特色鲜明的公共建筑和开放空间为景观形象，以种类齐全完善的服务产业和公共活动为经营内容，凝聚着市民心理认同的物质空间形态。

城市中心区的内涵

城市中心区因其特殊的区位条件及所承载的经济社会属性，使其具备了三个方面的基本内涵：空间层面、经济层面及社会层面。

（1）空间层面

具有最高的交通可达性：在趋于多元化的城市交通体系中，中心区占据了快速道路网、公共交通系统、步行系统等交通服务的最佳区域，同时中心区内外交通的联接在三维空间展开，形成便捷的核心交通网络，以提供商务活动者于单位时间内最高的办事通达机会。对城市整体而言中心区具备优越的综合可达性，这是公共活动运行的普遍要求，也是中心区产生的根源。

具有高聚集度的公共服务设施：城市用地的利用强度是非均质的，单位用地面积出现最高建筑容量的情况以地价水平为基础，以功能活动的需求为条件。在城市演进的过程中，商业、商务等公共活动与这些条件趋于吻合，高强度的开发成为稀释高地价，提高地租承受能力的必然选择，加上公共活动本身的聚集要求，逐渐导致了中心区建筑空间的密集化，并向周围扩展成为连续的地区。

具有特色的空间景观形象：中心区是一个城市最具标识性的地区，中心区内公共建筑的密集化，在城市空间景观上产生标志性影响。中心区内拥有独特造型的标志性建筑和高低起伏的天际轮廓线为中心区提供了其特有的可识别性。这些标志性的建筑和建筑群不仅满足市民公共活动的需求，同时也满足精神层面的需求，更能体现城市的魅力和内涵。

（2）经济层面

具有高昂的地价：土地价格是市场机制作用于中心区结构的最直接方式，“地价－承租能力”的相互作用决定了中心区整体结构格局及演替过程。级差地租的客观存在，影响社会经济的各个方面对土地的需求，并进而导致土地价格的空间差异，而中心区所处城市空间区位的优越性决定了其高地价水平。

具有高赢利水平的产业：各城市功能均存在对中心区位的需求，但由于中心区土地的稀缺性和内部可达性的差异，地位高低各异，市场竞争使得承租能力较高的产业部门占据了地价较高的街区。这种承租能力上的差异，在空间上表现为拥有高赢利水平的机构占据了中心区内的中心位置。

具有激烈的市场竞争：由于集聚效应的影响，中心区各服务职能机构都密集在同一区域内以产生更好的规模效应，集聚同时也带来了同行业机构间的竞争。竞争不仅表现在对市场的争夺上，还给同一区域内行业提供了比较标尺。集聚增强了激烈竞争的同时，也增强了中心区作为产业聚集区的整体竞争能力。

（3）社会层面

具有密集的公共活动：各类公共服务设施的完善是中心区的其中一个特征，高度聚集的综合化设施带来了商务办公、商业消费、娱乐休闲等密集的公共活动。这种密集的活动不仅体现在服务种类的多样化上，同时也体现在活动时间的连续性上，各职能的高度混合，为中心区内活动的全天候性提供了可能性。

具有文化心理认同：中心区的形成需要有漫长的时间积累，在这一过程中，中心区成为深厚历史文化的空间载体，是公众产生心理认同感的特定区域，传承着城市的文脉和公众的集体记忆。市民的心理认同感同时也是中心区吸聚力的其中一个重要原因。

城市中心区的类别

中心区的发展裂变过程中，中心区的职能逐渐分化，形成了多个不同等级、不同职能中心区共同作用的城市中心体系。从等级体系来看，可以分为主中心、副中心及区级中心，而从类别来看，中心区是公共服务设施聚集的核心区，也是服务产业集聚发展的核心地区，服务产业的集聚特性可推动产业“簇群”发展，同时在一定的条件下通过集聚形成城市的公共服务中心。在只考虑单一产业的理想集聚效用下，根据主体服务产业性质的不同，中心区也会形成相应的职能，因此可以根据服务产业的不同将中心区划分为相应类别。

服务产业根据产业服务对象的不同，大致可以分以下三类：生产型服务业、生活型服务业、公益型服务业，划分的依据主要是服务产业在城市内所服务的对象和扮演的角色。生产型服务业指的是主要服务于工业生产和商务贸易活动的产业类型，主要包括金融保险、商务办公、酒店旅馆等服务产业；生活型服务业指直接将服务产品面向广大消费者，为消费者提供消费产品的服务业，主要包括商业零售、休闲娱乐等产业；公益型服务业指的是政府为了保障城市运行、维持社会公平、促进城市发展而提供的服务产业类型，主要包括行政办公、文化体育、医疗卫生等产业类型。相应的，就形成了三种类型的中心区（图 0–1）。

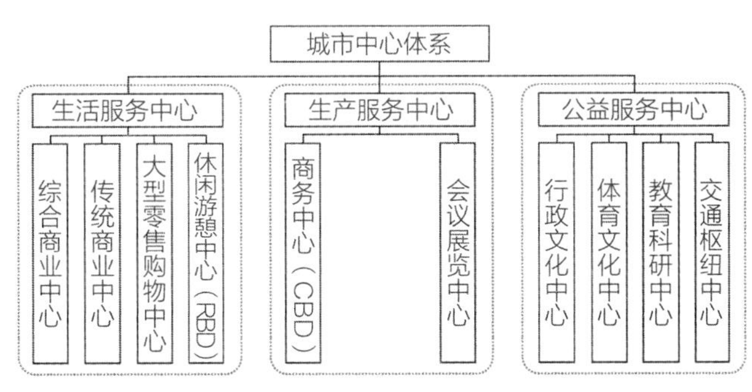

图 0–1　依据服务产业类型的中心区类型划分

——生活服务中心。以零售商业、娱乐休闲、餐饮消费等职能为主导，为城市提供生活消费的专业服务集中区，如传统商业中心区、休闲休憩中心区、大型零售购物中心区等。

——生产服务中心。以金融证券保险、总部办公、贸易办公、技术咨询、会议展览等职能为主导，为城市和区域提供商务管理的专业服务集中区，如商务中心区、金融中心、会展中心区等。

——公益服务中心。以行政办公、体育设施、文化设施等职能为主导，为城市提供大型公益型服务设施，如行政中心、体育中心、文化中心、交通枢纽中心等。

本书以中心区服务产业服务对象为基础，以中心区的横向分类展开研究，形成了本书的主体框架。在此基础上，分别针对各类中心区的界定、空间特征、设计手法等方面深入研究，以理论结合实际的方式，总结其特征规律，并提出相应的设计要点，并结合实际的教学案例，对各设计方法的应用进行具体的解析。各章节主要内容如下。

第 1 章：综合商业中心区规划设计

城市的综合商业中心通常是城市商业最为发达，交通最为便捷，公共设施及服务集聚度最高的地区，是城市经济活动最为频繁的地区之一，也是城市中最具人气及活力的地区，往往成为城市的窗口地区，最易被人们所认知。

综合商业中心一般多为城市的主中心，位于城市中心地带，具有良好的交通及区位条件，主要职能以商业零售功能为主，是城市商业活动最为集中的地区。此外娱乐、餐饮、休闲、体验、甚至部分商务及金融机构也会在此集聚，作为商业职能的补充与完善。在概念阐述的基础上，本章节从区位、功能布局、空间结构、交通组织、开放空间等5个方面对综合商业中心的空间特征进行解析，并从商业业态策划、商业街区、商业步行街等三个方面对综合商业中心的设计手法进行解析。而在具体的教学案例中，重点从总体空间布局及公共空间设计方面对方案进行剖析，并提出综合商业中心规划应注意的重要问题。

第2章：商务中心区（CBD）规划设计

商务中心区（CBD）作为城市一个较为特殊的职能区，其密集的高层建筑群体形成了强烈空间标志形象，强劲的活力也带动了城市及更大区域的经济发展。随着全球一体化及商务产业的发展，商务中心在城市发展中的作用更加突出，而商务中心的发展在很大程度上决定了城市的等级及经济发展水平。

1970年代前，商务中心区的概念较为宽泛，基本等同于城市中心区，1970年代后，商务职能逐渐从城市中心区内独立出来，成为以商务办公及其相关的金融保险、会议展览职能为主的专门化的办公区域，形成了现代商务中心的概念，这也是本书所研究的范围。本书在对商务中心的功能构成特征、区位选址特征、布局模式特征、路网模式特征等进行解析的基础上，对商务产业策划进行研究，并对整体形态格局构建及组团空间组织进行了研究，提出了具体的设计手法，进而结合具体教学案例进行了详细评述。

第3章：传统商业中心区规划设计

传统商业中心作为城市的经济、文化、宗教等各种活动的中心，记载着城市的发展变化历程，集中体现了城市传统文化和地方特色的精髓，发展至今，已经成为渗透着人文景观内涵的城市综合体，是城市可持续发展的重要组成部分。

本书对严格意义上的传统商业中心作如下的定义理解：传统商业中心是以传统风貌为载体特征，以传统商业活动为经营内容，凝聚着历史场所感的物质空间形态。我们可以从三个方面进一步理解传统商业中心的特征涵义：其一，它在本体上表现为地方传统街区，包括传统街区布局、传统建筑风格、传统空间尺度；其二，它在活动上表现为传统商业行为和地方民俗活动；其三，它有深厚历史文化根基，是公众产生认同感的特定区域。本书从区位、规模、内容、格局、形态、建筑及交通等7个方面对传统商业中心进行空间解析，在此基础上，从空间设计构成、空间要素组成、空间形态序列、结构骨架构建、街巷空间组织等5个方面对设计手法进行研究，并结合实际教学案例，提出传统商业中心设计的基本经验。

第 4 章：会议展览中心区规划设计

会议展览中心已日益成为城市文化及经济发展的窗口地区，成为城市与全球沟通及交流的平台，甚至成为城市的名片，在世界范围内有着巨大的影响力。

会展中心区是以会议和展览活动为形式载体，通过商流、物流、人流、资金流和信息流的运动，吸引大量商务客和游客、市民，促进产品市场开拓、技术信息交流、对外贸易和旅游观光，并以此带动交通、住宿、商品、餐饮、购物等多项相关产业。会展中心很多是由政府投资建设，土地多为行政划拨用地，但是会展中心区的主要目的是盈利，其主导运营模式仍然是市场化的。本书在对会议展览中心等级规模划分的基础上，分别对会展馆、会展馆群及会展城的设计要点进行详细的空间解析，并结合具体的教学案例，详细阐述了不同区位特征会展中心的设计问题。

第 5 章：行政文化中心区规划设计

行政文化中心一直以来都是城市经济及社会生活的核心场所之一，是整个城市政治及公共管理的中枢，也是城市的标志性空间之一，对城市整体空间形态格局及城市空间的扩展有着至关重要的影响，是城市重要的结构性要素之一。

从空间层面来看，行政中心的规划应当抛开行政相关的组织及活动等非空间内容，主要指针对行政机关办公、管理活动的集中场所的物质空间规划，主要体现在行政中心的布局方式、建筑体量组合以及外部空间设计等方面。本书针对行政中心特殊的建设动因、机构分布及选址条件、主体建筑及空间布局、行政广场等特殊性进行空间解析，并提出相应的设计手法。在此基础上，结合实际教学案例对不同尺度的行政文化中心、行政文化特殊功能区及行政文化街区的规划设计进行详细阐述。

第 6 章：大型零售购物中心区规划设计

大型零售购物中心以其独特的空间设计、功能组织及销售模式，为城市提供了新的购物休闲方式及体验，也进一步影响了城市的交通及空间结构，成为城市商业设施规划建设的热潮。目前，大型零售购物中心已成为城市中心体系的一个重要组成，发挥着重要作用。

在大量调研及实践的基础上，通过研究与总结，本书认为大型零售购物中心应是指 2000 年以来在我国出现的位于城市郊区，规模尺度巨大，业态高度复合，以步行街形式组织的封闭型购物中心，规模通常在 10 万 m^2 以上。本书针对性的从总体空间组织模式、外部空间等两个方面对其设计手法进行解析。在此基础上，结合实际教学案例，从内外环境的引导角度，对大型零售购物中心规划设计进行阐述。

第 7 章：休闲游憩中心区（RBD）规划设计

休闲游憩中心是进入现代社会以来城市休闲旅游商业文化快速发展背景下产生的新型中心区类型，结合旅游资源与城市休闲活动进行商业开发的模式使之成为展示城市对外形象、提升城市活力的重要标志。

休闲游憩中心是以特定的城市历史、文化、景观片区为依托，以文化、景观、活动等为吸引要素，以休闲游憩为主旨，以商业零售、特色餐饮、观赏娱乐、健身康体等设施为载体的，综合性城市中心，是城市游憩系统的重要组成部分。本书从其主题设计策划、整体格局构建、游憩空间设计等多个方面对其设计要点及设计手法进行解析，并结合具体教学案例对其规划设计过程进行评述。

第 8 章：交通枢纽中心区规划设计

交通枢纽以其良好的客货集散功能及城市门户作用，历来就是城市的标志性空间之一，其选址建设对城市整体空间格局具有重大影响，许多城市就是依托交通枢纽的带动而产生并逐步发展壮大的。

交通枢纽中心就是指依托交通枢纽形成的城市中心区，而由于交通枢纽类型及等级的不同，又会形成相应特征及等级的中心区。在传统的交通枢纽城市中，多是依托铁路与长途汽车站设置，多表现为综合型商业中心。随着高铁等快速交通设施的发展，新建的高铁交通枢纽则只承担客运交通，因此多发展为商务类中心区；有些小城市或旅游城市则根据城市及中心体系的发展需求，发展为会展、旅游接待等中心。本书从交通枢纽中心空间特征出发，对枢纽与核心的布局模式、站前核心区布局模式及门户景观的塑造等方面进行解析，并提出具体设计手法，在此基础上，结合具体教学案例对设计手法及设计过程进行详细阐述。

第 9 章：体育文化中心区规划设计

体育文化中心建筑结构复杂，科技含量高，也直接反映了城市现代化的程度与水平，成为展示城市形象的重要标志，体现精神文明的重要窗口，更是提高全民素质的重要场所。

体育文化中心是一个综合的概念，分开来看包括体育中心与文化中心两个内涵：体育中心是由体育场、体育馆、游泳馆及与之相配套的建筑或场地构成的，用于综合性体育赛事性质的运动设施。综合性体育中心一般包括赛事、训练、生活服务三部分；文化中心是由图书馆、美术馆、博物馆及与之相配套的建筑或场地构成的,用于综合性文化艺术展示交流性质等的活动。在城市的公共设施布局中，由于两者相似的空间及区位特征，常常结合在一起布置，形成城市的体育文化中心。

本书针对体育文化中心的特殊性，从功能的复合布局、建筑的布局及形式、道路交通的组织、集散广场设计等多个方面进行解析，并结合具体教学案例对其设计过程进行详细阐述。

第 10 章：教育科研中心区规划设计

在经济社会发展的科技含量日益增长的今天，对教育科研的重视程度也日益加深，高科技园区、大学城等教育科研基地的规划建设也成为城市建设发展的重要方式，吸聚了大量的人才及服务产业的集聚，成为一种新的城市中心类型。

教育科研中心是一个服务对象相对明确的中心类型，通常分为两个主要部分，一部分主要为商务类，包括以创新为核心的企业总部、发展公司、投资公司以及为机构、企业服务的银行、保险公司等金融机构、科技信息公司、园区的服务管理、会展中心等职能；另一部分功能则主要为商业类，包括为高知人群提供商业、文化、娱乐、医疗等公共服务以及与其结合的教育科研、商务办公、管理服务等职能。本书对教育科研中心的共享公共服务、知识交互活动及总体格局构建等几个方面进行解析，并结合具体教学实践评述教育科研中心的相应设计方法。

Urban Central District Planning and Design

第1章

综合商业中心区规划设计

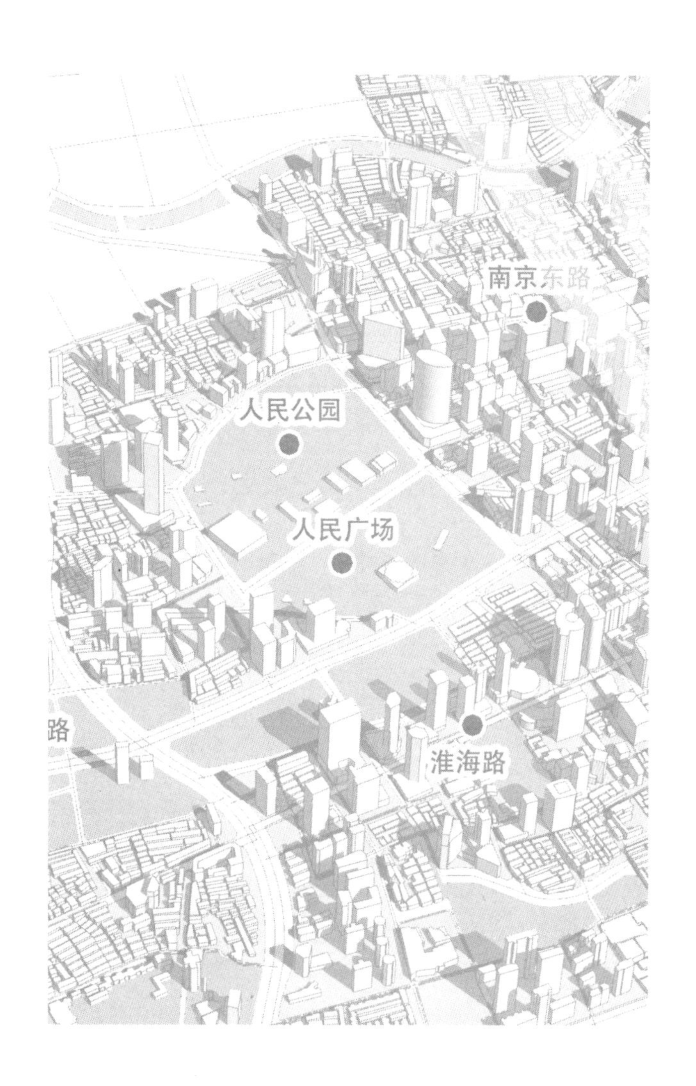

城市的综合商业中心通常是城市商业最为发达，交通最为便捷，公共设施及服务集聚度最高，城市经济活动最为频繁的地区之一，也是城市中最具人气及活力的地区。也因此，城市综合商业中心往往成为城市的窗口，使人们产生强烈的心理认同感，其空间景观及商业氛围也是游客认识与感知城市的重要途径。

1.1 综合商业中心区的界定

1.1.1 商业中心体系

商业服务设施与城市生活息息相关，而不同的消费需求也使商业服务设施产生了等级与功能的差异。在城市的空间及人口规模不断提升的背景下，消费需求差异进一步拉大，商业服务设施根据不同的需求形成规模、等级、业态及经营模式的差异，进而形成城市商业中心体系。根据中心区等级、区位、服务对象等的不同，可将其分为市级综合商业中心、区级商业中心以及社区商业中心三个等级。

市级综合商业中心：规模最大，一般位于城市中心，城市公共交通便捷程度较高；中心区内服务设施等级较高，以高端商业服务设施为主，且功能较为全面，以综合百货类销售为主；形态上，以大型购物中心、品牌商场等大体量建筑形态为主，开发强度较高；市级商业中心为全市乃至周边地区提供服务，以满足人们的高端生活及消费需求。

区级商业中心：规模居中，一般位于城市各功能片区或行政片区中心，具有一定的公共交通可达性；中心区内服务设施以中高端商业服务及日常生活型商业服务为主；形态上多以一处大体量购物中心及部分餐饮、酒店等设施为主，或以商业街的形式存在；区级商业中心为功能片区或行政片区提供商业服务，并为周边的居民提供一定的生活服务。

社区商业中心：规模较小，一般位于居住社区中心位置，由于直接为居住设计服务，多以慢行交通方式与周边居住社区相联系；服务设施以生活便利型服务设施为主，如超市、水果店、餐饮等，多以 1~2 层沿街店面的形式存在。

三个层级的商业中心构成了城市完善的商业服务网络，以不同的等级及业态满足各类人群的不同需求，其中市级综合商业中心作为城市的主中心而存在。

1.1.2 综合商业中心区概念

综合商业中心一般位于城市中心地带，具有良好的交通及区位条件，是城市商业活动最为集中的地区。综合商业中心一般以商业零售功能为主，在空间上表现为大体量公用建筑的集聚。在良好商业集聚的基础上，相关服务业作为商业消费链的延伸及补充，也在中心区内形成集聚，如娱乐、餐饮、休闲、体验等相关功能及设施，成为商业中心的有益组成部分，也进一步丰富了商业中心的活动，增加了中心区的吸引力及活力。而良好的人气基础、区域交通条件及大量的资金往来，也使部分商务、金融等生产型服务机构在此集聚，进一步丰富了中心区的功能构成。由此形成的城市综合商业中心是以商业零售功能为主，包括商务、金融、旅馆等相关公共职能共同构成的公共设施集中分布区域，在空间上表现为大体量、大密度、高强度的空间形态。

在城市的公共服务体系中，综合商业中心承担着重要的职能（表 1.1–1）：

综合商业中心职能　　表 1.1–1

职能类别	职能作用
经济职能	集聚大量商贸、商务、金融等产业，是城市经济发展水平及发展进程的直接体现，对于促进城市经济繁荣，提高城市区域影响力
服务职能	为周边人口提供生活服务，同时可以为全市乃至周边区域提供相应的服务职能
社会职能	较为综合的功能特征可以满足各类消费人群的不同需求，成为城市重要的社交场所，为人们提供娱乐、聚会、观赏、体验等社会交往活动
文化职能	始终作为城市建设热点的综合商业中心，会形成强烈的情感认同，并保留有城市各个时代的标志性建筑，保留有城市发展的轨迹，是城市重要的文化场所，建有最新的标志建筑同时也引领城市的建设风尚

* 资料来源：作者编制 .

1.1.3 综合商业中心特征

综合商业中心是在长期的发展过程中逐渐形成的，得益于其自身良好的交通区位条件、复合的功能发展模式、完善的公共服务设施以及市民强烈的心理认同等。而综合商业中心的形成及良好发展，也必须满足以下几个条件。

（1）区域位置中心

一般出现于城市建成区的几何中心或相对中心的位置，具有较强的经济吸引力及服务辐射力，是城市中最富于活力的地区，相对中心的位置更有利于各类职能的集聚及复合，形成综合的服务职能。

（2）资源配置高效

由于不同的土地价格、楼层价格及不同的使用需求，使得各类不同职能具有特定的空间分布特征。在综合商业中心区内，不同职能通过有效的混合，可以形成较为有利的空间分布关系，使得土地及空间得到有效利用，是一种较为高效的资源配置方式。

（3）服务设施集聚

复合的服务职能使得大量的活动及人流在此集聚，活动及人流的集聚又进一步推动了商业中心职能的综合化发展，形成空间集聚效应。在集聚经济的推动下，各类服务设施在此形成高度的空间集聚特征。

（4）交通便捷可达

大量的人流及设施的高度集聚，以及较为中心的区位特征，使得综合商业中心必须具备较高的道路交通可达性才能满足大量人流的集散需求。因此，综合商业中心多是公共交通覆盖密度及道路网密度最大的区域，以保障其较高的可达性。

1.2 综合商业中心区空间解析

综合商业中心多作为城市的主中心而存在，其区位、功能结构、空间形态都与城市自身形态特征具有较为紧密的联系，是城市空间形态及风貌特征的浓缩，也是城市景观形象的窗口地区。

1.2.1 区位特征

综合商业中心的区位与城市的形态密切相关，通常位于城市的几何中心位置或相对的中心位置，根据其与城市整体形态的关系，可以大致分为以下三种类型。

（1）位于城市几何中心

城市综合商业中心区位于城市的几何中心或接近于几何中心的位置（图 1.2–1，a）。这类城市一般向各个方向的增长较为均衡，位于城市几何中心的位置具有更高

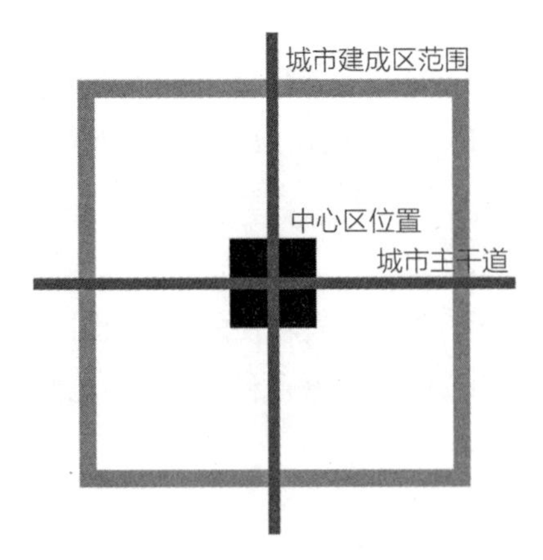

a 中心区位于城市几何中心

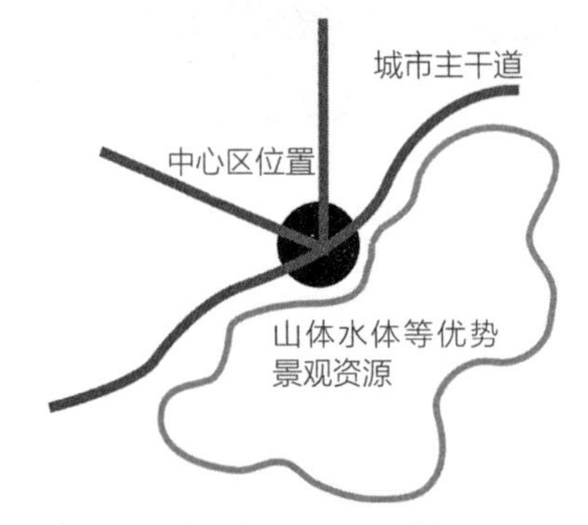

b 中心区位于景观优质地区

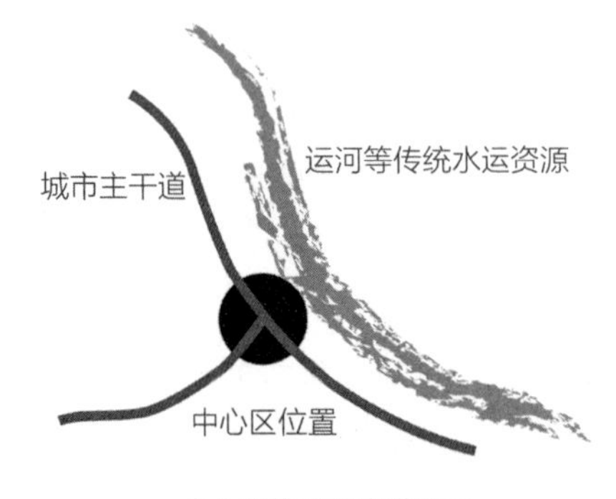

c 中心区位于历史港口区

图 1.2-1　中心区区位选址模式图

的交通可达性，更有利于发挥综合商业中心的服务职能。一般情况下，这类中心区在城市发展之初就形成于城市中心位置，而随着城市相对均衡的扩张，中心区位置仍处于城市建设的中心位置，具有较好的历史沿承性。

典型城市如西安（图 1.2-2）。西安钟鼓楼中心区位于东西大街与南北大街的交汇处，处于几何中心的位置。中心区以钟鼓楼为依托发展，是典型的综合商业中心区，包括商务、金融、商业、旅馆、娱乐、餐饮等诸多职能。西安的钟鼓楼始建于明代，建于当时的城市中心位置，而西安城市的空间增长也基本上以此为中心向周边均衡增长，虽然随着城市的不断扩展，也产生了高新区及经济技术开发区两个商务副中心，但钟鼓楼中心区仍然作为城市的主中心，位于城市几何中心位置，以综合商业功能为主。

（2）位于景观优质地区

中心区位于城市中景观优质地区（图 1.2-1，b）。城市拥有较好的景观资源优势，如大型湖泊、山体、河流等，这些靠山滨水地区利用良好景观资源的吸引力，吸引商业、宾馆、餐饮等功能在此集聚，逐渐发展为城市综合商业中心。

典型城市如香港（图 1.2-3）。香港尖沙咀中心区位于维多利亚湾北侧，呈半岛状被水体包围，景观环境条件优越。中心区以商业、商务、文化、旅馆等功能为主，其中重要的设施均沿维多利亚湾边缘布置，呈弧形展开，如海港城、香港文化中心、香港洲际酒店、尖沙咀中心等。中心区内也建有九龙公园、梳士巴利花园、讯号山花园等多处公园，形成了良好的开放空间体系。良好的外部景观资源及内部环境条件，使得尖沙咀中心区

图1.2-2 西安钟鼓楼中心区区位

图1.2-3 香港尖沙咀中心区区位

充满活力，综合的商业服务业吸引了大量游客在此购物、休憩。

（3）位于历史港口区

历史中，城市拥有良好的水运交通条件，并依托水运的港口、码头形成最早的贸易区，由水运的繁荣带动了城市的发展。在长期的发展中，这一地区始终保持了良好的商贸传统及活力，得到人们的情感认同，逐渐发展为城市的综合商业中心（图1.2-1，c）。

典型的城市如重庆（图1.2-4）。重庆市内嘉陵江与长江交汇，形成了良好的水运条件，并以此为基础发展起来。两江沿岸港口码头林立，商贸物流及其发达，在长期的发展中，从朝天门至解放碑地区在市民心中形成了强烈的心理认同，各类公共服务设施也纷纷在此集聚，随着水运的逐渐衰退，该地区也完成了转型，逐渐由水运贸易及相关服务产业，发展为全市的商业商务的综合服务中心。

图1.2-4　重庆市解放碑中心区区位

1.2.2　空间结构特征

中心区是由公共服务设施的集聚所形成的，但公共设施的集聚并不是均质分布的，而是在一定范围内形成公共设施的集聚核心区，核心区周边则多会形成一些风貌较为老旧，形态较为低矮的区域，而整个中心区的高效运行，又需要良好的道路交通系统的保障与支持。这些要素构成了中心区空间结构的基本要素，分别称为"硬核"、"阴影区"及"输配体系"：

硬核：城市中心区硬核为中心区内公共职能设施的高度聚集区，同时也是中心区内商业和商务等活动的最高频率发生点。硬核集中反映了中心区功能、景观等方面的特征，是中心区和城市的名片，一般多为高档综合商场、高层办公楼等大型公共建筑。

阴影区：城市中心区内部临近硬核的空间，但其发展优越性并未因为临近硬核而体现，相反，这类空间的公共设施的度和强度急剧衰减，服务业态低档、建筑形态老旧且零散，与近在咫尺的硬核公共设施建筑形成鲜明对比。

输配体系：由城市中心区内的各级道路混合构成，承担着人流、车流、物流的输出与配送，串联起中心区内硬核、阴影区及其余区域，形成整个中心区结构的交通框架，带动中心区的发展与提升。

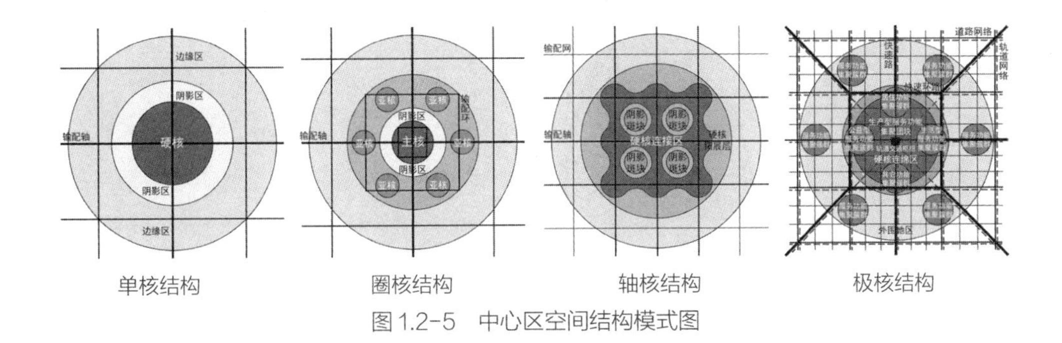

图 1.2-5　中心区空间结构模式图

三者的共同作用就形成了中心区空间结构的基本框架。根据三者的不同空间结构特征，可以将中心区的空间形态划分为四种类型，且四种类型之间存在着一定的空间增长逻辑：单核结构、圈核结构、轴核结构及极核结构（图 1.2–5）。

（1）单核结构

单核结构中，硬核位于中心位置，阴影区呈环状围绕在硬核周边，由于中心区多依托重要道路交汇处而建，因此输配体系会形成穿越中心区的十字结构，并在中心区边缘位置形成环线，以减少穿越交通对中心区的影响。

盐城建军路中心区位于建军路与解放路交汇处（图 1.2–6），中心区硬核位于道路交汇的西北象限，集中了主要的商业及商务设施，并有部分行政、餐饮、娱乐等设施，如盐城商业大厦、盐城邮电大厦等。硬核周边则以居住功能为主，特别是紧邻盐城商业大厦的位置，甚至分布有大量低矮的棚户区，与硬核空间形态形成明显的差异，成为环绕在硬核周边的阴影区。交通输配体系形成十字加外环的格局，内部依托建军路与解放路形成中心区的输配轴线，在中心区边缘及外围，则依托毓龙路、小海路、太平路、双元路、迎宾路组成输配环线，疏解城市的穿越交通。

（2）圈核结构

从单核结构到圈核结构，随着中心区规模的扩展，在原有硬核周边出现新的硬核，而新增加的硬核等级、集聚强度及影响力尚无法达到原有硬核的水平，使硬核间出现了主核与亚核的区分。在此基础上，主核分布于中心位置，亚核环绕主核分布，形成圈核结构。主核与亚核之间区域则在两者强力的吸聚作用下，形成阴影区，输配体系更加复杂，在十字加环的基础上，形成了多层输配环的体系。

南宁琅东琅西中心区位于民族大道中段金湖广场周边，主核分布在金湖广场北侧，包括大型商贸、高端商务、银行总部及部分餐饮、娱乐等功能。此外，中心区内还有三个亚核，分别为南湖亚核（主要为市政府等行政机构）、桂春路亚核（以商务、商业、旅馆等功能为主）、凤翔路亚核（以行政功能为主），三个亚核分布于主核周边，形成圈层结构。输配体系被金湖广场影响，十字轴线无法贯通，在金湖广场处转变为围绕广场的环路，且民族大道两侧无法直接相连，对南北向交通有一定影响。在

图 1.2-6　盐城建军路中心区空间结构

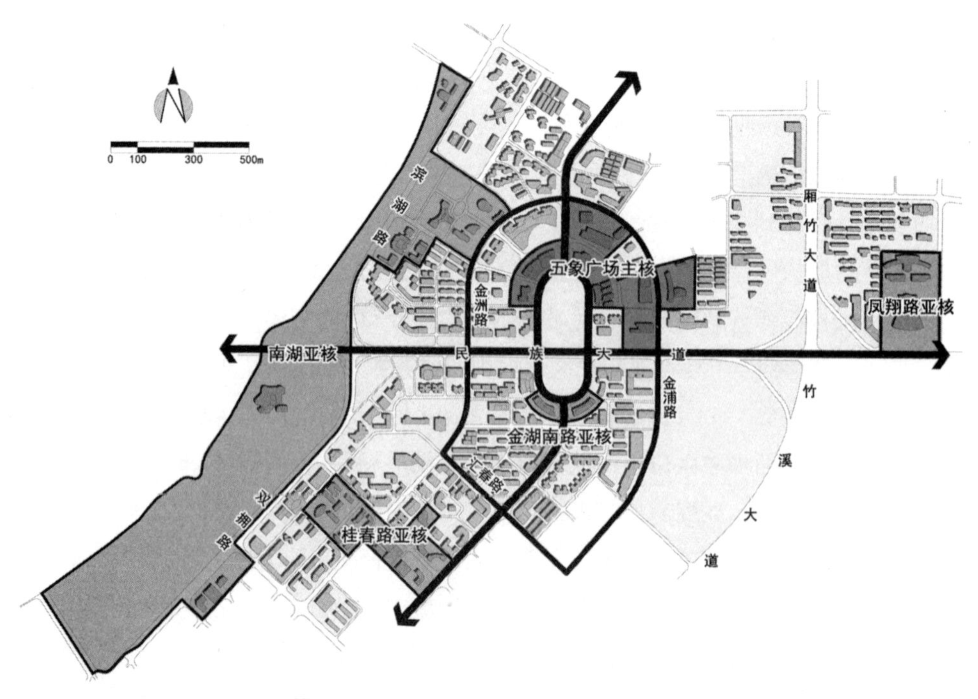

图 1.2-7　南宁琅东琅西中心区空间结构

主核外围，金州路、汇春路、金浦路组成输配内环，疏解核心区交通；长湖路、滨湖路、双拥路、锦春路、竹溪大道、厢竹大道相连组成了输配外环，疏解中心区外围交通，三个亚核与输配外环有较为紧密的联系。主核与亚核之间的阴影区以居住功能为主，受中心区西侧南湖的影响，中心区整体形态较为狭长，且南湖亚核与主核距离较近，但仍保持了整体的圈层结构特征，是典型的圈核结构中心区（图 1.2–7）。

（3）轴核结构

在圈核结构的基础上，亚核继续发展壮大，使得主核与亚核间的等级关系逐渐淡化，随着硬核的不断扩展，硬核间的吸引力增强，使得公共设施沿硬核间轴线集聚发展，进而推动硬核突破阴影区的阻隔，形成连接发展的空间形态，而阴影区则呈板块化嵌于硬核周边。交通输配体系则更加复杂，输配轴及输配环难以清洗的辨别，输配体系呈网络化结构。

首尔德黑兰路中心区位于韩国首尔江南区（首尔重要的商业区，是跨国企业总部、国际时尚及影视文化的集中区域），以商业、商务及会展功能为主。中心区内硬核沿重要道路延展，基本形成连接趋势，呈网络状形态：瑞草路沿线以商务功能为主，奉恩寺路沿线以商业功能为主，永东大路则集聚了会展、商务、酒店、商业等多种功能，纵向的道路江南大路、论岘洞路、彦州路、三成路等多以商务、商业等的混合功能为主。硬核网络之间为斑块阴影区，以居住功能为主，且多为高档居住社区，因此在空间形态上与硬核形成了强烈的对比。交通输配体系没有明显的输配环结构，而是形成了六纵五横的输配网络。中心区表现出明显的多个硬核的连接化、阴影区斑块化、交通输配体系网络化的特征（图 1.2–8）。

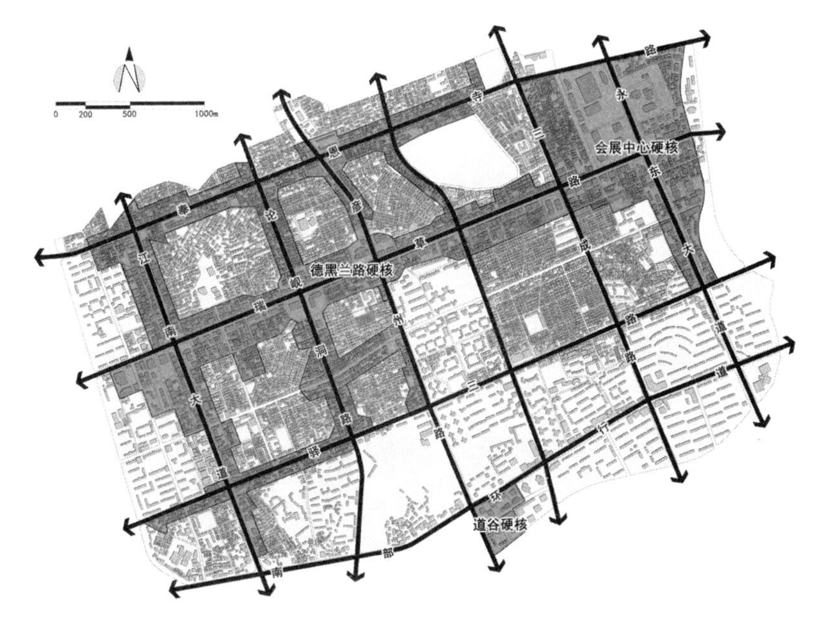

图1.2–8　首尔德黑兰路中心区空间结构

（4）极核结构

中心区在多核网络的基础上持续进行更新演替，硬核网络间的阴影区斑块逐渐被新的公共服务设施所替代，硬核在连接的基础上，形成了完全的连绵，成为一个整体。在此基础上，地面道路交通已经很难满足巨大的交通需求，交通输配体系在道路网络的基础上，也发展成为以铁路、地铁、轻轨等轨道交通为主要依托的立体输配网络体系。这一结构表现出硬核空间集聚、阴影区碎片化、输配体系网络化、立体化等空间特征，其中硬核的空间集聚形成硬核完全连绵的空间形态，是这一空间结构的标志性及决定性特征，因此称之为极核结构。

大阪御堂筋中心区位于日本大阪市中央区，以商业、商务、金融、旅馆等功能为主。中心区内有 9 条地铁线纵横交织，形成轨道交通网络，道路交通则在网络模式的基础上，形成了环形加放射的快速道路系统：快速环路基本围绕硬核布置，并向四周放射，强化中心区的区域交通辐射及吸聚能力，并能有效地避免大量过境交通的干扰。网络状的轨道交通、道路交通，以及环形加放射的快速路网体系的立体叠加，保证了中心区内较好的交通可达性及通畅性。以此为基础，中心区硬核形成完全连绵的形态，由北向南依次为：梅田硬核、中之岛硬核、御堂筋硬核、淀屋桥硬核、心斋桥硬核、道顿崛硬核、南波硬核及天守阁硬核，8 个硬核没有空隙的完全连绵，形成了一个巨大的硬核连绵区。硬核周边区域在居住功能的基础上，也混合了部分商业、商务、餐饮、娱乐等功能，具有一定的公共服务职能，对阴影区起到了一定的消解作用，阴影区呈碎片状零散分布于周边。大阪御堂筋中心区硬核完全连绵，阴影区碎片化发展，交通输配体系形成了道路交通网路与轨道交通网络的立体叠加，充分体现了极核中心区的空间结构特征（图 1.2–9）。

1.2.3 功能布局特征

中心区由于使用需求和地租承载力的不同，产生了各类功能空间布局的差异。其中部分相关度较高的功能因其内在的共生关系，混合布置会形成相互促进的良好作用而集中分布，其余功能则根据各自的需求及承租能力在一定空间范围内集中布置，形成产业集聚效应。在具体的发展中，逐渐形成了以下几种布局特征。

（1）相关功能集聚的簇群式布局

综合商业中心区各功能并不是完全的混合布局，而是根据职能的相关性，在一定区域内形成集聚，形成不同的空间簇群。该模式下，行人的活动集中于街区内部，较为安全，且地块内部空间的组织更富变化，能够形成较好的空间形态及步行环境，各类职能相对集中的布置，也使得各功能之间的复合更加有机，更便于使用。在具体的形态中，根据功能簇群间的空间关系，可以分为绝对分离方式及有机衔接方式（图 1.2–10）。

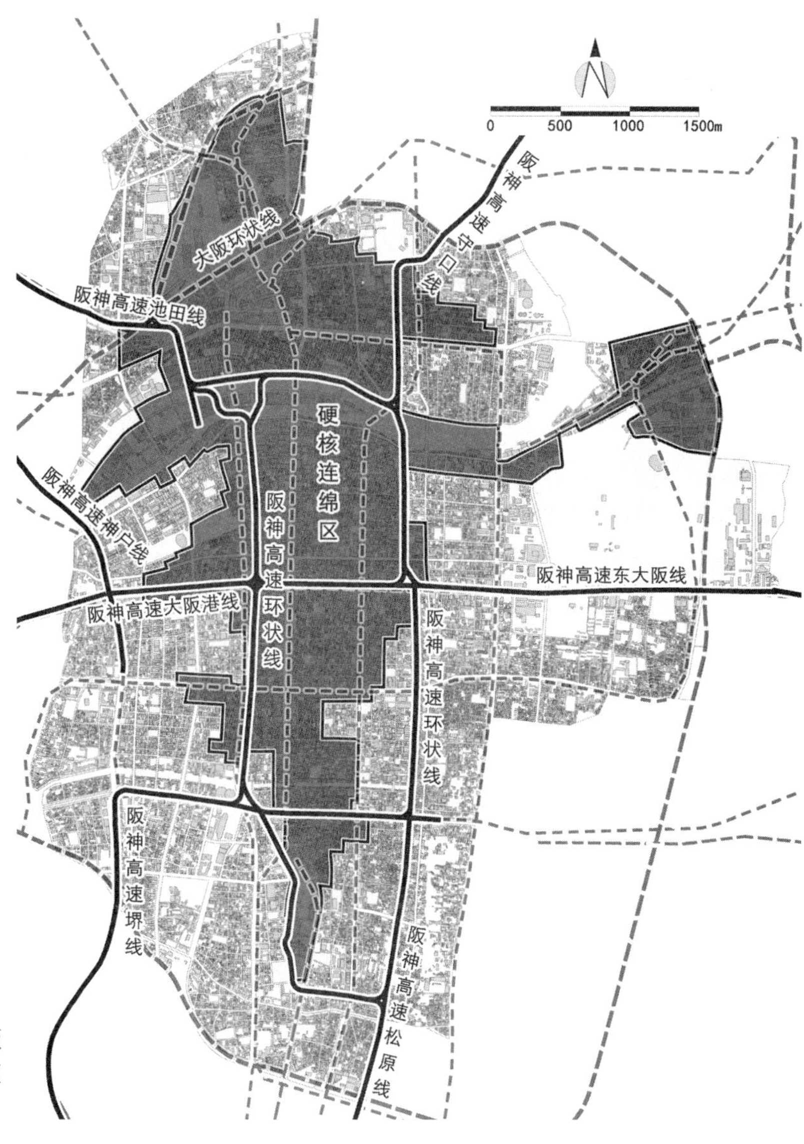

图1.2-9 大阪御堂筋中心区空间结构

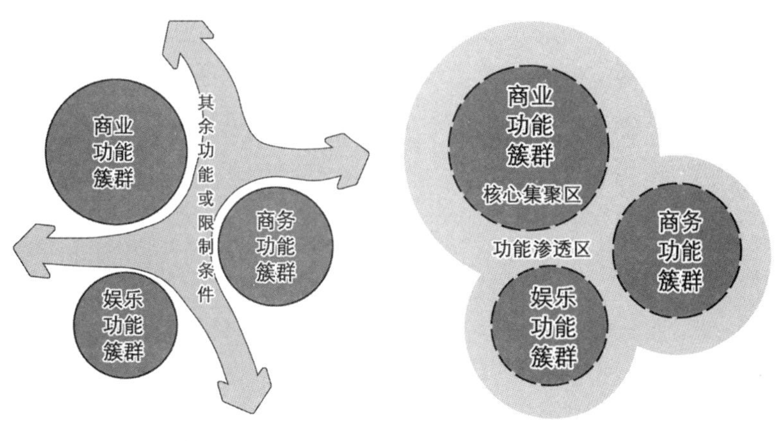

a 绝对分离式

b 有机衔接式

图1.2-10 相关功能的簇群式布局模式

绝对分离方式多是受发展条件的限制，如历史街区、地形条件、地质条件、发展沿承等的影响，使得不同的功能簇群在不同的区位形成集聚，相对独立。典型的如印度孟买的巴克湾中心区，受巴克湾形成历史及城市文化的影响，中心区内商务、金融、商业、行政形成各自的功能簇群，且空间距离较大，被大量的绿带、历史街区等所分隔，彼此间没有直接联系（图 1.2–11）。

有机衔接方式中，各功能分布相对集中，形成明显的功能簇群，但彼此间有一定的衔接关系，会出现功能较为交叉混合的渗透、过渡地带，形成大的集中，小的簇群形态。典型的如北京西单中心区中（图 1.2–12）。二环路东侧沿线形成了金融发展区，各银行、保险公司总部集聚于此，并配套有一些酒店、商务设施；西单北大街至玄武门内大街沿线则以大型商业设施为主，零散地分布一些商务、酒店及餐饮设施；复兴门内大街东侧，集中了较多的餐饮设施，并布置有北京音乐厅等文化设施，中心区形成了金融、商业、餐饮三个主体功能簇群，并通过复兴门外大街及内大街

图 1.2–11　巴克湾中心区绝对分离式功能簇群

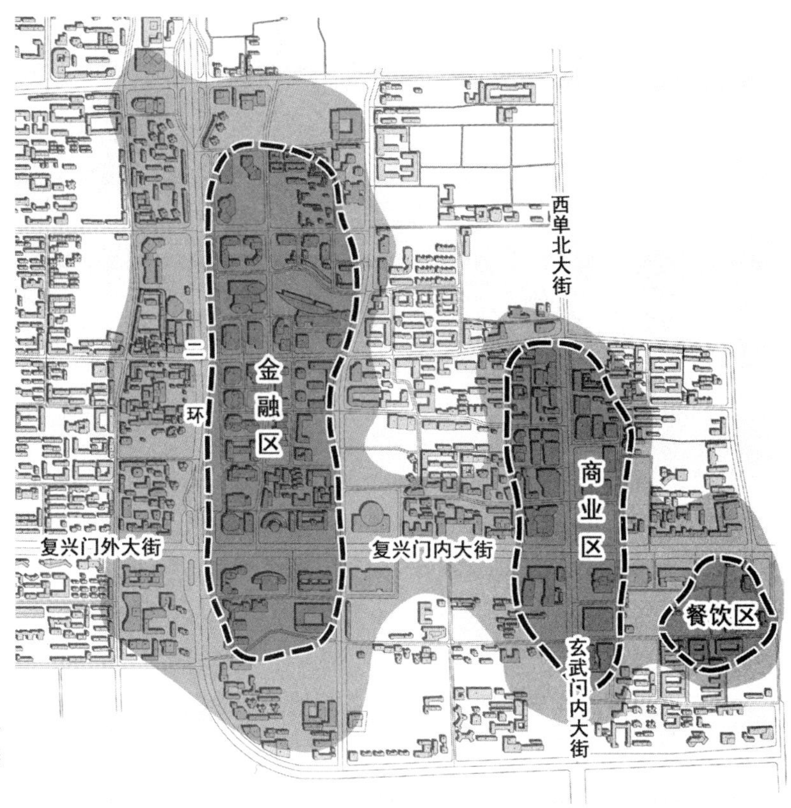

图 1.2-12 西单中心区有机衔接式功能簇群

串联，形成各功能簇群间相互渗透的有机联系格局，构成整体。

（2）沿路线型展开的条带式布局

综合商业中心区依托城市重要道路呈线型展开，使得功能布局呈现出沿路线型布局的特征。在此基础上，沿街的主要界面因具有更为便捷的交通及良好的形象展示条件，成为商业、商务等功能的集聚，而背街面则依托居住社区布置餐饮等辅助功能，形成沿路的条带式布局特征（图 1.2-13）。这类中心区较易造成空间形态的单调感，而如线型展开过长，还会造成行人的疲惫感，在布局中应考虑改变建筑与道路的退线距离，形成收放变化的游线，并依托重要设施，形成节点空间，增加空间的变化，打破单调感。

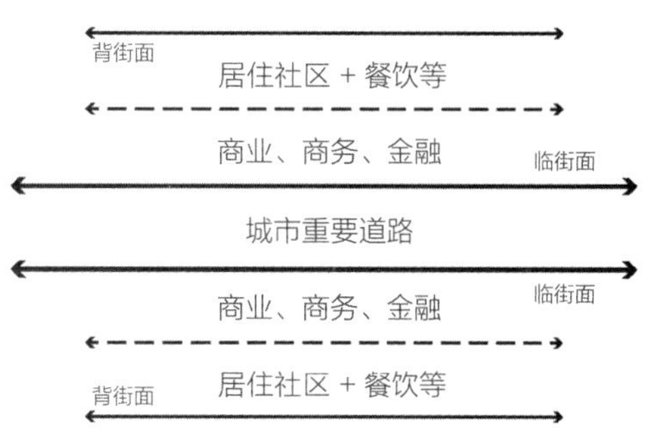

图 1.2-13 沿路线型展开的条带是布局模式

大连的中山路中心区（图 1.2-14）就是依托中山路及人民路发展起来的，具有明显的条带式布局特征。中山路连通了港口、火车站、市政府、星海广场等重要的地区，是大连市重要的结构型道路，吸聚了大量公共设施在道路两侧集聚。其中，火车站至港口一段建设力度较大，建有大量的商业、商务、旅馆、文化等公共服务设施，

图 1.2-14　大连中山路中心区功能布局

成为城市主中心，以综合商业职能为主。中山路两侧以大体量商业文化设施及高层商务、金融设施为主，空间形象突出，在公共服务设施外围，则以居住生活区为主，提供零散的小型商业服务，形成明显的功能及形态的区别。整体上形成了沿中山路条带状分布的特征。

又如，沈阳中街中心区（图 1.2–15）。中街核心段已经进行步行化处理，避免了机动车的干扰，形成更为良好的步行环境。两侧集聚了大发商业广场、沈阳商业城、大悦城等大型商业综合体，亚欧大厦、冠信大厦等商务设施，以及璟星大酒店、玫瑰大酒店等旅馆设施，并在东段形成了公寓结合商业综合体的大体量、高强度开发，整体上形成了沿中街线型展开的形态。

（3）双轴交汇的十字形布局

在沿线型基础上，一些发展较好的中心区会在重要道路交汇处形成节点，并沿

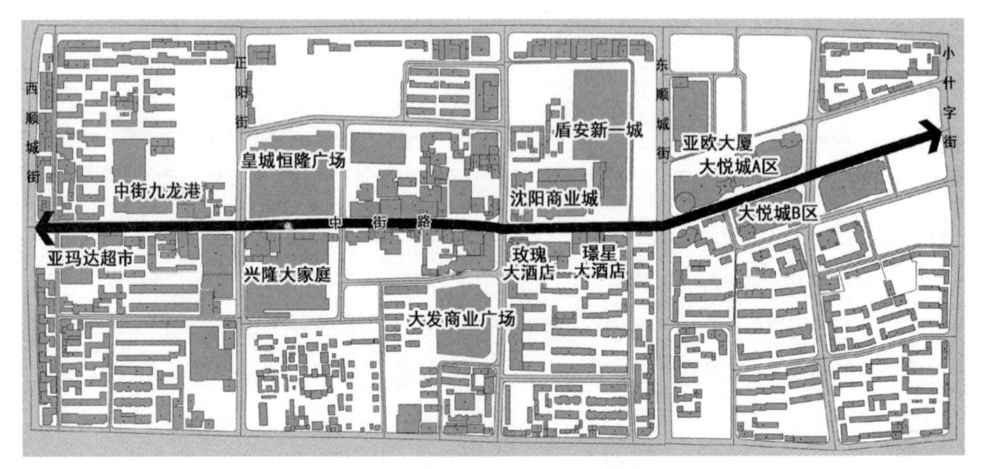

图 1.2-15　沈阳中街中心区功能布局

重要道路向其余方向延伸，形成十字形空间形态（图 1.2–16），有些中心区受历史及地形条件影响，无法形成完整的十字形，而是发展成“L”形及“T”形。这类商业中心区集聚程度更高，多会形成明确的核心区域，大型、重要设施多集中于核心区域，也是中心区的标志场所。

大连西安路中心区依托西安路与长兴街向四周延展，是较为典型的十字形空间形态（图 1.2–17）。大型的商业、商务、金融等设施沿西安路布置，如福佳新天地广场、罗斯福国际中心、大连图书城、博尔特大酒店、民勇大厦、昌隆大厦、行政大厦等，而沿长兴街主要为生活服务类设施，如市场、餐饮等。最大型的设施如罗斯福国际中心，则布置在两条商业街交汇的核心处，并在核心处形成一处布置五四广场，成为中心区标志场所。在此基础上，整个中心区形成了明显区别与周边的高强度、高高度空间形态，十字形格局较为明显。

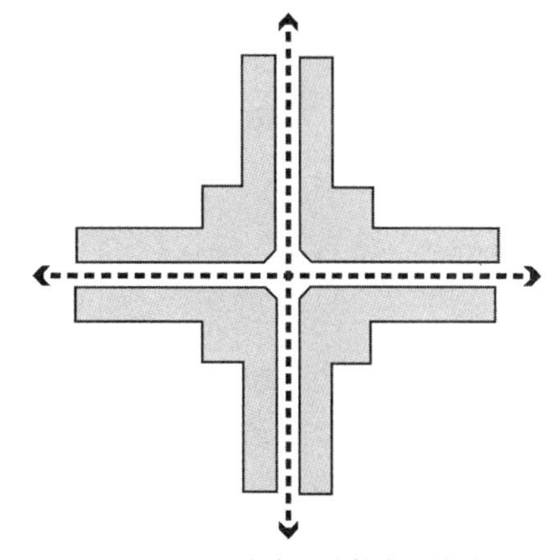
图 1.2–16　十字形功能布局模式

（4）多轴交织的网络型布局

综合商业中心区发展到一定程度后，中心区规模及空间尺度急剧扩张，在较大的空间尺度上体现出沿重要道路向多方向延展的特征，而多条道路的交织也构建了中心区网

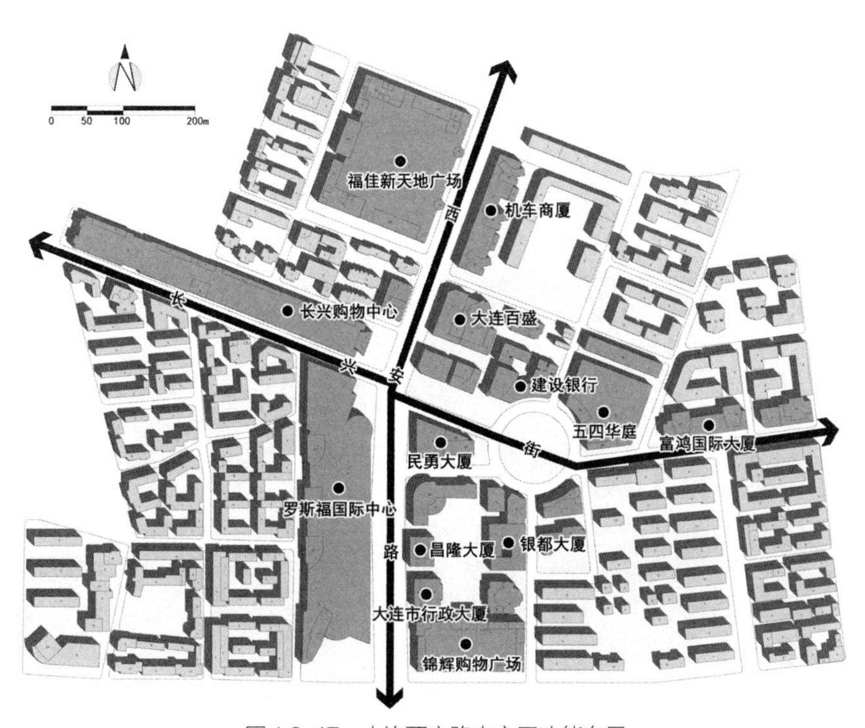

图 1.2–17　大连西安路中心区功能布局

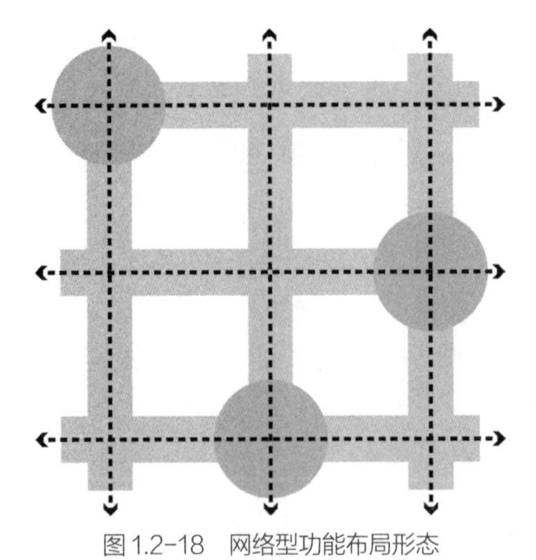

图 1.2–18　网络型功能布局形态

络化发展的框架，使得综合商业中心区呈现出网络型空间形态特征（图 1.2–18）。在此基础上，中心区各类功能形成大范围体现综合特征，小范围体现独立特征的趋势，即而在整个中心区范围内，包括了商业、商务、金融、文化、娱乐等各类功能，但各功能是以相对独立的功能组团的形式而存在的（组团内会包括一些相关的辅助及配套功能），整体上就呈现出网络状道路串联各功能组团的特征。

如北京朝阳中心区就体现了典型的网络化格局特征（图 1.2–19）。朝阳中心区主要的公共设施沿二环路、三环路、朝阳

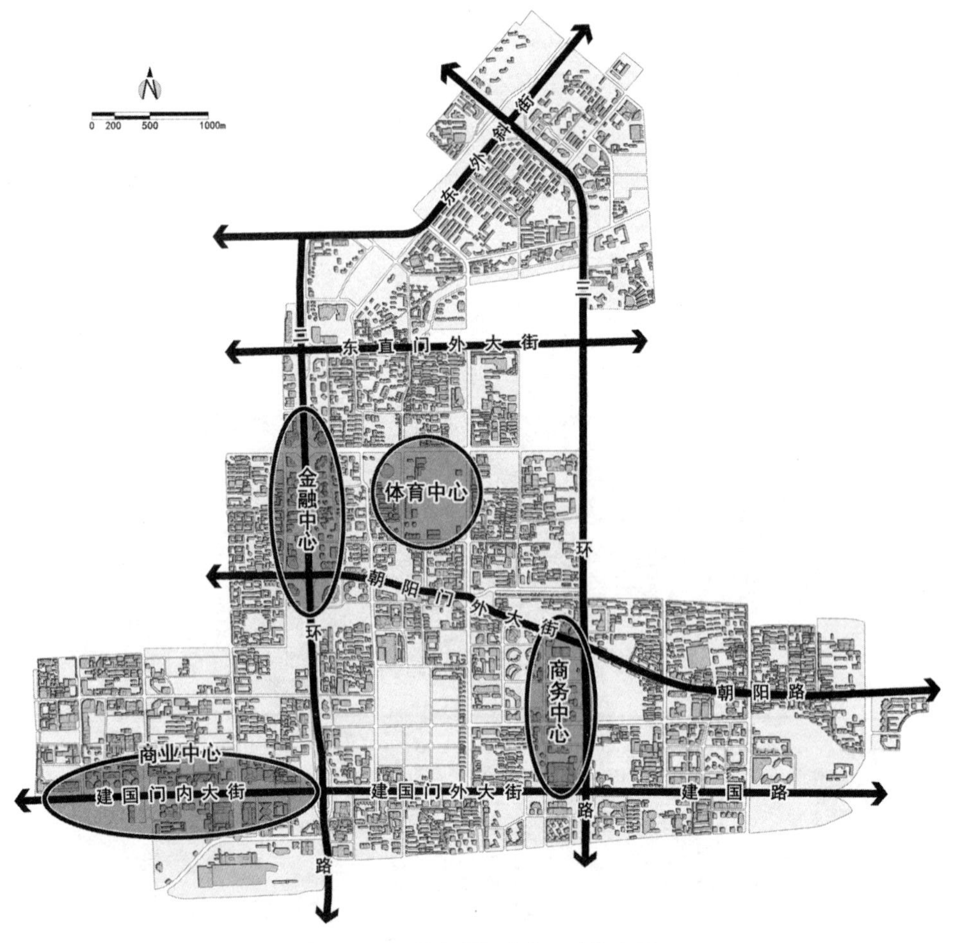

图 1.2–19　北京朝阳中心区功能布局

门外大街、朝阳路、建国门外大街、建国路等主要道路延伸，各主要道路互相交织形成网状。中心区内囊括了商业、商务、金融、文化、体育等诸多职能，在此基础上，由于朝阳中心区规模尺度较大，各功能在不同的位置形成了相对独立的片区，如以工人体育场为核心的体育中心；体育中心西侧二环路两侧集聚了大量的银行等金融机构，形成金融中心；三环路与朝阳门外大街交汇处则形成了以商务办公为主的商务中心；大型的商业设施集中于建国门内大街及火车站周边。北京朝阳中心区形成了整体上以综合商业功能为主，公共设施网络状分布的特征。

1.2.4 交通组织特征

综合商业中心人流、车流较为集中，交通集散压力巨大，对于许多城市来说，交通问题已经成为阻碍综合商业中心发展的重要因素。因此良好的交通可达性及交通的有效组织是综合商业区稳定发展的保障。

综合商业中心区内的各级道路联通中心区内各种职能，承担着人流、车流、物流的输出与配送，串联起整个中心区，形成整个中心区的交通框架。而针对目前交通系统及组织的问题，及未来中心区的发展需要，交通骨架的发展呈现出三个主要特征。

——公共交通向心性增强（图 1.2–20）。

未来随着城市及中心区尺度的增加，非机动化方式受通勤距离及时间限制，逐渐无法满足需求，交通机动化趋势将日趋明显。而由于中心区交通拥堵及停车费用的高昂，进而刺激了对公共交通需求的增长，越是发展较好的城市，中心区公共交通所占比重越高，特别是地铁的使用，大大提升了公共交通的效率。在此基础上，中心区内公共交通最为密集，形成以中心区为核心的辐射体系。因此，未来的中心区交通体系将是一个建立在机动化基础上，以公共交通为主导的体系。

——中心区不同性质交通流时空分离。

随着机动化的发展，机动车交通出行量呈现较快增长，主要出行类型包括内部出行、对外出行和过境出行三种类型，而随着中心区辐射范围和强度的增大，对外出行及过境出行所占比例显著上升，使得中心区承担了过多的非必要交通，增加了

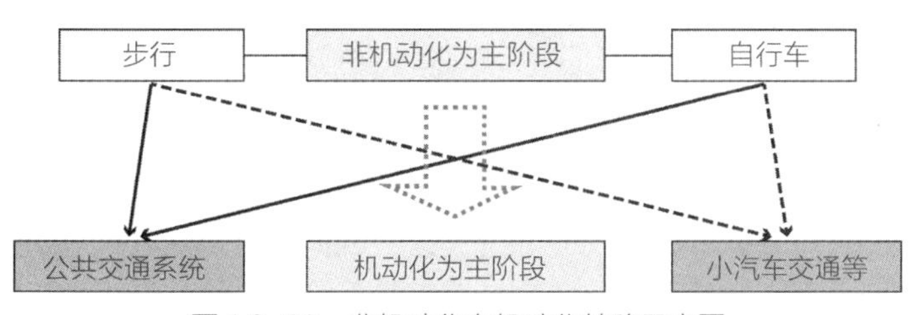

图 1.2–20 非机动化向机动化转移示意图

* 资料来源：东南大学城市规划设计研究院 . 潍坊白浪河城区中心区域城市设计，2013.

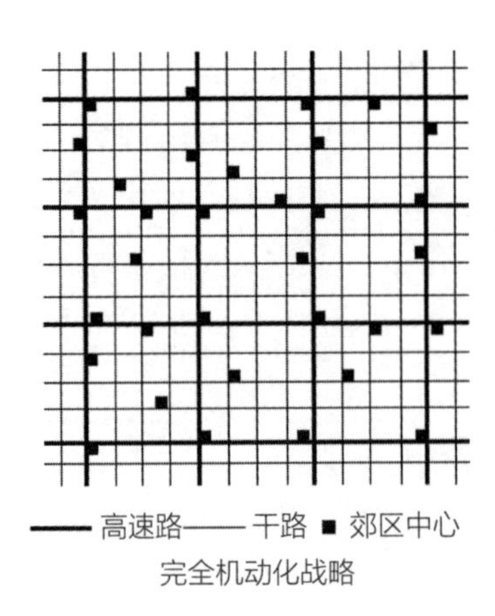

完全机动化战略

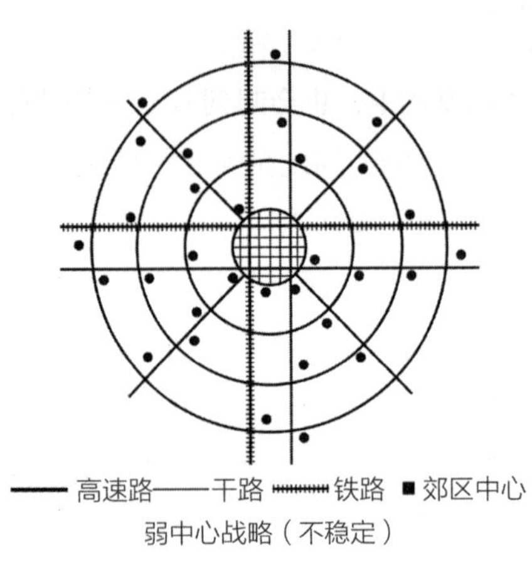

弱中心战略（不稳定）

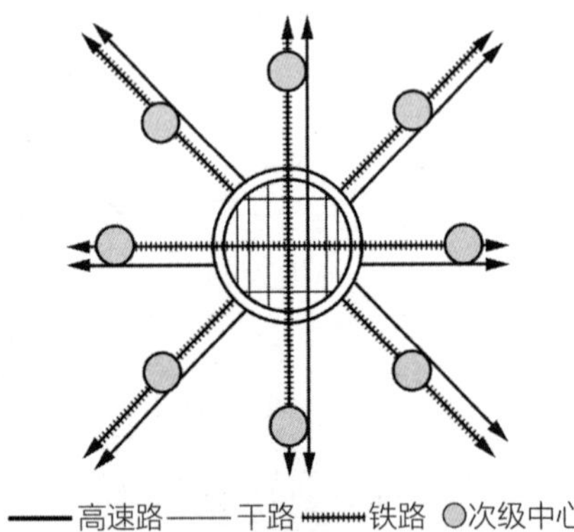

强中心战略

图 1.2-21　交通发展战略模式

* 资料来源 :（英）汤姆森 . 城市布局与交通规划 [M]. 倪文彦译 . 北京 : 中国建筑工业出版社，1987.

交通压力及拥堵程度。因此，应在更大空间范围内进行布局，实现三类出行方式的有效分流，以达到提升效率，较少拥堵的效果。

——交通网络由“弱中心战略”和“完全机动化战略”向“强中心交通战略”发展模式演化（图 1.2-21）。

“弱中心战略”强调城市的有序扩展，并通过环路连通，加强各个功能片区间的联系；“完全机动化战略”则强调道路骨架的均质性。两类战略的共同点在于城市空间的均质化及中心地位的弱化。而“强中心交通战略”则强调周边功能片区与中心区的直接联系，弱化功能片区间的联系，增加公共交通的向心性及中心区内公用交通网密度，通过中心区外环路来疏解过境交通，中心区内部则采用均质的密集路网形式。这一模式能够有效地加强中心区公共交通的供给规模及可达性。

在这一发展趋势下，中心区的交通系统组织也形成了明显的层级结构。

（1）快速路骨架体系

中心区的快速路的基本功能可以分三种：远距离快速达到中心区、周边地区快速穿越中心区以及中心区内远距离出行交通疏解。由于快速路一般采用封闭的高架方式，具有通行距离长、速度快、对地面交通影响小的优势，因而多是用来解决中远距离交通，以减少这类出行对正常的地面交通带来的压力。

一般情况下，等级较高、规模较大的中心区，多会采用快速路穿越中心区的方式解决交通问题，常见的方式有中心穿越式与环形放射式等方式，并通过快速交通网路与城市快速环路相连，形成更大范围的快速交通体系。而等级规模较小的中心区，快速路难

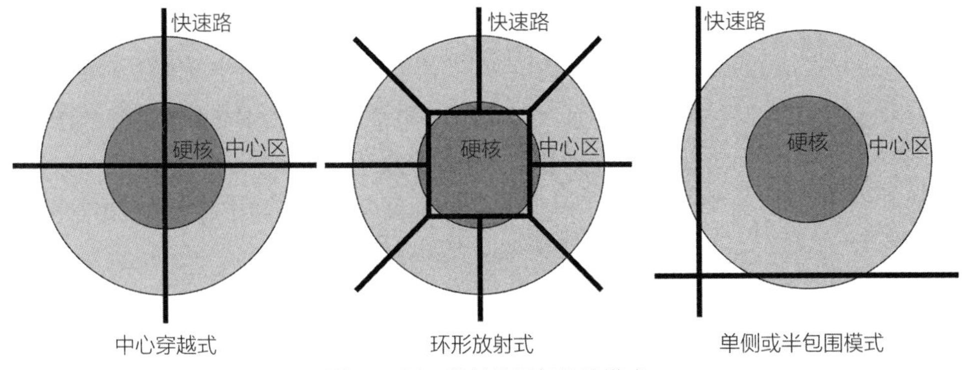

图 1.2-22 快速路骨架构建模式

以形成体系，多会在中心区一侧穿过或形成半包围的格局（图 1.2–22）。而同时，快速路在起到良好的长距离交通衔接及中心区穿越的基础上，也会起到一定的空间阻隔作用，使中心区跨快速路的功能及空间联系出现一定障碍，因此在大城市中心区内，快速路往往成为硬核的边界，而在中小城市中心区内，则多会作为中心区的边界存在。

如上海人民广场的中心区就是采用中心穿越式快速路系统两条快速路十字交汇的方式。快速路采用高架形式，与地面交通形成立体分流，且全程封闭，仅在局部地区设有匝道及开口，接入中心区地面交通，并与外围快速环路相连，形成快速通过及疏散中心区交通的主要通道（图 1.2–23）。又如大阪御堂筋中心区，则是采用环形加放射式的模式构建快速路系统（图 1.2–9）。阪神高速环状线基本围绕硬核连绵区布置，并通过与环状线相连的阪神高速池田线、阪神高速守口线等 7 条快速路向周边放射，构成了环形加放射的快速路格局。

图 1.2-23 上海人民广场中心区快速路格局

（2）道路网络体系

在快速路骨架的基础上，为使中心区内交通更为高效，保障各地块的人流到达、货物流通及各职能设施的运营使用，中心区内多形成网络化的均质路网格局。

中心区内部路网以城市干路及城市支路组合而成，城市主次干路形成路网总体骨架，除受地形条件的限定外，一般多为正交的网络格局，并采用多车道双向通行交通方式。干路网络中间是支路形成网络，支路网络一般也多为均质的网络格局，采用一定的交通管制方式，形成单向车流线路，使得车辆可以较为快速的通行，且支路一般多为单车道或双车道，并提供一定的路边停车位。中心区内，车行速度不应过高，以较低速度行驶。而路网密度则相对较高，覆盖面较广，以增加车行的可选择性、可达性及通畅性，并起到分流交通，减少拥堵的作用（图1.2–24）。

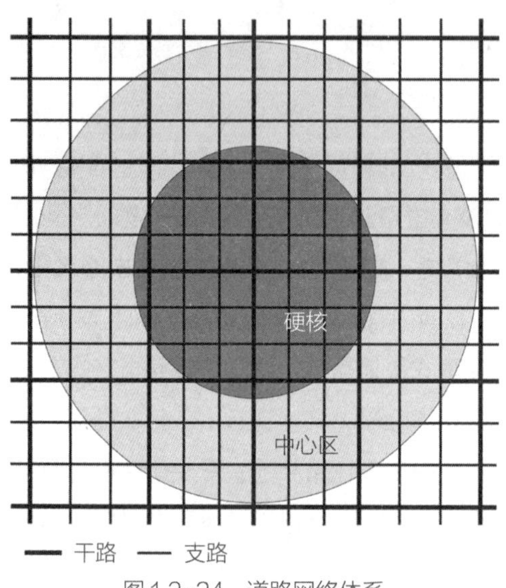

图 1.2–24　道路网络体系

以深圳市罗湖商业中心为例（图1.2–25），外围输配环路为矩形格局，内部则基本以城市支路等级道路为主，

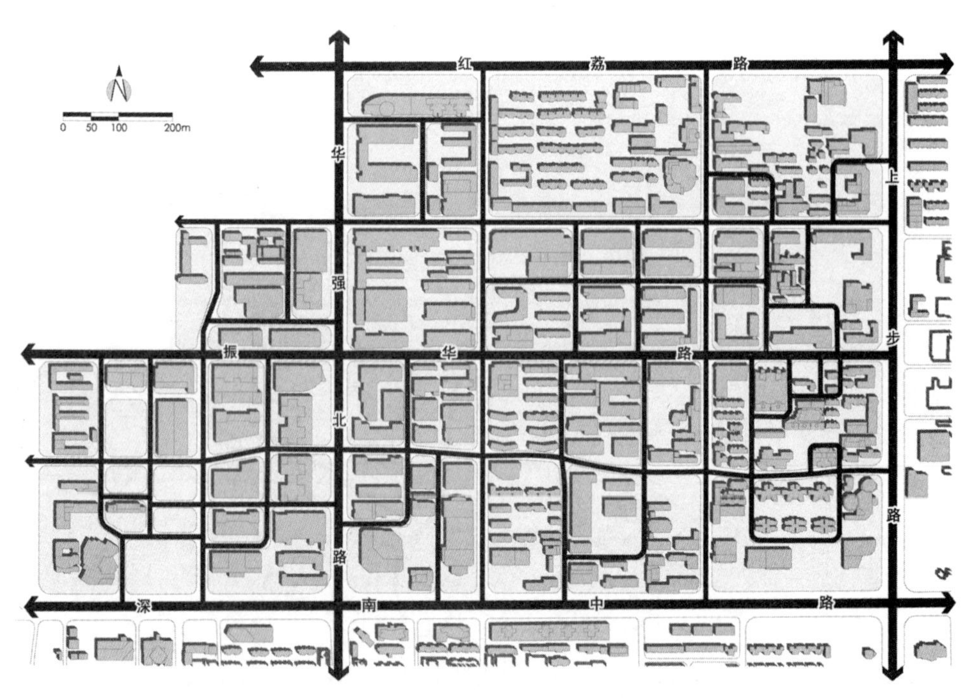

图 1.2–25　深圳罗湖商业中心道路网络布局

保证各地块的交通可达性及交通疏散的便捷性。在此基础上，根据具体的车行方向采用单行、限时等交通管制措施，加强交通的顺畅程度，减少拥堵。

（3）静态交通组织

静态交通是综合商业中心的必备空间，与动态交通的有效结合才能构成合理的交通组织体系。对于静态交通的组织，应结合主要商业设施、交通换乘设施等，采用立体的方式（停车楼、地下停车库等）解决，并避免对动态交通及交通干线形成干扰，出入口应设置在内部次干路或支路上。迪拜中心区就是采用了大量的停车楼来解决停车问题。扎耶德大道两侧超高层建筑林立，以商务、酒店、购物中心等职能为主，而几乎所有的高层建筑均配有停车楼以解决停车问题。停车楼一般布置在扎耶德大道的背街面，高层建筑的背后，且体量较大，视场地大小，一般为60~80m长，30~50m宽，高度在5~8层左右，较大的停车楼可到达130m长，50m宽。

静态交通的布置应按照最小服务半径的要求进行布置，在城市中心区内不大于200m，布置应较为均衡（图1.2-26）。同时，还应考虑具体的车行方向，停车场出入口布置于道路同侧，以右进右出方式组织交通，避免车流、人流穿越道路，或与地下空间相连，通过地下体系与周边设施相连。

（4）慢行交通组织

综合商业中心内，商业设施的集聚核心会吸引大量人流集聚，而较为集中、慢速行走的人流又是综合商业中心商业设施集聚的保障。因此通常会将核心商业区域布置为纯步行区域，并以此为中心，通过立体化慢性系统与周边设施相联系，形成综合商业中心的慢行体系（图1.2-27）。

如哈尔滨中央大街中心区，就是以中央大街步行街为依托发展起来的综合商业中心。民国时期，中央大街就是城市主要的商业中心所在，时至今日仍然保留

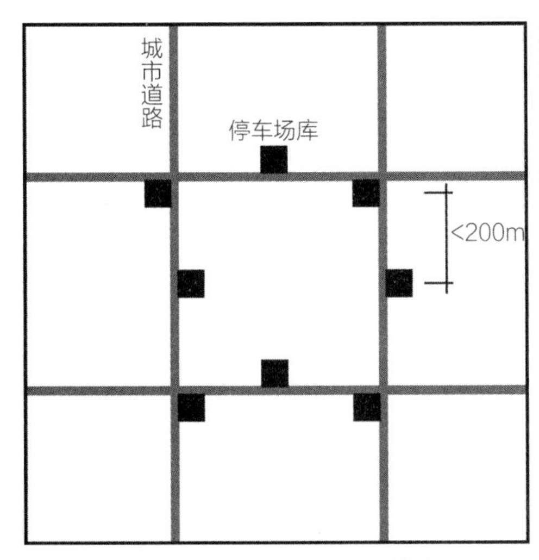

图1.2-26　静态交通组织模式

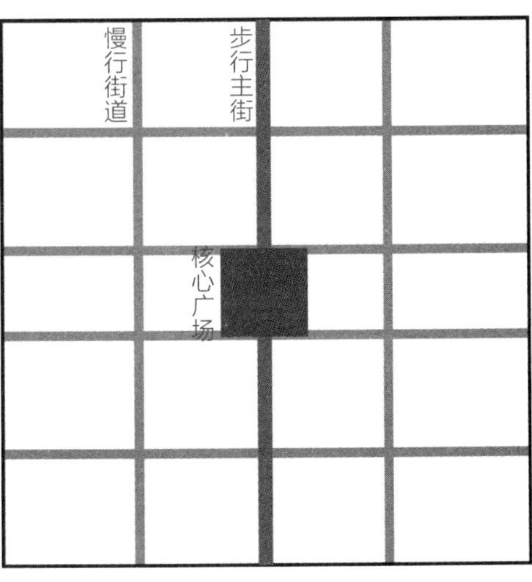

图1.2-27　慢行交通组织模式

了大量的代表性风格的历史建筑，包括文艺复兴式、巴洛克式、折衷主义建筑、新艺术运动建筑等，并有一些历史老店的传承，如华梅西餐厅、马迭尔冷饮厅等；中央大街路面也是历史传承下来的石板路面。这些因素奠定了中央大街良好的步行条件，成为整个中心区最具活力的区域。而由于中央大街位置较为重要，完全的封闭步行化，会阻断中心区东西向的交通联系，因此中央大街采用的是主体街道步行化，道路交叉口允许东西车辆穿行的方式，以保障交通的连续性及步行环境的相对完整性。

（5）交通宁静区控制

在机动车逐渐增多的背景下，中心区内环境逐渐变得嘈杂，对期间的工作、居住及生活产生较大影响。如何通过有效的控制，打造一个交通稳静化的中心区，实现"安静可达"的"交通宁静区",对于提升中心区环境品质及行人安全具有重要作用。"交通宁静区"是通过控制街道、居民区的交通速度和流量，达到降低机动车辆使用带来的安全隐患，改变驾驶人行为与改善街道上非机动车辆使用者环境，最终实现安静的街道空间环境，并使各种功能的协调发展[①]。主要的交通措施为：中心区机动车限速 20~30km/h；核心区限制机动车便捷快速驶入；禁止机动车驶入慢行空间等。一般交通宁静区多结合景观环境较好的地区设置，如水系、公园、山体及周边地区；或历史文化片区周边，如历史街区、连片传统民居及周边区域；或集中的居住社区及周边地区。在交通宁静区的布置中，尽量做到多个交通宁静区的有效衔接，以保证在一定的空间范围内实现连续的交通宁静效果，也便于区域的管制与协调，而过度分散的交通宁静区较难形成有效的管制效果，并会对中心区整体交通系统产生一定影响。

1.2.5 开放空间特征

开放空间是中心区内主要的人流集散及休憩场所，也是中心区内主要的景观构建场所。中心区内开放空间主要包括绿地、广场、水体、道路等要素，而通常所指的开放空间仅指由绿化、水体、景观建筑、硬地广场、雕塑小品等共同构成的广场、公园、街头绿地等场所。开放空间的布局、尺度、形态等受限制较大，但对中心区的整体形态影响也较大，在中心区的整体布局中，开放空间的特征主要表现为三个方面。

（1）整体布局大疏大密

一些中心区内，往往将开放空间集中布置，形成规模尺度较大的开放空间，作

① 罗剑，单晋．行人交通安全与道路运输功能的平衡——欧美城市交通宁静化的经验与启示 [J]. 道路交通与安全，2007，7（4）：7-10.

为中心区的核心景观标志区域，重要的商务、商业、金融等公共服务设施围绕大型开放空间布局，形成中心区的核心集聚区。而由于开放空间规模尺度较大，景观条件较好，使得周边地区土地价值大幅提升，进而使得开放空间周边的建筑密度及建设强度有所提升，形成开放空间与高强度建设相结合的大疏大密的形态格局。

典型的如我国上海的人民广场中心区（图 1.2–28）。中心区围绕人民广场及人民公园所组成的大型开放空间布局，其周边地区则以高强度建设的商业、商务、金融设施为主，形成大疏大密的整体格局。又如东京的都心中心区（图 1.2–29）。中心

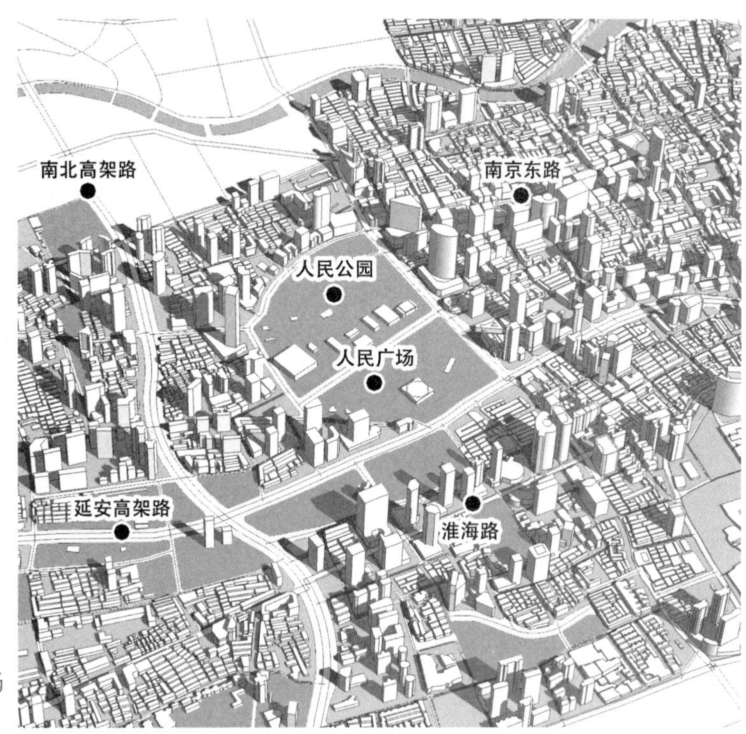

图1.2–28　人民广场中心区开放空间格局

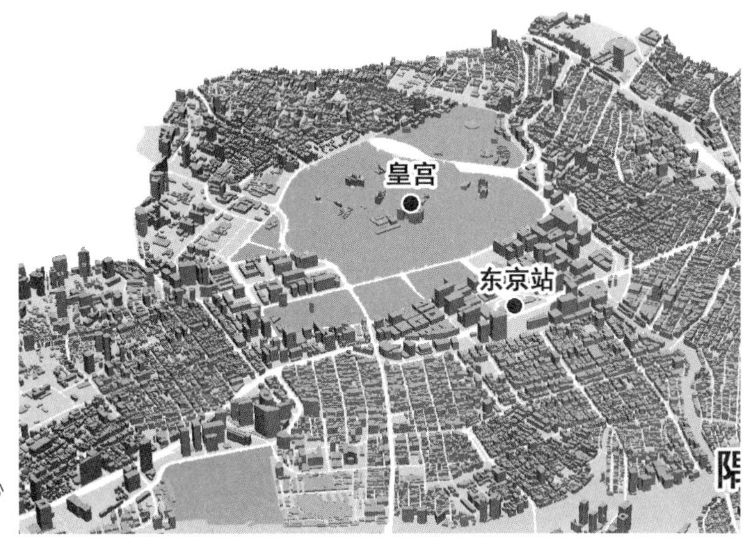

图1.2–29　都心中心区开放空间格局

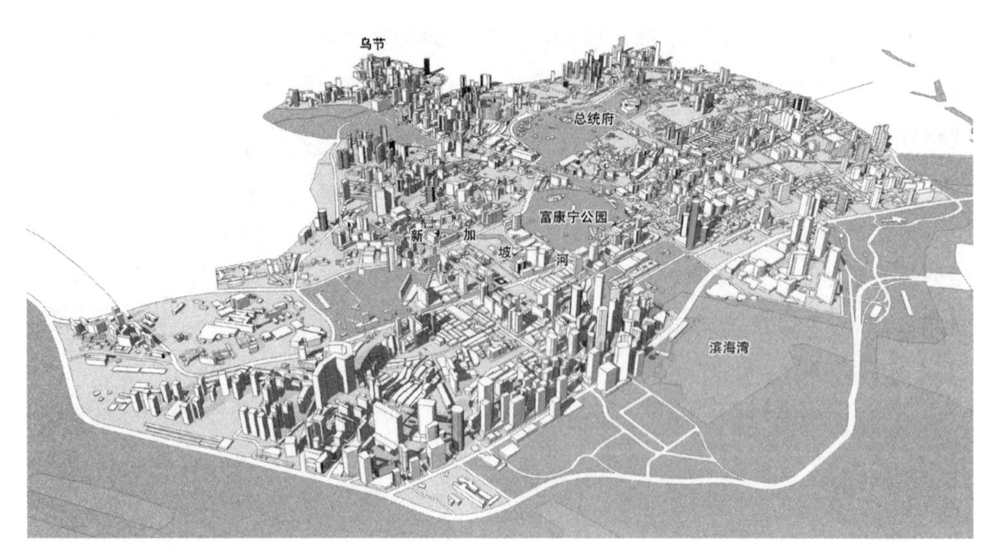

图 1.2-30　海湾 - 乌节中心区开放空间格局

区内皇宫地区是集中的大型开放空间，而其周边则均为文化、商务、商业、行政等设施的高强度开发集中区，特别是东京站周边，集中了大量的高层建筑，空间形态对比强烈。此外，新加坡的海湾 - 乌节中心区开放空间格局也保持了大疏大密的格局特征，但较为特殊的是，中心区内有多个大型开放空间相串联形成大型生态廊道（图 1.2-30）。中心区内，滨海湾、富康宁公园、总统府等大型开放空间依此展开，并与中心区外围水体相连，形成大型生态廊道，而周边地区则多以高密度的建设为主，建筑高度及密度均较大，形成大疏大密的格局特征。

（2）街头绿地高效利用

街头绿地的大量布置与使用是中心区开放空间的又一特征。有些中心区内用地条件受限制较大，使得中心区内的开放空间多采用见缝插针的方式布局，形成大量的街头绿地。而这些街头绿地往往会成为人流集散休憩的节点，人流量较大，利用效率较高，且对中心区整体空间形态及功能结构影响较小，成为中心区开放空间的主要形式。一些采用集中开放空间，大疏大密布局的中心区，同样也会布置大量的街头绿地，以提升开放空间的服务效率及服务水平。

如我国北京的朝阳中心区（图 1.2-31）。除中心区中部有一处略大的集中开放空间外，其余开放空间尺度及规模均较小，形成了主要沿道路、水体等要素布局的方式，此外，尚有大量街区及地块内部布置有开放空间，整体来看开放空间布局相对均衡，且以小型的开放空间为主。又如，吉隆坡的迈瑞那中心区（图 1.2-32）。中心区内虽然存在一些集中的大型开放空间，但整体来看，开放空间分布较为零散，以小型街头绿地为主，整个中心区基本被开放空间的服务半径所覆盖，绿地利用效率较高。两个案例中也反映了街头绿地布局的一些特点，即：多依托重要道路、

图 1.2-31 朝阳中心区开放空间格局　　图 1.2-32 迈瑞那中心区开放空间格局

水系等布局，街区内部的开放空间布局的随机性较大，多见缝插针、因地制宜的布置。

（3）广场空间商业延伸

中心区内的广场布置一般采用两种方式：其一为独立的广场空间，多布置于重要道路交汇处，作为景观标志空间使用；另一种则多结合重要的设施布置，作为人流的集散空间使用。在此基础上，结合重要设施布局的广场空间因其人流集散量较大，且与商业设施等结合紧密，多会成为商业空间的延伸，作为临时的销售及展示空间使用。

作为室内功能的延伸，室外的销售及展示空间多为临时设施，根据销售及展示需要临时布置，并在使用后予以拆除。室外的销售及展示空间丰富了商业活动的内容及形式，吸引流动游客停留，并将人流引向室内。这类空间多布置于设施出入口附近，便于宣传及吸引人流，而这类临时性的销售及展示空间，多会在周末、重要节日等特定时间出现，以增加商业销售方式，集聚人气。但这种空间在使用时，实际上也是对集散空间的侵占，增大了节假日期间交通疏散的压力，因此，在开放空间的规划中，应注意预留足够的交通集散空间，以及一定的室外临时展示空间，便于人流的集散及商业活动的组织。

1.2.6 商业业态特征

综合商业中心的商业业态类型较为复杂，根据其不同的经营内容及方式，可以大致将其分为 5 个类别，分别为：零售商业、休闲娱乐、健身康体、文化鉴赏、生活服务，每个类型又包含多个小的业态种类，具体见表 1.2-1。

商业业态分类 表 1.2–1

业态类别	包含种类	经营内容
零售商业[①]	食杂店	以香烟、酒、饮料、休闲食品为主，独立、传统的无明显品牌形象
	便利店	面积在 $200m^2$ 以下，满足顾客便利性需求为主要目的
	折扣店	店铺装修简单，提供有限服务，商品价格低廉的一种小型超市业态。拥有不到 2000 个品种，经营一定数量的自有品牌商品
	超市	开架售货，集中收款，满足消费者日常生活需要
	仓储式会员店	以会员制为基础，实行储销一体、批零兼营，以提供有限服务和低价格商品为主要特征
	百货店	在一个建筑物内，经营若干大类商品，实行统一管理，分区销售，满足顾客对时尚商品多样化选择需求
	专业店	以专门经营某一大类商品为主，如办公用品、玩具、家电等
	专卖店	以专门经营或被授权经营某一品牌商品为主
	家居店	以专门销售装饰、家居用品为主
	购物中心	是多种零售业态、服务设施集中在由企业有计划地开发、管理、运营的一个建筑物内或一个区域内，向消费者提供综合性服务的商业集合体
休闲娱乐	棋牌室	提供各类棋牌器具及活动场地
	网吧	提供电脑及网络服务，供电脑游戏、网络游戏及网络浏览服务
	游戏厅	专门提供各类电子游戏场所
	游艺场	大型综合游乐场所，一般设在室内，营业面积大，以运动式游戏为主
	舞厅	提供跳舞所需场地、音乐及相关服务的场所
	KTV	提供卡拉 ok 影音设备与视唱空间的场所
	酒吧	是指提供酒精类饮料的消费场所，有些还提供乐队、舞蹈等现场表演
	夜总会	指各类夜生活娱乐场所，设有舞池、乐队或 DJ，提供歌舞表演，并会饮用酒精类饮料
	会所	以所在物业业主为主要服务对象的综合性高级娱乐服务设施
健身康体	足疗	足疗就是运用中医原理，集检查、治疗和保健为一体的无创伤自然疗法
	推拿	指用手在人体上按经络、穴位用推、拿、提、捏、揉等手法进行治疗
	SPA	用水来进行治疗，达到美容美体、瘦身、抵抗压力的效果
	健身馆	是城市里用来健身的场所，具有齐全的器械设备，较全的健身项目及课程，并有专业的教练进行指导
	桌球厅	提供各类专业桌球设施，并有专业教练的指导服务
	游泳馆	提供标准泳池供游泳健身使用，有些还提供跳台
	保龄球馆	专为保龄球运动设定的场馆
	溜冰馆	专为溜冰活动的场所，包括旱冰馆及干冰馆两类
	乒羽馆	多为乒乓球及羽毛球运动共同活动场馆
	体育公园	室外运动场所，包括小型足球场、篮球场、跑道、沙坑、极限运动场地等

① 零售业态分类（GB/T 18106–2004）[Z]. 中国国家标准化管理委员会，2004.

续表

业态类别	包含种类	经营内容
文化鉴赏	音乐厅	举行音乐会及音乐相关活动的场所
	美术馆	专门负责收集、保存、展览和研究美术作品的机构
	展览馆	作为展出临时陈列品的场所，有综合性及专业性之分
	博物馆	是征集、典藏、陈列和研究代表自然和人类文化遗产的实物的场所
	青少年宫	是集科技、艺术、文学、体育、外语、美劳等教育培训的青少年校外文化教育活动场所
	文化宫	是作为群众文化和娱乐活动的场所
	科技馆	是以展览教育为主要功能的公益性科普教育机构
	剧场	观赏话剧、舞蹈、歌剧、戏曲等演出的场所
	图书馆	是搜集、整理、收藏图书资料供人阅览、参考的机构
	古玩店	销售、交流、鉴赏古玩、字画等文物的场所
生活服务	理发店	提供理发、美发、造型等服务的场所，高端理发店多称为美发店
	干洗店	提供衣物洗涤、保养等服务的场所
	维修店	提供自行车、生活用品、鞋、锁等维修服务的场所
	洗车行	提供汽车清洗服务的场所
	五金店	专卖锯子、钻子、螺丝、改锥、水龙头、锁、管子、打气筒、电线等工具及用品的场所
	家政服务	指提供家庭清洁卫生、厨卫维护、做饭、照顾等服务的机构
	浴室	提供洗澡及相关服务的场所，高端浴室多称为洗浴中心或洗浴城
	小吃店	专卖小吃、零食的商店，通常店面较小，有些不提供桌椅
	餐馆	是让顾客购买及享用烹调好的食物及饮料的地方
	菜市场	专门销售蔬菜瓜果、肉类、调味品等农产品的场所
	中介服务	提供房产、旅游咨询等中介服务的机构
	报亭	售卖报纸、杂志、地图、充值卡等的小型店铺

（1）业态价值特征

随着服务产业的发展，商业消费方式及需求的提升，商家在经营中更加的注重服务与环境，而消费者则更看重消费过程中的体验感。在此基础上，根据业态的一般消费水平及蕴含的体验价值，可以对其进行解析，形成两类主要的业态集群（图1.2-33）。图中可以看出，以体验价值及物品价值来分，可以将业态大致分为两个簇群：雅文化消费簇群及俗文化消费簇群。图中可以看出雅文化消费簇群体验价值水平整体较高，业态分布于相对集中的价值区间，而俗文化消费簇群的消费水平则呈现出明显的随文化附加值的提升而提升的现象。从中也可以看出，俗文化消费簇群与生活的密切程度更高，文化的附加值基本决定了其消费水平，而雅文化消费簇群则更多地体现在精神世界的需求，不完全由消费水平决定，许多文化附加值较高的公益

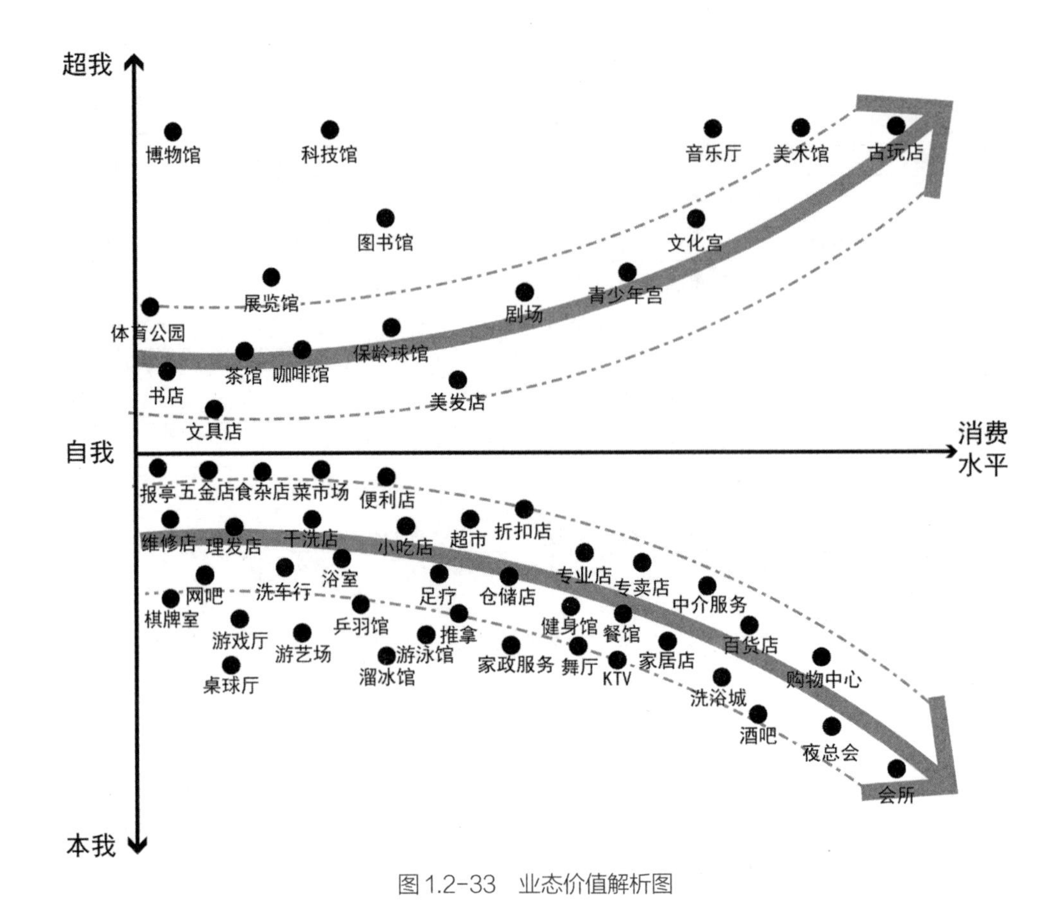

图 1.2-33　业态价值解析图

型设施，消费水平较低，如博物馆、展览馆、图书馆等。

（2）业态分布特征

商业的业态在空间分布上，一般会形成同类及相关业态在一定空间范围内集聚的现象，形成特色商业街及商圈。

特色商业街往往以一个大类中的一个小类为主导，其余的业态进行少量补充，形成特色突出、相关服务齐备的业态格局，空间上一般会形成沿路或沿重要景观资源线型展开的格局，形成街道。常见的特色商业街类型多为零售商业类的步行街（以服装专卖店、珠宝首饰专卖店等为主）、休闲娱乐类的酒吧街、文化鉴赏类的古玩街、生活服务类的餐饮街等。典型的如武汉江汉路（以特色专卖店为主），北京三里屯酒吧街（以诸多特色酒吧驰名中外），天津古文化街（以文化用品及古董、珠宝为主），青岛麦岛海鲜美食街（以地方特色海鲜餐饮为主）。

商圈也称购买圈、商势圈，是指在一定经济区域内，以商场或商业区为中心，向周围扩展形成辐射力量，对顾客吸引所形成的一定范围或区域[①]。商圈一般有标志性道路、景观、雕塑或建筑，成为市民情感认同的标志，商业设施也围绕其展开布局。

① 程庆山 . 商业物业的供求与商圈理论 [J]. 中国房地产，2000（4）：36-37.

商圈多以百货店、购物中心等综合性零售商业业态为主，通常涵盖全部5个业态类型，且辐射具有一定的范围，在一定范围内，商业经营状态较好，而超出其辐射范围，商业经营常常发生困难。

典型的如长春重庆路商圈。重庆路商圈以人民广场为标志，范围包括人民大街、永安街、北安路、西安大路及重庆路两侧区域，聚集了美丽方时尚购物中心、万达广场、融通广场、卓展购物中心、新世纪鸿源广场、国际贸易中心亚泰富苑购物中心等大型零售商业设施。商圈内同时也包括了重庆路特色商业街，以专业店、专卖店、餐饮、娱乐及部分百货店为主。

1.3 综合商业中心区的设计手法

综合商业中心规模尺度较大，且多是城市标志性窗口区域，在城市市民以及游客中有着较强的认同感。因此在具体的规划设计中，一方面应尊重内在的空间结构特征和商业设施集聚规律，如业态综合性、空间混合性等，符合其高效运营的需求；另一方面，应强化其地域特色和景观可识别性，凸显城市形象品牌。从宏观结构至微观空间组织，具体设计手法如下。

1.3.1 商业业态策划

综合商业中心业态复杂，构成方式多样，对中心区商业业态进行精确把握，使其能够有效嵌入城市既有商业体系，并做出一定提升，是综合商业中心规划设计前必须明确的内容。商业业态的确定不能简单地抄袭与借鉴，需要在一定分析研究的基础上，结合中心区自身条件及发展基础进行判断。在这一过程中，借助产业的广谱筛选分析技术方法[①]可以全面有效地对业态进行分类与甄别，并最终判断出中心区适宜的业态类型。

中心区产业广谱筛选分析实质上是指运用广谱筛选分析的方法列举所有可能落户于中心区的服务产业业态门类，并将其视为无差别的等价类[②]；其次逐一分析各类业态需要的发展条件；再次分析城市发展特征、资源禀赋、自身能够提供的条件，确定城市发展的价值标准与价值向量，对一定的社会经济条件下的城市发展具有重要的调控和引导作用。在广谱哲学看来，这种价值关系实际上是一种广义的供求关系，

① 广谱分析，就是运用广谱哲学的相关理论，对事物的概念、内涵、性质、运动变化的过程以及事件进行系统性、结构化的分析和探讨，以期发现事物之间内在的新联系、新特征，并试图为人们的需求找出可操作的方法和程序。资料来源：王晓岗.关于“民主”概念的广谱分析[J].人民论坛，2010(12)：48–49.

② 张玉祥.广谱存在论导引[M].中国香港：香港天马出版有限公司，2004.25.

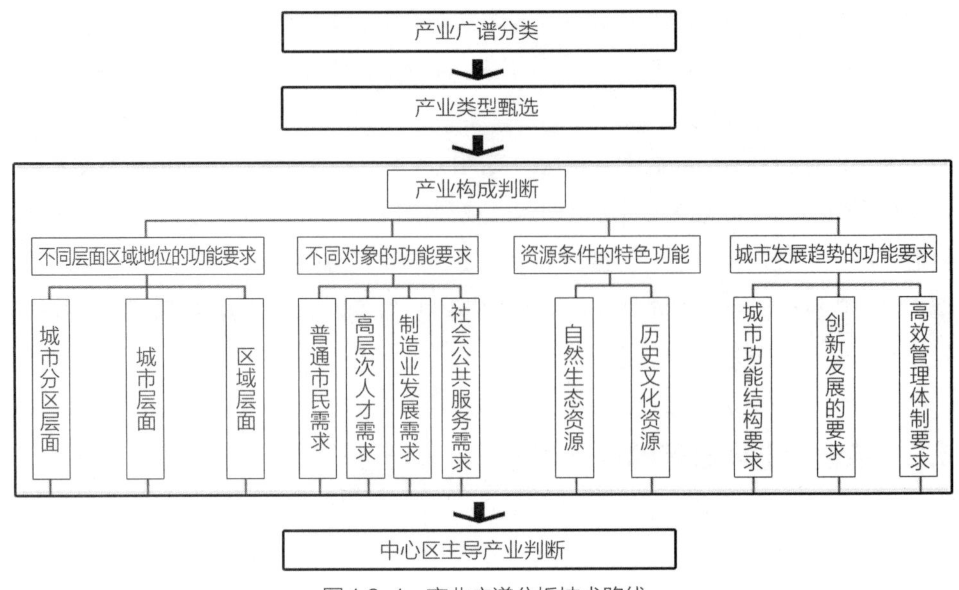

图 1.3-1　产业广谱分析技术路线

即主体需要的内容集合和客体提供满足的内容集合在性质上相同①。最终根据价值标准与价值向量从中筛选出本城市发展的主导业态类型群。

产业广谱分析可分为产业广谱分类，产业类型甄选，产业构成判断三个主要步骤。产业构成判断可以从不同层面区域地位的功能要求，不同对象的功能要求，资源条件的功能要求以及城市发展趋势的功能要求四项判断，每一项均可分解为等级不同的几个层面，最终采用广义量化和模型化的叠加分析方式，判断城市的主导产业（图 1.3-1）。

（1）产业广谱分类

具体而言，产业广谱分析法的第一步就是对产业进行广谱分类。对于可能落户于中心区的服务产业，根据国民经济行业分类，国民经济行业共分为 20 个大类（中心区内重点考虑服务业类别，农业、制造业等不做考虑）。产业可以划分为生产型服务业、生活型服务业和公益型服务业，制造业加工业四个簇群。其中，生产型服务业是为了保持工业生产过程的连续性、促进工业技术进步、产业升级和提高生产效率提供保障服务的服务行业，一般包括对生产、商务活动和政府管理而非直接为最终消费者提供的服务，主要包括金融、物流、会展、中介咨询、信息服务、软件外包、科技研发、创意、教育培训等服务行业；生活型服务业是指直接面向人们提供物质和精神生活消费产品及服务的服务产业，其产品、服务用于解决购买者生活中的各种需求，一般包括文教卫生、商贸流通、旅游休闲娱乐、体育健身、餐饮住宿、交

① 张玉祥 . 广谱价值论基础 [J]. 华北水利电学院学报（社科版），2001（1）：1-5.

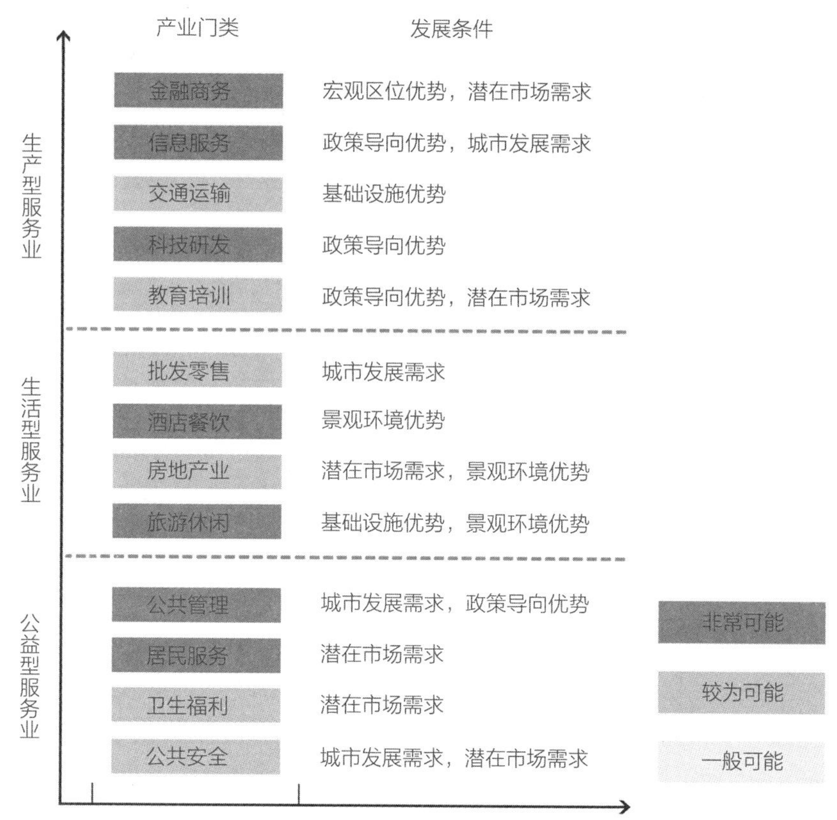

图 1.3-2 中心区可能的服务产业广谱甄选

通运输、市政服务等行业；公益型服务业主要是指以谋求社会效应为目的，直接满足人们基本生活需要的服务行业，具有非赢利性和社会效益性，主要包括公共管理、社区服务、卫生服务、公共安全等行业。各种类型下的服务产业具有不同的形成机制，其对于布局区位、市场需求、设施配套的要求也各有差异，因而对中心区进行具体的业态规划和产业招商提出了不同发展要求（图 1.3-2）。

（2）产业广谱甄选

产业广谱分析法的第二步就是产业的甄选。每个城市都有其各自独特的属性特征，因此，其所包含的产业类型也各不相同。在通过广谱分类对城市中心区中所有可能包含的产业进行分类之后，从区位条件、设施配套、政策导向等资源禀赋因素出发，将具体产业的空间发展条件与城市的发展要求进行逐一比对，挑选出该城市可以承接发展的服务业类型。如生产型服务业中的金融业，选址对区位，认知度要求较高，金融业选址通常有以下几个特征：①资本密集型，处于城市核心地段，认知度高并且地价高昂；②知识密集地区，人才专业型技能突出；③产业上下游，同类产业之间存在强关联性，产业聚集发展；④规模太小的城市不适宜发展金融业。各产业甄选空间需求详见表 1.3-1：

中心区各相关行业空间需求 表 1.3–1

编号	门类名称	要求	编号	门类名称	要求
F	批发和零售业	1. 距离居民区近 2. 相关产业聚集	M	科学研究和技术服务业	知识密集型，首选有相关高等教育院校的城市
G	交通运输、仓储和邮政业	1. 一般不设置于城市中心地段 2. 与相关产业配套设置	N	水利、环境和公共设施管理业	基本资源应均等化布局
H	住宿和餐饮业	1. 距离其他服务业以及制造加工业近 2. 周边有相关目的地与公共活动	O	居民服务、修理和其他服务业	距离居民区近
I	信息传输、软件和信息服务业	1. 知识密集型，首选有相关高等教育院校的城市	P	教育	基本资源应均等化布局
J	金融业	1. 城市核心地段 2. 知识密集型，人才需求旺盛 3. 产业聚集，对城市规模有要求	Q	卫生和社会工作	基本资源应均等化布局
K	房地产业	1. 用地充足 2. 基本公共服务设施完善	R	文化、体育和娱乐业	距离居住区近，基本资源应均等化布局
L	租赁和商务服务业	1. 可达性高的城市道路附近 2. 知识密集型，人才需求旺盛 3. 产业聚集对城市规模有要求	S	公共管理、社会保障和社会组织	基本资源应均等化布局

* 资料来源：作者整理.

（3）产业构成叠加判断

广谱筛选分析第三步是判断产业规模的构成比例。服务产业的空间叠加促进城市的形成与发展，城市之间产业构成各有差异，这些功能差异从微观上看，是由大小不同的工业设施以及服务设施机构聚集而构成，从宏观上看，与市民使用、运营特色等因素密不可分，因此对城市产业构成进行划分与测算，能够准确地反映其定性和定量特征。城市发展的根本目的要满足城市乃至区域范围内不同类型的功能需求，这些需求可以概括为不同的尺度层面。中心区的功能构成也可以由此入手，测算中心区未来的功能构成，并解析其未来主导功能。

以南方某历史文化名城中心区为例，其功能构成，与其在区域中的地位、所服务的特定对象、自身的发展条件等相关，还需依据该地的发展趋势的分析满足其未来新的功能需求。通过以上分析方法，可以将产业空间构成判断分解为以下几个步骤。

——城市层面发展背景判断。分析该中心区在城市中心体系中的作用，以丰富和完善城市中心体系为目标对其进行功能判断及发展定位；对城市商业业态及土地市场进行分析，判断中心区的业态发展趋势及未来发展潜力；对各相关中心进行比较研究，寻找中心区发展的目标区间。

——中心区所在片区发展条件判断。对片区各商业业态进行详细分析，包括业态的类别、构成关系、空间布局情况等，为中心区的产业选择及产业间的构成关系提供依据；对片区人口情况、就业情况、消费力情况等进行分析，为中心区业态等级规模的判定提供依据；对片区历史文化资源进行分析，探寻中心区独特的文化内涵，为中心区的整体发展定位、形象定位、业态的特色定位提供依据。

——城市竞争性中心区研究及案例借鉴。通过对城市具有竞争性质中心区深入研究，从区位、定位、业态、规模、服务范围、经营模式、空间特色等多个层面进行比较分析，寻找中心区业态发展的差异化空间；通过对国际可借鉴中心区的研究，从中心区发展环境、建设规模、投资额度、形态特征、商业业态、消费客群、经营状况等多个层面展开分析，为中心区的业态发展提供借鉴。

某新城核心规划区产业构成需求叠加分析　　表 1.3-2

城市核心规划区功能类型	行政办公	商业金融			文化娱乐		教育科研		居住	体育	休闲度假	
城市产业规模功能需求	行政办公	商业	商务办公	金融业	文化娱乐	餐饮	科研机构	信息服务	公寓住宅	体育	旅游度假	观光休闲
城市层面发展背景判断		1	1		2	2		1	1		1	1
中心区所在片区发展条件判断		1			2	2					1	2
城市竞争性中心区研究及案例借鉴					1	1		1				1
综合		2	1		5	5		2	1		2	4

* 资料来源：作者整理.

该中心区具有“历史人文”及“文化休闲”的特点，在上述分析的基础上，判断中心区重要业态构成为文化娱乐、餐饮、观光休闲、商业、旅游以及部分商务办公、信息服务和公寓住宅功能。由于城市中心区往往处于城市的核心区位，聚集了城市的诸多优势资源，是城市服务产业发展的黄金宝地。同时中心区也是城市服务产业发展的“制高点”，其业态选择往往决定了城市服务产业发展的高端水平。从这种角度上说，并不是所有中心区可承接的产业，就是中心区适合发展的产业，需要结合城市的发展水平和服务机构聚集的难度，确定不同时期中心区最适合和最可能发展的产业类型，引导中心区朝着高效益、高品质的目标发展。

1.3.2　商业街区规划设计

综合商业中心多会围绕一些重要的标志节点空间组织，如广场、公园、地铁枢纽站点等，并根据规模的不同，形成不同的结构形态。

（1）中心放射式

中心区选址于重要的开放空间旁，如湖面、公园、广场等，利用良好环境的带动效应，形成公共设施的集聚，使得良好的景观资源可以为广大市民所共有。在此基础上，引导公共设施沿重要轴线道路向周边延续，同时也可根据具体功能需求及道路等级性质，形成不同功能特色的街道（图 1.3–3）。这一模式适于等级较高，规模较大的中心区，形成环境引导开发的模式，能够更为充分的激发公共资源的价值，吸引活动的集聚。同时沿重要道路的辐射也能够增加中心区的可达性，更加便于使用。

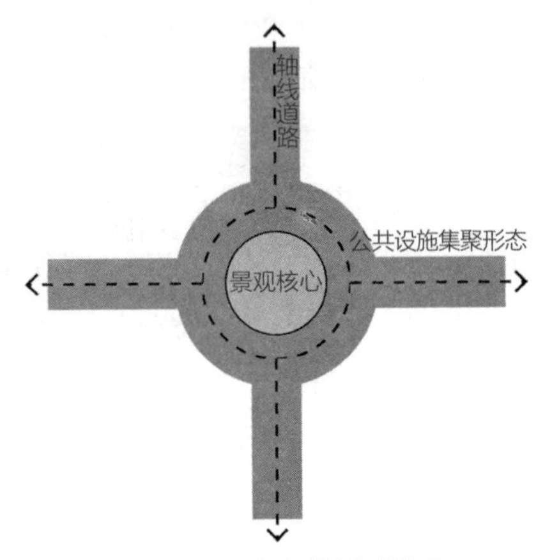

图 1.3–3　中心放射式模式

在黄骅市中心区的规划中（图 1.3–4），将前排河转弯处水面扩大，并与石排河沟通，形成景观核心；金融、会展、酒店、商务等高端职能环绕水面布置；北侧结合城际铁路站点布置科技研发区，通过中部绿化廊道与水面联系；中部结合水系布置岛状花园总部区；南侧则规划一条水系与水面相连，形成商业休闲带，并与南侧综合客运枢纽相联系，并结合布置大型商业综合体；东侧受城际铁路影响，不宜布置建设用地，规划为景观绿带。整个综合商业中心规划以水景为核心，通过放射状与周边枢纽站点形成联系，结构清晰，特征明显，并在大的功能综合的基础上，形成了相对独立的功能分区，便于使用。

（2）轴线延展式

有些城市或片区受地形等条件限制，呈现出较为狭长形的特点，为了更好地提供相关服务，也为了更好地连接城市各功能板块，综合商业中心多会依托城市轴线骨架型道路线型展开，具有较强的轴线感，并会在该路与重要道路或景观资源交汇处形成节点空间（图 1.3–5）。该模式下，通常会根据周边设施及建设的不同而将轴线进行分段处理，形成相应的功能区段。这一模式虽然能与城市形态有着较好的结合，但轴线过长则会造成功能的分散及使用的不便，缺乏公共设施的集聚效应。因此规划中应统筹考虑重要节点的打造及轴线界面的连续性，形成开合有序，收放有致的形态。

图 1.3-4 黄骅市中心区设计

*资料来源：上海同济城市规划设计研究院 . 黄骅市城市中心区城市设计，2009.

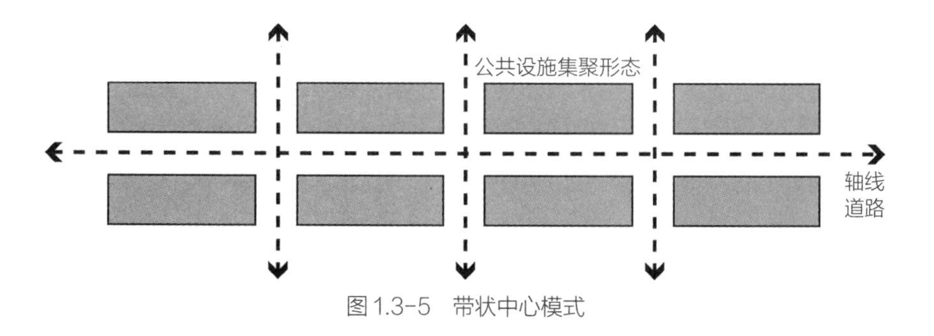

图 1.3-5 带状中心模式

如图 1.3-6 所示，该案例呈现了明显的带状中心的空间形态，整个商业中心的公共设施沿北侧的滨海面和西侧的滨河面呈连续的带状分布。在商业中心的区位选择方面，案例较好的利用了基地现状的滨海和滨河的两个景观面，沿海、沿河线性展开，通过富于变化的城市天际线的建立，能够很好地体现出商业中心的景观形象。滨海一侧，规划将临海的空间作为滨海公园，通过步行空间和观景平台的设置来组

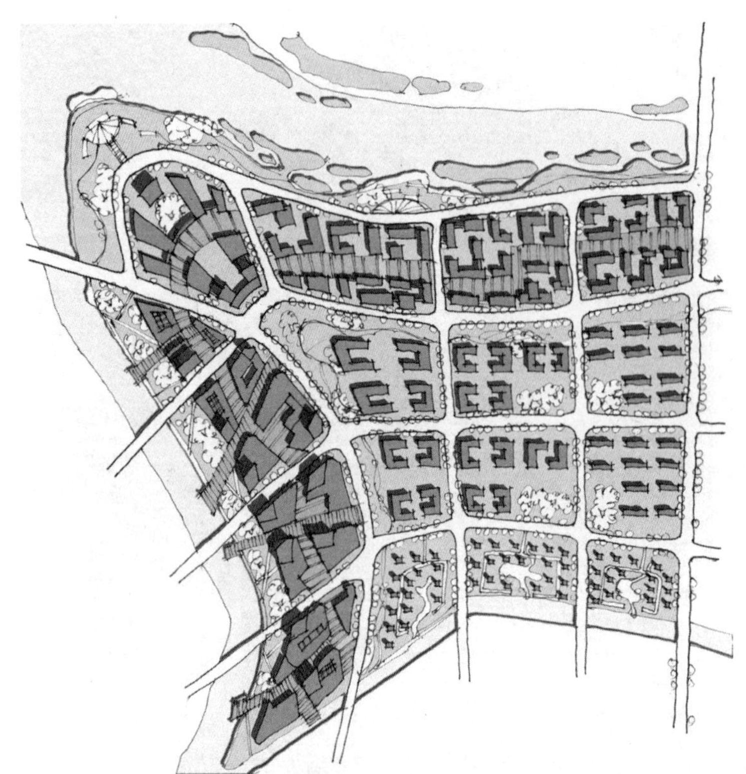

图 1.3-6　带状商业中心区教学案例

织形成滨海的休闲活动空间，并与商业中心的步行空间紧密相连，在基地西北角的三角洲空间中建立了海面景观—滨海景观—商业景观的轴线联系，滨海一侧的公共设施建筑体量相对较小，以亲切宜人的尺度空间形成了丰富的建筑组合空间，主要用来组织餐饮、休闲娱乐、特色商业等功能。而滨河一侧的建筑体量相对较大，主要功能为大型的商业、文化、娱乐空间，以及高层的商务办公空间，商业街沿城市主干道展开，沿街设置的各商业设施具有较均等的人流接近机会，交通条件优良，不论景观上还是交通上均与河对岸的城市空间联系紧密，是整个商业中心的景观形象的核心。设计通过步行空间将整个带型的商业空间组织联系起来，形成了一条较长的商业步行街，步行空间的收放变化较为丰富，并且与滨河景观空间建立了直接的步行引导。在带状中心组织模式的实际应用中应当合理的控制商业街的长度，过长则不便于人流的活动，如有扩大规模的需求，则可向商业街两侧纵深方向发展。

（3）多轴交织式

根据具体的功能布局、设计需求及地形条件，形成多条不同的轴线，并依靠轴线构筑不同功能之间的联系关系，形成一个轴线交织的整体网络（图 1.3-7）。这一模式也较为适合尺度较大的综合商业中心区，通过轴线的连接与呼应，使得整体结构较为有机，整体感较强，在处理复杂多变的地形条件，及中心区与周边环境的关系时较为有效。在具体的设计中，根据具体环境及建设条件，也会形成多条轴线连接成环的形态（图 1.3-8）。

如合肥滨湖新区中心区规划设计，就是通过多条轴线的穿插与呼应，形成了较强的整体效果（图 1.3-9）。规划依托中部水系，规划了商业休闲水街，形成主轴线；轴线北端进行了放大处理，规划了一个休闲岛，与北侧的东西向商业办公轴线相呼应，商业办公轴线东侧以弧形建筑形态收尾，并延伸一条斜轴直通湖面，并布置休闲娱

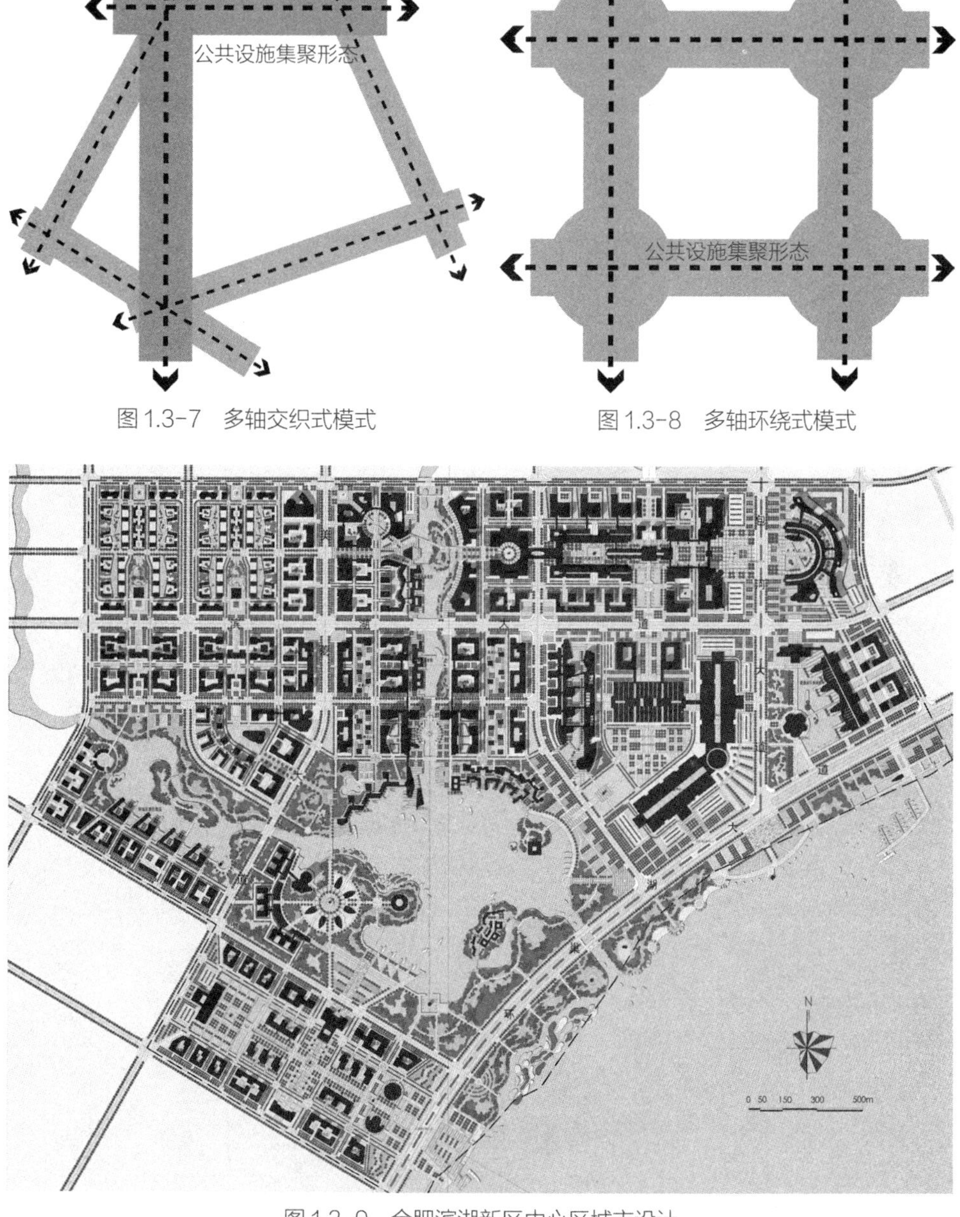

图 1.3-7　多轴交织式模式

图 1.3-8　多轴环绕式模式

图 1.3-9　合肥滨湖新区中心区城市设计

*资料来源：上海同济城市规划设计研究院．合肥滨湖新区概念规划，2009.

乐功能；商业办公轴线中部做了对称处理，又与南侧的会展功能发生关系，会展轴线在此进行了转折，与中心水面形成对景关系；水街轴线南段通过东西向轴线与两侧功能片区相联系，而西侧的居住社区又形成相应的南北向轴线，与中部的水体景观区相联系；中心区南侧为行政中心，形成正对湖面的景观轴线，同时，中部经过处理后，又形成联系中心水面的景观轴线；中心水面东侧布置创新商务功能，与北侧轴线呼应的同时，又形成了正对中心水面的轴线关系。整个中心区的设计通过十多条轴线的交织来组织，形成了联系紧密，契合环境，整体感较强的整体形态。

而乔司新城中心的规划中则采用的多轴连接成环的模式（图 1.3-10）。现状核心位置内已有较多建设，不便拆除，因此规划以南侧道路交汇处为起点，将公共设施向两侧展开：南以商务办公为主，西侧结合地铁站点，以大型商业设施为主。在此基础上，沿东侧乔司港河两岸布置滨水特色商业街，并通过北侧商业街与西侧商业设施相联系，形成环状。南侧及西侧主体功能区依托道路布置，北侧及东侧休闲商业街则分别依托慢性交通及水系布置，中部为现状既有社区。规划较好地处理了规划与既有建设之间的关系，形成整体有序的形态。

（4）团块集聚式

规模一般的综合商业中心区多采用团块状集聚的方式布局，各功能在相对集中

图 1.3-10　乔司新城中心区城市设计

*资料来源：中国航空工业第三设计研究院．乔司新城中心区城市设计，2011.

的几个地块内集聚，形成明显区别于周边的体量及肌理特征。这类模式多产生于重要道路交汇处或轨道交通枢纽站点等具有较强集聚效应的场所（图 1.3-11）。这一模式中心区，功能的混合程度较高，人流、车流等相对集中，活力较大，对商业功能使用及发展较为有利。但这一模式受制于规模限制，不宜过大。

如图 1.3-12 所示案例，规划将商业中心的公共设施主要集中在基地西北角的地块中，以街坊式的商业街区的形式组成了一个规模较大的块状商业中心。区位选址较好，既有靠近城市主干道的便捷交通条件，又占据了基地滨海、滨河的两个优良的景观面，布局紧凑，现代城市景观形象突出。规划充分利用滨海、滨河的景观带，形成商业中心外围一圈的绿化活动空间，码头、亲水平台的设置使活动空间更富有乐趣与活力，部分开敞的广场空间的

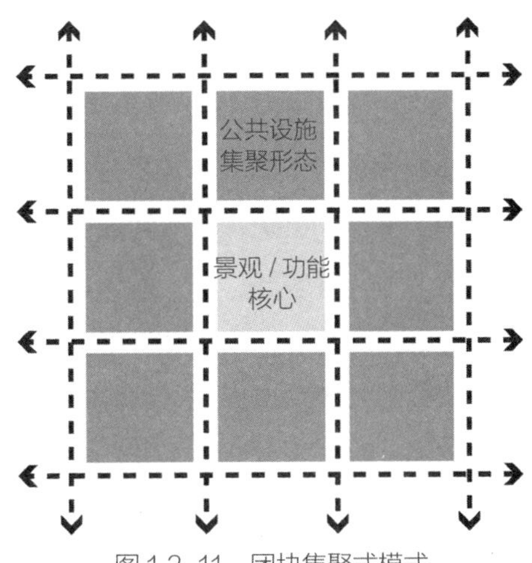

图 1.3-11　团块集聚式模式

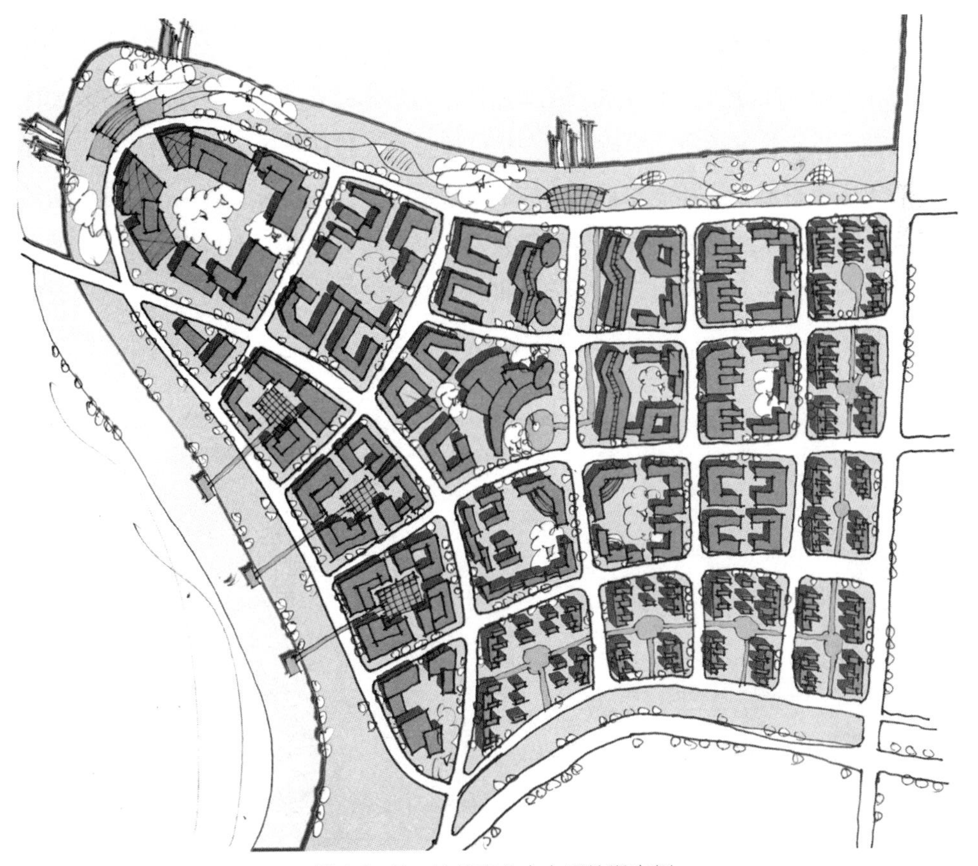
图 1.3-12　块状商业中心区教学案例

设置也与商业中心形成空间上的呼应。商业中心的功能组织较为明确，从西北至东南依次为商务办公—综合商业—文化娱乐，形成了有层次的空间形态。将商务办公的高层建筑置于西北角的三角洲位置，能很好地塑造区域的标志性建筑景观。在建筑空间的组织上，该方案以步行广场为核心空间组织各项设施，能够在街坊内形成安全舒适、丰富多变的步行空间，通过步行体系构建，将整个商业中心空间联系起来，构成一个高效率、环境优美舒适的商业中心。

（5）组团分散模式

多组团中心（图 1.3–13）是在对中心区的空间骨架体系认知的基础上所形成的一种中心区空间组织模式，通过中心区的轴核空间体系与开放空间体系构建中心区空间的“实”骨架和“虚”骨架，两副空间骨架相互契合，构成了中心区疏密有致的城市空间形态，创造出与一般城市地段所不同的中心区独特景观。在不同地区的商业中心规划中，由于现状地形、建筑遗存和自然环境的差异，以及对实骨架和虚骨架的侧重的不同，也会形成不同类型的布局形态。

以实骨架为主，绿地楔入（图 1.3–14）。商业中心区的空间结构以实骨架为主的情况下，公共建筑聚集自成硬核体系的实骨架，作为虚骨架的大型绿地从多个硬核之间的空隙楔入，形成有机统一的空间形态，既有秩序井然的公共建筑群集中区，又有丰富的公共休闲活动体系。

图 1.3–14 所示案例呈现了典型的多组团中心组织模式。在中心区的空间骨架体系的构建中以实骨架为主，形成了三个集聚的公共设施硬核组团。组团与组团之间通过城市主干道形成了功能和景观上的轴线联系，并且硬核有主有次，以西北角的综合商业硬核和东北角的商务办公硬核为主，中央的文化娱乐硬核为辅。在开放空间体系的构建中，绿地和水系从硬核之间的空隙中楔入中心区，成为公共休闲和游憩交往活动的平台，通过楔入的绿地将水系引入商业中心内，形成了南北向的一条主要的休闲廊道，将南侧的河流与北侧的海面连通，营造了“亲水码头—滨海绿带—

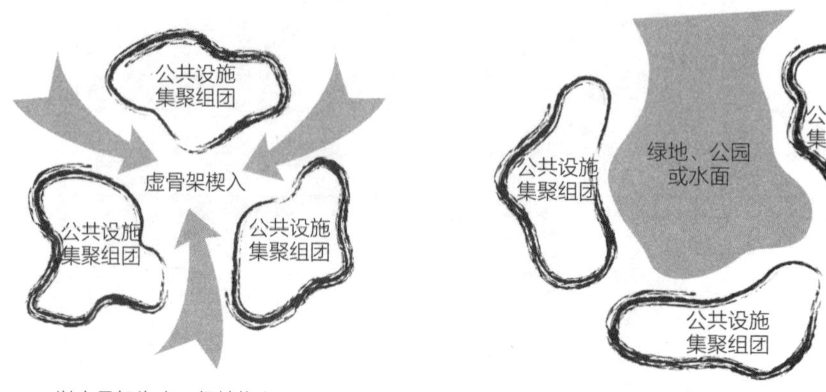

图 1.3–13　多组团中心组织模式

中心公园—散步廊道—滨河绿地”变化丰富的开敞空间序列，另一条休闲廊道则斜插入中心，将主要的滨河景观与商业中心连通起来，形成一条重要的城市景观视觉廊道。这样既不影响中心区公共职能的发挥，又能在中心阴影区等不适宜布置公共实施的地区内设置绿色开放空间，充分利用了中心区的特殊空间结构，能够产生很好的大疏大密组合效应。既能满足商业中心空间的集聚效应和高效运营，又能在周边高密度的建筑群当中提供一个高品质的户外互动空间。

以虚骨架为主，绿心环绕（图 1.3–15）。商业中心区以虚骨架为主的情况下，大型绿地公园和水面成为中心区中间位置的“虚核”，周围公共服务设施各自聚集为多

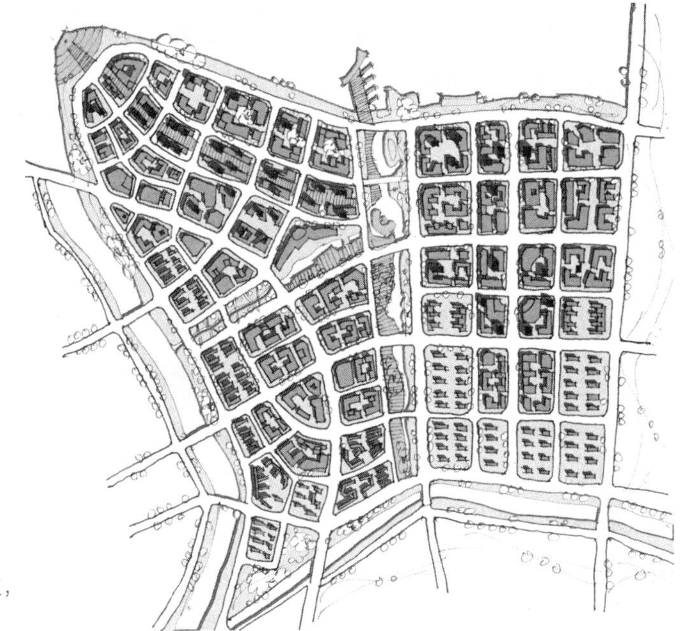

图 1.3–14　以实骨架为主，绿地楔入

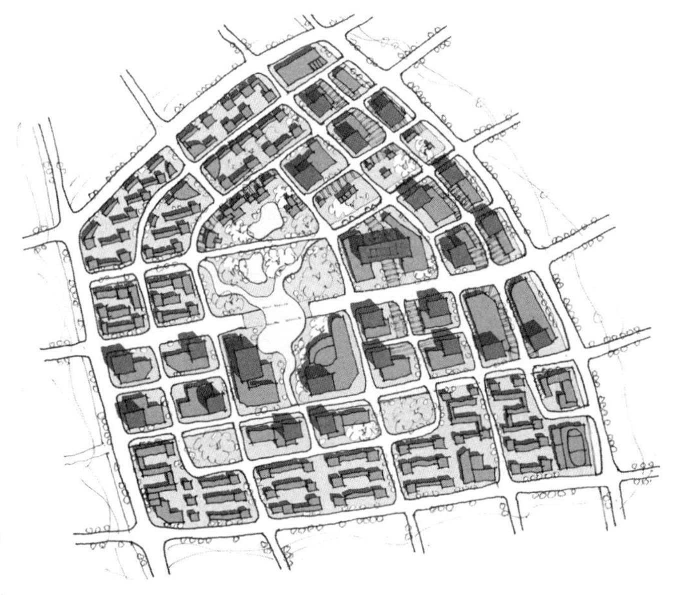

图 1.3–15　以虚骨架为主，绿心环绕

个功能不同的硬核环绕。使中央绿地成为周边高密度建筑群用户的休憩场所乃至整个中心区的“绿肺”。

图 1.3–15 所示案例，规划梳理了现状的河网骨架，使得水系沿着城市道路环绕在商业中心的硬核周边，能够起到空间缓冲与过度作用。在基地中央则形成一个大型的水体绿地开敞空间，作为商业中心区的“绿心”，绿心周边由多个景观实核共同构成。中央绿化周边布置商业餐饮、商务办公、文化娱乐等功能的硬核，使得各个功能空间都能有较好的景观朝向，便捷的与中央绿地联系，将成为中心区内最具活力的区域。周边的水系与中央大型水体相连，形成了多条渗入到实核建筑空间当中的绿色步行廊道，构建了“点—线—面”层次丰富的开放空间体系。中心区各个硬核组团均通过步行空间与绿化开敞空间紧密，商业中心区虚实骨架相互渗透、相互比邻、相互依托，共同形成了张弛有度、极具空间特色的中心区形态。

1.3.3 商业步行街规划设计

商业步行街是综合商业中心的重要组成部分，是商业及服务设施集聚发展的主要形式，根据步行街的空间位置特征，可大致分为 4 种形式：开放式步行街、室内步行街（或有顶步行街）、立体式步行街（通过两层以上的平台、连廊等进行联系，形成立体的步行体系）、地下步行街（依托地铁、地下通道及各类商业设施的地下层形成）。而无论是哪类步行街，在规划设计中，均可采用一些共同的基本设计手法。

（1）主题情景设计

步行街是设立在一定的空间范围内，并有一定的商业服务设施为基础，因此具有一定的地域特征及功能特征，据此可对步行街区主题情景进行有效的设计与策划，突出特色及形象，进而影响步行街的空间形态及景观设计，以吸聚人流、激发活力。而主题情景设计的基础也主要基于这两个方面：地域特征及功能特色。

——地域是步行街物质空间的承载要素，步行街一定是存在于一定的发展历史及周边环境的基础之上的，因此受到地域发展条件及周边环境的强烈影响。而新的商业设施的集聚，能否沿承城市发展脉络，强化地域文化特征，是商业街规划设计成功与否的重要环节。地域特征可包括地域文化特征、历史文物遗存、重大事件影响、优势资源依托等。这些要素往往交织在一起，难以清晰地划分，文化特征需要一定的历史遗迹承载，重大事件也多会有特定的场所及设施，优势资源又多会与城市的文化发展联系紧密，因此，步行街的主题情景需要综合考虑各方面的影响因素，找到最具代表价值，最易为人们所接收及认同的切入点，进行规划设计。

我国著名的商业步行街多是建立在这一基础之上。南京的 1912 步行街区的主题就是依托总统府的优势资源，挖掘大量民国建筑的历史遗存，并借助民国文化背景而提出的，这一主题进一步影响了街区的空间形态及形象，以民国风格为主，并配有多个主体雕塑。上海新天地则是依托历史文化积淀较为深厚的石库门地区开发形成。哈尔滨中央大街也保留有特色鲜明的历史建筑、青石板路面、老店铺等，并沿承了街区的商业特色。

——功能特色体现的是商业步行街具体的业态构成方式。通常会突出一种业态作为主力业态，其余业态以此为中心进行补充与完善，形成特色鲜明的商业街，这也更有利于商业街空间形态及景观的塑造。餐饮特色的商业街强调景观环境设计，并配建大量的停车场库，需要根据消费水平进行一定的分区，处理油烟等设计；零售商业街，则需要较多的开敞空间及集散广场，布置一定的休息座椅，提供小型饮料店及咖啡馆等休憩场所；娱乐休闲街则应更多地考虑对周边环境的影响，避免音乐对居民生活的打扰。

（2）步行空间组织

街道空间是步行活动的主要载体，在街道空间的行走中，人们往往是无目的的漫游状态，会被各类特殊活动或标志性景观（雕塑、树木、喷泉等）吸引停留或前进，因此，街道空间的组织对于引导人流方向，组织商业空间具有重要作用。在具体设计中，应注意：构建有主有次的网络化步行空间，增加沿街商业面积，提升中心区的商业价值；合理控制主要步行序列的曲折程度，注重步行空间的可达性；步行空间的主次序列应当与商业设施相结合，主要步行序列的节点空间设置应与大型商业设施布局相符合等。由于每个城市的空间结构不尽相同，商业中心区的步行空间结构还是需要与城市空间机理的协调，在实际的教学案例中，可以总结出以下几种组织模式（图 1.3–16）。

十字街区式（图 1.3–17）。商业中心区的主要步行轴呈十字相交，在十字主轴两侧发展次一级的步行街道，十字主轴相交处通常开辟为广场，形成有主有次的步行空间结构。如图 1.3–17 所示，该案例采用了典型的十字街区式的商业步行空间组织模式，形成了南北、东西两条明确的步行主轴，且呈十字相交。南北向的步行主轴将南北两侧的滨海、滨河空间联系了起来，并且通过沿线的商业空间的塑造，形成了一条商业中心主要的景观轴线和视线通廊，将中心区核心的休闲活动空间和商

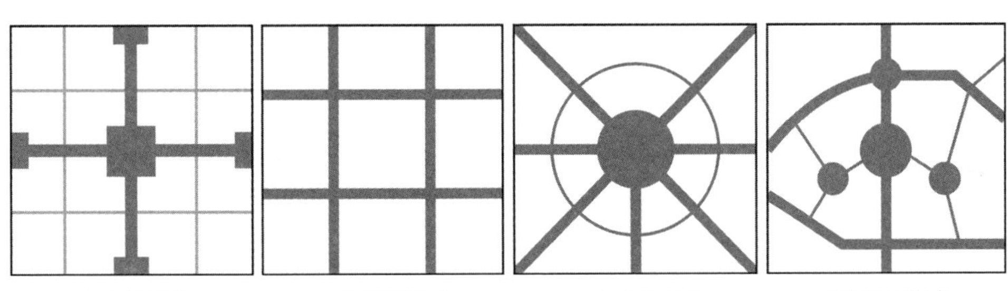

a 十字街区式　　b 均质网格式　　c 中心放射式　　d 有机网络式

图 1.3–16　商业步行空间的组织模式

图 1.3–17　十字街区式教学案例

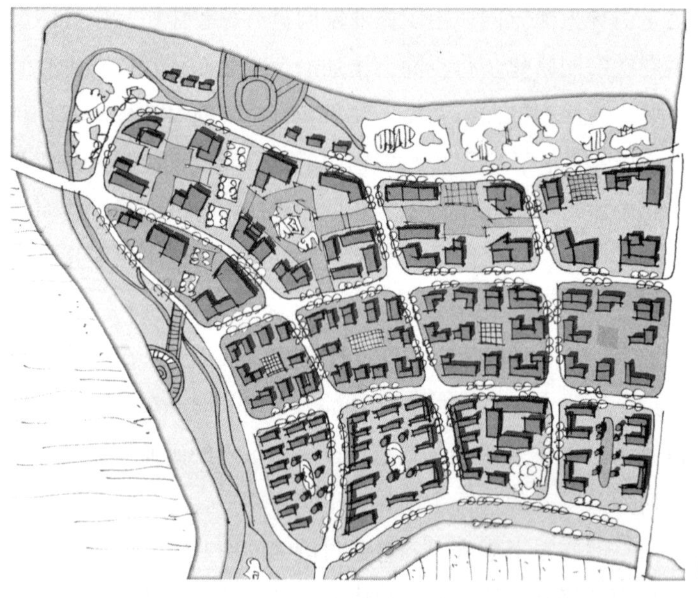

图 1.3–18　均质网格式

业空间都通过步行空间串联了起来。东西向的步行轴线则结合地形形成了曲线形的步行空间，作为西北角的滨海休闲区与商业中心的步行联系。十字相交处为主要的广场空间，将知名度高、吸引力强的大型商业设施结合布置，形成区域景观和公共活动的核心空间，将步行序列推向高潮。该组织模式，具有一定的向心性，是较为常见组织形态。

均质网格式（图 1.3–18）。步行街道排列成纵横相交的规则网格状，不分主次。建筑整齐排列于网络内部。网格式是商业区最基本的一种形式，它是以几条街道交织成的网络为主导，组织商业空间布局的形态。这种组织方式的特点是街道空间与建筑实体构成了均质化的、如同细胞排列一样的基本单元，可以简便地进行组合与生长。如图 1.3–18 所示案例，该商业中心的步行空间采用了均质网格式的组织方式，形成了纵横相交的网格式的步行交通空间，没有明确的步行主轴。相较而言，北侧的步行空间结合绿化空间形成了较为开敞的大面积休闲活动空间，而南侧的商业街则与建筑结合较为紧密，步行空间尺度宜人，之间则通过多个纵向的步行空间相联系。各个街区均以围合式的组织方式作为基本单元来营造步行空间，在具体的布局上又略有差别。该商业中心外围形成了环绕的滨水的绿化空间，开敞活动空间充足，且与商业中心结合紧密，步行可达较好，因此该方案采用均质网格式的布局，能体现出均好性特征。

中心放射式（图 1.3–19）。多条步行街道交汇于中心广场处，形成放射式的步行空间结构。其特征是向心性强，中心广场地位突出。通过组织环形次要步行空间，联系各条放射状步行主轴。如图 1.3–19 所示，该案例在基地中央设置了核心的广场，主要的大型商业设施均围绕其进行布置。从中心广场形成放射式的四条步行轴线，分别连接了中心区各个主要的景观以及功能空间。结合地形，在外围构建了一条半环状的次要步行空间，将几条步行主轴空间联系起来。各步行轴线之间则形成了组团式的功能空间，整个商业中心形成了变化丰富的空间序列。该方案对于车行交通的组织欠缺考虑，建筑空间的组织上也较为零散，但中心放射式的步行空间的祖师，具有很强的向心性，对于公共空间序列的组织以及人流的吸引都能发挥较好的作用。

有机网络式（图 1.3–20）。一些商业中心区所在城市空间结构呈自由网络格局，商业中心区的步行空间组织即顺应这种自由网络格局。街区内有多个广场空间，形成点、线、

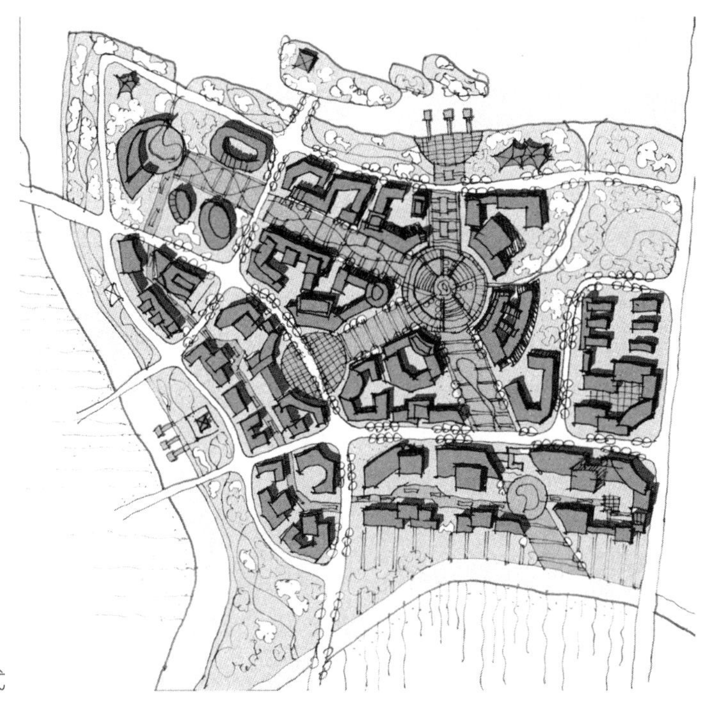

图 1.3–19　中心放射式

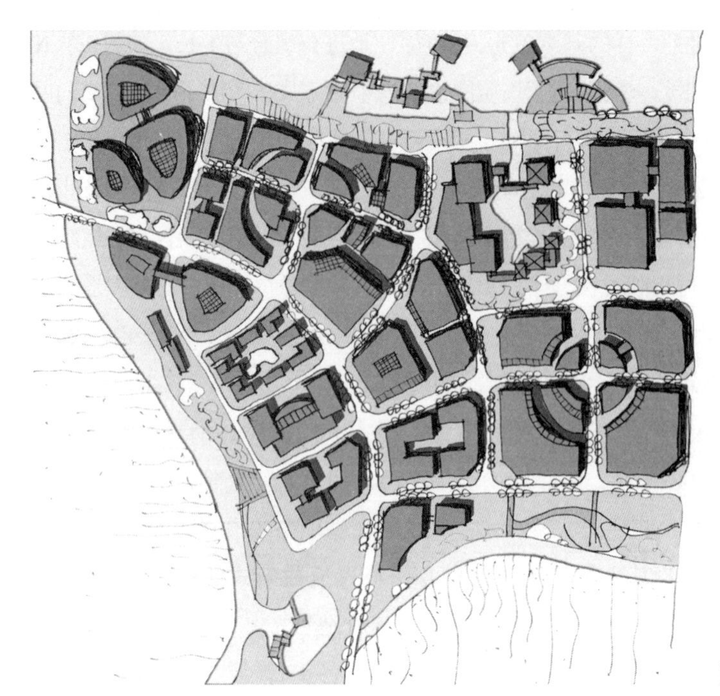

图 1.3-20　有机网络式

面多种形态复合的网络化结构。这种布局方式的特点是，步行空间形态较为自由，丰富有趣。如图 1.3-20 所示，该案例在步行空间的组织上，形成了自由网络式的布局模式。该方案商业中心的公共设施的建筑体量均较大，建筑形体与组合处理也较为灵活自由。建筑围合形成了多个节点广场空间，然后通过网络式的步行街串联起来，形成了具有层次性的步行空间序列。步行空间往往和建筑空间结合紧密，往往利用灰空间、室内步行街、空中走廊能多样化的处理手法，营造出多元化的商业步行体验。空间组织灵活，富有趣味，能够形成特色鲜明的商业中心区空间。

（3）步行游线设计

在商业街内，步行是商业消费活动的主要载体，而由于商业街的特殊性，消费者在商业街的活动出现了有别于其余地区（如公园散步、景区游览等）的心理需求。

——步行路径最短化。店铺间距离过远或路径不直接，会产生过长的步行线路及绕行距离，让消费者产生疲劳感，从而降低步行兴趣，因此，应建立店铺间较为直接的联系路径，是步行路径最短化。

——步行环境舒适化。舒适的步行环境可以增加步行的乐趣，延长步行的时间及意愿。此外，还能够起到吸引人气，增加活力的效果。

——相关店铺集中化。消费者一般会在对同类产品充分比较的基础上，进行消费，因此，需要同类店铺的相对集中，以减少步行距离。这也造成了与主要集中区相距较远的店铺人气不足的情况。

在此基础上，就形成了一定的商业街步行行为特征。根据消费人流的行进及变化

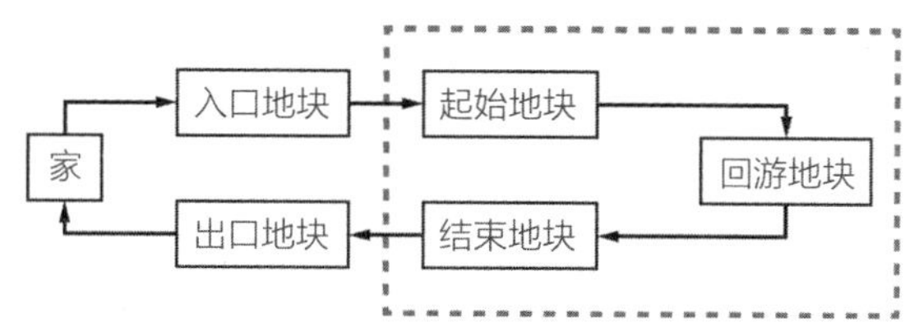

图 1.3-21 消费者活动过程

* 资料来源：王德，张照，蔡嘉璐，朱玮. 北京王府井大街消费行为的空间特征分析 [J]. 人文地理，2009，3（107）：27-31.

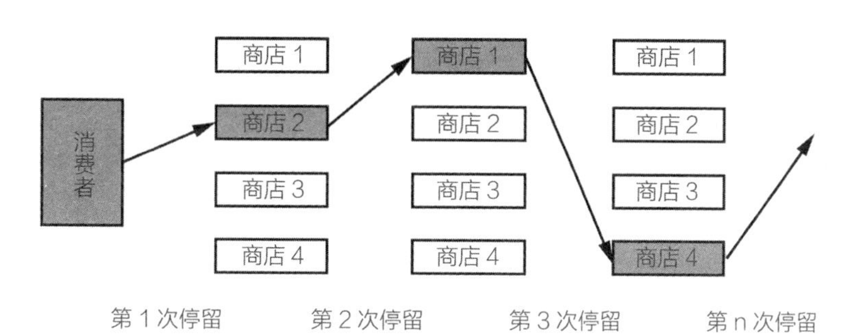

图 1.3-22 消费者的连续空间选择过程

* 资料来源：朱玮，王德. 南京东路消费者的空间选择行为与回游轨迹 [J]. 城市规划，2008，32（3）：33-40.

特征，可将商业街中的步行行为分解为起始、回游、结束三个部分[①]（图 1.3-21），其中回游部分是步行街活动的主体部分，是消费者在商业空间中的连续停留和移动，即消费者进入商业街，先光顾某一商店，然后离开这个商店，前往另一商店，如此往复，直至离开商业街（图 1.3-22）[②]。

这一过程中，商业街的起始位置表现出了更大的吸引力，人均消费额远高于其他阶段，是人流集聚性最强，商业活力最大的区域。因此在具体的空间组织中，多在商业街的入口布置明显的标志性景观要素，如雕塑、牌坊、喷泉等，标志应与商业街主题保持一致；并规划有大型的开敞空间，作为人流集散的场所，广场多与景观标志结合布置，以突出强化步行街入口及形象；在商业业态上，入口空间多布置商业主力店、大型购物中心等，并配套部分咖啡吧、茶餐厅等餐饮店铺，以供消费者休憩，使人流停留。此外，入口还应配备集中地停车设施，可结合大型百货商场及购物中心集中设置。

商业街中段的回游过程中，消费者人流体现了一定的方向性，即基本遵循从入口空间向内部流动的趋势，且相邻地块间及大型百货商场间的回游较为频繁，特别是对面地块间的互串较为频繁，此外，步行街内部的回游较为频繁，而距主要出入

① 王德，张照，蔡嘉璐，朱玮. 北京王府井大街消费行为的空间特征分析 [J]. 人文地理，2009，107（3）：27-31.

② 朱玮，王德. 南京东路消费者的空间选择行为与回游轨迹 [J]. 城市规划，2008，32（3）：33-40.

口较远的地区，人流较少。这一阶段是人流的主要行进阶段，因此应强化步行街到景观的序列感，并结合大型树木布置适当的户外休憩设施，使得步行环境更加舒适，以增加步行的时间及距离，促进步行街内部的活力；在回流的集中区域，特别是大型商业设施的集中区域，应规划有一定的开敞空间，以便于大量的回流人流的集散，同时也能使步行街的空间更具变化；该处开敞空间除可以提供一定的休憩及景观设施外，并可以提供一些餐饮服务，还可结合大型商业设施形成室外宣演活动、节庆活动的场所；对于过长的步行街，可采用增加出入口的方式吸聚人流，在现代机动化的出行背景下，以分散的，多出入口结合停车场的方式布局，即可分散主要出入口的交通压力，又是提升内部商业价值的有效方式。

无论以什么方式出行，一般的商业消费人流最终会回到起始为主，选择相同的方式回程，因此应注重商业街游线组织的环型特征，减少单调的重复性往返游线。此外，考虑到依托私人小汽车的出行及大运量公共交通的出行将成为主要的出行方式，依托主要的出入口形成综合商业设施集聚，中间以特色沿街商铺串联的方式，也成为商业街空间组织变化的新趋势，其中小汽车的出行多会形成在主要出入口附近的相邻地块间的回游，而大运量公共交通的出行方式多会形成沿步行街延伸的公共交通站点之间的回游。

1.4 典型案例设计及剖析

为了更为清晰的梳理城市综合商业中心区的规划设计方法，本书结合具体教学案例对其进行详细解说及总结。根据综合商业中心区位、景观环境、建设条件等的不同，选取相应的案例进行教学研究，分别为：老城综合商业中心、新城综合商业中心、滨水综合商业中心。

1.4.1 老城综合商业中心区

随着城市建设的发展、经济社会水平的提高以及地铁等高效交通方式的激发，老城商业中心的更新提升已成为城市中心区发展的重要措施。老城综合商业中心的规划设计中，常常面临诸多限制因素，如历史建筑、文保单位、城市肌理、既有建设、周边环境等，这些因素为规划设计工作设置了许多障碍，但同样的，也是规划设计可以利用的创造性要素。在此基础上，如何处理各要素间的关系，如何充分利用老城区的发展优势，如何在历史的沿承中创造与提升，是老城综合商业中心规划设计的核心问题。本书以某中部大城市综合商业中心规划为例进行详细解析。

（1）案例介绍及现状解析

该城市位于我国中部地区，城市历史悠久，老城商业中心位于城市中心区域，紧邻火车站地区，区位优势突出。火车站位于中心区西侧，并在车站出入口处设有集散广场，铁路从基地西侧穿过，在中心区南北两侧分别有一条道路下穿铁路，形成东西联系通道，广场东侧，还设有长途汽车站。中心区北侧中部位置有一处纪念塔，为文保单位，塔高63m，共14层，塔式新颖、独特，雄伟壮观，具有中国民族建筑的特点。随着中心区的更新发展，中心区内已建有部分大体量商业建筑及部分高层商务、旅馆建筑，但仍然有大量的低矮、老旧的商业设施及住宅区亟待更新改造。

该中心区位于城市交通门户地区，借助火车站及长途汽车站较好的人流集聚效应，形成了较好的发展基础，促使商贸及餐饮、娱乐等服务业的集聚发展；纪念塔是城市重要的人文景观资源，具有创造标志性景观特色的基础。在这些优势资源的基础上，中心区也存在一定的发展问题：居住用地占地面积较大，土地利用不够集

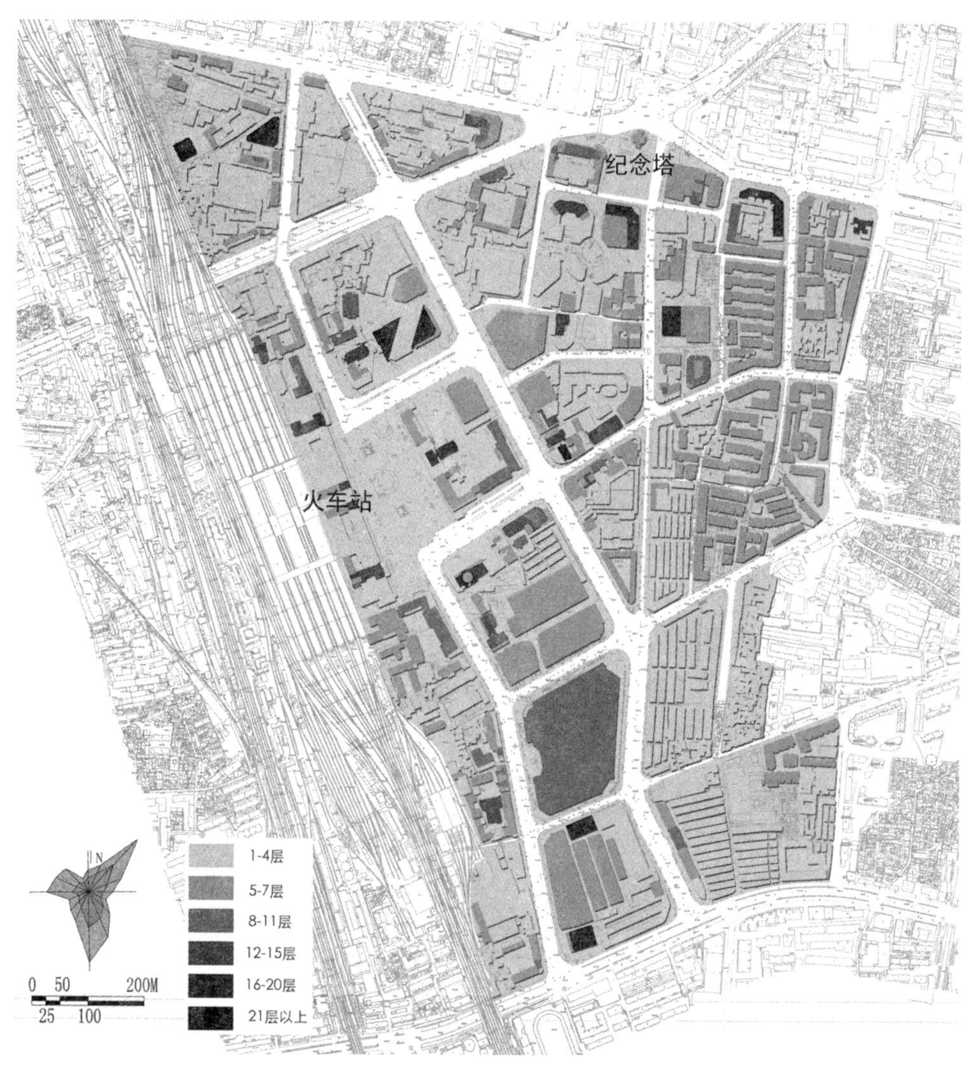

图1.4-1 某中部城市老城商业中心现状

约，中心区土地价值未能得到充分利用；商业业态以低档的沿街商业及大型的批发市场为主，且分布较为零散，使得不同业态之间的混杂较为严重；跨越铁路的交通、火车站及汽车站的集散车流及人流、中心区公共服务职能的集散交通等道路交通供需矛盾突出，路网结构、级配不够合理，造成中心区交通拥堵严重；中心区良好的人文景观设施未得到充分利用，且自然资源稀缺，缺乏良好的集中、连续的室外步行环境。

（2）设计思路及重点问题

在具体的规划设计中，应针对该中心区的优势资源及发展问题，寻找突破口，拟定设计思路。而针对老城综合商业中心这一特殊类型，可以通过有序的破题过程，逐步形成清晰的设计思路及结构框架，一般可分为以下几个步骤。

——抓住交通枢纽（火车站、长途汽车站）、纪念塔等优势资源。对于该中心区来说，火车站、长途汽车站是重要的交通设施，也是重要的人流集散中心，会形成大量的商业机会及餐饮、旅馆等相关服务设施的需求，可以此为中心组织大型商业及相关服务设施；纪念塔作为该地区的地标性建筑，具有景观标志、旅游观光、休闲游憩等价值，可以此作为中心区标志性景观节点，并以此为中心，组织中心区的景观结构。在此基础上，是否需要沟通两者之间的联系？如何沟通？也是规划设计之初需要慎重考虑的问题。

——提升优化道路交通系统，塑造良好步行环境。道路交通问题是该中心区的核心问题之一，重点应从三个方面着手破题：如何优化中心区道路网络形态及结构，使其连接更为通常；如何有效组织及分离枢纽交通与商业服务交通的关系；如何通过道路网络的调整形成集中的步行区域，以提升商业活力。进而可以进一步考虑交通骨架及步行体系与中心区空间结构的关系。

——居住用地的更新与功能整合提升。居住用地的更新提升是中心区提升发展的有效方式，为中心区的进一步发展提供用地支持，也可借助居住用地的更新，进一步整合中心区的功能布局结构，并能够相应的提升路网密度，缓解中心区交通压力。因此，如何利用居住用地的更新，完善整体结构，优化功能布局，是规划设计中可利用的有效手段。

在理清设计思路的基础上，根据个人理解方式及目标意图的区别，会形成对待现状及问题的不同方式，形成各具特色的规划方案。就该中心区来说，规划设计有几个重要问题及设计难点需要仔细推敲、斟酌，这些问题将直接关系到最终的规划设计方案。

——构建纪念塔、火车站之间的联系。使纪念塔、火车站等很重要标志及设施之间形成良好的空间、行为、功能上的联系，并以此为基础，组织中心区整体空间结构。

——以相关功能的集聚形成清晰的功能簇群结构。在既有设施的基础上，合理布局新建设施，形成各类功能的有序布局，强化商业设施的连续性及商务设施的有序性。

——优化道路交通体系，不同交通需求合理分流。使中心区内道路交通系统连接更为顺畅，主次干路划分更为合理，并通过道路交通的梳理，形成良好的步行环境，增加中心区活力；同时应注意火车站的出入交通与中心区交通之间的有效分离。

——综合评价价值，合理有序更新。通过对既有建筑质量、使用功能、所处区位等的综合评判，合理确定可更新建设范围，并根据中心区空间及功能发展需求，进行更新，释放土地价值。

（3）常见错误解析

在具体的规划设计中，由于对经济、文化、景观等方面的忽视，常会出现一些不适宜的空间形态及结构，使得规划设计的成果无法做到指导进一步的规划建设，这些问题需要我们足够的重视，并尽量避免。现将老城综合商业中心的常见问题总结如下。

——不顾现状的大拆大建（图 1.4–2）。完全不顾老城综合商业中心的发展基础，全部推倒重建。这是对城市及中心区发展沿承的严重破坏，使得中心区积累的人气及市民形成的心理认同全部消失，也会增加规划建设的成本，造成资源的严重浪费。在老城综合商业中心采用大拆大建的做法极不可取。

——功能集聚缺少核心，结构松散零碎（图 1.4–3）。与大拆大建相反，另一类做法是谨小慎微，人为的放大了更新改造的难度，只对中心区进行零散的改造，使得中心区难以形成有效的整体结构，会进一步加剧中心区的混乱与无序。规划设计

图1.4–2 不顾现状的大拆大建

图1.4–3 功能集聚缺少核心，结构松散零碎

中，应在全面深入研究的基础上，综合考虑中心区结构发展需求及建筑更新改造难度，进行有针对性的拆除与整治。

——毫无依据的植入文脉、绿脉和水脉（图 1.4–4）。老城的综合商业中心是有其完整的发展环境及长期的历史沿承的，具有一定的发展轨迹及绿化环境。因此，新的规划设计应充分尊重这些发展脉络，并通过有效的方式进行强化，不能对其进行随意的破坏或改变，以毫无根据与依托的轴线关系、绿化网络等生硬的植入中心区，这样会使空间显得无序与怪异。

——不考虑老城建设成本导致开发强度过低（图 1.4–5）。老城区内用地条件较为紧张，加之更新提升所造成的拆迁问题及安置等问题，使得老城中心区的更新改造成本较高。而高昂的成本必然需要通过高强度的开发进行稀释，才能使得开发商及城市有所收益，从而推动更新改造的进展。过低的容积率无法满足老城中心区的更新改造需求，也不能平衡高昂的建设成本，不适宜老城中心区这一特定区域。此外，过低的容积率也不利于形成良好的城市中心区形象。

——不考虑中心区发展的实际职能需求，中心区改造为住宅区（图 1.4–6）。老城综合商业中心更新改造的首要目标是中心区功能、景观、交通等条件的提升，且对于区位条件优越的老城中心区，发展商业、商务、娱乐及相关服务业更能体现中心区的土地、区位、经济等综合价值，在中国高速城市化的背景下，中心区及其周边用地的发展趋势就是由居住、工业等非中心区职能，向商业、商务等中心区职能的转变。因此，在老城综合商业中心内，以居住功能代替商业等公共服务职能的逆

图 1.4–4　毫无依据的植入文脉与绿脉　　图 1.4–5　不考虑建设成本导致开发强度过低

城市化做法并不可取。

（4）典型案例剖析

在对该中心区的规划设计中，形成了三种较有代表性的规划设计思路：①基本保持现状肌理格局，通过对空间及建筑形态的整合，构建较为清晰的空间结构框架，形成有机联系的整体形态。这类思路对现状及城市肌理的调整最小，主要出发点为优化，但不宜形成较为清晰的结构。②通过对周边路网及建筑的调整，构筑火车站与标志塔之间的有效联系，形成中心区的主要结构框架。这一思路结构较为清晰，但规划设计的重点区域调整较大，对现状及城市肌理有一定的改变。③以较为直接的方式沟通主要设施之间的空间联系，并以此作为空间结构的控制线。这类思路结构较为突出，能形成较为直接有效的整体结构及景观效果，但基本不考虑现状的影响，对中心区既有建筑及肌理改变较大。三类思路各有优劣，应依据具体的中心区条件的不同而进行取舍，而在本次设计中，三种设计思路都有所体现。

——保持现状肌理格局，局部提升改造（图 1.4–7）。方案对标志塔周边地区进行了整合，增加了广场开放空间的面积，并以对称式的建筑进行围合，突出了标志塔的地位，增加了可观赏性；在原有商业集中区的基础上，调整周边路网形态，形成连片商业步行街区，并将步行街向南延伸，形成一条纵向的轴线；增加火车站站前广场的面积及开敞程度，通过对铁路沿线街区的整合，布置商务、酒店等设施，形成铁路沿线的展开轴线，并通过步行街与中部纵向商业轴线相连；在此基础上，对外围老旧建筑进行更新，增加支路网密度，并通过步行街道与商业、商务轴线相连，

图 1.4–6　不考虑中心区发展需求的住宅化改造

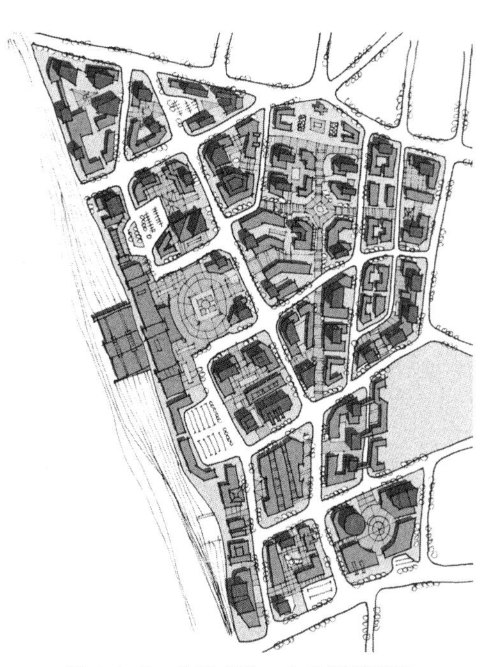

图 1.4–7　尊重现状，有机更新思路

形成空间结构控制的第三条轴线，三条轴线之间均有步行道路进行沟通联系，形成联系网络。整个方案空间形态收放组织有序，功能布局合理并形成有机联系，重要景观节点突出，较好地处理了新建与既有建筑之间的功能与形态关系，但方案对于火车站的交通流线与商业设施的交通流线组织不够清晰，路网结构通畅度不够，需要进一步优化。

——建立火车站与纪念塔的联系，核心硬核改造提升（图 1.4–8）。该方案试图形成标志塔与火车站之间的有效联系，并以此作为整个中心区空间结构的控制中枢。为此，方案对道路系统进行了调整，围合出火车站至标志塔的一个弧形区域，该区域又被两条道路分为三部分：北侧的标志塔部分以板式高层建筑为背景，以广场为衬托，突出标志塔形象；中部以商业设施为主，布置步行水街，加强景观效果；南侧为火车站站前广场，将水街进行延续，布置标志景观雕塑，并规划两栋高层建筑，形成门阙效果，与火车站形成呼应。在此基础上，将步行街从中部地块向南延伸，形成“T”形步行骨架，作为中心区整体支撑结构，两侧建筑形态也进行了与之相呼应的设计。方案对于多层的居住建筑予以保留，并通过局部的拆除增加一定的开放空间。整体方案结构清晰，并保留了一定的发展基础及城市肌理，景观效果突出，道路交通较为顺畅，较好地处理了两处重要设施的空间关系，但核心结构周边空间处理有些消极，建筑形态尚需进一步的推敲。

——打通火车站与纪念塔的直接通廊，以开放空间带动整体改造（图 1.4–9）。

图1.4-8　形成联系，核心提升思路

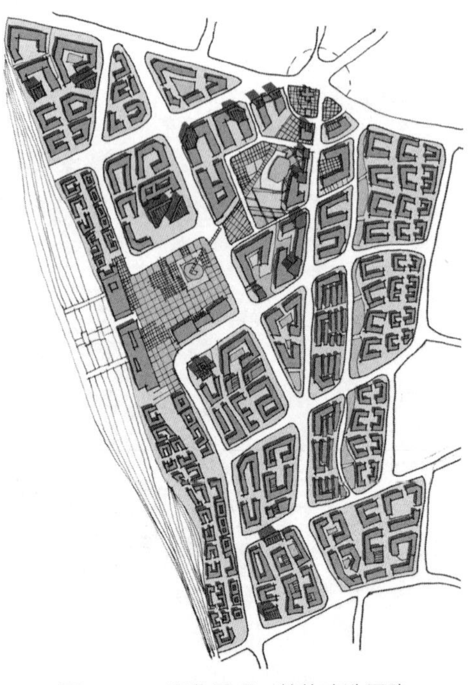

图1.4-9　强化景观，整体改造思路

方案以较为直接的方式，打通了标志塔与火车站站前广场的空间联系，形成景观视线通廊；标志塔周边布置与之体量相适宜的小型广场；取消了火车站站前广场的建筑，增大了广场开敞程度；并在联系通廊中部布置大型开敞空间，形成公共设施集聚的核心区域。三个尺度、功能景观效果不同的广场，形成连续的空间序列，并成为组织功能布局的有效途径。在此基础上，强调建筑肌理的有序及呼应关系，对周边建筑进行了统一改造，以相近的肌理，不同的尺度形成不同的功能分区。整个方案整体感较强，功能布局清晰合理，景观特征突出，但空间缺乏变化，且道路交通也不够顺畅。

1.4.2 新城综合商业中心区

在城市化的快速进程中，为了疏解老城区人口压力，缓解老城区的交通及环境压力，释放城市的建设需求，一些大城市、特大城市往往采用建设新城的方式予以应对。而在新城的建设中，为了快速集聚人气，吸引居住、投资向新城倾斜，往往采用基础设施先行，公共服务设施带动的方式推动新城建设，使得中心区的规划设计及建设成为带动建设及市民关注的核心。新城中心区的规划建设往往选址于新老城主要联系通道周边，并依托一定的景观环境资源或高铁站、轨道交通站点、体育场馆等重大基础设施，形成更好地衔接及带动效果。由于新城中心区建设环境较为单纯，可供规划设计的创造空间较大，因此较易形成较为理想的方案，其规划设计的重点更多的是考虑与老城的功能、交通等的衔接关系，及与周边环境的关系。

（1）案例介绍及现状解析

案例选取的是我国北方某特大城市，城市老城区内历史文化积淀深厚，诸多历史文保单位严重限制了城市的发展，加之大量人口的集聚，使得城市公用服务设施出现饱和，继续发展新城缓解城市矛盾。新城选址于老城南侧，处于城市坐在都市连绵带核心要地，城市新一轮总体规划认为，该处新城建设具有拓展城市发展空间，疏散市中心区重要职能的重要作用。

中心区位于新城中部位置，北侧及东侧有铁路线路通过；东南侧及南侧分别有一条高速公路通过，东南侧直接连接老城，南侧高速公路为城市六环高速环路，并在中心区设有出入口；中心区现状用地以农田、部分居住用地、工业及仓储用地等为主，拆迁成本较低，用地条件较好，便于中心区的规划建设；中心区中部北侧为一处生态公园，南侧为一处水库，是良好的生态景观资源；水库东侧还拟设有一处地铁站点，该线路向北连接老城，向南延伸至工业集中区（图 1.4-10）。

（2）设计思路及重点问题

对于新城中心区来说，由于缺少发展的基础及发展演变的历史脉络，其规划设计更偏向于效率优先、景观优先的方式，多以重大设施、生态景观、交通廊道等作

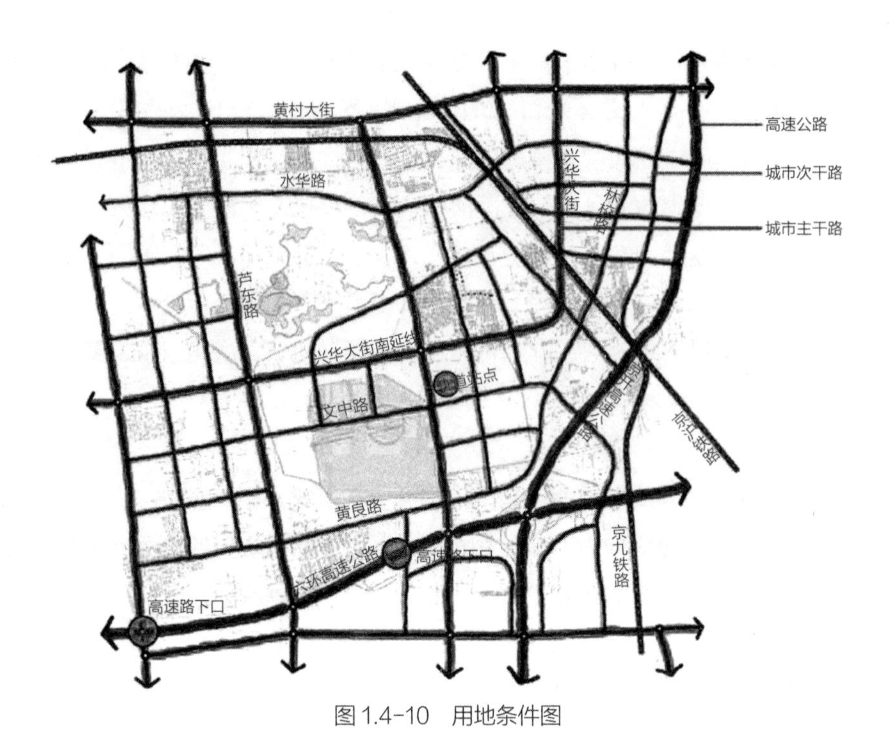

图 1.4-10　用地条件图

为规划设计突破口。就该中心区来说，可供利用的优势资源非常明确，分别为：生态公园及水库、地铁站点、高速出入口。

——以生态公园及水库的优势景观资源为切入点。规模较大的生态公园及水库是老城区的稀缺资源，对于交通及环境压力较大的老城区来说，具有较强的吸引力。同时，这一优势资源又位于中心区较为核心的位置，也便于以此为中心进行功能及结构的组织。这一思路的难点在于对待如此大规模的生态景观资源的态度，占总体规模 1/3 左右的公园及水库提供了良好的建设环境，但也极大地压缩了可建设用地空间，由此，生态景观资源如何处理？需要压缩还是扩大？核心功能的布局与之如何衔接？ 结构如何展开？等一系列问题需要仔细的斟酌及精心的规划设计。

——以地铁站点作为公共服务设施的带动点。该处地铁站点是连接新老城及产业园区的接驳点，可利用轨道交通的大运量、便捷性、准时性等特点，以站点为中心进行功能的组织。该中心区内，轨道交通站点与核心景观要素紧邻，可形成联合的带动优势，增强极化效应。但由于轨道交通线路较长，且仅有一处轨道交通站点，在发展新城时，多会用来作为新城居住与老城就业之间的通勤交通，并依托站点布置一些社区商业中心，因此该中心区内地铁站点可作为吸引老城居住人口就业的有效方式。

——以道口经济效益引导公共服务设施布局。中心区南侧设有两处高速公路出入口，是新老城快速联系，及新城对外联系的主要通道，也是可以发展道口经济的有效依托。中心区内一处高速出入口位于中部，正对水库，一处位于中心区西南角，在此基础上，两处高速公路出入口是否可以作为不同功能区的出入口？是否可以依托出入口形成相应的道口经济集中区？是否可以依托与道口的主要联系道路形成发展轴线？不同的理解及思考方式也会直接影响到方案的空间形态。

具体的规划设计构思中，往往是在对多个切入点及优势资源的综合判断、整合基础上形成的，一般会以最核心的价值为依托，形成大的形态结构思路，而在具体布局中则会兼顾到各优势资源的合理有效利用。针对该新城中心区，规划设计之初必须解决的重要问题可归纳为以下几个方面。

——构建公园与水库联系，形成集中绿化景观空间。突出中心区内既有的生态公园及水库的生态景观价值，强化两者间的绿化景观联系，形成整体，以此作为中心区的空间结构核心。相应的中心区被分成了东西两个部分，可根据两个片区不同的发展条件，形成不同的功能集聚区。

——打通东西两侧的联系，结合景观布置核心功能。这一方式认为良好的景观优势不应成为阻断中心区内部联系的条件，应将核心职能布置于生态公园及水库之间的用地，以强有力的硬核开发，加强两侧的联系。

——形成连接高速出入口的发展轴线。无论基于那种判断，高速出入口均是可利用的优势资源，加之与核心的景观资源在空间位置上的叠加，可形成连接高速公路出入口的公共设施集聚轴线。此外，西侧的另一高速公路出入口由于位置较偏，可形成居住组团的主要出入口。

（3）常见错误解析

在新城中心区的具体规划设计中，由于限制条件较少，优势资源分布较为集中，往往会出现过度放大相关优势条件，公共设施布局过度集中等问题。这些问题在新城的前期发展中，会形成良好的集聚效应，带动新城发展，但未来的发展需要成体系的公共服务设施及基础设施的支持，形成完善的服务体系保证。其中的常见错误归纳如下。

——过度放大生态效应。良好的生态环境景观是新城发展的优势条件，具有较大的吸引力。但新城的开发在提升城市环境，避免对生态系统造成破坏的基础上，也应注重用地的集约发展，避免造成用地效率的低下及功能簇群间联系的不畅。因此新城规划中，在保证一定的生态安全格局的同时，不宜过分放大生态效应，造成新的浪费。如图 1.4–11 的规划方案，就过分强调了生态效应，造成新城中心区用地的浪费及联系的不畅。

——忽视东西两个片区的联系。新城中心区中部的生态景观资源客观上也起到了一定的阻隔作用，将中心区东西两个片区。规划设计中应考虑如何利用这一生态景观优势，弱化分割、强化联系、形成整体，而不应扩大分割，形成各自为

图1.4-11　过度放大生态效应

图1.4-12　忽视东西两个片区间的联系

政的格局。图 1.4–12 的方案中可以看出，东西两个片区形态布局相对独立、完整，缺乏有效的衔接与沟通，使得中心区空间形态形成明显的三个条带的格局，缺乏整体感。

——片面强调经济效益，过分压缩绿地面积。这一做法认为中心区内良好的生态景观要素破坏了中心区的结构，使得中心区内出现东西联络不畅等问题，因此以公共设施侵占生态空间大幅度压缩绿地、水体面积，将其削弱至组团内部景观层级，释放出大量建设用地（图 1.4–13）。这一做法过度强调了土地的经济价值，而严重破坏了中心区内的生态安全格局及景观体系，使得中心区原有特色丧失。

（4）典型案例解析

结合中心区的优势资源条件及需要解决的重要问题，对于该新城中心区的规划方案基本上可以分为三种主要的思路：①强化中心，联系东西。这一思路将中部优势资源整合，以硬核结合景观形成核心，带动东西两侧共同发展，形成整体。②打通绿脉，生态主导。该思路认为生态景观资源是该中心区的主要优势，应予以强化。可将绿脉打通，形成南北连续的绿轴，城市建设与之相互渗透，形成较为有机的空间格局。③适当压缩，集约建设。该思路认为现状生态景观资源过多，对城市建设已经产生了一定的影响，应对其进行适当的压缩，在保障基本的生态安全格局的基

图 1.4–13　过分压缩绿地面积

图 1.4–14　打通东西的“T”字形结构

础上，加大建设力度。在本次的规划设计中，三种思路均有所体现，并有一些结构的变化。

——结合生态资源布置硬核，连接东西两个片区。在具体的规划设计中，又有两种不同的结构方式，即“T”形和“H”形。“T”形结构的方案如图 1.4–14 所示，方案在规划路网的基础上，在生态公园与水库中间位置布置主要公用服务设施，形成硬核，硬核中部以开敞的景观轴线强化南北向的联系；以中间主干路为发展轴线，将公共设施向西侧延伸，形成呼应关系；东侧结合与高速公路入口直接相连的主干路及内部水系形成公共设施集聚轴线，呈南北向展开；在此基础上就形成了主核集中于东侧，亚核位于西侧主轴延伸线上的“T”形结构。方案较好的利用了景观及交通优势，形成了整体感较强的结构，但过分偏重东侧的发展格局会受到铁路、高速路等因素的空间限制，发展空间有限。

与之相近，另一类格局是适当减少东侧公共服务设施规模，并利用西侧的高速公路出入口形成另一条公共设施集聚轴线，呈“H”形结构（图 1.4–15）。方案中，以公益型公共设施（行政办公、体育场馆等）形成东西向的联系，同时行政中心的南北向轴线也起到了沟通南北景观联系的作用；东侧以商务设施为主，沿南北向主

图1.4-15 打通东西的“H”字形结构

干道展开；西侧则以大型商业设施为主，也呈南北向展开。方案整体结构清晰，功能分区明确，对生态景观资源利用较好，但主体功能分区相距较远，过于清晰的功能分区也会造成使用的不便。

——构建公园与水库之间的生态廊道，形成绿轴。方案以绿化构筑了生态公园与水库之间的直接联系，形成中部绿化轴线，外围以水系环绕形成水环；中部结合绿地布置行政中心，以景观轴线与南侧水库形成呼应关系；与生态主题相应，公用服务设施以组团状布局，并通过中部的东西向主干路相连。方案整体结构较为有机，景观环境优势突出，但对于新城中心区来说，公共服务设施规模过低，结构过于松散，且居住开发占据规模过大，方案更像一个居住社区而不是中心区（图 1.4–16）。

另一种做法更为彻底（图 1.4–17），采用大开大合的手法，在生态公园与水库连绵成片的基础上，打开南北两侧，形成绿化的贯穿于延伸；绿轴两侧以深入绿轴的形态形成呼应关系，也形成了路网的衔接；主要公共设施沿绿轴展开布局，而地块内部则结合水系布局，形成较为有机的形态；与开敞的绿轴相对应，城市建设地带建设较为密集。整个方案大开大合、大疏大密，注重与环境水系的结合，也形成了东西两侧较好的形态呼应关系，但公共设施的布局缺乏与高速公路出入口、地铁站点等区域交

图 1.4–16　绿轴 + 组团式布局

图 1.4–17　大开大合布局

图1.4-18 适度压缩绿地的布局

通要素的衔接，会使中心区效率降低。

——紧密结合生态资源，适度压缩绿地面积。新城建设的主要目的之一就是分散老城的建设压力，提升环境品质。规划结合水库及北侧既有水体，进行整合，形成贯穿的景观水系；将公共服务设施尽量与之结合布置，使建筑与绿地融为一体而不是被道路分割；方案内所有滨水、滨绿的优势景观界面，基本都是被公共服务设施所占据，提升了景观资源的公共性及其利用价值；此外，被压缩的绿地面积以化整为零的方式布置于硬核内部，作为生态景观节点；公共设施在环绕生态景观资源布局的基础上，也呈现出沿中部轴线东西展开的趋势，具有较好的可增长性。整个方案较为紧凑，开合有致，具有较好的经济性及发展空间，但为了突出资源共享性的公用设施布局，使得其分布略显零散，且滨水公用设施与滨水、滨绿的形态关系较为生硬，应进一步的推敲与优化（图 1.4-18）。

1.4.3 滨水综合商业中心区

在城市的选址中，滨水是一个重要因素，沿重要河流（如长江、黄河等）、环重要湖泊（如太湖等）、沿海岸线等都成为城市选址发展的重要依托。在良好的水运、景观等优势作用下，滨水便作为城市综合商业中心选址建设的一个重要条件，滨水中心区也成为一种独特的中心区类型。传统的滨水中心区多是依托水运形成贸易市场而逐渐兴盛，在市民心里具有较强的认同感，文化内涵深厚；而新建的滨水中心区则多是被滨水的景观形象所吸引，依托城市标志性水系，塑造优美城市形象，打造城市名片。而水体也同样成为滨水中心区发展的阻碍，使得中心区的内外交通及与城市其余功能片区的联系较为困难。此外，重要水体的生态安全及防洪要求也是妨碍中心区景观形象及空间形态布局的重要因素。因此，滨水中心区的规划设计在进行空间设计的同时，也应考虑到内外交通、跨水体联系、生态景观以及防洪等需求。

（1）案例介绍及现状解析

案例选取我国南方某滨江城市。城市跨江发展，形成南北两个片区，主要发展区位于江北片区。因城市发展需要，启动江南新城建设，中心区拟选择南岸中部滨江位置，形成与现有老城中心隔江相望的格局。该中心区也是带动城市滨江开发，启动新城建设的关键。

如图 1.4–19 所示，中心区北侧临江，江面较为宽阔，视野良好；南侧及西侧均有河流穿过，水量较大，水质较好；江及河道均有一定的防洪要求；中心区主要通过东侧的跨江大桥与主城区联系，跨江大桥为快速化设计，并与江北老城区快速路网联系，可较为便捷的到达老城中心区及各功能片区，且跨江大桥可在中心区内设有匝道开口；城市主干道从中心区西侧进入，从南侧穿出，呈弧形，是中心区与江南片区内部联系的主要通道；基地内部现状基本为农田用地，土地承载力及开发条件较好。

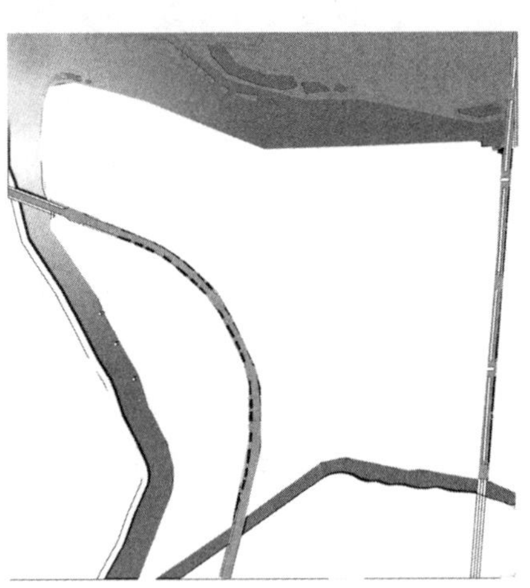
图 1.4–19　滨水中心区规划条件图

（2）设计思路及重点问题

对于滨水中心区，特别是跨江、跨河而立的中心区，滨水是最大的优势，也是发展的障碍。对于滨水中心区的规划设计来说，首要的问题就是处理中心区与水的关系，在“借水之势”的同时，也应“避水之碍”。此外，中心区与外界的联系方式与通道也是规划设计可借助的有力因素。因此，滨水中心区的规划设计可主要从以下几个方面着手。

——以滨水岸线资源为着力点。对于该中心区来说，滨江是最大的优势。较为宽阔的江面不仅为中心区提供了良好的生态条件及景观视野，同时也为城市提供了一个良好的观景场所，即在江北岸观赏江南岸的形成建设成果，与上海的浦东陆家嘴中心区类似。在此基础上，是否可形成核心功能的滨水布局？如何处理高强的开发与滨水生态安全的关系？如何在保证防洪要求的基础上形成良好的景观效果？等问题都是规划设计必须慎重考虑的问题。

——以跨江联系通道为突破口。新城中心区在发展之初,往往需要依靠老城的输出,因此与老城的联系尤为重要。对于该中心区来说,江面成为新城与老城联系的最大阻碍,限制了新城中心区从老城获得支持。从这一意义上看,跨江通道作为新城与老城联系的纽带,同时也是老城进入中心区的唯一通道,具有重要的战略地位。由此,是否可利用跨江通道承接老城分散的职能?是否可利用该通道的区域交通联系职能发展道口经济?值得进一步的推敲。

——以南部片区服务为切入点。南部新城的中心区同时也应具备服务本片区的职能。该中心区西南侧的主干路是江南片区的主干道路,能否以此作为中心区职能辐射带动的轴线,形成公共设施集聚,带动整个南部地区发展等问题也是中心区发展所必须考虑的问题。

以上的切入点可以作为规划设计方案的关键突破口,由此来组织空间及功能,但切入点之间并非是非此即彼的对立关系,通过有效的组织与衔接,可以成为布局不同功能的重要凭借。对于该滨水中心区来说,如何有效利用不同切入点的优势,组织中心区空间结构,规避不利因素的影响,形成运营高效、环境良好、空间独特的前提。在此基础上,规划设计可从以下几个方面进行重点考虑。

——以滨水绿带为依托,形成向中心区内部渗透的生态网络。中心区三面环水,一面为高等级道路,水系及其两岸生态绿带与公路防护绿带共同组成了一个生态绿环。以外围生态绿环为基础,引导水系、绿化向基地内部渗透,形成生态网络,作为中心区规划设计的主体结构框架,如打通江面与河面的联系,形成生态廊道,建立跨江道路防护绿带与滨水生态绿带的联系等方式。

——引入水系切分基地,形成岛式发展格局。三面环水也为基地的规划设计提供了更大的可能性,完全可以借助周边良好的水体资源,将水体引入基地内部,并通过水系之间的沟通,将基地分割为不同的“岛屿”,每个“岛屿”布置不同的功能及主题,形成独具特色的空间形态。但“造岛”会增加建设成本,并造成大量用地的浪费,应慎重考虑。同时也应注意这一过程中造成的防洪及交通问题。

——以重要道路及岸线为轴组织内部空间。中心区内的滨江岸线、滨水岸线以及跨江通道、西南侧主干路等都是有效的空间组织凭借,在既有的多条空间轴线的基础上,规划设计的核心问题就变为如何利用诸多轴线关系组织功能及空间布局,如何处理诸多轴线的关系等。同时,这一思路将滨水优势资源作为一种外部条件,更多的是考虑滨江土地资源的稀缺性,加大基地内部的开发强度,使土地资源得到充分使用。

(3)常见错误解析

滨水中心区的特定环境在为中心区的发展带来良好的发展条件的同时,也会带来诸多的发展障碍。在具体的规划设计中,不能充分利用优势资源,或对优势资源的过度使用都会造成一定的问题，而处理不好不利因素的影响，无法解决交通等问题，也会使规划设计方案存在问题，难以实施。对于滨水中心区的规划设计来说，常见问题如下。

——过度强调生态环境，造成用地的浪费。中心区一侧滨江，两侧滨河，具有绝佳的外部生态景观资源。这一条件下，将生态资源引入中心区内部是较为常见的处理方式，但应避免过度的放大生态效应，使生态占据过多用地，压缩滨江稀缺的土地资源。如图 1.4–20 所示，方案形成了一个“T”字形的生态骨架，占据了大量用地，使得中心区土地利用不够充分，造成用地资源的浪费。

——对优势资源处理缺乏主次，造成空间均质化。由于该中心区可利用的条件较为集中，如未考虑清楚功能布局及主次关系，就极易在规划布局中造成空间均质化的问题。如图 1.4–21 所示，规划将滨江岸线布置为休闲游憩职能，核心的商业、商务等职能分别在西南侧主干路及东侧跨江通道两侧，且布局中建筑体量、密度、街区大小等均较为相近，缺乏主次之分及应有的变化，形成了均质化的空间格局，显得较为单调。

——强化轴线的一层皮模式，缺乏团块状集聚。轴线是连通江河关系，控制中心区结构的重要方式，为了维护轴线关系，规划设计中多在轴线两侧布置公用设施，形成强有力的空间效果。但公共设施如果仅保留一层皮的模式，会拉长服务距离，降低使用效率。如图 1.4–22 所示，方案利用轴线建立了江与河之间的联系，并横向展开，形成轴线交错的结构。但方案中轴线两侧公共设施采用了一层皮的方式，使得公共设施呈线型展开，缺乏有效的集聚空间，节点位置也未见相应的强化，会造成效率的低下及使用的不便。

——公共设施过于分散。针对良好的生态景观条件，将基地划分为诸多“岛屿”，

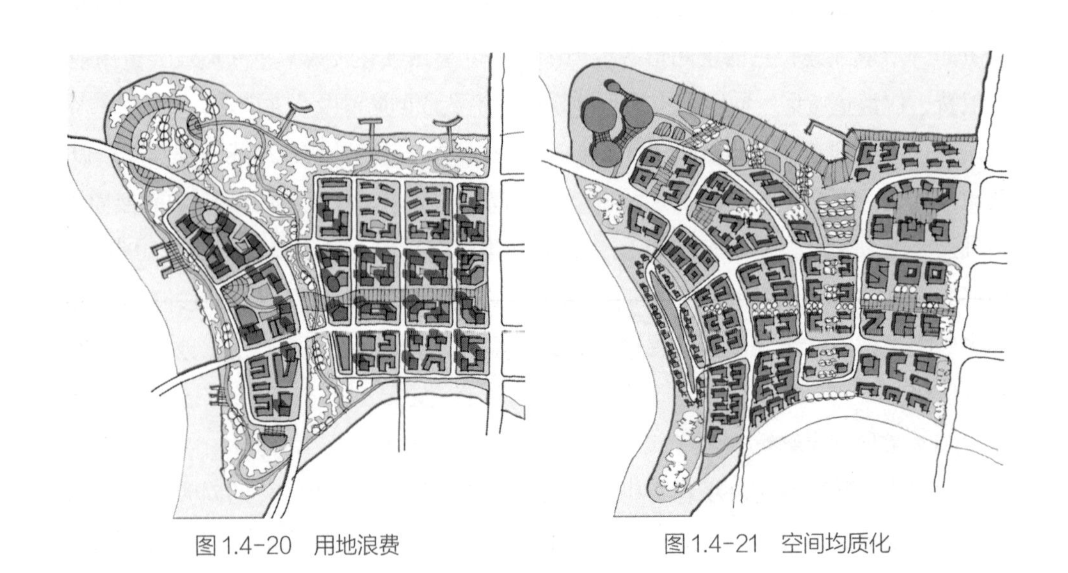

图 1.4–20　用地浪费　　图 1.4–21　空间均质化

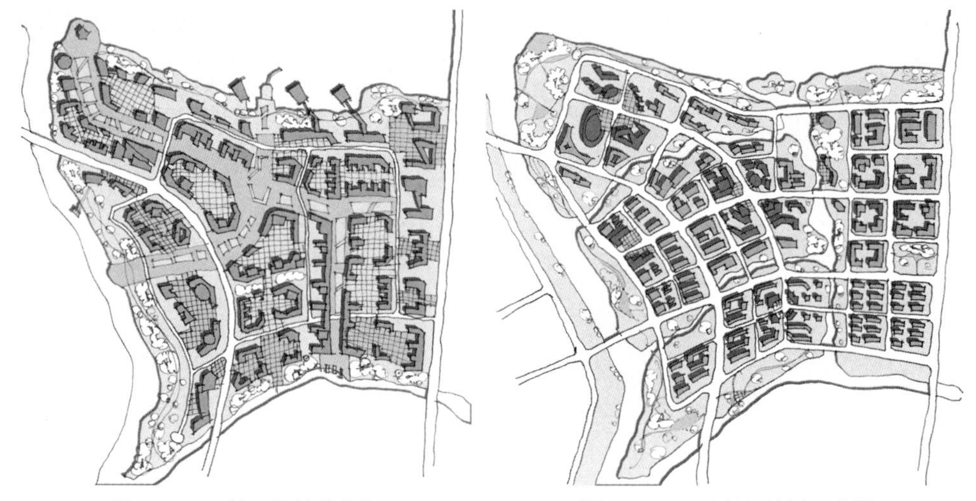

图 1.4-22 缺乏团块状集聚　　图 1.4-23 公共设施过于分散

可以形成独特的空间景观效果，但也有可能形成公共设施过于分散的问题，导致效率低下，使用不便。如图 1.4–23 所示，“岛屿”式的组团布局形成了较为灵活、有机的空间形态，但公共设施采用了分散式布局，每个“岛屿”均有一定的公用设施，这一方式看似能够满足各组团的服务需求，但忽略了中心区作为整体的服务职能，中心区公共服务设施等级、规模均较低，使得中心区更像一个居住社区。

（4）典型案例解析

对于滨水综合商业中心的规划设计，核心的问题就是如何处理核心功能与水及交通的关系，针对这一问题，根据对生态处理程度的不同，主要思路体现在以下两个方面。

——以绿廊联系水系及绿心。通过主要道路将外围的滨水绿廊引入基地内部，以绿化网络构建中心区的发展框架。这一思路重点在形成中心区与外围环境之间的有机联系，但不浪费过多的用地，中心区仍然以高强度的城市建设为主。

如图 1.4–24 所示，方案通过西南侧主干路及基地内部两条规划主干路形成的绿化廊道将滨江及滨河绿带引入中心区内部，并结合主要道路，在中心位置形成一个绿心。绿化廊道在形成水系之间的生态景观联系的基础上，也成为核心功能与周边功能的有效分隔，中心区的核心商业、商务等功能布置于绿廊所辖范围内；同时方案强化了滨江岸线的景观效果，将大型文化、体育设施布置于滨水为主。大型场馆与高层商务建筑结合有利于形成错落有致的天际轮廓线；在此基础上，两侧社区布置为商住混合功能，提供社区服务，并形成逐则渐过渡效果。此外，沿西南侧主干路还集中布置了部分商业服务设施，为南部片区提供相关服务。方案布局较为紧凑，并形成了内外有机联系的绿化网络，功能布局合理、有序，但并未充分利用跨江通道的联系作用，可依托横向绿廊，在两侧布置适当公用设施，同时也应注意布置于

图 1.4-24　以绿廊联系水系及绿心

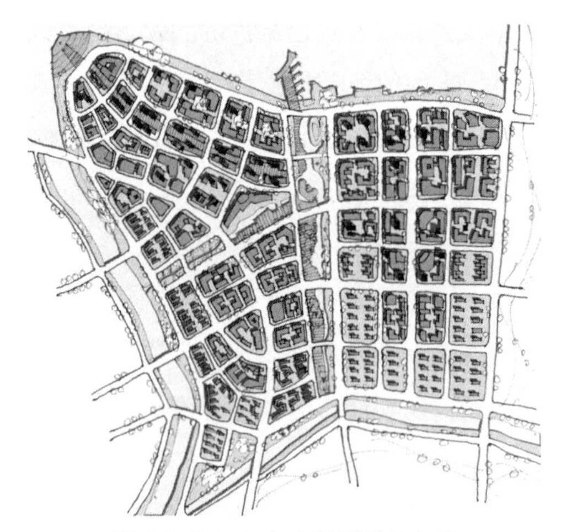
图 1.4-25　引入水系组团状布局

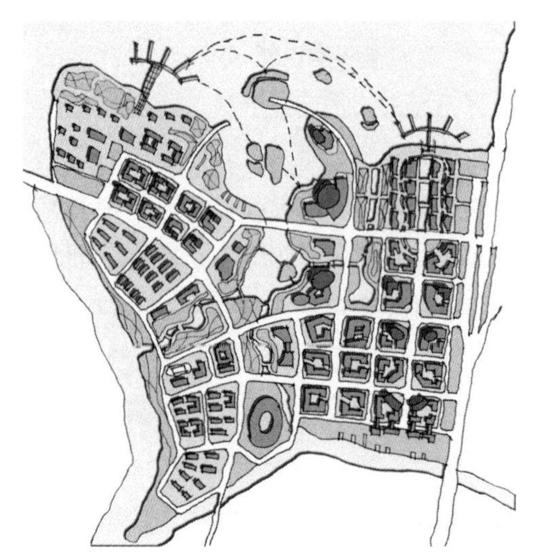
图 1.4-26　自由生态岸线，岛式布局

道路外侧的文化体育设施的防洪问题。

——引入水系划分空间，形成组团状布局。利用三面环水的外部条件，将水体引入基地内部，打通水系之间的联系，将基地划分为多个板块，形成组团状布局。这一化整为零的思路，最能突出中心区滨水的特征，形成独具特色的空间形态。

如图 1.4-25 所示，方案利用水系打通了南北向的江与河之间的联系，并通过斜向的水系沟通了西侧的河道，将中心区划分为三个板块。在引入水系的过程中，方案尽力压缩了水系空间，仍然保持了大量的可供建设的用地，且布局非常紧凑。在此基础上，方案将核心职能集中布置于滨江岸线一侧，西侧及南侧的滨河岸线则布置居住等生活职能。中心区西北板块景观条件最佳，布置商业、商务及相关休闲职能，以步行轴线与中心水系相连；东部板块则以商务办公职能为主，并逐渐过渡为居住职能；西南板块以商业服务设施为主，同样过渡为居住职能。方案以滨江岸线为依托布局核心职能，并基本形成了商务、商业到居住职能的过渡，同时强调中心区的高密度建设，但中心区内部开敞空间较少，缺乏集中的核心景观，仅以外部水体景观的借景为主，且三个板块的形态布局较为接近，空间显得有些均质。

同样的思路下也会形成差异较大的布局形态，如图 1.4-26 所示，就更加强调生态景观效果，将水面扩大，并规划为自由的生态岸线形态，成为中心区形态控制要素，也是中心区的景观核心。扩大的水面成为主要的休闲游憩空间，结合布置体育、文化等场馆及休闲游乐设施，并与江面水上游线相结合；主要公共设施布置于基地东侧，并形成伸向江面的轴线。整个方案较为自由，功能布局清晰，建筑形态疏密有致，但中心区定位发生一定偏差，休闲游憩职能占据了过多空间，商业、商务的核心职能也偏于基地一角，优势资源浪费较多，且方案并未充分考虑防洪等问题。

1.4.4 综合商业中心区规划的重要问题

综合考虑商业中心区的类型构成与空间设施，不难发现，一个成功的商业中心区应具有以下几个条件。

（1）交通便利规模适中

建设商业中心区时，应该充分考虑顾客往来的交通便利问题，这是吸引顾客前来的重要因素。对于城市里日益增多的有车族来说，停车便利是首要条件，商业中心区附近必须建设配套的停车场。此外，考虑到人的疲劳极限，商业中心区规模不仅要适中，还应在街边、商厦里建设足够多的座椅供人们歇脚。

有关资料显示，在来店顾客中，步行 5 分钟内（400m）的约占 63.6%，步行 10 分钟内（800m）的累计占 92.8%，步行 15 分钟内（1200m）的累计占 99.4%，而 15 分钟以上的仅占 0.6%。因而，业内公认的商业黄金街长度一般为 600m 左右。如上海的南京路、北京的王府井等。

（2）网点形态错落有致

商业中心区的商业模式过于单一，难免令人兴味索然，百货店、精品店、个体商铺等多种业态应该错落相间。大型体现齐全，中型体现专业，小型体现特色。从网点形态上看，以大中型综合性商业网点为骨架，辅之各类中小型专业商店、特色商店和专卖店，形成大中小网点合理配置，同步发展的形态。但从目前的状况来看，商业业态还不够充分。其实很多旧有商业中心区过去已经具备，可惜在改造过程中失去了。商业作为服务业的一种，无论它以何种方式运作，其必须遵循的一条规律是要满足消费者的需求。

（3）空间构成多元丰富

目前，我国商业中心区普遍存在服务类型少、专业型商业设施少、传统产品经营网点少的情况。零售、餐饮、娱乐均为消费型设施，缺少旅馆、理发、修理、浴室、照相等服务性场所，各类职能空间发展极不均衡。人们对生活时尚的追求与高效、省时的生活观念，为服务类市场的进一步细分创造了条件。从人民生活需要着手，深入挖掘市场空白，必能建立一个完善的服务体系。过去传统服务行业的营销模式与店面条件，都不足以满足现代生活的需要。连锁店是此类商业发展的趋势，它可以通过现代企业经营理念，降低经营成本，树立企业形象，推进行业进步。

（4）突出文化景观特色

建立自身特色，尤其是文化与经营特色是商业中心区繁荣与发展的根基。在建设中可结合当地人文与历史条件，建立体现文化传统的景观。古老的历史怀旧和亲切的社交机会，商业与文化相融合。如北京王府井步行街，那口象征“王府井”的井及其上所刻的铭文已经成为步行街吸引人群的第一卖点。又如，苏州观前街的玄妙观是江南地区最为著名的道教圣地，其影响遍及长江三角洲乃至海外。富有浓郁地方特色的道教活动、古宅民居、古典园林和传统老店以及浓厚的文化内涵，必将成为吸引中外游客的重要资源。

（5）餐饮设施中西结合

我国商业中心区普遍存在餐饮品种单一的问题，往往是西式快餐占领了绝大部分市场，造成人们上街购物休闲过程后缺少选择。数千年的饮食文化是中国绚丽的瑰宝。闻名海外的八大菜系与众多的地方小吃，竟然在商业中心区没有容身之地，反而是“肯德基”、“麦当劳”、“必胜客”等洋快餐遍地开花，这不仅是经营理念的差异。餐饮市场还存在很大的开发潜力，中式快餐与传统小吃仍然可以占领一片生存空间。在建设中，可以考虑与商业店铺相间隔地建一些有地方特色的各档菜馆，尽可能地满足消费者多样化的需求。

（6）运动休闲各取所需

人民生活水平的不断提高，使得人们对运动休闲的需求与日俱增，商业中心区也开始建设娱乐项目，电影院、展览馆、游艺厅、游泳观、健身中心、室内攀岩等陆续出现。但就整体而言，可以让大众参与并能达到休闲、玩乐、运动等多种需求的娱乐设施仍不够完善。①

① 付悦．商业中心区的空间构成研究 [D]. 武汉理工大学，2003.

第2章

商务中心区（CBD）规划设计

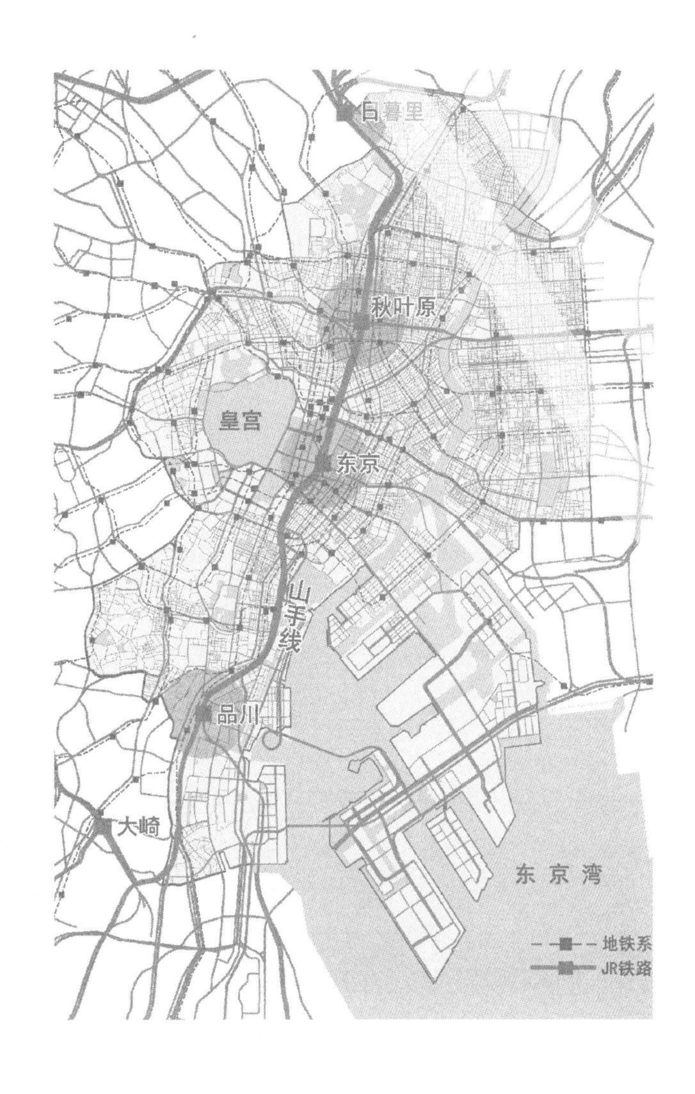

经济全球化和信息化的快速发展，促进了全球贸易服务需求不断增长和分工不断深化，若干大城市的中心地带或发展轴上，逐渐集聚一批高端商务服务机构，形成了城市新空间——中心商务区（简称 CBD），并通过专业化和集群化发展，在有效降低市场和交易成本的同时，提供高质高效的商务运行环境、便捷的国际交流与竞争平台。CBD 的发展不仅为城市提升提供了新机遇，也代表着城市参与国际竞争与分工的能级，因此成为政府关注的焦点。作为特大城市一个较为特殊的职能节点，商务中心区也是区域经济中心的标志性地段，其密集的高层建筑群体形成了强烈空间标志形象，强劲的活力也带动了城市乃至区域的经济发展。随着全球一体化及商务产业的发展，商务中心在城市发展中的作用更加突出，而商务中心的发展水平在很大程度上决定了城市在全球商务网络中的地位等级。

2.1 商务中心区的界定

2.1.1 商务中心的概念与等级

商务中心区，又称中央商务区、CBD（Central Business District），作为区域商务产业集中的核心区，它能够引领城市经济的整体发展。商务中心区的概念是美国城市地理学家伯吉斯（E.W.Burgess）于 1923 年首次明确提出的，他通过对芝加哥城市结构演进特征的研究，提出城市是以同心圆模式由内向外发展，这个同心圆分为五个圈层，在以 CBD 为核心的圈层结构中，功能的延展秩序表现为：各圈层功能由于内层新功能的替代逐层向外发展，形成 CBD、转换区、职工住宅区、高级住宅区

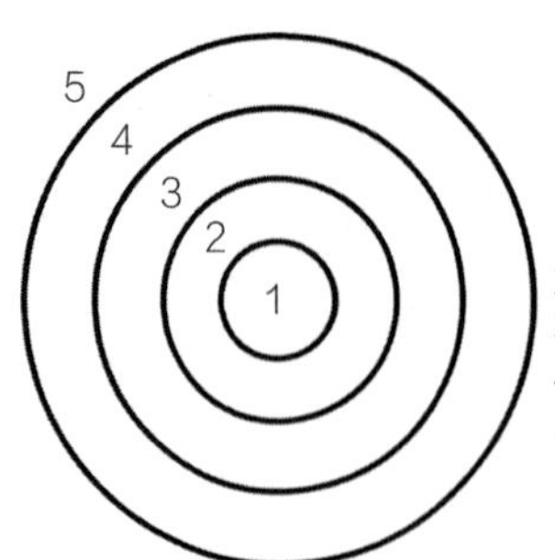

图 2.1-1 伯吉斯同心圆模型

* 资料来源：Park, R. E., Burgess, E. W., & McKenzie, R. D. The city [M]. Chicago, Illinois: University of Chicago Press, 1925.

和城市边缘区五个圈层，其中心为城市地理及功能核心区域，称为中心商务区（图 2.1-1），CBD 概念由此产生。在随后的城市扇形结构模式（Homer. Hoyt、1939 年）、多核结构模式（C.D.Harris & E.L.VIlman，1945 年）等城市结构理论中，CBD 同样作为当代城市空间结构的核心区被提及。

CBD 的概念内涵随着现代城市的发展不断变化，逐渐成为商务办公区的专用名词。在 1970 年代以前，往往把零售商业、商务办公以及其他城市中心区功能统一在 CBD 概念之中，因此，当时的 CBD 概念很宽泛，大致等同于城市中心区（Downtown）。当时商务办公只是 CBD 的主要职能之一，并未成为唯一主导职能。1970 年代以后，随着全球经济一体化和城市经济的发展，CBD 的内涵已有了深刻的变化。商务办公、金融保险、专业服务等高端产业向城市特定地区集聚，逐渐成为整个城市经济活动的焦点。从产业经济角度来看，这类地区表现出的是一种职能上的升级，其概念已明显区别于城市中心区（Downtown），虽然作为一个地区，CBD 也包含了零售、文化、行政、居住等功能，但商务功能在性质及规模上已占绝对主导地位。综上所述，CBD 是位于城市中心地带，围绕地价峰值地区的商务产业高度聚集地区，是以商务活动为主体的城市核心功能区。

随着商务服务逐渐向全球网络化的运作体系方向发展，不同能级的中心城市将承担相应的商务功能，发展不同等级的 CBD（图 2.1-2）。

全球核心级 CBD：目前公认的全球核心级 CBD 有纽约曼哈顿、伦敦西敏斯、东京都心。它们所在的城市都是全球经济核心，动一发而牵全球；CBD 地区拥有众多跨国机构总部和商务服务功能，CBD 规模在 2000 万平方米以上，往往不是集中分布在一处，而形成功能各异的多中心 CBD 区。

国际区域级 CBD：承担国际区域性的商务职能，如欧洲法兰克福 CBD、亚洲香港中环 CBD、澳洲悉尼 CBD 等。它们所在的城市为发达国家的经济中心，大多作为所在国家的最高商务节点，商务职能服务于国际各大经济区域，相比全球核心级 CBD 规模和服务范围较小，一般为单中心或双中心。

国内区域级 CBD：在一个国家内部既承接国际 CBD 的服务辐射，并向本地区服务的 CBD。该类型数量众多，如美国的波士顿 CBD，南非的伊丽莎白 CBD，英国

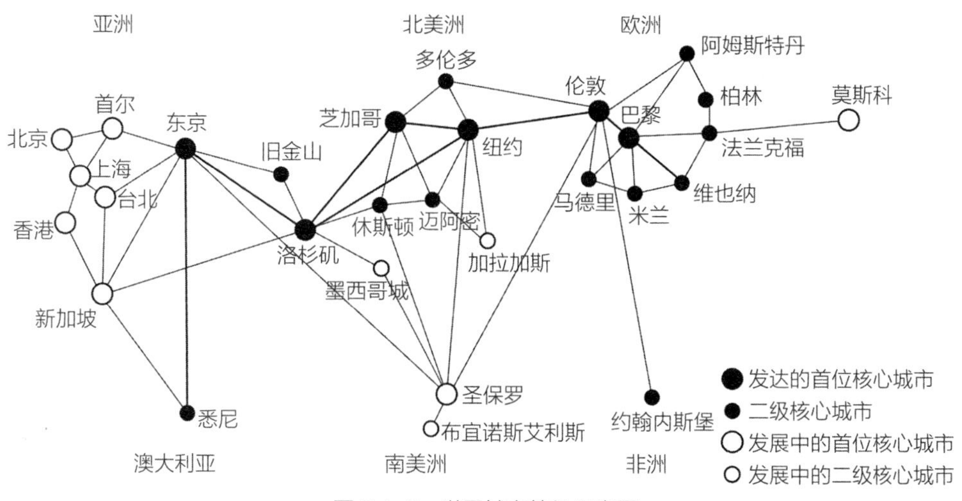

图 2.1-2　世界城市等级示意图

的伯明翰城 CBD，西班牙的科尔多瓦 CBD，意大利的热那亚 CBD 等。它们规模不大，以单中心为主，往往从商业中心演化发展而成，具有一定商务与商业混合特征。它们作为世界商务网络的节点，对商务活动在各地区的展开起到重要的推动作用。

2.1.2　商务中心的基本特征

CBD 作为城市经济功能活动核心、城市开发建设重点区域以及交通枢纽地区的基本条件，决定了其基本特征。

（1）高交通可达性

在趋于多元化的城市交通体系中，CBD 占据了快速道路网、公共交通系统、步行系统等交通服务的最佳区域，同时 CBD 内外交通的联接在三维空间展开，形成便捷的核心交通网络，以提供商务活动者于单位时间内最高的办事通达机会。对城市整体而言 CBD 具备优越的综合可达性，这是商务活动运行的普遍要求，也是 CBD 产生的根源。商务中心区一般与城市重要交通枢纽、公共交通系统（特别是轨道交通系统有着较好的衔接），使得 CBD 具有较高的交通可达性。CBD 内部一般采用小路网的模式，使得内各建筑也具有较高的可达性。而作为就业中心的 CBD，由于其功能的相对单一性，导致上班时间外的活动较少，极易造成钟摆交通，上下班高峰期交通压力较大。

如东京的都心中心区可以称为建在轨道上的中心区（图 2.1-3），在以山手线为轨道轴线的基础上，中心区内有 12 条地铁线路交织穿行，JR 线路的山手线从中心区中部南北向穿过，并有多条 JR 线路与山手线相连，从中心区向外辐射；私铁线路多分布在中心区外围，与轨道交通或 JR 线路相连，其中也有部分线路位于中心区内，如位于中心南部东京湾沿岸的临海线等；此外，还有都电荒川线、日暮里 – 舍人线

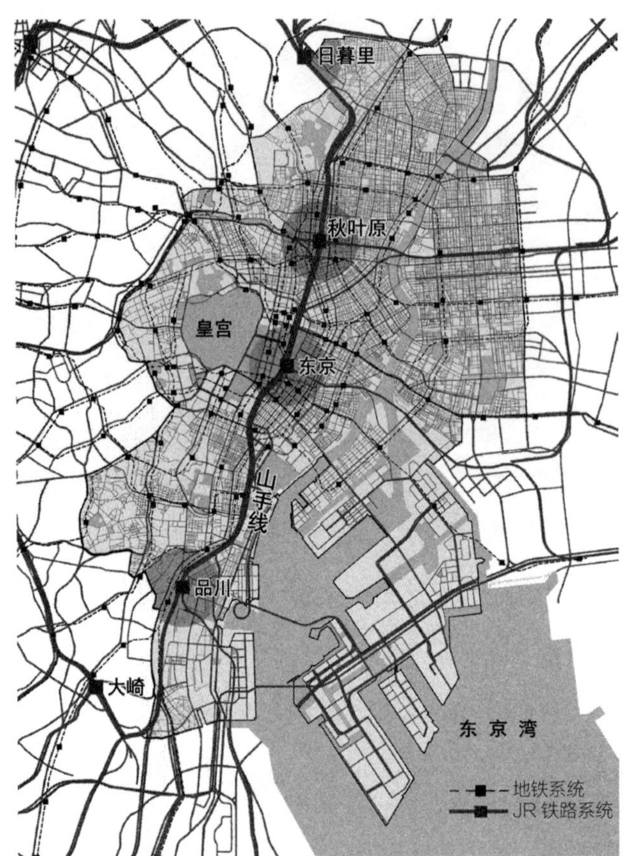

图 2.1-3　东京都心中心区的轨道交通

位于中心区北侧。在此基础上，中心区内部形成了密集的轨道交通网络及轨道交通站点，共设有各类轨道交通站点 195 个，其中还有大量线路交叉所形成的重叠的换乘站点，可以便捷的到达码头、机场等重要交通枢纽及境内大部分地区，便于人流的快速到达及疏散。

（2）高建筑密度

土地价格是市场机制作用于 CBD 结构的最直接方式，“地价 – 承租能力”的相互作用决定了 CBD 整体结构格局及演替过程，区位、职能的优越性决定了其高地价水平。在小路网的基础上，商务中心区内建筑基本以满铺的形式设计建造，使得中心区内建筑覆盖率较高。而商务中心区多以商务办公类建筑为主，对日照间距等生活型要求不高，也进一步促使了建筑形成密集的排布形态。同时，建筑密度也受到用地条件等的影响与限制，用地条件有限的地区建筑密度会更高。

典型的如香港港岛中心区（图 2.1–4）。港岛中心区南侧临山，北侧滨水，可建设用地有限，中心区集中在一个相对狭长的范围内建设，使得中心区内建筑密度较高。香港港岛中心区建筑覆盖面积超过了建设用地的一半，平均建筑密度高达 54.48%，建筑密度最高的街区更是达到了惊人的 97.03%。

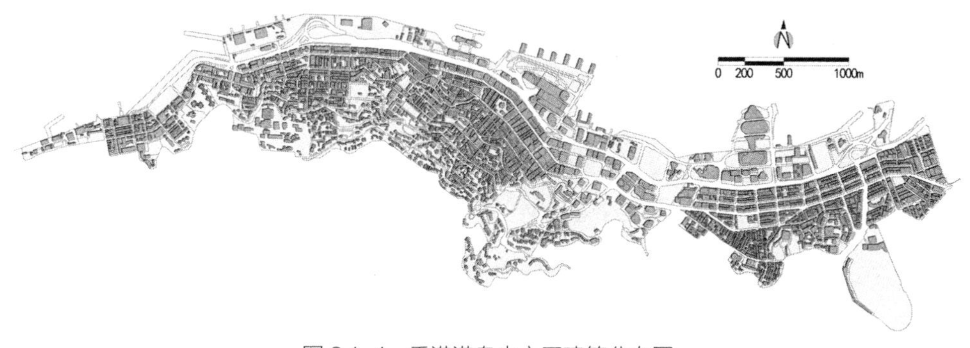

图 2.1-4 香港港岛中心区建筑分布图

（3）高建筑高度

商务中心区作为城市的标志性地区之一，集中了大量的高层建筑，是城市典型的高层建筑密集建设区，城市的标志性建筑也均选址于商务中心进行建设，世界上著名的超高层建筑基本都位于城市的 CBD 地区，如吉隆坡双塔、上海金茂大厦、深圳地王大厦、南京紫峰大厦等。

上海陆家嘴地区是上海市商务金融中心，位于外滩对岸的浦东新区黄浦江畔，是典型的高层建筑集聚地区。中心区内各高层建筑独特的造型、高地错落的布局、连绵起伏的形态、超高的高度使得陆家嘴中心区成为上海黄浦江畔一道靓丽的风景线，成为展现城市经济实力及现代都市形象的窗口地区（图 2.1-5）。陆家嘴地区也是城市超高层建筑的展示舞台，环球金融中心（492m）、金茂大厦（420.5m），以及新上海国际大厦、上海环球金融中心、汇亚大厦、中建大厦、长泰国际金融大厦、陆家嘴软件园、上海招商局大厦等超高层及高层建筑的集中建设，也进一步优化了城市优美的天际轮廓线。

（4）集中开放空间

由于中心区的高密度、高强度建设，一般情况下地块内部较难形成零散的、小型的广场、公园等开放空间，开放空间多以大型集中式的方式出现，如纽约的中央

图 2.1-5 陆家嘴中心区天际轮廓线

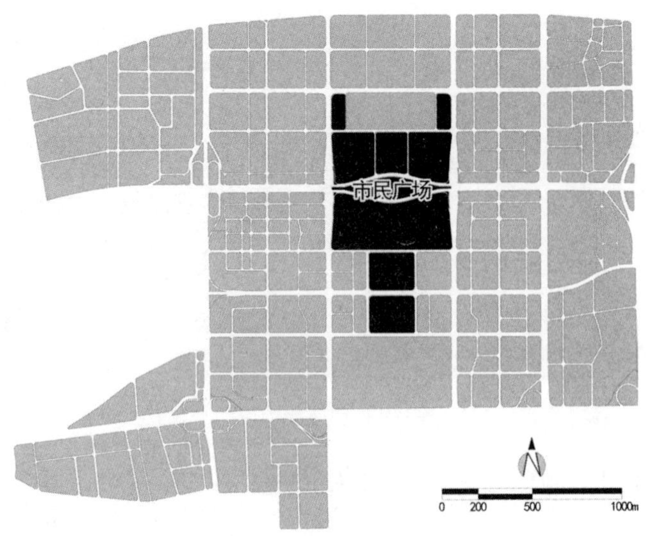

图 2.1-6　深圳福田中心区集中开放空间

公园，使得商务中心区内多出现大疏大密的空间形态。商务中心区内的室外活动相对较少，对于分散的小型开放空间需求也较少，而集中地公园绿地等的建设对于提升商务中心区的环境品质，提升周边地区土地价值，具有良好的促进作用，因此，多会形成开放空间周边的高强度开发形态。

深圳福田中心区商务、金融、酒店、会展等功能分布较为集中，并建有一定的行政办公职能，是深圳市的商务金融及行政中心。中心区的核心位置规划建设了深圳市人民广场，该广场包括大量的广场及绿化等开放空间，且规模尺度较为巨大（图 2.1-6），整个中心区围绕深圳市市民广场布局，行政及会展功能分布于市民广场南北两侧，相对而立，商务、金融等职能则主要集中于人民广场东西两侧。

2.2　商务中心区的空间解析

商务中心区由于商务活动的高效紧凑需求，其功能构成、空间形态、交通系统等都具有较为独特的特点，在城市景观上具有鲜明的可识别性，对这些特点进行解析，有助于更为深入的了解商务中心区的空间形态，便于更好的规划设计。

2.2.1　功能构成特征解析

CBD 在地理上是城市的相对中心，在经济上则是城市各种商务活动最便捷的空间场所，主要产业自身多具备较强的集聚性、较强的土地利用效率以及较强的辐射带动效应。总体来看具有以下几种主要产业。

（1）商务办公管理职能

在商品经济的规模化、专业化获得发展以后，商务办公管理行业成为经济运行不可或缺的环节。一方面其数量增加，从依附型的次要行业跃升为经济活动的决策主体型行业；另一方面其渗透至生产、销售的全过程，在逐渐实施其控制作用的同时获取经济利益，构成强大经济实力的独立的产业阶层。商务机构总部具有强烈的集聚经济相应，可形成总部经济。CBD 与传统意义商业中心的差别就在于包含了这些新兴的经济行业和它们的主要决策管理活动。因此，商务办公是 CBD 的首要功能，它的强弱和辐射范围的大小，一般取决于商务机构间接的集聚程度及商品、资本、劳务与技术市场的发达程度。商务机构总部在 CBD 的集聚程度越高，商务活动就越频繁，CBD 的商务办公中心功能也越强。大量商务机构管理总部及带有部分总部职能的投资性公司、跨国公司代表处等入驻 CBD，使他们自身形成了客户或供应网络，同时，还强化了 CBD 内专业化服务业的循环上升发展，这不但使集聚区域内的经济水平得到了总体的提升，还使整个城市甚至更广的地区投资环境得到了改善。而商务办公中心功能的发挥，能促进商品流、资金流、信息流在 CBD 的交汇，并通过种种经济活动改变其形态，然后向外输出，以此辐射整个城市以及更广阔的区域，带动地区经济的发展。

（2）金融证券职能

金融业与商务办公管理职能具有强烈的相关性，为商务产业的良好发展提供有效的资金支持及金融服务，而同时，金融产业本身作为现代产业链的高端产业，也具有较好的资源调控及集聚效应，包括银行业、证券业、信托业、保险业、基金业等五大行业，是 CBD 的主导产业之一。随着高级商务机构的集聚，CBD 的商务活动规模不断扩大，相关资金流也随之急剧上升。如法国拉·德方斯 CBD 内每年资金流相当于法国每年的预算总额。大量资金在 CBD 的集中和积累，使 CBD 的金融中心功能不断巩固和加强。在行业分布上表现为货币、银行、证券等机构及其职能的集聚，进而 CBD 能有效地调动国内外资金，为各种商务活动提供便利的融资条件，这也是跨国公司总部多设在纽约、伦敦、东京等金融中心城市的主要原因。因此，CBD 金融中心功能的强弱是区分 CBD 等级的重要标志。

（3）专业化商务服务职能

CBD 通常是城市中信息流最为集中的地区，无论是对企业还是对客户而言，全面、及时的信息就意味着更多的机会及更低的成本。而现代服务产业的发展，促使高端的服务产业趋向与客户面对面的交流及个性化的服务，因此多与目标客户群就近布置。同时，这些专业性的服务行业对人才的需求较高，并能承担较高的地租。这些条件也客观上促使了相关的专业服务产业在商务中心区的集聚。专业化商务服务业包括法律咨询、广告制作、信息通信、设计创新等机构。商务办公机构的聚集，不但导致金融服务业的集中，还形成专业化商务服务业的聚集。同金融服务业一样，专业化商务服务业的产生也源于商务机构的需求，正如墨菲等人提出的“总有律师事务所毗邻房地产公司”的规律一样，复杂的商务活动需要有紧密协作的商务服务体系，加上经济机构的多元化发展，构成了专业化商务服务体系生长的核心条件。CBD 发展初期商务机构的高度聚集直接导致了这类行业的发展，如商务办公总部的聚集衍生了市场调研、管理咨询、律师事务所、会计师事务所、房地产等专业化商务服务业和机构；金融证券机构的聚集衍生了经纪代理、权管结算、信用担保、质押贷款、法律仲裁、保险评估、资产评估、信用评级、投资咨询、金融研研发等专业化商务服务业和机构。

随着 CBD 的不断扩展升级，专业化商务服务业逐渐形成独立职能，同样成为 CBD 主导功能之一。大型传媒产业包括广告制作公司、电视制作公司、数字技术公司、设备租赁公司、节目发行公司、版权交易机构、广告制作公司、广告代理公司、演员经纪公司、市场调查公司以及法律、咨询、财会等中小型专业服务企业，也因其与商务中心区主导产业的相关性而多选择在商务中心区集聚。此外，由于 CBD 的商务往来客户多为高收入群体，对于服务业要求较高，因此商务中心区内的酒店服务设施也多为同类酒店业中相对高端的机构。高端酒店业的附加值及盈利能力较高，在 CBD 内也具有较强的生存能力。

在实际的使用中，由于 CBD 高昂的地价、良好的环境及高端的服务需求，使得中低端的服务产业无法入住，致使相当一部分从业人员的餐饮、休闲、娱乐需求无法得到满足，也引起了广泛的关注，并已有城市开始尝试对商务中心区的背街面进行规划，引入一些中低端的服务产业以满足实际使用需求。

CBD 的诸多功能在具体的布局中也有一定的规律可循，商务管理总部、金融等机构多布置在商务中心的核心位置，这里土地价值最高，环境最好，交通最为便捷。一般商务机构会与金融机构混合在一起，形成综合的商务功能区（图 2.2–1，a），有些商务中心区内，商务机构与金融机构各自集聚，形成商务核心区与金融核心区分离的状态（图 2.2–1，b）；而其余功能多在核心功能周边形成聚集。

2.2.2 区位选址特征解析

CBD 的主要服务对象不是城市普通市民，而是面向城市和区域的生产单位和经济机构，它的主导服务职能也不是生活服务，而是为整个区域的市场和经济活动提供金融、信息、咨询、管理等。生产型服务。因而，与城市商业中心的区位要求比较，CBD 对城市普通市民分布的相对依赖程度并不高，CBD 的区位选择往往需要在最佳经营环境和最低建设成本之间作决定。在城市对商务活动辐射力的预期影响下，拆迁成本和土地转让价格总体上与项目开发效益呈正相关关系。因而城市商务设施分布趋于利用土地价值相对较高的可开发用地，开发商通过提高项目规模，创造商务设施新型模式等手段，挖掘用地的商务潜力。

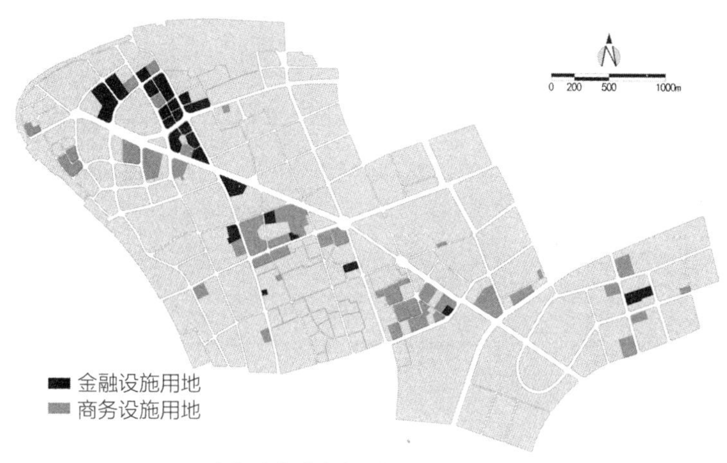

a 上海陆家嘴中心区各类功能混合布局

b 孟买巴克湾中心区功能分离布局

图 2.2-1 中心区功能布局典型案例

在理想状态下，CBD 的区位接近城市的地理几何中心，这是由于现代 CBD 早期发展通常依赖传统商业中心形成，而商业中心一般处于城市地理中心位置。但是，城市形态、交通格局等 CBD 布局制约因素有多种类型，城市经济环境和发展速度也各不相同，许多情况下 CBD 不一定接近城市的地理中心，而是随着各种制约因素的不同产生出多种类型。

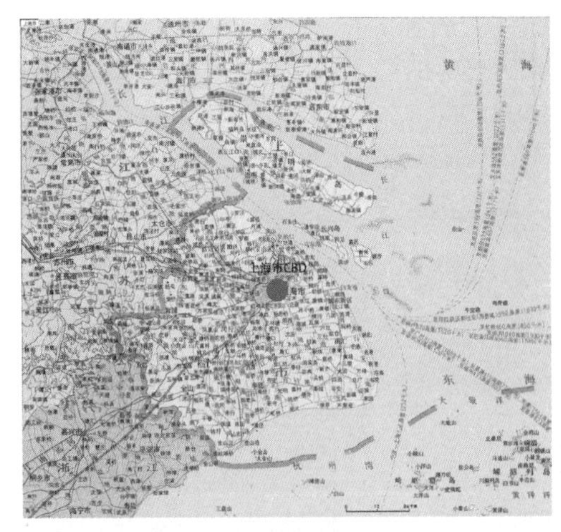

上海 CBD 位于市中心黄浦江两岸

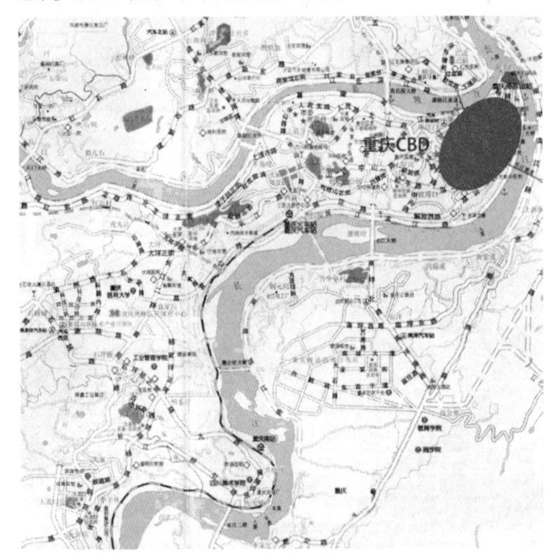

重庆 CBD 位于市中心解放碑周边

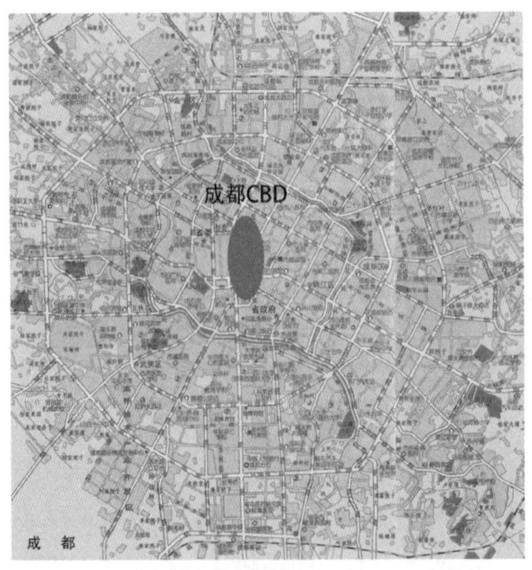

重庆市 CBD 位于市中心春熙路周边

图 2.2-2　CBD 位于城市中心部位的典型城市

（1）CBD 位于城市中心部位

这是最常见的情况。在城市地势平坦、道路网络均衡的情况下，城市地理中心和交通可达性中心通常会重合在城市中心部位，在各种制约因素的影响下，商务空间的聚集同样优先在城市中心部位产生。这种类型的 CBD 数量最多，有上海 CBD、重庆 CBD、成都 CBD 等（图 2.2-2）。

（2）CBD 位于城市偏心部位

由于自然条件或其他因素的制约，城市向某些方向的发展缓慢甚至停滞，从而产生在各个方向上不均衡延展的形态，典型的情况是滨水城市，这类城市的商务中心通常不在城市的中心部位，而是在城市滨水地带形成和发展起来，这是因为在这种形态的城市中，城市用地、道路交通的分布通常也是不均衡的，海湾、内湖周边由于拥有秀丽的自然环境、开阔的滨水视野、较多的可开发用地和良好的交通条件成为商务聚集的中心，这种类型有大连 CBD、青岛 CBD、厦门 CBD 等（图 2.2-3）。

（3）CBD 位于城市发展轴延伸线

随着城市的发展，规模的扩大，城市在某个方向上沿轴向发展，商务空间在城市发展轴延伸线上聚集，逐渐形成条带状分布，这种类型有深圳 CBD、广州 CBD 等（图 2.2-4）。

（4）CBD 位于城市交通环路

自然地势平整的城市，商务空间一般在城市中心周围聚集，但有些城市的内城历史文化遗留较多，用地存

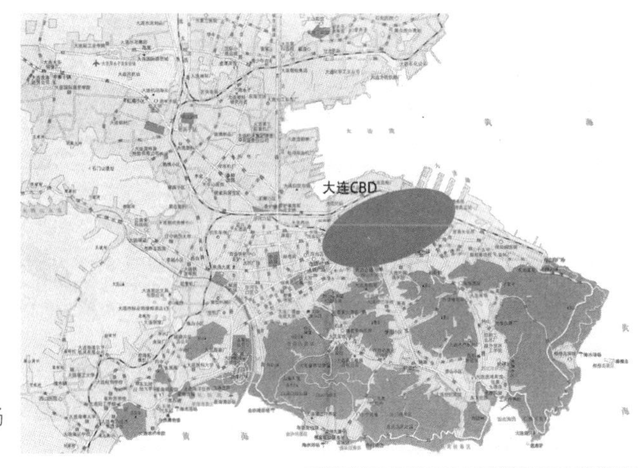

大连 CBD 位于城市东侧中山广场周边

青岛 CBD 位于南侧海湾处

厦门 CBD 位于城市西侧筼筜湖周边

图 2.2-3　CBD 位于城市偏心部位的典型城市

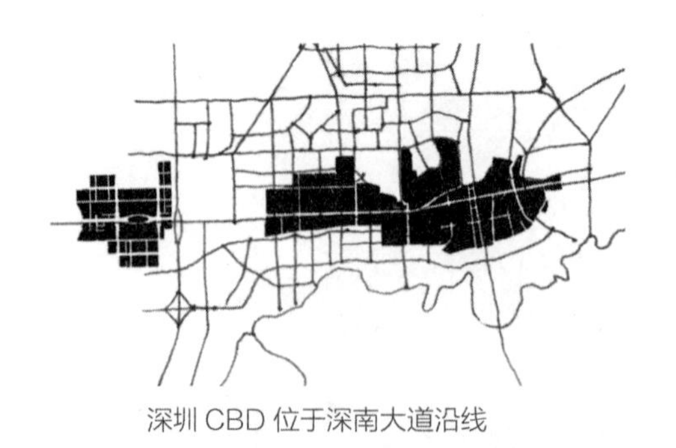

深圳 CBD 位于深南大道沿线

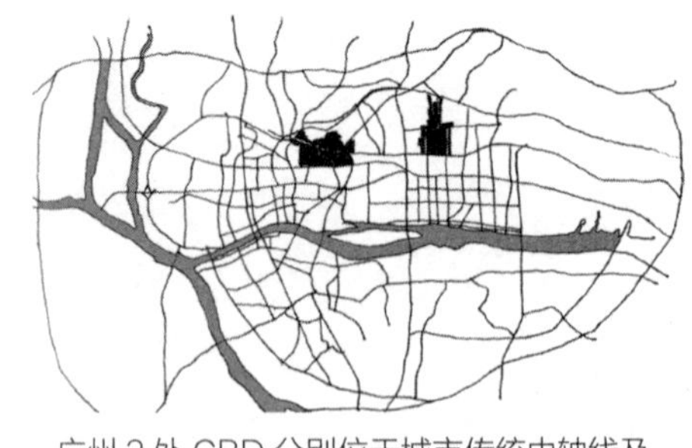

广州 2 处 CBD 分别位于城市传统中轴线及现代中轴线上

图 2.2-4 CBD 位于城市发展轴延伸线的典型城市

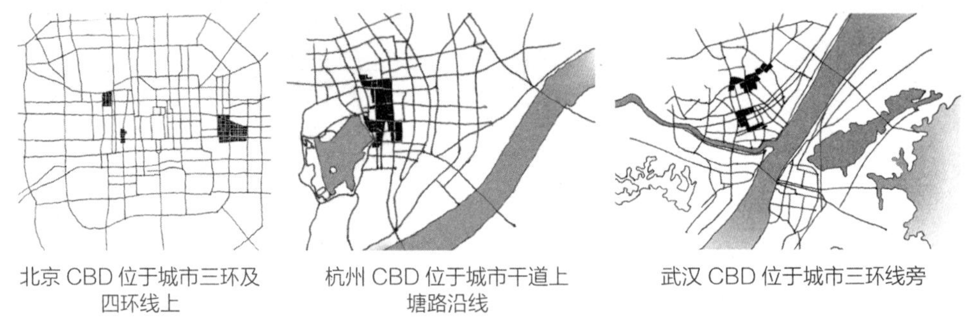

北京 CBD 位于城市三环及四环线上　杭州 CBD 位于城市干道上塘路沿线　武汉 CBD 位于城市三环线旁

图 2.2-5 CBD 位于城市交通环路的典型城市

量有限，道路网络化较低，而且对建筑高度有严格的限定，CBD 的发展空间不大，城市商务功能会围绕城市中心在城市交通环路附近发展，这种类型有北京 CBD、杭州 CBD、武汉 CBD 等（图 2.2-5）。

2.2.3 布局模式特征解析

（1）核心布局

核心集中结构是 CBD 经常表现出的布局方式，是向心力驱动为主的商务集聚化发展阶段的空间布局模式，反映了工业化过程中的规模经济与交通技术变化。西方城市商务空间在 20 世纪初大多经历了这种向心式的结构发展。城市地形平坦、道路规划严整、办公建筑高层化，这些因素导致 CBD 商务空间达到最高程度的核心集中。以已经形成的地价峰值地区为核心，以十字轴或同心圆形态，加上环形道路与放射形道路作为基本骨架，进行圈层式分层扩展，也是我国商务空间增长的典型模式（图 2.2-6）。

南京新街口 CBD 就是核心布局的典型实例（图 2.2-7）。南京市中心以中山路与汉中路组成交叉十字贯穿全区，内有七条城市干道组成正交纵横路网体系，并形成内外两层环路系统，中间以新街口广场为核心，CBD 就在这种核心路网体系中发展而来，处于中心的街区建设强度和密度都远远大于周边地区。

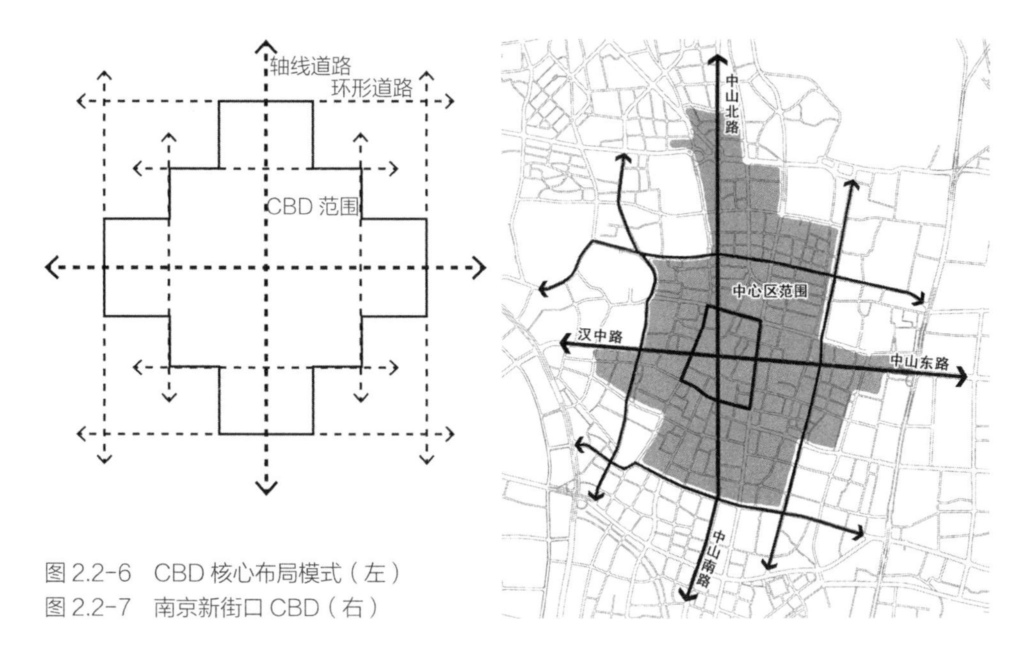

图 2.2-6 CBD 核心布局模式（左）
图 2.2-7 南京新街口 CBD（右）

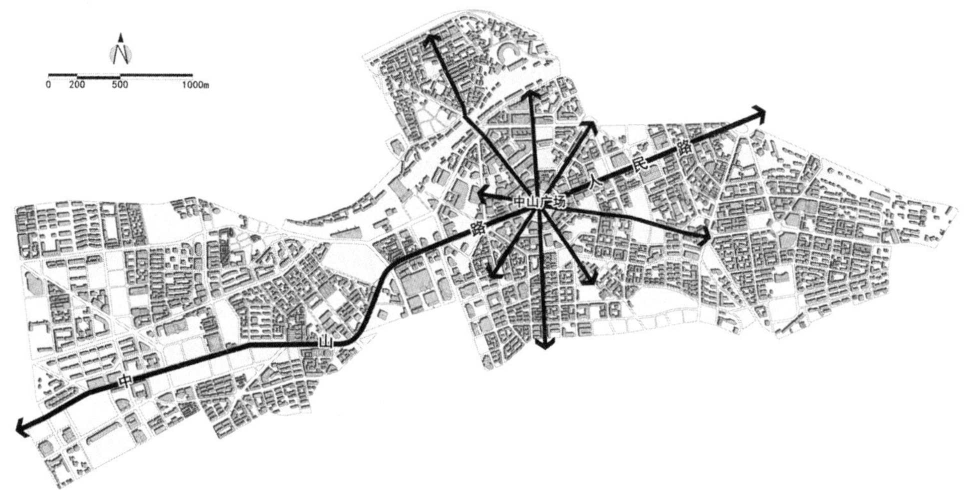

图 2.2-8 大连中山路 CBD

大连中山广场 CBD 同样如此（图 2.2-8），俄国人规划的星形路网结构决定了大连 CBD 的基本布局形态。商务空间以中山广场和友好广场为核心，向周边放射状生长，逐渐形成 2.6km² 的 CBD 范围。

核心布局的优点主要表现为 CBD 各方向的发展机会均等，CBD 紧凑度高，边界明确，定型性好，CBD 中心地位突出，可能获得较高的集聚效益。但是核心布局的结构模式也暴露出自身的弱点。首先，CBD 高强度的商务来往造成大量车流，而核心布局导致空间密度最高点和交通流量最高点向同一点汇聚，因此非常不利于道路交通的车流组织；其次，对于我国许多城市来说，CBD 核心往往与旧城核心相重叠，CBD 的核心布局在聚集城市商务空间的同时又加快了经济活动对城市核心的聚焦，这种聚焦加重了旧城运作的负担，使本来就相对落后而不敷使用的各项设施承受更大的压力，旧城原有的各种矛盾更加尖锐；第三，核心布局是以单一的 CBD 中心为基本特征的，而这种单中心的 CBD 空间结构过分突出现有的商务核心，容易造成城市功能的过分集中，而其他地区商务相对分散，不利于新建 CBD 的迅速形成。

（2）轴线布局

轴线布局是由交通沿线具有潜在的高经济性所决定的，同时 CBD 两侧可能受地形地物的限制，增长过程中主要沿着交通体系的主要轴线方向呈带状发展的形式。轴线布局以现代化交通手段为物质条件，通过建立大容量交通线路如地铁、轻轨来帮助 CBD 扩展，它能够缓解成块扩大市区引起的拥挤的矛盾和压力；此外沿轴线布局是解决 CBD 新区与中心城区交通联系的有效方式之一。为达到城市空间调整、历史文化风貌保护的需要，以城市设计为依托，沿城市主要开发轴做轴向延伸，不但含有城市空间上的卓越价值，而且对轴线的强化加强了新区位的吸引力、凝聚力。

广州天河 CBD，结合广州火车东站、车站广场向南延展至天河体育场，将城市的历史、现在及未来组织在一起，轴线中间以绿地广场为主，两侧进行高强度商务开发，不仅环境优美，而且解决了集中停车问题（图 2.2–9）。

深圳福田 CBD 的建设可看作是 CBD 轴线城市设计实施的典范（图 2.2–10）。福田 CBD 是 1986 年总体规划明确提出的市级 CBD，具有良好的城市规划基础，从 1996 年起共进行了四次较有影响的城市设计，CBD 中轴线由南北呼应的两片生态公园和轴线绿地组成，中间点缀系列主题公园，两侧则以商务空间围绕，未来将发展成为全市金融、证券、贸易、商业、信息、旅游等商务办公的中心。

图 2.2–9　广州天河 CBD

广州及深圳的 CBD 均是以绿地作为轴线构成的主要要素，在形成强烈的轴线关系的同时，也提升了 CBD 的环境质量，创造了良好的商务环境。

（3）滨水布局

在商务活动升级聚集的过程中，城市中的滨水区域逐渐成为最具有活力的地区，其中大量环境优美、交通便捷的用地正符合

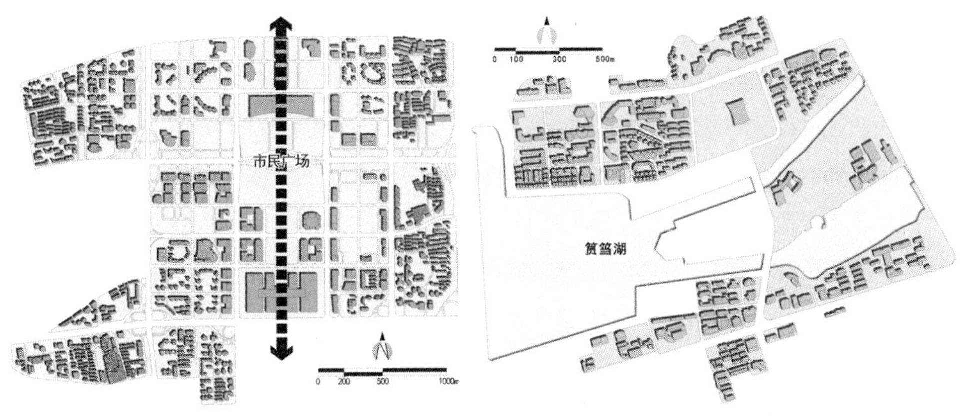

图 2.2-10　深圳福田 CBD　　图 2.2-11　厦门筼筜湖 CBD

CBD 区位选择的要素条件，广阔岸线和水体空间可以为提高城市商务空间的环境品质提供不可多得的自然条件，因此在拥有天然河道湖泊的城市，CBD 的扩展一般都优先考虑充分利用滨水区，如果水域与城市中心地区毗邻则更是如此，形成了所谓的滨水开发的 CBD 布局模式，在 CBD 格局形态中占有很大的比重，这种理论与实践正在不断取得巨大的成功，厦门筼筜湖 CBD、青岛滨海路 CBD、上海黄浦江两岸 CBD 等都是其中典型实例。

厦门筼筜湖原为海湾，经过近十年的人工改造，成为厦门本岛内最大的淡水湖，呈东西向狭长形状，商务空间沿两岸分布，背山面水，风景秀丽，高层建筑与广阔水面交相辉映，相得益彰，给厦门 CBD 增添了许多魅力（图 2.2–11）。

上海 CBD 以老外滩、黄浦江为纽带，跨江发展，以老外滩既有的商务、金融产业为基础，向人民广场拓展，陆家嘴地区则以东方明珠广播电视塔为标志，集聚了大量总部办公及金融产业。老外滩的文化积淀，黄浦江的开阔景观，形成了城市标志性景观场所（图 2.2–12）。

图 2.2-12　上海黄浦江两岸 CBD

（4）沿街扩散布局

沿街扩散复合是 CBD 发展的另一种布局模式。出于对城市交通便捷性的天生需求，商务空间自发地聚集于城市主干交通线上。围绕一些分离的节点形成松散发展，当城市产业信息化，商贸金融地位持续提高要求城市提供更多环境良好的商务空间时，街道外围地区将产生大规模集中化的商务空间，CBD 由沿街线性集中逐渐扩散为一个展开的区域形态，如福州、杭州、成都和广州环市东路等 CBD 格局。

杭州市 CBD 初始阶段以延安路为轴线发展，在集聚到一定程度后，开始向进深发展，在西湖优美风景及上塘路城市干道吸引下，向两侧延展，逐渐拓宽，由原沿路线型发展，形成西湖、上塘路所辖带型发展模式（图 2.2–13）。

成都 CBD 也是典型的沿街扩散布局模式（图 2.2–14）。商务职能沿轴线型道路人民路集聚，并在于蜀都路交汇处形成节点，并继续沿蜀都路向东延伸，形成一处商务集聚区，整个 CBD 呈现出以人民路为轴扩散的哑铃状。

以上是 CBD 的四种基本布局模式。应当指出，在 CBD 的发展中，这四种模式并不是各自孤立地出现而经常是几种模式交织在一起，同时存在于 CBD 范围内，或者在不同的发展阶段内存在不同的主导布局模式，如重庆 CBD 既以解放碑为中心作核心布局，又以邹容路呈沿街扩散布局（图 2.2–15）；又如，大连 CBD1990 年代以中心广场呈核心发展为主，1990 年代以后又逐步发展成以中山路为主的沿街扩散模式，未来则规划为向北接近海湾的滨水布局模式（上文图 2.2–8）。

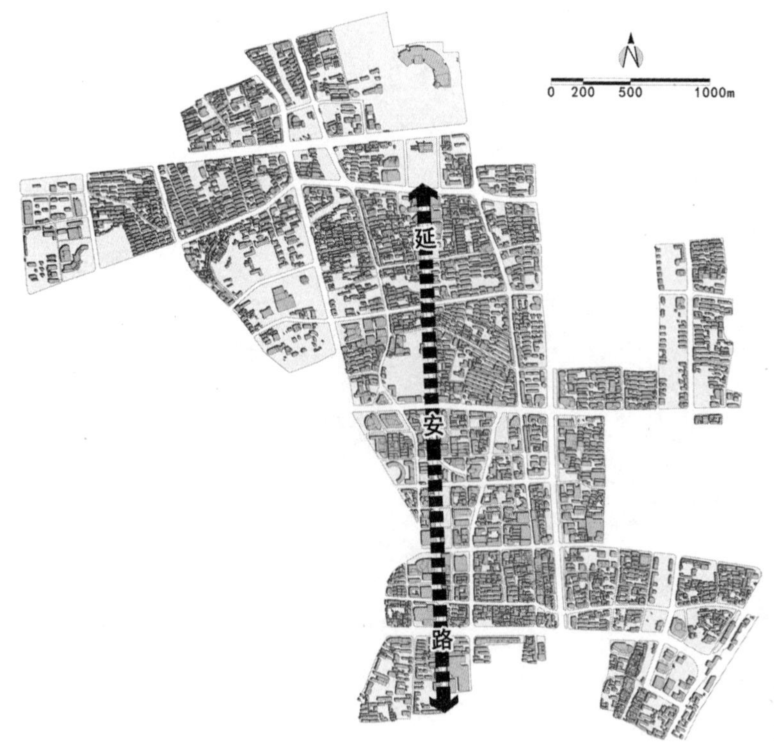

图 2.2–13　杭州延安路 CBD

图 2.2-14 成都人民路 CBD

图 2.2-15 重庆解放碑 CBD

2.2.4 路网模式特征解析

从商务中心区路网形态来看，主要有两种模式：高密度均质路网以及低密度等级路网。这两种路网模式也代表了商务中心区两种不同的空间形态，各有其特点及优劣势。

（1）高密度均质路网

路网细而稠密，除快速穿越式道路外，其余道路间的等级差距不明显，且中心区内路网分布较为均质，呈棋盘格状（图 2.2–16）。该模式道路一般不宽，多为 2~4 车道街道；道路之间多为正交；道路交通多以单向交通为主，以保证道路交通速度；平均街区面积较小，多在 $2hm^2$ 以下；街区大小也较为接近，使得整体形态也较为均质。

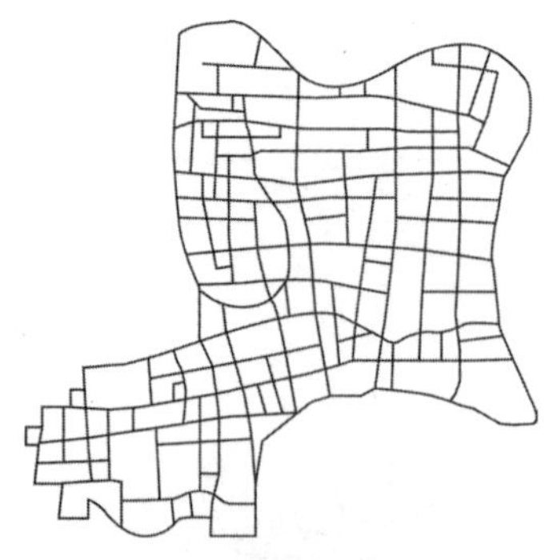
图 2.2–16　高密度均质路网模式

典型的代表如纽约曼哈顿 CBD（图 2.2–17）。曼哈顿中心区以密集的路网及狭小的街道为特点，客观上造成了 CBD 内高密度的空间形态特征。为了保证一定的交通速度，并避免拥堵，曼哈顿 CBD 核心区内超过 70% 的道路采用单向交通管制措施。

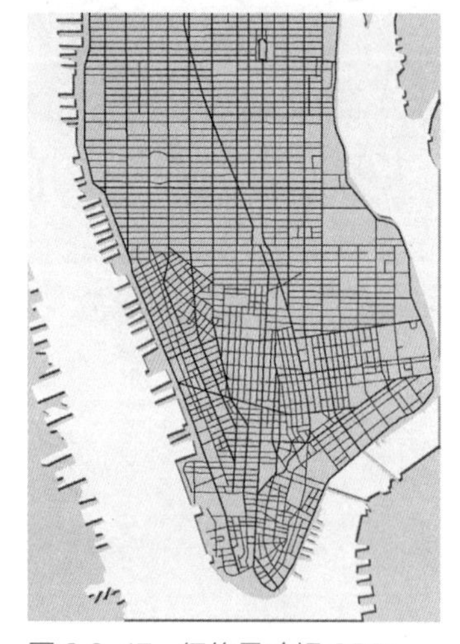
图 2.2–17　纽约曼哈顿 CBD

我国的大连市中山路 CBD 也采用了这一模式（图 2.2–18）。大连市 CBD 虽然是围绕中山广场建设，呈星状格局，但其内部路网较为细密、均质，成为高密度均质路网的典型代表。整个 CBD 内路网密度较高，处中山路外，其余道路等级差别不大，CBD 被细密的道路划分为 $1\sim2hm^2$ 的均质街区。

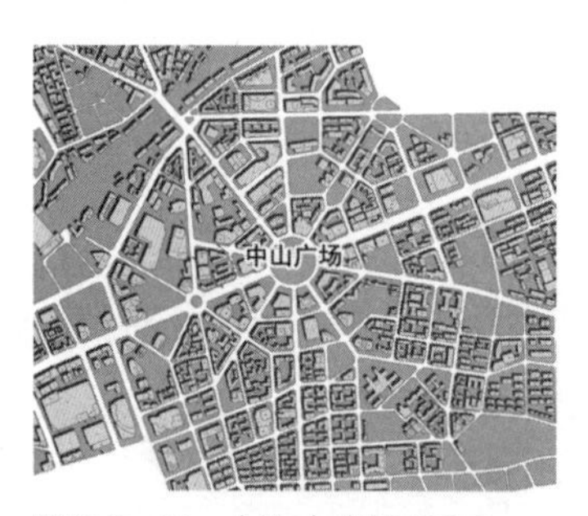

图 2.2–18　大连中山路 CBD

这种路网模式能够较好的适应市场经济下的商务需求，便于高地价的 CBD 分地块出售及开发，较为适合商务、金融等产业独立建设大厦的需求，同时高密度街区的模式，使得 CBD 内交通较为顺畅，可达程度较高，且使得 CBD 具有较高的活力。

（2）低密度等级路网模式

中心区内路网密度较低，等级较为明显，以多条主干道路纵横交织组成中心区内基本路网框架，呈街区式分布（图 2.2–19）。该模式的骨架道路一般为城市主干道，道路较宽，多为 6~8 车道；支路网则根据实际使用情况，在街区内部交错分布，且多数情况下并不连通；道路间主次分明，等级差距较大；街区大小相差较大，致使城市形态变化较大。

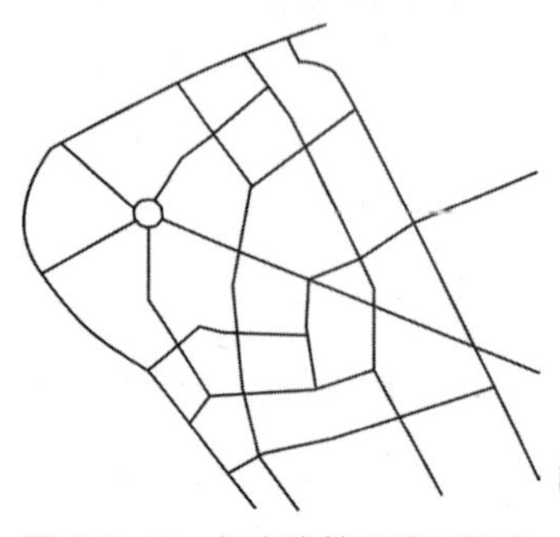
图 2.2–19　低密度等级路网模式

这一路网模式在国内较为普遍，上海陆家嘴地区也是典型的大路网模式（图 2.2–19）。陆家嘴地区由于路网过大，导致街区尺度也较大，降低了CBD的商务集聚程度。同时，宽大的街道也使各个街区互相隔离，降低了CBD活力。

又如广州天河CBD（图2.2-20）。CBD采用了8车道道路作为骨架，这一大马路、宽街道的模式引来了更多的国境车流，而导致了中心区内的交通拥堵，更割裂了CBD内的有效联系，使其活力降低。其形成的大街区形态也使商务空间显得较为零散，缺乏有效的集聚。

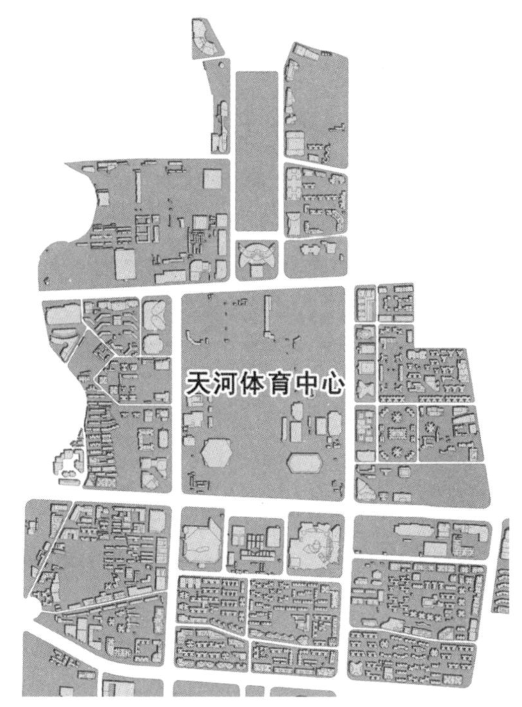

图2.2-20　广州天河CBD

这种计划经济制度下培育出的传统中心区路网模式已越来越不适应市场经济下的商务需求，使得CBD内交通难以组织，交通顺畅度不高，过大的街区也降低了有效的商务集聚，降低了CBD的活力。

2.3　商务中心区的设计手法

商务中心的空间形态特征较为明显，可识别性较高，基本空间单元形态相似性较高，在具体设计中往往更为重视其余周边建设及生态环境的协调关系，以及交通组织的合理性等。本章节从商务产业策划、整体形态格局及组团空间组织等方面入手，详细介绍其设计手法。

2.3.1　商务产业策划

贸易办公、金融保险、专业化服务等商务功能是现代中心商务区的主导功能。根据西方CBD功能演替的规律和国内CBD规模、构成的产业经济支撑来看，商务产业是CBD发展成熟的动力支撑。CBD各项商务功能的强弱和辐射范围的大小，一般取决于其载体产业直接或间接的集聚程度以及产品、资本、人才与技术市场的发达程度。不同的城市，由于其产业构成、特色的不同，其主导产业也有所不同，这直接导致了CBD主导功能的多样性。

对于一个拥有复杂产业的城市而言，一般决定商务产业结构的基本因素有两个：即市场引力与产业实力。市场引力包括产业业务额增长率、目标市场容量、竞争对手强弱等，其中最主要的是反映市场引力的综合指标——业务额增长率，这是决定产业发展状况的外在因素。产业实力包括产业规模、技术、设备、资金、人才的利用能力等方面，其中产业规模是决定产业实力的内在要素，它直接显示产业的竞争力。

通过以上两个因素的相互作用，会出现四种不同性质的产业类型，形成不同的产业发展前景：①业务额增长率和产业规模“双高”的产业群——强势类产业。②业务额增长率和产业规模“双低”的产业群——弱势类产业。③业务额增长率高，产业规模低的产业群——成长类产业。④业务额增长率低，产业规模高的产业群——成熟类产业。对于城市而言，其商务产业中如果能同时具有强势产业，成熟产业和成长产业这三类，就可保持商务产业稳定的当前利润和较好的发展前景，其 CBD 也更有活力与潜力，形成合理的功能结构。

核算各种商务产业的业务增长率和产业规模，并建立波士顿矩阵[①]（图 2.3–1）。在坐标系图上，以纵轴表示该产业业务额增长率（单位：%），横轴代表该产业规模（单位：亿元），以二者均值为高低标准分界线，将矩阵划分为四个象限，然后把各项产业的两项指数在坐标图上标出其相应位置，定位的结果将各项商务产业划分为四种类型。

按照波士顿矩阵的原理，产业规模越大，其创造利润的能力越大，越能占领 CBD 的优势地段；另一方面业务额增长率越高，为了维持其业务扩大所需的运行空间也越多，该产业越有在 CBD 内大规模拓展空间的需求。按照产业在象限内的位置及移动趋势的划分，形成了波士顿矩阵的基本应用法则。

如图 2.3–2 所示：第一象限为强势产业，它是处于高业务增长率，高产业规模象限内的产业群，这类产业为城市的强势产业，规模大，利润高，同时发展速度十

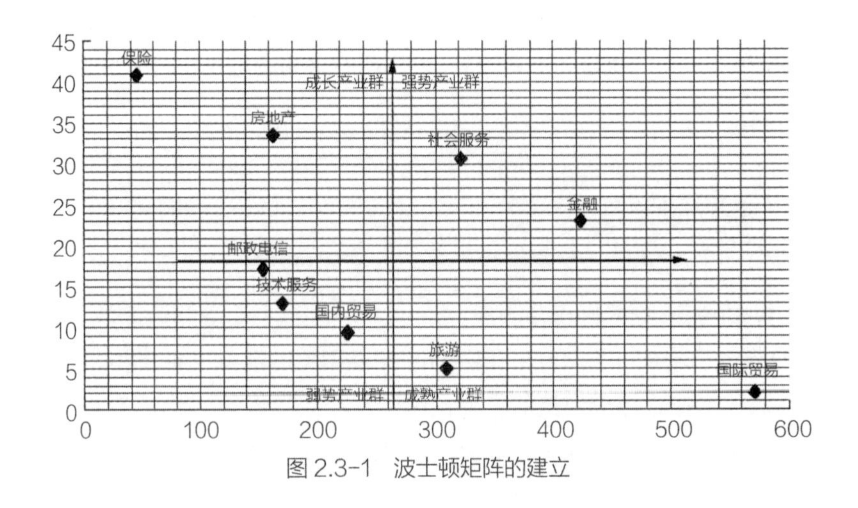

图 2.3–1 波士顿矩阵的建立

① 波士顿矩阵又称“四象限分析法”，是美国著名的管理咨询公司波士顿咨询集团所创造的，它制定并推广了“市场引力 – 企业实力矩阵”分析方法，所以又称为波士顿矩阵。

分迅速，是城市商务产业中的主导，也是CBD内投资建设的主力军。第二象限为成长产业，它是处于高增长率、低产业规模象限内的产业群，前者说明发展机会大，前景好，后者则说明在城市经济中尚处于弱势地位和发育期，其产业特点是利润较低，所需资金不足，负债比率高。因此，成长产业在城市中的空间拓展大多选择在城市非中心低地价地段，同时相对靠近主要业务单位。第三象限为弱势产业，它是处在低增长率、低产业规模象限内的产业群，其特点是行业利润低，处于保本或低增长状态，负债比率高，无法为城市带来收益，更无法在高地价的CBD地段内拓展空间。第四象限为成熟产业，它是指处于低增长率、高产业象限内的产业群，已经进入成熟期，其产业特点是销售量大，产业利润高，负债比率低，可为城市提供大量资金和财政税收，但同时，由于其业务保持在稳定状态，增长率已经较低，加上成熟产业在进入成熟期前的强势阶段已经大规模投资建设了业务所需的营运面积，因此缺少在CBD内继续拓展空间的需求。

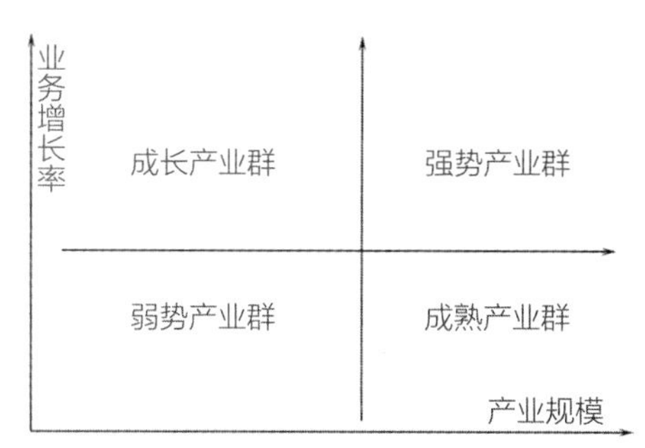

图 2.3-2 波士顿矩阵的各象限产业

以上海为例。在上海的商务产业矩阵分布（图 2.3-3）中，可以看出：房地产、国内贸易为成熟产业群；而金融证券、国际贸易为强势产业群；保险、邮电、旅游和社会服务为成长产业群，技术服务为弱势产业群。根据前面的分析，目前CBD内的主导产业为国际贸易、金融证券、国内贸易和房地产四大产业群，而上海CBD的主要商务空间构成正是如此。计算结果表明，CBD内金融类用地为40.2hm^2，建筑面积251.6万m^2，占CBD总商务面积的28.6%，其比重为全国CBD之冠；贸易咨询类用地为96.7hm^2，建筑面积514.9万m^2，占CBD总商务面积的58.5%。作为城市

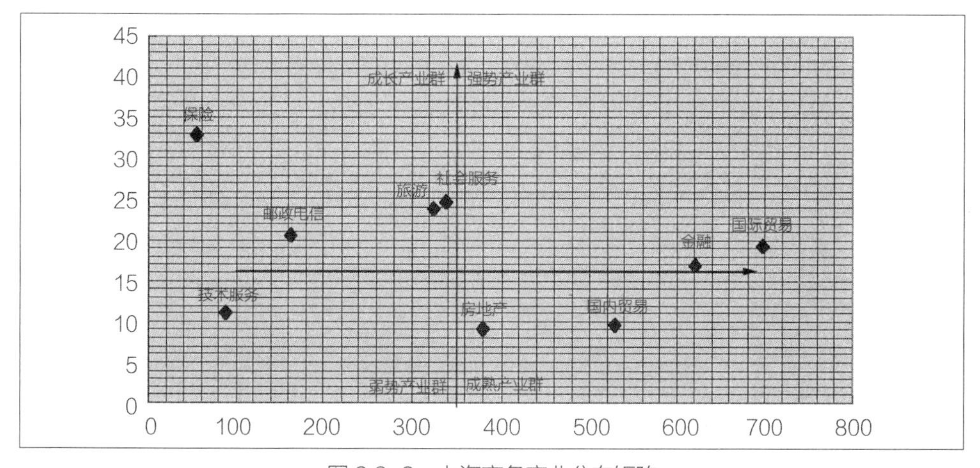

图 2.3-3 上海商务产业分布矩阵

* 资料来源：上海市统计局，《上海市统计年鉴 2002》，中国统计出版社，2003.4.

强势产业的金融证券和国际贸易产业不仅产业规模大，而且业务额增长快，2002 年分别达到了 16.8% 和 19.3%，是上海商务产业发展中典型的主导产业，不仅在已建成的 CBD 内占据了较大份额，也是 CBD 内目前开发建设最活跃的产业，在上海外滩和陆家嘴 CBD 内的在建项目统计中，金融银行和国际公司总部占了 39.5% 左右，是目前 CBD 的发展主导。作为城市成长产业的旅游、保险、邮电、和社会服务产业规模相对较小，但业务增长率较大，尤其保险业 2002 年 GDP 已达 54.9 亿，已是全国城市中行业规模最大的产业，同时业务额增长率达 32.8%，是上海各商务产业中发展最快的，这表明其有宽广的发展前景。其余几项成长类产业的业务增长率也达到了 20% 以上，若有足够的政策扶持和市场导向，未来必能迅速发达壮大，和金融与国际贸易产业群一起成为上海未来 CBD 发展的主导力量。

值得注意的是，上海金融证券与国际贸易产业的分布点已接近第四象限，即业务增长率已接近平均值，若无新的产业增长点，它们在不久的将来也将进入成熟期，即在 CBD 内的开发建设量逐步降低。而成长类产业群中的旅游业和社会服务业的产业规模发展较快，很快将进入城市强势商务产业群。随着其业务额绝对值和增长速度的扩大,所需空间和对地段的需求也越来越高,同时随着其产业规模和利润的壮大，对高地价的承受能力也将进一步提高，在这种需求和能力的双重引力下，旅游业和社会服务产业很可能在不久的将来成为上海 CBD 建设的生力军。

2.3.2 整体形态格局构建手法

由于商务中心区所处的区位及环境的不同，在对商务中心区进行设计时，往往会根据不同的设计条件采用不同的手法对总体形态进行设计及引导，通常的做法有以下几种。

（1）依托轴线构建

依托轴线的构建方式多存在于地形较为狭长的商务中心区，作为商务中心区空间构建的骨架，或作为打通多个重要设施、环境之间的联系要素，成为商务中心区设计的重要控制手法（图 2.3–4）。

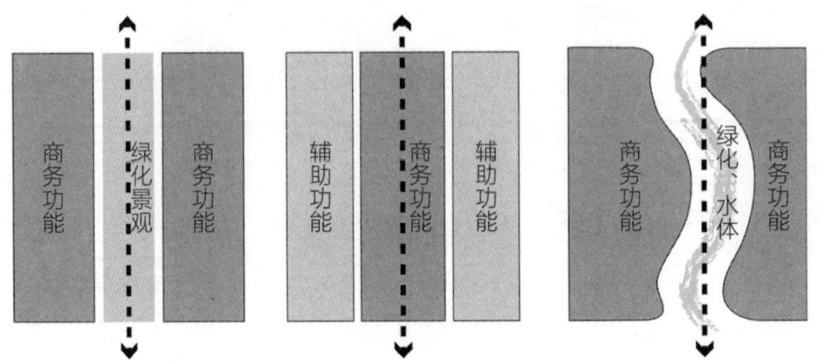

图 2.3–4 依托轴线构建

轴线的构建有 3 种较为常见的方式，以绿化景观方式构筑轴线形成的虚轴，以主要建筑构筑轴线形成的实轴，以及打破平直的空间，以自由形态构筑但具有明确轴线效果的意向轴线。在无锡市太湖新城中央商务区的城市设计中，就充分体现了 3 种不同的轴线构建手法（图 2.3–5）。太湖新城位于无锡市南部，太湖北岸，中央商务区位于太湖新城中部，呈南北狭长形态，南侧与太湖相连，北侧为规划的市行政中心。

景观虚轴（图 2.3–5，a）。规划在太湖沿岸布置了一个港湾式圆形的商务节点，与北侧弧形行政中心相呼应，形成两个端点，中部以水系、绿地等开放空间为依托，形成联系两个端点的绿化景观虚轴。在此基础上，轴线两侧组团向绿化景观轴线开敞，形成串联在轴线上的组团效果，整个方案突出了滨太湖的良好的生态景观条件。

建筑实轴(图 2.3–5，b)。规划在轴线北侧布置了一处公园，与南侧水体形成呼应；北侧行政中心作为空间标志，位于轴线中部，商务办公职能布置于轴线之上，中间仅留一条道路，形成线型展开的格局。实轴的空间形态明显区别与周边地区，以高密度、高强度的特征为主。中心区整体形态较为密实，开放空间较少。

意向轴线（图 2.3–5，c）。规划打破了轴线平直的传统构建方式，引入水系，形成自由的水系形态，具体布局中，西侧岸线以平直的刚性线条为主，结合布置商务办公、金融等功能，东侧岸线以自由的柔性曲线为主，结合布置文化、休闲等功能，两者的结合形成了蜿蜒变化的中心水面。虽然空间较为蜿蜒，但整体上仍然形成了心理对于轴线的认同，成为意向型轴线，且与太湖形成了较好的空间、景观及生态的联系。

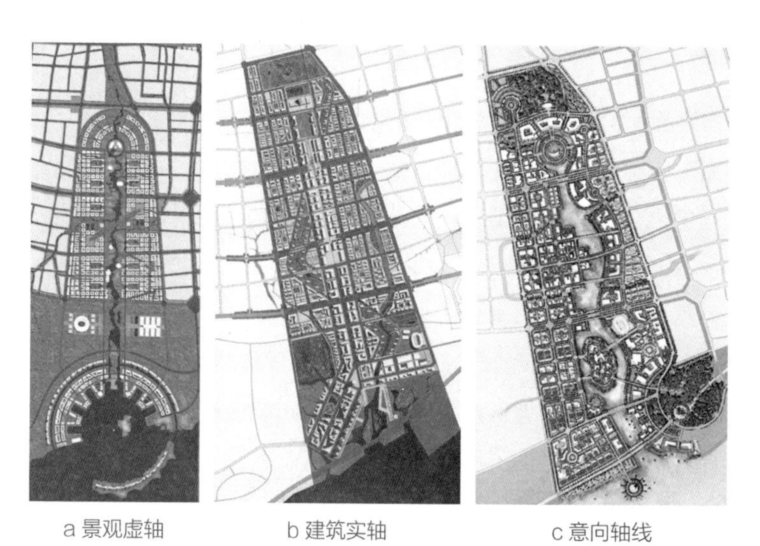

a 景观虚轴　　b 建筑实轴　　c 意向轴线

图 2.3–5　无锡太湖新城中央商务区城市设计

* 资料来源：a. GMP. 无锡太湖新城中央商务区城市设计，2006.
b. AS. 无锡太湖新城中央商务区城市设计，2006.
c. RTKL. 无锡太湖新城中央商务区城市设计，2006.

（2）结合水体布局

对于滨水或水资源较为充沛的中心区，在规划设计中，如何选择基地与水的关系是总体格局构建时需要首先回答的问题。水的塑造有许多种可能性，在不同的形态限制下，水可以是边界、路径，也可以是区域或标志。分析发现，每一个具体方案对水的处理都会有相应的主导方式，这个主导方式决定了基地未来的总体格局。可以概括为引水造景、引水筑岛和景观呼应（图 2.3–6）。

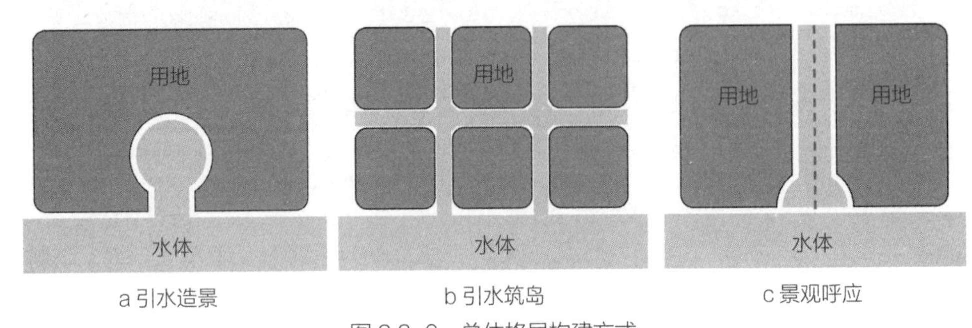

a 引水造景　　b 引水筑岛　　c 景观呼应

图 2.3–6　总体格局构建方式

引水造景

所谓引水造景，是指将水作为中心区的核心景观，这种方式适合强调景观特色并且核心区形态高度积聚的商务中心区 。造景方式分两种：一种是从基地外的水域引水进入基地；一种是将基地内的水体进行改造（如局部扩大）。有了这个核心水景之后，便围绕它来展开商务中心的核心区。具体来说，首先，主要商务建筑布局在核心水景周边；其次，水面和沿岸的绿地、广场、步行道路结合，作为中心区最主要的开放空间，组织公共活动；最后，往往在水面上或临水位置构筑中心区的景观标志，或展现沿岸建筑群的天际线。

如图 2.3–7 所示，该案例方案对原有的横穿基地的河流进行了扩大，改造为基地的内湖，而车行道下穿。设计者通过两个小巧的岛屿对水面进行了分隔。其中大的水面类似于中央公园，岸线柔化，周边以绿地为主，强调自然趣味；分隔出的小型水面，四周被商务高层建筑环绕，更多体现人工性。两处水面一大一小，一虚一实，形成了对比。整个方案对核心水景的处理是恰当并富于变化的，但在整体格局上缺乏谋划，有核无轴，核心区外的部分布局较凌乱，意图不清晰。

此外，东南方向的滨水地区本是基地内环境区位最好的部分，却做了十分消极的处理。设计者将这部分定位为度假功能，却仅仅布置了形态单一的居住区，简单地修建了滨水步道，并没有组织其他有特色的功能，或形成完善的开放空间体系，是对土地价值的浪费。

引水筑岛

用水来切分各个功能块的方式，是引水筑岛。这种方式适合核心区相对松散，

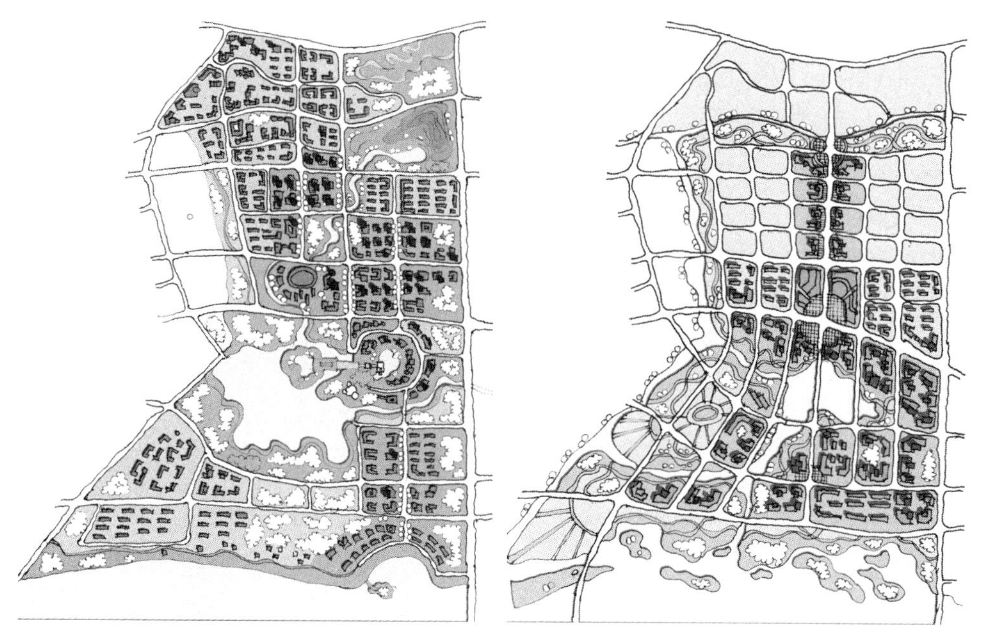

图 2.3-7 引水造景

图 2.3-8 引水筑岛

总体格局较自由的中心区，也适用于体现江南城市的水网特色。从生态方面来讲，引水筑岛不仅显著提高了水域的覆盖率，也大大增加了基地内外水岸线的长度，相应地创造了一定面积的湿地。从土地利用方面来讲，整个基地由于水的分隔，形成了若干个独立的区域，作为功能分区的基础，每个功能区域都被水体所环绕，十分有利于分期开发。引水筑岛将基地内外的水系完全沟通起来，因此，特别需要注意水域的防洪泄洪要求。

这是一个从基地的自然环境出发，构建总体格局的案例（图 2.3-8）。设计者在基地原有水环境骨架的基础上，横向和竖向各打通了一条新的河道，将基地分割成的三个主要岛屿，一大两小。同时，东南滨水部分的岸线破碎化，形成许多景观小岛，展现湿地公园的特征。在功能分布方面，滨大型水域的一面布局商务商业功能，形成滨水核心区；靠近山体的一面以居住功能为主，公共建筑轴从中央穿过。

该方案在环境改造和大的功能分区方面是比较成功的。问题主要出现在具体设计中：①商务功能分散在三个岛屿上，建筑群形态也较为均质，岛屿和岛屿之间缺少差别，没有形成各自的特色，若能将商务功能集中在一至两个岛屿上，而另一个岛屿突出文化或生态休闲特色，这样会更好。②整个方案中虽有较大面积的绿地，却没有充分利用，形成完善的慢行系统和开放空间体系，应在岛屿之间增加步行桥梁，将各个岛屿的滨水步道串联成整体，同时，应构建纵向的绿色走廊，建立湿地公园和基地内部的联系。

景观呼应

景观呼应是指不对水体做大量改造，仅以廊道、对景等相呼应。这样的商务中

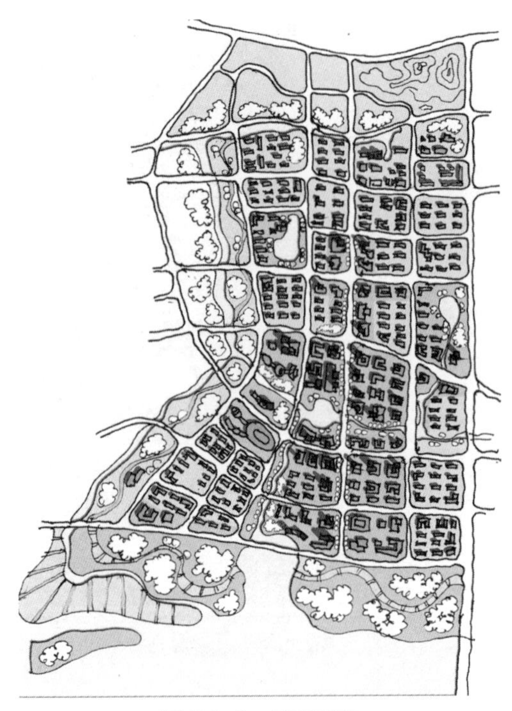

图 2.3-9 景观呼应

心区往往由轴线主导空间形态，呈现出高强度开发的特征。典型的总体格局是，核心区处于基地的中部，一般位于主轴线上，通过中心绿地、广场或高层建筑群来体现；轴线通到水岸，末端形成滨水景观节点，或广场或岛屿，周边聚集商业休闲或文化功能。景观呼应与引水筑岛、引水造景相比，优势在于基地的可建设用地面积大，缺点是对环境条件的利用不够，较难形成鲜明的景观印象。

图 2.3-9 所示的是一个以纵向中轴线来组织设计的案例。设计者试图建立从东南水面到山体的联系，轴线一端至山脚，一端至水岸，以景观小岛作对景。商务功能分两部分布局，一块部分位于轴线中段，与基地内的河流相邻；另一部分在轴线东南端，同样临水面。

该方案最明显的问题在轴线塑造上，作为总体格局的骨架要素，主轴线只是由车行道和两侧的公共建筑带构成，没有除行道树外的绿化设计，缺少空间收放，开敞环境局促，不足以形成真正意义的廊道和联系；其次，核心商务功能被分散到两片区域，实际上是设计者既想加强轴线，又不愿放弃滨水区位优势的结果，不利于发挥积聚效应，是一种低效率的布局方式；再者，基地内部的建筑紧凑密集，大面积的滨水开放空间主要分布在基地四周的边缘地带和居住片区内，与公共活动脱离，使用不便；最后，通过岸线改造，在东南面形成了一处水湾，但从功能和景观对应来看，似乎并无需要，反倒使原来的道路横跨水面，加建桥梁。

（3）道路网络形态控制

在商务中心区内，生产型服务业的建筑面积总量大，人流车流往来频繁，加之商务功能本身对流通效率的要求，因此，道路网络极大地影响着商务中心区的运行和发展。由于主导交通类型、道路密度和道路宽度的不同，商务中心区的道路网络设计呈现出以下三种趋势（图 2.3–10）。

——以慢行体系下为特征：相对独立完善的慢行系统，舒适的慢行环境；

——以大街区整体开发为特征：低密度道路网，快速通行的干道为支撑，车流量集中；

——以高密度支路网为特征：小街区，道路尺度宜人，车流量分散。

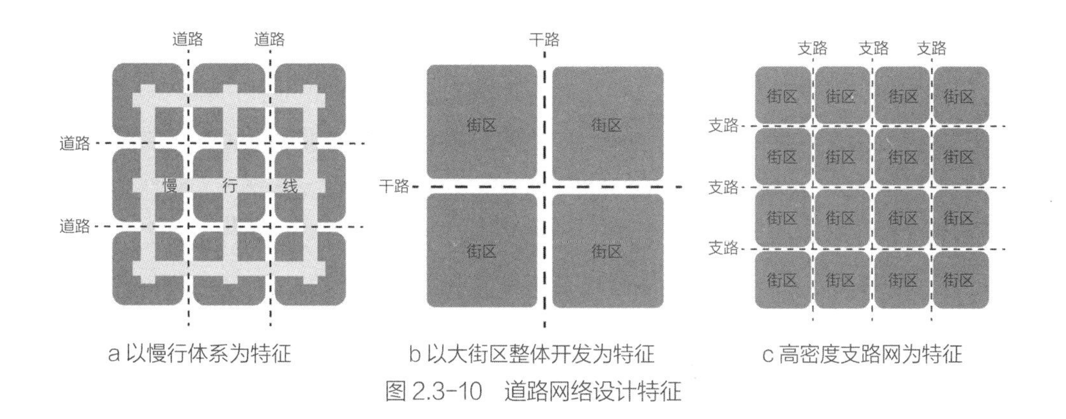

a 以慢行体系为特征　　b 以大街区整体开发为特征　　c 高密度支路网为特征

图 2.3-10　道路网络设计特征

以上三种特征并不一定单独出现，有时会两两结合。

以慢行体系为特征

以慢行体系为特征，一般是指有中心区有完善便捷的慢行系统，良好的慢行环境，鼓励人们选择步行或自行车出行，以减少大量汽车带来的中心区交通负担。适合强调宜人环境特色的商务中心区。具体来说，具备以下特征或以下部分特征：①中心区景观、开放空间、慢行道三者结合；②重要的公共建筑群或街区内实现人车分流；③运用部分立体交通方式来保证步行的连贯和舒适，如道路下穿；④布局无障碍设施和公共自行车换乘点。

如图 2.3-11 所示，方案中最明显的道路网特征是：车行道路的密度较小，而把更多的用地留给了慢行空间。慢行体系的总体结构是以内湖生态公园的慢行环为核心，其他几条公共慢行带沿水系从内湖向外延伸。从平面中可以看到，商务商业建筑与水系景观的关系十分密切，大都滨水或围绕水布置，为塑造慢行体系创造了良好的条件。加上水系的改造贯通，慢行线路也不再孤立，而是相互衔接，形成整体。主要公共建筑群所在的街区采用了人车分流的空间模式。即建筑沿边排布，车行到达交通依靠周边城市道路解决，街区内部以绿地、广场、水体构成的开敞空间为主，慢行线路围绕开敞空间展开。这样一来，车行与慢行便内外分隔，互不干扰。

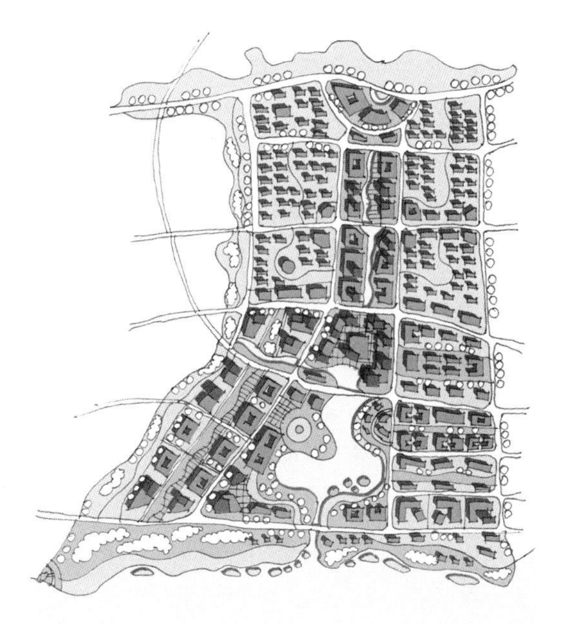

图 2.3-11　以慢行系统为特征

位于基地边缘的滨水绿地也由于慢行系统的串联，而大大增加了可达性，变得更有活力。

以大街区整体开发为特征

近年来由于各种原因，中心区大街区整体开发的现象越来越普遍，尤其多地出现在零售商业中心和商务中心内。以大街区整体开发为特征，是指车行交通主要依靠低密度的干道路网，道路宽度大，通行能力强。这样的道路网络优点是能够划分出大尺度街区，用于整体开发。缺点是将交通量集中在少数道路上，干道压力大，若设计不当，高峰时段易发生交通拥堵。此外，由于街区大，临街面长度较短，且大尺度道路缺乏宜人环境，因此，一般倾向于将公共活动集中在大型街区的内部，而不是临街面。

图 2.3–12 所示的是一个典型的以大街区整体开发为特征的道路网络设计。道路体系主要由“三横三纵”的主干路网和“四横两纵”的次干路网构成，道路宽敞，形成了若干个 400m × 400m 左右的大型街区。这些街区的开发方式主要有两种，一种是以高层建筑群为主的商务功能的开发；另一种是以大跨度单体建筑为主的文化会展功能的开发。

但本方案在具体设计中出现了许多问题：①大型街区虽不被城市道路所分割，但仍需要解决街区内部的车行交通问题，这一点在平面图上几乎没有交代。②在组织高层建筑群时，本可以利用大型街区的优势，形成步行内街等良好的公共开敞空间，设计者却忽视了场地设计，使得建筑外部空间十分破碎。③在商务核心区内，低层和多层建筑体量细碎并且布局凌乱，反而没有布局适合街区整体开发的大体量建筑，如综合体。

以高密度支路网为特征

以高密度支路网为特征，是通过提高支路网的密度，将原来集中在少数干道上的车流量分散开来，建立类似于毛细血管的道路网络。这种特征受到了新城市主义观点的影响，其优点是，不仅分散了高峰时段的交通压力，使中心区不易发生拥堵；而且，在道路用地面积不变的情况下，增大路网密度意味着单条道路的宽度变窄，而道路长度总和变大。这样的商务中心区虽然街区较小，但能够提供尺度亲和的有活力的街道生活，增加临街面长度也有利于充分发挥街道界面的商业活力。

该特征的道路网络适合总体格局较为均质的商务中心区（图 2.3–13）。方案的功能分区将基地划为两部分，其中一部分靠东南方向的水面，以中心区职能为主；另一部分靠山体，以居住为主。在以中心区职能为主的片区内，设计者在干道路网的基础上，增加大量支路，将基地划分为大量 150m × 150m 左右的小型街区。大多数街区形态都十分规整，为方形。街区内建筑组合均以围合为主，但形态有一定变化。在商业商务区内，修建了系统的跨道路空中步行连廊，将各个建筑物联系起来，在空中形成网络，一定程度上弥补了高密度支路网的情况下无法进行大街区整体开

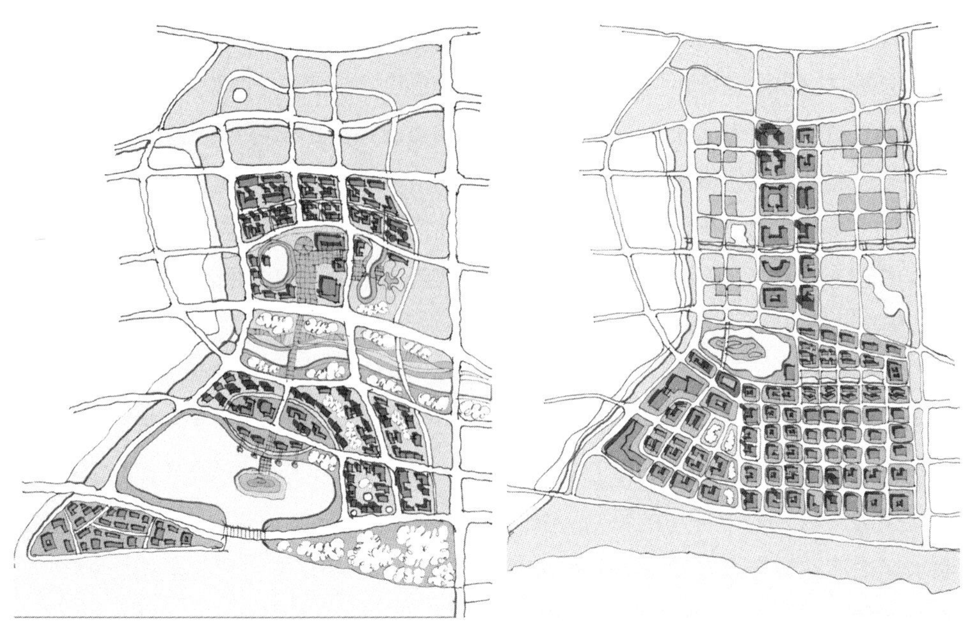

图 2.3-12 以大街区整体开发为特征　　图 2.3-13 以高密度支路网为特征

发的缺陷。

该方案最明显的问题是缺乏总体空间结构，无轴无核。其次，方格网的街区形态过于均质，建筑几乎满铺布局，商业商务建筑的总量过大。再者，大型开放空间靠近基地边缘，位置与公共设施的布局脱节。

2.3.3 组团空间组织手法

在整体构建的基础上，组团的空间组织关系到一定范围内商务办公空间使用的边界程度及商务办公环境的优劣。虽然整体看来，商务中心区空间形态的均质性较高，但具体的组团设计中，仍有多种设计手法，以提高空间的趣味性。

（1）组团式

组团式是最简单的一种商务建筑布局手法，通常是若干个相邻的街区组成片状区域，商务建筑在这个片状区域较为均质地铺展开来，不设明显的轴线或空间核心。这种设计手法下，往往片区内各个位置的交通可达性差别不大，各部分发展比较均衡。不会形成人们心理上的中心点，也一般不设地标建筑或其他中心标志物。

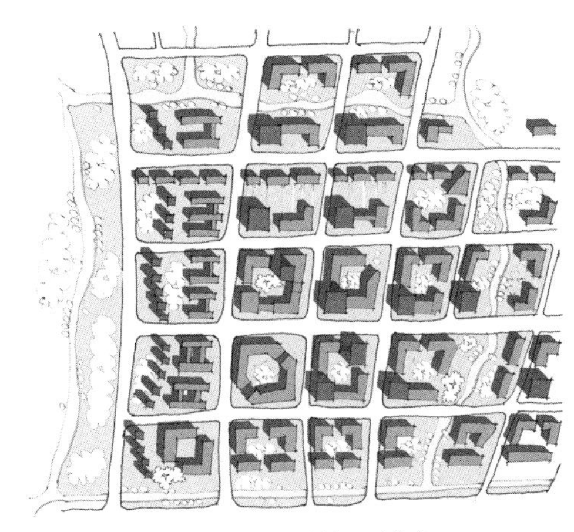

图 2.3-14 单组团模式

单组团模式（图 2.3-14）：指没有

水体、绿地或其他功能区分隔的情况下，商务建筑集中在一定区域内。单独组团在紧凑的同时往往没有特色，因此，要么在街区形态和建筑高度方面多做变化，要么通过重复同一母题来加深人们的印象，前者一般效果较好，后者易缺少识别度。案例中一定数量的小型街区构成了相对规整的矩形区域，商务建筑排列其中，各个街区的空间形态模式十分相似，即一栋方形平面的高层建筑放置在街区东侧角落，条形的多层建筑围合在街区四周。该方案虽在建筑高度上做了变化外，但整体效果还是稍显乏味。

多组团模式（图 2.3–15）：指由于水体、绿地或其他功能区的分隔，商务建筑分布在相互靠近的多个区域内，这样的布局通常能与自然环境较好地结合，获得不错的效果。案例便是利用基地的水体条件，形成了三个水系环绕的岛屿，一个较大的主岛，两个较小的副岛，商务建筑群集中在岛屿内部，四周留出足够的滨水绿地。岛屿形态自然，三个岛屿之间依靠道路紧密联系，建筑形态变化丰富，整体布局也体现出了一定的疏密关系，较好地将商务建筑的布局与基地环境融为一体。

（2）环绕式

商务建筑围绕某一空间对象来展开布局，形成向心性的构图形态。这种建筑布局手法，往往是为了利用所围绕对象的某种优势，如干道交叉口的交通可达性优势，广场绿地的景观环境优势等。因此，越靠近布局的几何中心，建筑的区位优势越明显，往往会布置地标建筑或其他标志物；反之，越靠近外围，优势越弱。与聚片式相比，是一种打破了均质的布局方式。

围绕道路交叉口（图 2.3–16）：因为围绕道路交叉口的用地有限，所以商务建筑一般不会形成太大规模，适合面积较小的商务中心区。这种布局方式是以道路为中心的，通常会在路口的四角留出街头广场，作为公共活动的空间。案例中，四组商务建筑聚拢在道路交叉口周围，强化了路口的中心感，是比较鲜明的中心区形象，但这种布局方式，容易导致车流从四面向中心汇集，增加了路口的交通压力。

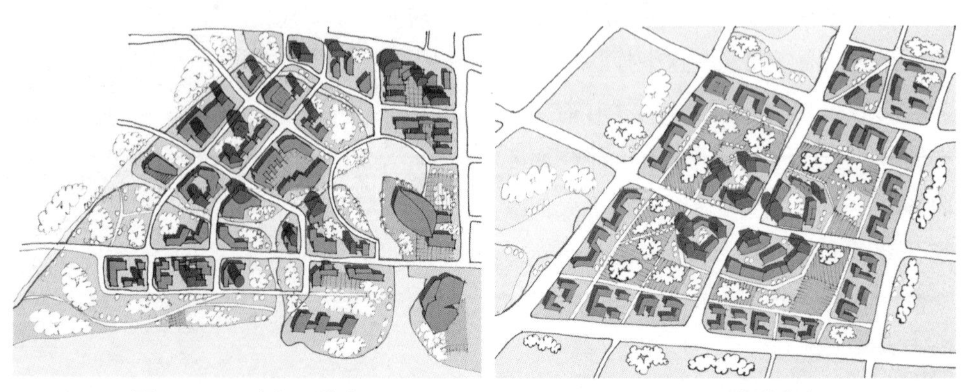

图 2.3–15　多组团模式　　图 2.3–16　围绕道路交叉口

围绕虚核（图 2.3–17）：引水造景形成中心区的虚核，商务建筑围绕虚核布置。一条蜿蜒的环形水流从建筑群中间穿过，丰富了水体景观的层次。并在虚核中央留出了一条宽敞的纵向绿廊，避免封闭的建筑围合带来的压抑感。此外，当建筑沿虚核布局时，道路网的中心是环形交通线，与围绕道路交叉口相比，增大了道路服务面积，更有利于交通疏解。

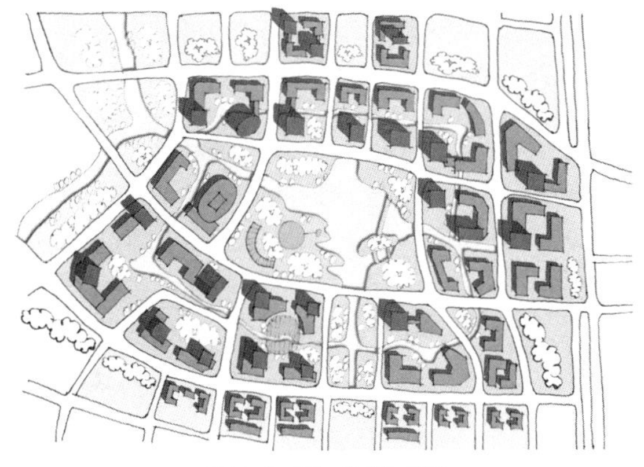

图 2.3–17 围绕虚核

（3）沿线式

商务建筑沿着某种线形的空间要素布局，称为“线形式”。与围绕式一样，线形式也是基于对基地中优势区位的利用而产生的。这种布局手法使商务建筑呈带状发展，延伸范围广，比较分散，会带来商务功能区内部联系不便的问题，因此适合商务建筑规模较大的中心区。

图 2.3–18 沿开放体系

沿开放体系（图 2.3–18）：引水筑岛，水面和滨水绿地构成了基地的开放体系。居住等中心区次要功能布局在岛屿内部，商务建筑靠河岸布置，随开放体系线形延伸开来，并且沿岸修建了步行栈道，充分利用了水体的景观价值，保证了河岸空间的公共性不被侵蚀。但基地内外的水面完全联通，商务建筑的位置极有可能无法符合防洪要求。

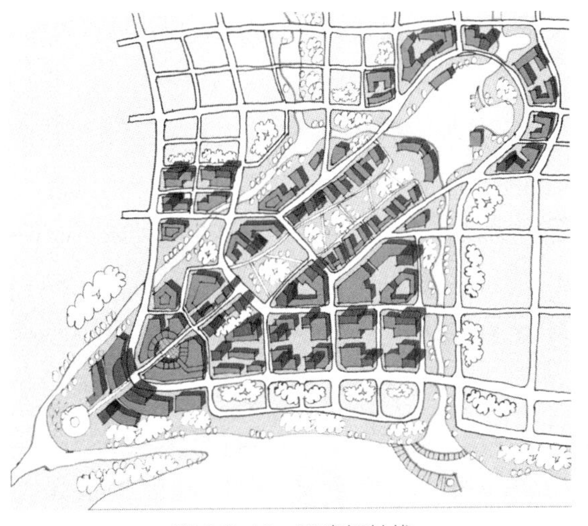

图 2.3–19 沿空间轴线

沿空间轴线（图 2.3–19）：案例方案中是一条由绿地构成的

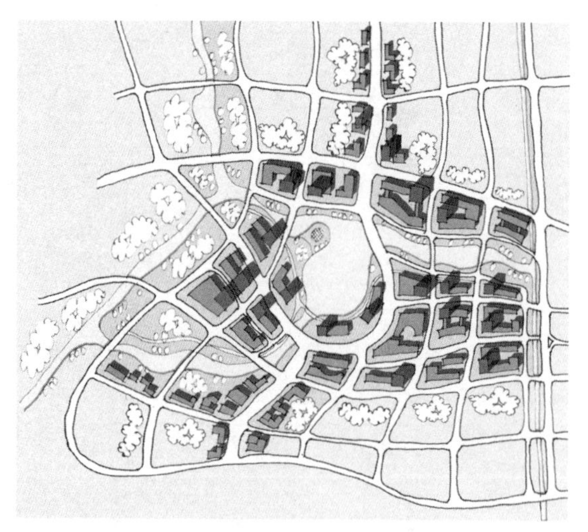

图 2.3-20　沿主要道路

空间虚轴，商务建筑布局在轴线两侧，以多层为主。主要建筑平面呈三面围合的 U 字形，开口面向轴线，并做退台设计，强化了绿地开敞的感觉。车行道围绕虚轴形成了小环线，轴线两侧兼顾步道联系，交通组织合理。

沿主要道路（图 2.3-20）：沿干道路两侧布局，一定程度上提升了商务建筑的交通可达性。但却存在很多问题，首先，容易造成车行干道上开口过多，影响道路通行；其次，这种手法往往会带了街区“一层皮”开发的现象，降低土地利用效率；再者，建筑围绕道路展开，脱离景观环境，不利于中心区空间形象的塑造。

2.4　典型案例设计及剖析

随着经济社会的发展，商务产业得到快速增长，相应的城市商务中心也成为规划设计的主要议题之一。而在具体的规划设计中，多以区域级及地区级的商务中心为主，根据商务中心的等级及区位条件的不同，本书选择三个案例，分别针对区域级商务中心（老城边缘及新城）以及地区级商务中心的规划设计进行详细剖析。

2.4.1　老城商务中心

对于许多大城市、特大城市来说，经济及政治上的地位带来了庞大的商务产业发展需求，催生城市独立商务中心的发展。而要在老城范围内进行大规模的商务中心的建设，建设成本过高，且会增加城市现有公共服务设施的压力，导致交通拥堵、环境恶化等问题，也会进一步限制商务中心的发展，使其运行效率较低。因此，多在老城边缘地区选址建设商务中心，利用城市快速环路、地铁轨道交通等大运量优势，良好的生态环境资源，以及相对廉价、建设阻碍较小的用地等条件，形成城市商务中心，在提升城市产业结构的同时，也能起到拉动城市建设骨架，带动城市建设的作用。

（1）案例介绍及现状解析

案例选取我国南方某特大城市，应城市发展需求，老城区内现有商务设施已经无法满足商务产业发展需求，且老城内既有空间无法容纳较大规模的商务中心，急需在老城外围地区选址新建集中的商务中心。

新的商务中心选址于城市西侧，位于城市建成区边缘地带。基地东侧有一条较大的江南北向穿过，并与东侧穿越老城区的河流交汇，形成河口；江北侧还有一条河流以较为蜿蜒的形态从基地东北流向西南，成为基地的边界；基地被熟悉划分为大小不等的三个板块：北侧水湾处面积最小，是早期的外国使领馆地区，多为历史建筑，并有多处文保单位；东侧面积次之，多为居住及工业用地；西侧面积做大，以居住、工业、村庄建设用地等为主，并有部分农田；由于处于城市边缘，建设力度较低，现状仅基地最南侧有一条道路与老城相连，其余地区全部被水系完全隔开（图 2.4–1）。

图 2.4–1　用地现状图

（2）设计思路及重点问题

这一选址位置距离老城较近，完全可以通过一定道路交通条件实现与老城的良好衔接，此外，基地还具有良好的水体环境，较低的拆迁及开发建设成本，较为适宜建设大型的高等级城市商务中心。对于该基地来说，水体是最为优势的资源也是较大的发展障碍，基地的主体空间被较大的水系所分割，各自为政。因此对该商务中心的规划设计思路应在对水体资源充分利用的同时，解决水体带来的分割问题。基于以上认识，可将规划设计思路分为两个层面，即如何利用水体优势以及如何解决联系的问题。

——如何利用江河资源。基地内部穿过的江、河水面较大，为基地提供了良好的景观及生态资源。较大水面的优势集中体现在：良好的通风廊道及生态涵养，为基地提供良好的景观生态条件；良好的景观生态环境，为商务中心提供休闲游憩场所；优良的滨江景观界面，是商务中心形象展示的平台；较大的水量支持，可满足规划设计进行与水相关的空间形态设计。由此，如何利用江河资源塑造形象？如何借助景观生态条件组织活动？此类相关问题是规划设计构思的关键。

——如何利用内部水网资源。除大的江河资源外，基地内部及外围尚有多条小的水系，对于改善基地内部环境，形成大范围的生态循环具有良好效果，同时也可作为基地内部具体形态布局的依托与凭借。在此基础上，是否可利用水网沟通内外，形成良好的生态网络及慢行系统？是否可借助丰富的水体资源组织空间结构及功能布局？这些问题应结合大的江河水体资源一体考虑，形成统一的水体资源利用理念及思路。

——如何沟通内外交通联系。在形成优势资源的同时，江河的穿流也将基地划分为独立的三个板块，成为阻碍中心区形成整体的障碍，使得如何加强中心区的内部联系也成为所必须面对的关键问题。而板块之间联系强度的大小与其联系的需求有直接关系，因此这也是一个需要从整体功能布局开始就通盘考虑的问题，且在内部联系的同时，也应注重整个商务中心区与老城的联系问题。因此，如何统筹考虑功能布局及交通连接？如何利用多种途径（道路、水上、地下）形成完善的交通网络？等也是规划设计必须解决的问题。

以上这些问题紧密相连、难于分割，必须统筹考虑，以全面、统一的思路利用优势资源解决发展屏障。将思路归结于具体的规划设计方案之中，可以转换为对几个重要问题的判断：硬核的选址及布局模式，主干路网的布局模式，水面与城市建设的关系等。因此，对该商务中心的规划设计可以从以下几个方面展开：

——以水为脉，硬核滨江展开，强化大江两岸。利用优良的滨水资源，将硬核滨江布置，形成良好的商务中心形象；同时突出滨江开发概念，滨江两岸以慢行系统串联，布置休憩设施，形成丰富多彩的滨江岸线。在此基础上，利用丰富的内部水网，将功能向基地内部延伸，以水为脉，形成具有张力的有机空间形态。

——以水为界，形成相对独立的功能片区。江河将基地划分为大小不等的三个板块，在充分考虑各板块既有条件、文化基础、发展潜力等方面的基础上，合理安排功能布局，形成相对独立的功能片区。北侧最小板块历史建筑较多，可依托发展休闲文化等相应职能；东侧较大板块以居住功能为主，可结合滨江开发及部分用地的更新，提升居住环境，完善服务设施，发展一定的滨江游憩职能；西侧最大板块用地较为充分，可更新用地较大，具有较大的建设空间，可作为商务中心的核心职能区。三个板块通过不同的功能分区可适当降低彼此间的连接需求，形成结构完整又具有一定独立性的功能布局。

——跨水连接，以综合交通网络沟通大江两岸。通过跨江大桥或江底隧道等多种形式，沟通大江两岸的交通路网，形成商务中心区内部联系的同时，也能有效的衔接老城主干路网，加强老城与商务中心之间的联系。可根据基地内部现有滨江岸线长度及规划设计需求，适当增加两岸连接通道，但应注意连接数量及连接方式，这对建设的成本影响较大。同时，可根据需求增加水上公交线路，通过连接老城的河道强化与老城之间的联系。此外，还可考虑通过局部增加人行跨江大桥的方式连通大江两岸的慢行系统，即增加两岸的连接度，又可作为一处标志景观。

（3）常见错误解析

在具体的规划设计中，由于未能正确判断水体的价值，未能合理处理功能及形态布局等原因，使得该商务中心方案出现一定问题，常见问题如下。

——过度绿化。方案认为滨水具有良好的景观生态效应，因此应着重突出其景观生态优势，规划有大片的开敞绿地。该类思路多以生态、低碳等较好的理念为切入点，但对生态、低碳的理解有所偏颇，将其片面的等同于绿化，因而方案多出现大尺度的绿地，与城市建设形成大疏大密的格局。这种方式会造成土地资源的浪费，且过大的集中绿地的生态效应难以得到充分利用，而过密的城市建设又会出现环境恶化的现象（图 2.4–2）。规划中应合理统筹绿地布局，在保证中心区生态、低碳运行的基础上，充分实现土地的经济价值。

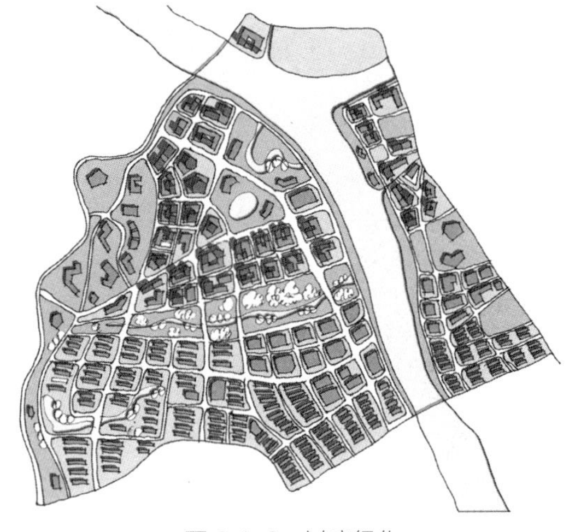

图 2.4–2　过度绿化

——构图过于图案化，对原有肌理破坏严重。方案试图以一个完整的或形式感较强的图案将基地统一规划，形成较强的整体感及完形感。这一方式试图以强烈的视觉刺激吸引眼球，并形成形式上的呼应感，但往往为了追求图案的效果，忽视既有的城市肌理，及交通、功能等方面的联系。如图 2.4–3 所示，为了追求图案的呼应关系，对北侧及东侧板块的肌理破坏较大，且忽视了板块间的有效联系关系。

图 2.4–3　过于图案化

——硬核规模过大，且跨江发展。方案几乎将中心区范围全部规划为硬核，使得硬核规模过大，缺乏有效的补充及配套职能空间，过大的硬核也会造成严重的资源浪费，使得土地及空间利用效率降低（图 2.4–4）。同时，方案还将硬核跨江布置，这一

图 2.4–4　硬核规模过大，且跨江发展

图 2.4–5　缺乏硬骨架的紧密组织

方式会大大增加硬核间的跨江交通需求，形成交通上的瓶颈，造成使用效率的降低及使用的不便，也会形成基础设施及相关配套职能的重复配置，造成浪费。

——缺乏硬骨架的紧密组织，空间较为零散。硬核的布局及公共设施的分布较为零散，缺乏有效的组织及衔接，主要体现在缺乏集聚轴线、缺少呼应关系、缺乏层级结构，使得整个商务中心缺乏有力的结构支撑出现空间较为分散的现象。如图 2.4–5 所示，公共设施的分布较为零散，且之间缺乏有效的联系方式，使得商务中心核心不明确，难以形成有力的轴线关系，导致空间零散。

——功能分区过于生硬，缺乏有效的混合，不便使用。规划设计过于强调功能的分区，避免相关职能对商务职能的干扰，但过于生硬的功能分区将会导致使用的不便，在实际的使用中也难以做到完全的功能分区。如图 2.4–6 所示，规划形成了中央商务区、文化中心、研发区、高技术园区等功能片区，周边为居住社区，各功能片区职能单一，缺乏应有的相关配套设施，居住社区也缺乏应有的社区服务设施，形成纯粹的功能分区格局。这一格局会严重影响日常的工作、生活及各项活动，造成服务的不便及效率的低下。

（4）典型案例剖析

在具体的规划设计中，对于滨江岸线的利用，硬核及公共设施的布局等，形成了以下几种较为典型的方式。

——打造文化休憩岸线，硬核置于中部（图 2.4–7）。这一思路是利用滨江的景观生态优势，并结合北侧板块的历史文化职能，在江岸两侧布置文化、休闲、游憩等职能，形成一条滨江文化休憩带。

在此基础上，梳理道路交通体系，增加两条跨江通道，以隧道的形式与东岸衔接，并在基地中部形成十字交汇的格局。从道路交通的通达性来看，这一区域位置是与老城及周边片区联系最为便捷的位置,因此将硬核置于该区域,形成团块状格局。此外，还将部分公共服务设施沿纵向主干路布置，并与南侧跨江通道连接，形成商务中心区的纵向骨架轴线。同时，借助小的水系布置景观开放空间，与东侧景观形成呼应关系，形成了一条横线的景观虚骨架。硬核周边为居住社区，并布置有社区中心及一定的开放空间，再外围则形成了商贸、创智、休闲等相关亚核，形成了一

图 2.4-6 功能分区过于生硬

图 2.4-7 打造文化休闲岸线，硬核置于中部

定的圈层式布局特征。方案未拘泥于商务中心区的规划范围，而是从更大的区域范围对其功能布局、空间形态及道路交通进行研究，形成了更大范围的轴线骨架及圈层式结构，但具体来看，并未有良好的圈层式路网格局与之相契合，且社区中心及外围的商贸等服务设施也未能充分利用有利的水网条件，突出整个方案的空间形态特征，显得有些遗憾。

——硬核滨江展开，多层水系环绕（图 2.4-8）。这一思路是将硬核滨江布置，沿岸线展开，形成展现城市商务中心形象的滨江界面。这一做法试图构建类似于上海陆家嘴、香港维多利亚湾的城市风貌，成为城市的标志性窗口地区。

规划在原有道路体系的基础上，打通了纵横两条主干道与东岸及北岸的联系，在此基础上，借助滨江河口的优势景观布置硬核，使硬核具有交通及景观的双重优势。在内部空间的组织中，更多的依托内部水网进行组织，划分出滨江及沿主干路两个片区;硬核外围也依托水系形成一条较宽的文化休闲带，布置文化、体育、休闲、游憩等设施，并作为区分硬核及周边功能区的边界。此外，方案还增加了水上交通线路，进一步加强了商务中心内部的联系。其余板块也充分利用水系引导公共设施布局，形成了良好的滨水空间环境。方案整体结构清晰，交通组织合理有序，并能充分利用大的水体展现景观，利用小的水体组织活动，方案具有较强的空间特色；但利用水系形成的文化休闲带过宽，造成用地的浪费，对硬核与周边相关及配套职能的割裂较为严重；且绿带内的体育、文化等职能对于商务中心功能的渗透、外延，

图 2.4-8　硬核滨江展开，多层水系环绕

图 2.4-9　板块各自为政，水系勾连内外

以及商务中心硬核的进一步发展起到了严重的阻碍作用。

——板块各自为政，水系勾连内外（图 2.4-9）。这一思路认为中心区虽然涵盖了两岸的范围，但其主体功能区应以西侧板块的发展为主，因而弱化了三个板块之间的联系性。

方案对三个板块进行了不同的发展定位，北侧规划为历史街区，东侧为高档居住区，并结合水系布置了一处高科技产业园区，西侧为主题功能区，布置商务、酒店、商业等集中大型公用设施。西侧板块内，位于江河交汇的河口处布置一处集中的商务、酒店等设施，并结合水系，在其南部规划形成了一处岛式水景商务区，商务区东侧滨江岸线则布置休憩、疗养等设施。该方案充分利用了水体内部水网资源，形成了特征鲜明的空间形态，但对滨江资源的利用还有待加强，除了西侧的岸线外，其余两处岸线利用率较低，特别是东侧岸线，完全变成了居住社区的生活岸线，使公共资源造成浪费。同时，完全独立的道路体系，使得商务中心与老城的联系较弱，会造成严重的交通拥堵等现象，须知增加跨江联系的通道不仅是实现商务中心内部的衔接，也是增加其与老城及周边片区的衔接。

2.4.2 新城商务中心区

对于一些老城区用地潜力较小，限制较大的城市来说，跳出老城发展新城是较为常见的做法。新城的发展则多依托大型基础设施的带动，如机场、高铁站场等大型综合交通枢纽，或依靠公共服务设施的拉动，如行政中心、商业中心及商务中心的建设。其中，对于大城市、特大城市来说，为了带动新城发展，提升城市的区域竞争力及影响力，形成城市的高端智能集聚区，多依托高标准的商务中心建设，吸引企业总部、资金、人才等资源，实现城市的提升、跨越发展。

（1）案例介绍及现状解析

选取我国中部某大城市的新城作为研究案例。因城市南侧机场升级为国际航空物流中心及全国航空物流枢纽，为城市带来了重大的发展机遇。这一发展机遇，将全面带动城市南部新城的规划建设。在此基础上，为了适宜新的发展需求，提升城市竞争力及综合服务水平，拟在机场北侧建设具有商务中心。

该新城位于城市南部，距老城有一定空间距离，与老城没有直接相连。新城被南水北调渠分为东西两个片区，西侧为日湖片区，东侧为月湖片区，硬核位于南水北调渠东侧月湖片区西侧，处于整个新城的中部位置。基地内水资源较为丰富，其中，南水北调渠水量较大，但是为地上渠，从地面以上通过；硬核内部有一个较大的湖面，并有小的河道与北侧及东侧水体相连；硬核东侧有一条河道从基地东侧进入，从南侧留出，并与基地内其余河道相连接；日湖片区内也有一条河道与基地内部一处小的湖面相连。基地内道路网基本以正交方

图 2.4-10　基地路网规划图

格网为主，仅在与南水北调渠及外围快速路网衔接处有一些相呼应的变形，充分体现了平原型城市的特征。基地西侧有一条高速路通过，是连接老城及机场的主要通道。

（2）设计思路及重点问题

该地区位于机场北侧，距机场较近，与老城的联系主要通过西侧的机场高速路相连，并能通过机场高速与城市外围高速公路网相连，具有较好的内外及区域交通环境；另一方面，基地的水体资源也较为丰富，为商务中心的规划建设提供了良好的环境条件。对于该商务中心的规划设计来说，主要可从环境、交通及功能衔接等方面切入。

——如何借助水资源优势组织结构。对于我国中部大部分城市来说，水资源都属于较为稀缺的资源，而基地内部的湖面及河道作为优势的稀缺资源，对于基地的空间结构及功能布局具有较大的影响力。就基地现有水系来看，分布较为均衡，与重要道路结合较为紧密，且有较为突出的重要节点，使得水系本身的结构性较强。那么，是否可以利用水系本身的景观性及结构性优势，构建商务中心的发展骨架？并以重要景观节点吸引核心功能？这些问题是对未来规划方向的重要判断。在此基础上，还应考虑与地表水体立体交错的南水北调渠的影响。

——如何利用航空枢纽优势组织功能及布局。国际航空物流中心及国内航空物流枢纽带来大量货运物流的基础上，也会形成相应的物联网络产业、第三方物流产业等相关的商务产业以及由此带来的相关产业集聚形成的商务需求。这些传统及新兴的商务相关职能更多的是依托枢纽集聚，因此应与机场保持良好的衔接关系，同时也应提供相应的生活配套设施。这就需要认真的思考如何合理的布局各类功能片区以保证使用的效率？如何组织相关配套职能，提供便捷的服务？等相关问题。

——如何利用不同交通通道优化功能布局。基地的整体交通网络较为均衡，与各个方向均有较好的衔接关系，但各方向的交通通道又有一些不同的特征：南侧连接机场、西侧连接老城及区域交通，北侧联系城市的东部新城。不同的交通特征会形成相应的功能需求，如何利用这些外部条件，引导相应的功能布局，使得功能布局更加有序合理？值得在规划设计过程中深入研究与推敲。

在慎重的判断各类可能性的基础上，对这一尺度较大的商务中心区的规划应从大处着眼，在梳理整个中心区空间结构的基础上，合理安排功能及硬核布局，形成良好的公共设施服务体系。同时也应从小处着手，处理城市建设与水体环境的关系，使环境价值与经济价值均能得到充分的体现。因此，对于该新城商务中心的规划设计，可从以下几个方面展开。

——依托水系布置公共设施，形成整体结构骨架。基地内水体结构性较强，分布较为均衡，完全可以依托水体作为整个中心区的结构骨架，并在重要节点位置布置硬核，形成具有张力且特征明显的骨架结构。硬核间的联系可通过滨水绿带的慢行体系及生活、休闲设施的布局形成衔接，且不同的硬核应以不同的功能为主，以满足新城发展的整体需求。

——依托核心水体景观，布置商务硬核。依托基地内最大的水面规划景观核心，该水面位置也基本处于基地的中心位置。在此基础上，可依托这一核心景观布置集中的商务硬核，以核心功能匹配核心景观，并通过水系的延展，形成功能的扩展与渗透。这一位置也基本处于交通的中心位置，便于各方向的连接与通达。

（3）常见错误解析

该案例的限制条件较少，大的道路系统格局也基本确定，可供凭借的条件也较为有限，因此在具体的规划设计中的一些错误多存在于功能布局、空间形态等较为具体的方面。对常见错误进行归纳，具体如下。

——公共设施布局零散，水系仅为绿带。方案未重视水系的价值，甚至将部分水系抹去，水系多作为中心区内的绿带使用。商务设施处结合大型水面有一定的集聚外，形成沿路的线型展开模式，诸多商务节点直接缺乏有效的联系，显得过于分散，且缺乏相关的商贸、文化等功能。如图 2.4-11 所示，商务硬核集中于基地北侧，并扩大水面及绿地范围，使得商务设施缺乏有效的集聚，且规模偏低。外围商务设施的布局则更为零散，缺乏清晰的结构关系。

——过于追求形式感，造成布局凌乱。商务硬核内水体资源较为丰富，可以结合进行具体的形态布局，形成较为自然、有机的空间形态。在此基础上，构图可考虑与水体的结合，进行一定的变化，使形态更为丰富。但在水体之间额外增加形式感很强的图形，会使空间过于凌乱，分不清主次关系，空间缺乏稳定性。如图 2.4-12 所示，在水系间较为狭小的空间内，以较为完整的弧线造型契入又形成了几处节点，

图 2.4-11　公共设施布局零散，水系仅为绿带

且南侧与水体结合的节点较为协调，其余节点则显得过于突兀，与水体关系也不够协调。

——过于强调生态效应，不切实际，形态怪异。在基地有一定水资源的前提下，过分强调水体、绿化等生态效应，大量扩展水面，形成一个个岛屿，并以弧形、圆形等形式的建筑与之相匹配。过大的水面与该地区的实际情况不符，过多特殊造型的建筑也会增加建设的成本，且不便使用。如图 2.4–13 所示，在硬核内采用这一方式缺乏展开的空间，并造成大量土地资源的浪费，与周边肌理难以协调，整体形态显得较为局促、怪异。

图 2.4–12　过于追求形式感

——滨湖资源浪费，核心模糊。利用较大的湖面形成文化中心，而将商务职能沿河布置，造成滨湖资源的浪费以及空间核心的模糊。如图 2.4–14 所示，文化中心环湖布置，外围则为居住功能，使得湖面难以发挥更大的经济价值；商务职能则集中于东侧水系两侧，呈线型展开，缺乏有效的集聚。这一方式形成了水面开放空间及滨河的商务硬核两个中心，且两者之间联系较弱，使得整个

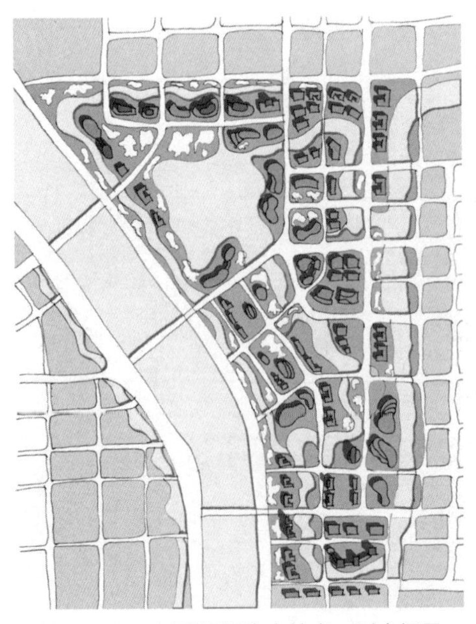

图 2.4–13　过于强调生态效应，形态怪异

图 2.4–14　滨湖资源浪费，核心模糊

空间缺乏整体感及中心性。

（4）典型案例剖析

在具体的规划设计中，有一些较好的利用水体构筑结构骨架，组织功能布局及空间形态的典型方式。

——以水为轴，构建中心区发展框架，以圈层式结构，构建公共服务体系（图2.4-15）。方案利用基地优势的水体资源展开布局，形成硬核结合湖面，以水为轴串联的布局模式。硬核布置于中心湖面周围，形成商务硬核，同时结合湖面布置一些休闲娱乐设施，成为构图中心；相关的服务设施沿水系向外延伸，并在一定距离范围内形成不同的功能亚核：北侧的休憩功能、东侧的行政及体育功能、南侧的文化功能以及西侧的会议展览功能。四个亚核距离商务主核距离相当，形成围绕主核的圈层式结构；此外，方案还结合水系布置了一些社区服务中心，为周边的居住社区提供相关服务；处起到结构作用的水系外，还有一些水系并未纳入方案整体的骨架结构，而是作为绿化生态廊道与外围大的生态网络取得联系；在核心区的具体设计中，水系也起到了明显的轴线作用，水体两侧建筑采用对称及相似形态的建筑围合，与亚核及河道直接联系，与西侧日湖片区核心区也以相应的绿化关系相呼应；较大的水面周围则以特殊形态的建筑形体围合，使得硬核及水体景观较为突出。

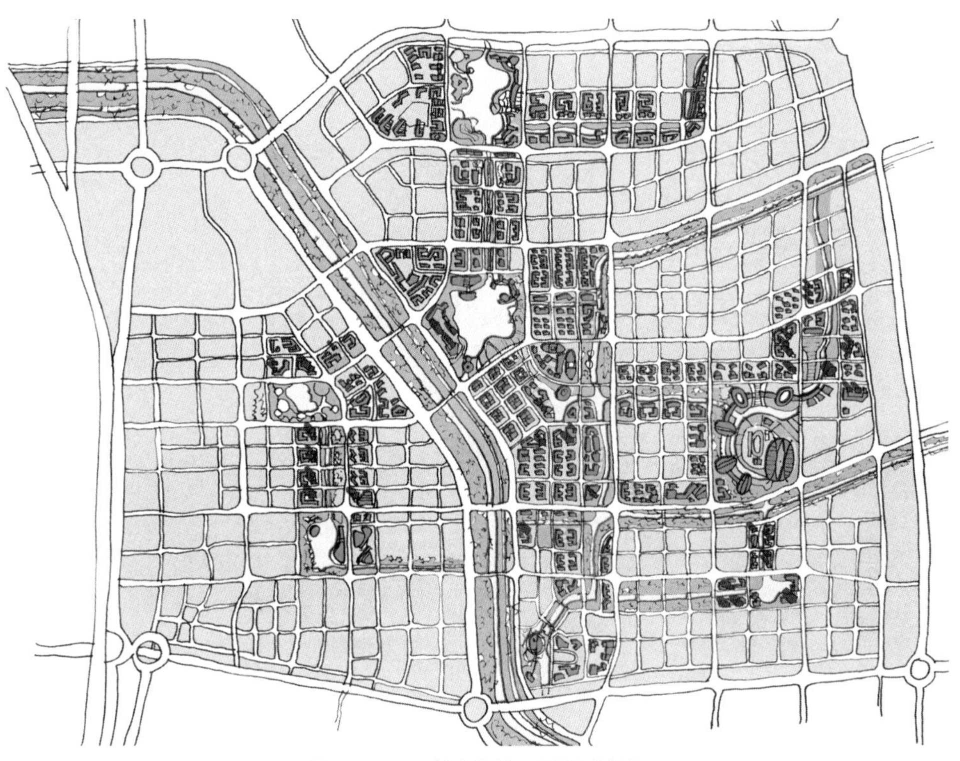

图2.4-15　以水为轴，圈层式结构

方案充分利用了基地特有的地形条件，形成了地域特征明显的空间结构，并构筑了等级、结构分明的圈层式中心服务体系，方案整体结构清晰，功能布局合理有序，但社区服务中心的布点还有一定的缺乏，应在周边居住社区的适宜位置增加一定的社区服务中心，使得公共设施服务体系更加完善。

——硬核北移，跨河而立（图 2.4–16）。这一思路认为该商务中心必须能够承接机场带来的发展优势，也应承接老城发展的高端需求，因此将核心区北移，靠近基地北侧快速路交叉口。该地区通过沿南水北调渠的快速路，可以便捷的通达机场地区，通过向西的快速路，还可较为快捷的与老城进行联系，同时，由于南水北调渠的阻碍，借助快速路的便利，日湖片区也应形成相应职能的集聚区，形成跨河而立的格局。

具体布局中，结合中部最大的湖面布置商务中心及金融、酒店等相关职能。与之相对，结合日湖片区湖面布置物流及物联网服务职能。两个中心各河相望，通过水体形态及景观设计，形成空间上的呼应关系；在此基础上，在东侧构筑水环引导公共设施布局。从湖面引水系沿南水北调渠延伸，布置休闲游憩设施，在水系与快速路交汇处布置体育中心，也可作为进入核心区域的标志性景观；另一条水系从湖面向北延伸，两侧布置会议、展览及文化设施，利用水面的自由变化，以较为灵活自由的建筑形态与之呼应。方案打破原有的认知格局，以交通联系为突破口，选择根据交通优势的区位布置核心功能，并考虑到南水北调渠的阻隔，形成跨河而立的主次中心格局，但方案过于迁就现状水体的情况，商务、金融等核心功能位于核心区南侧边缘，难以充分发挥核心功能的辐射带动作用，具有一定的局限性。

图 2.4–16　硬核北移，跨河而立

——以湖面为中心构筑放射状水绿廊道（图 2.4–17）。在核心区的规划设计中，以大型湖面为中心，以相连的水系为轴线，形成扇形放射格局，构筑核心区空间结构骨架。湖面及河道两侧以绿地为主，布置休闲游憩设施，作为主要的慢行系统及生态廊道。三条放射的轴线之间也有小的水系沟通，形成轴线加水环的形式。沿绿廊两侧布置商务设施，并在轴线形成的夹角内布置集中的商务办公建筑，形成团块集聚加轴线延展的格局，向北侧延伸的轴线则布置商业、文化等设施。为了增加空间的灵活性，以一条自由的步行廊道在其中穿越，周边建筑则做相应的变形与之呼应。

图 2.4–17　以湖面为中心构筑放射状水绿廊道

整个方案结构较为清晰，空间形态规矩又不失变化，较好的利用了水体资源，但绿化空间过多，使得核心功能布局受限，空间较为局促，且开放空间过于集中于河道两侧，周边的片区内缺乏次级的开放空间，建筑密度过大。

2.4.3　地区级商务中心区

地区级商务中心属于低等级、小规模的商务中心，多为城市或城市内部某片区服务。因其规模不大，服务等级不高，对区位、交通、环境等条件没有太多要求，多布置于城市片区的中心位置，或用以带动新区的开发建设。

（1）案例介绍及现状解析

选取我国中部地区某特大城市的区级商务中心为例。应城市发展需要，需要在老城南侧建设新的城市发展区，并拟规划建设一处区级商务中心，以满足城市扩张需求，并带动新区建设。

商务中心选址于城市南侧，北至高铁线路，南至城市南四环路，基地西侧大学南路与老城直接相连，是联系老城的主要通道。基地内以园地、林地及弃置地为主，并有小规模的工业、仓储、居住及市场用地。该处选址已位于城市边缘地带，土地平整及拆迁建设成本较低，便于新商务中心的规划建设。

（2）设计重点问题及常见错误

该地区既没有良好的环境资源，也没有优势的交通条件，且没有任何发展的基础，因此，如何着手进行规划设计是一个难点问题。而地区级商务中心的用地范围较小，功能构成也相对简单，设计应重点考虑以下两个方面。

——硬核规模及布局。地区级商务中心等级较低，相应的规模也不应过大，在城市的中心体系内属于级别较低的区级中心，中心区内缺乏核心资源，仅作为带动周边建设的引擎。因其等级较低、规模较小，硬核难以形成较大的团块状集聚，多依托重要道路、轴线等布局。

——路网形态格局。现状有两条重要的对外交通道路，穿过基地连接老城的大学南路以及基地外围的南四环路，基地的内部道路应以此为依托进行组织。对于小型的商务中心来说，内部路网不宜采用低密度、大街区形式的路网，这会降低交通的可达性，造成使用不便，同时由于对外的交通方式相对单一，过大的街区也会造成交通的拥堵。

地区及商务中心的规划设计环境较为单一，尺度规模较小，因此常见的错误也较为集中，主要体现在以下几个方面。

——高层建筑过多，导致硬核规模过大。地区及商务中心受发展条件所限，硬核规模不应过大，过大的商务办公规模会由于市场需求的不足，而导致资源的闲置

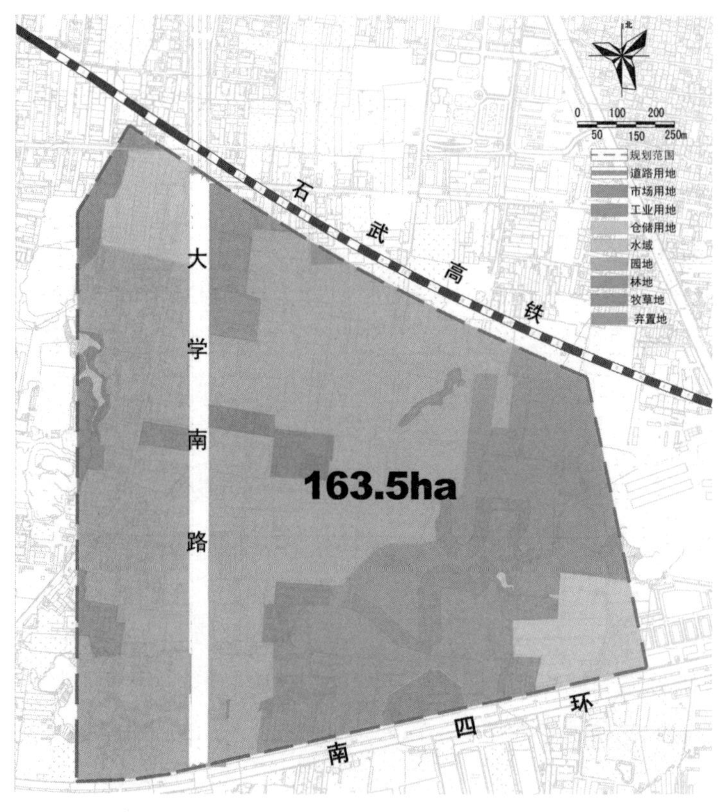

图 2.4-18　现状用地图

图 2.4-19 硬核规模过大　　图 2.4-20 核心景观过大，导致空间破碎

和浪费。如图 2.4-19 所示，商务办公硬核沿大学南路及基地中部的规划主干路展开，结构及形态较为合理，但由于高层建筑过多，使得商务设施的规模过大，造成了硬核空间的均质性及资源的浪费。

——核心景观过大，导致空间破碎。由于用地规模较小且没有可供凭借的优势资源，往往会采用人造景观的方式创造资源。在造景的过程中，如果景观规模过大，会压缩有限的建设空间，难以形成有效的集聚，造成空间的破碎化。如图 2.4-20 所示，方案中部人工造了一处较大的水面，并开挖河道向外延伸，使得可建设用地形成了环湖一层皮的模式，用地不集中，相应的功能集聚效应难以发挥，且空间被划分的较为破碎。方案的核心水面及河道缺乏相应的支撑条件，也难以实现。

——路网密度过低，造成街区尺度过大。适宜的路网密度可以增加土地开发利用的效率，而地区级商务中心用地范围不大，应适当增加路网密度以达到弹性利用土地，提升交通效率的效果。而图 2.4-21 中，路网格局仅为三纵三横的主干路网，商务等公共设施沿路展开布局，完全忽视了所形成的大街区内部空间的使用，造成大量的土地难以开发使用。

（3）典型案例剖析

虽然基地可供借鉴的优势资源有限，但在具体的规划设计中，根据硬核选址及展开形态的不同，以及不同的空间结构组织方式，也可以形成变化丰富，特色鲜明的空间形态。

——双网嵌套组织空间结构（图 2.4-22）。依托与老城连接的主要通道大学南路布置商务硬核，呈沿路线型展开；基地东侧布置大型商业设施，以 Outlets、Shopping Mall 等业态为主，将整个基地范围规划为城市新区的商务中心及商业服务中心。规

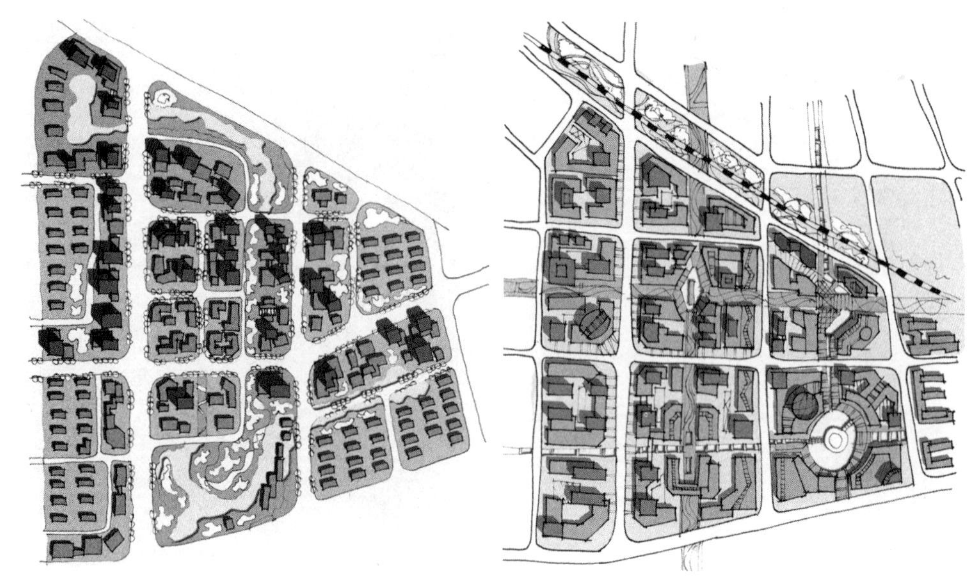

图 2.4-21 路网密度过低

图 2.4-22 双网嵌套组织空间结构

划路网密度与建筑体量及密度较为适宜，体量较大建筑均有两条临街面，在此基础上，充分满足公共设施集中区的步行需求，街区内部以纵横交织的步行廊道串联，街区中部则通过建筑的围合关系形成较大的开放空间，作为步行景观节点。整体上形成了外围机动车道路网络连接，内部步行廊道网络串联的格局，两个网络的叠合形成了方案的整体形态控制框架。方案整体规整大气，又不是灵活变化，但方案公共服务设施规模过大，将整个中心区范围规划为一个硬核，不太适宜地区级商务中心的等级，可考虑底层大型商业结合高层办公的形式组织建筑体量，形成集聚效应。

——依路沿轴集聚，形成 T 形结构（图 2.4-23）。方案在基地中部规划了一条横线的景观绿化廊道，商务硬核沿大学南路及该景观两道两侧展开，呈 T 字形形态。方案借助连接老城的交通优势，又通过景观廊道的引导带动基地的纵深开发，即提升了基地的景观环境，又形成较为清晰的空间结构。在建筑高层的布局中，也主要沿大学南路及绿带布局，且空间上较为集中，形成了空间标志区域，景观廊道东侧则布置一些商业服务设施。硬核外围以居住功能为主，并用水体、绿带等条件进行分隔，避免相互间的直接干扰。方案整体结构清晰，以较为简捷的方式串联起内外空间，有效带动了基地内部空间的开发，但方案道路密度较低，造成核心区内部分建筑可达性较低，影响使用，此外，应加强景观绿化廊道与两侧公共设施的景观联系，使方案的整体感更强，空间也更为丰富。

——商务设施沿路展开，引入水系提升环境（图 2.4-24）。规划依托与老城连接的主要道路大学南路布置商务设施，由北向南沿路呈线型展开；同时，为了提升基地整体环境品质，从北侧引入水系南北向穿越基地，沿商务硬核东侧通过，并在

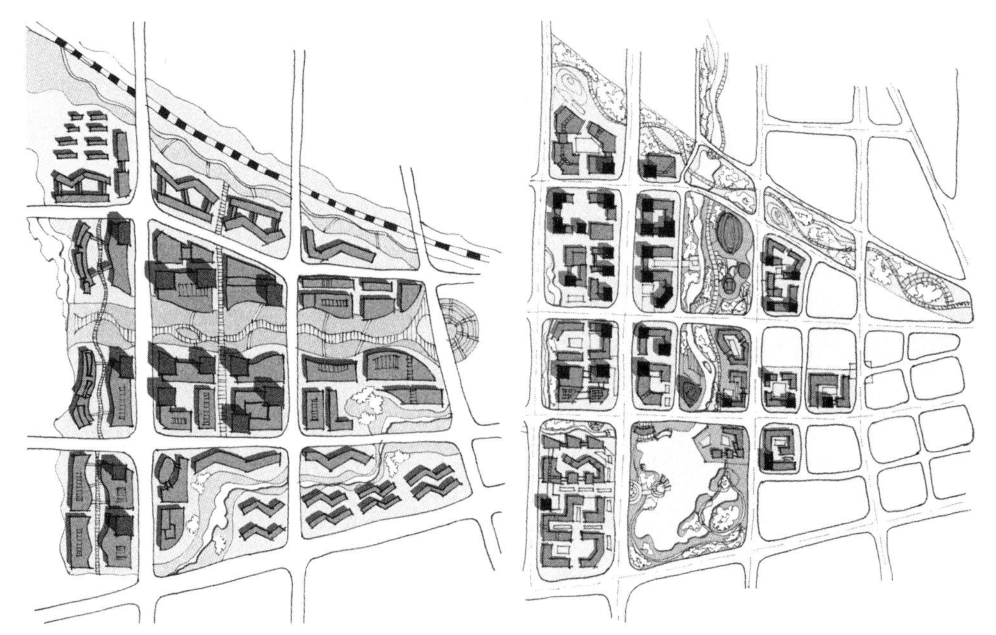

图 2.4-23 依路沿轴集聚，形成 T 形结构　　图 2.4-24 依路沿轴集聚形成 T 形结构

基地南段规划一处大的湖面；与商务硬核相对，水系东侧布置体育及商业服务设施；大型湖面西侧，大学南路南段布置文化休闲设施。方案整体上形成了依托湖面扇形展开的格局，每个扇区即一个功能组团。在此基础上，方案的路网密度相对较高，便于地块的开发及利用。整个方案引水造景构筑景观核心，并以此组织空间结构，整体形态结构较为清晰，功能布局合理，但景观核心与功能核心背道而驰，且景观核心偏于基地一侧，难以发挥更大的带动效应。

2.4.4 商务中心区设计的基本经验

商务中心区是一类有建设门槛的中心区，出现在人口数量和经济总量达到一定规模的城市。在我国，商务中心区往往是伴随着城市的扩张而选址于新的城市区域的，基于旧城改造而建设商务中心区的情况比较少。因此，设计者所面对的常常是未经开发建设的土地，规划设计具有较大的发挥余地，缺少约束的同时也容易带来一些设计上的问题。

这里将商务中心区设计的一些基本经验归纳如下。

1）兼顾经济效益与环境效益。一方面，商务功能本身的特征，决定了商务中心区的建设强度往往大于其他类型的中心区；另一方面，中心区可能为追求良好的自然环境而选址于生态比较敏感的地区。这种情况下，设计者尤其需要注意经济效应与环境效益的平衡。既不能为加大建设总量而过度破坏环境资源；也不能一味只关注环境而忽略了方案的可实施性。实际上，这两者并不是绝对对立的，例如好的景观环境也可以提升土地的经济价值。设计者应尽量追求综合效益的最大化。

2）合理配置商务功能量。在商务中心区内，究竟应当有多大规模的商务建筑量，取决于所在城市的经济发展状况和中心区的辐射范围，因此，设计者需要通过科学的方法对其进行估算，或以相似城市的商务中心区案例为参考。在具体设计中，还需适当配置居住以及其他生活服务功能，但要注意比例，不应喧宾夺主。

3）商务建筑与景观环境结合。在设计中，提倡将商务建筑布局与景观环境结合。首先，两者有助于集中展示商务中心区的风貌形象；其次，有利于增加绿地或开辟，改善商务核心区的物理环境，减少高强度的开发建设对城市微气候的不良影响；再者，可以结合景观环境商务建筑积聚的地方通常也是中心区公共活动最活跃的地方，需要开放空间容纳这些活动提供场所。

4）建立高效的道路系统，关注步行环境。在商务建筑密集的核心区，提倡采用高密度支路网的小街区模式。注意提高步行环境的舒适度，适当运用步行桥梁、空中连廊等。

5）高层建筑宜聚不宜散。商务中心区的规划设计中通常会出现大量的高层建筑，散乱的高层建筑布局容易给人留下零碎的印象，也不利于相关资源的整合；相反，聚集的高层建筑群有助于塑造错落有致的城市天际线，形成大疏大密的空间关系。

6）减少异形建筑的使用。异形造型可以提高建筑的识别度，丰富中心区的空间形态，一般用于地标建筑（建筑群）或会展等特殊功能的建筑物。但在设计中过多地使用异形建筑，会影响方案的可操作性，不规则的平面轮廓也容易造成街道界面的不连续。

7）有效开发地下空间。在条件允许的情况下，加强地下空间开发有利于土地集约利用和发挥土地价值。商务中心区有极大的停车位需求，规划的地下空间可以为高层办公和商业建筑提供机动车停车位，或进行地下商业开发。

第3章

传统商业中心区规划设计

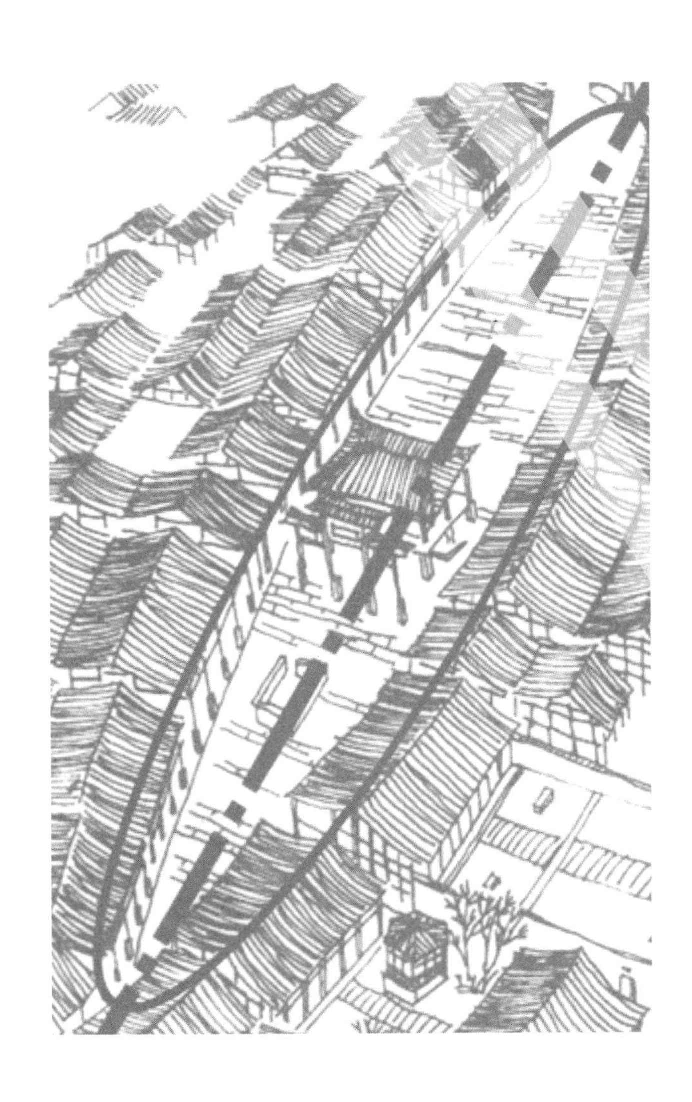

五千年的悠久历史文化和辽阔多变的地理环境共同构成中国独特的城市风貌。传统商业中心作为城市的经济、文化、宗教等各种活动的中心，记载着城市的发展变化历程，集中体现了城市传统文化和地方特色的精髓，发展至今，已经成为渗透着人文景观内涵的城市综合体，是城市可持续发展的重要组成部分。

3.1 传统商业中心区的界定

3.1.1 传统商业中心区概念

要阐释传统商业中心区的涵义，关键在于对“传统商业”一词的正确理解。就其本身而言，传统商业指传统营方式，包括小规模、个体化的商业主体，小而全的商品种类，开放的商品摆布，和前店后坊的工作模式。历史上，随着城市各项设施的集聚效益导致城市功能的地域分化,其中的商业功能相对集聚,形成传统商业中心。从显性因素而言，传统商业中心指城市传统商业集聚的物质空间形态。

然而，尽管我们强调研究对象为物质空间形态，但我们不能避开非物质的文化与情感认同不谈。因为自古以来，这种文化与情感上的认同一直影响着传统商业中心的形成与发展。

因此，本书对严格意义上的传统商业中心做如下的定义理解：传统商业中心是以传统风貌为载体特征，以传统商业活动为经营内容，凝聚着历史场所感的物质空间形态。我们可以从三个方面进一步理解传统商业中心的特征涵义：其一，它在本体上表现为地方传说街区，包括传统街区布局、传统建筑风格、传统空间尺度；其二，它在活动上表现为传统商业行为和地方民俗活动；其三，它有深厚历史文化根基，是公众产生认同感的特定区域。

广义的传统商业中心具备其中两条件即可，国内新建的传统风貌街，如西安唐街，开封宋街，承德清风市场，它们虽缺乏历史真实感和社会认同感，但同样具有传统建筑风貌，并以传统商业活动为其经营内容，也可归于传统商业中心的范畴。

3.1.2 传统商业中心区价值

传统商业中心经过历史的发展，延续至今，已积淀为历史、文化、宗教、民俗等互相交织、意义复杂的社会复合中心。在传统社会文化的深刻影响下，其物质形态明显地反映出当时整个社会的发展水平及相应的价值观。它“直接而不自觉地把文化——它的需求和价值、人民的欲望、梦想和情感——转化为实质的形式”。（A·拉波特）

（1）情感象征价值

传统商业中心具有情感象征价值。它的出现不是简单的物质现象，而是具有深刻的社会文化内涵。文化，相对其变异性，常常表现出巨大的稳定性。中国，半个多世纪以来，政治、经济、历史、宗教、法律制度等表层结构发生了巨大变化，但作为深层结构的文化、价值、情感和审美等却不是轻易能改变的。对文化的认同和共同价值观念的根深蒂固，使传统商业中心产生为社会所公认的象征价值，它在人们心理上产生共同的对历史情感的共鸣。

审美心理学的研究表明，人具有求新同时怀旧的审美特性。现代化的物质生活，并不排斥人们具有双重的价值观念和多样的精神生活。新的生活方式和心理、行为模式成为现代文明的标志，但人们对传统文化及物质环境的情感依旧。这种审美心理和精神渴求，在具备了一定的物质经济条件下，必然要反映在人们的实践活动之中。传统商业中心给予人们心理上的亲近程度，是现代商业中心所无法比拟的。它作为人们精神世界的重要组成部分，维系着人们深深的情感。

现代建筑的飞速发展已使世界面貌发生了天翻地覆的变化，然而，那些未曾规划的“古老城市的旧市区与新规划的市郊区或公寓住宅相比，反倒显得温暖和有趣”。可以说，对现代城市发展的不满，从另一方面加速了传统商业中心价值的回升。

（2）历史文化价值

传统商业中心在历史上作为城市的经济、文化、宗教等各种活动的中心，记载着城市的发展变化历程，反映出当时整个社会文化的发展水平及相应的价值观念。

一个民族之所以保持着高度的独立性和易识别性，就是因为它还很好地保持着自己的风俗习惯，这些传统的风俗习惯对于一个民族共同的心理素质的形成起着重要作用。传统商业中心作为社会活动中心，是众多民俗活动发生并传播的中心，它集中展现了一个城市社会的风俗习惯及地方文化个性，并以其自身的活力起着传承社会文化的作用。相对地，正是由于民风民俗的丰富多样性、内在继承性、地方性及其顽强的生命力，才使得传统商业中心成为社会文化、经济、生活中不可分割的一部分。

不难理解，正是由于传统商业街作为一个完整的社会环境，有保存和延续城市文脉的重要作用，因而它说明了，为什么众多历史文化名城均把传统商业中心的保护与建设作为名城保护与建设的重要内容而加以精心规划。

城市社会学家法尔认为：情感和象征这样两个文化变量最能说明它得以继续存在的原因。而传统商业中心本身的历史文化、情感象征价值表明其存在发展的可能性与必然性。随着现代城市的发展，它将作为城市的“历史烙印”而留存，传递着过去的历史信息。

3.1.3 传统商业中心区类型

传统商业中心记载着城市的发展变化历程，它集中体现了一个城市社会的风俗习惯及地方文化个性；同时，独特的城市环境、生活方式、社会心理、宗教信仰、风俗传统、审美期待交织汇集，使各城市的传统商业中心呈现出多样化趋势。

本书从传统商业中心的区位特征、街区格局、建筑遗存三个方面入手，将其分为四种类型。

1）继承型：具有空间、时间的连续性，客观上一直作为城市的社会文化经济活动中心，其整体格局、建筑风貌保存完好，稍加改造就可使用，如黄山市屯溪老街。

由于保留了大量真实历史遗存和完整历史风貌，继承型传统商业中心的规划建设实质上属于历史街区保护的范畴。

2）传承型：区位上一直作为城市的社会经济文化中心地段，由于社会的变迁，使其不再具有传统的繁荣与风貌，但整体格局保存完好，重点建筑尚有遗存，并控制着整体风貌的恢复。

在我国，这一类传统商业中心保留最多，如苏州观前街、上海城隍庙、天津古文化街、北京前门大栅栏等。传承型传统商业中心的规划建设，要站在弘扬传统民俗文化和城市特色、带动城市旅游的高度，兼顾经济效益和社会效益；并从实际出发，结合街区现状情况，强调规划的可操作性，兼顾长远效益和短期效益。

3）再现型：区位上一直处于城市社会经济、文化中心地段，由于近代战乱和动荡，昔日的建筑与格局不复再现，但繁华记忆尚存。由于旅游事业的发展，对外的不断开放，以及历史文化名城保护的要求使之得以重建。如北京琉璃厂、合肥城隍庙、丹东新安商业中心。

这类完全重建式的传统商业中心规划建设，必须详尽地了解其历史上的格局演变，尽可能地恢复其历史风貌，再现其昔日的商业繁荣。否则，会造成“名不符实”的风貌裂层与心理落差。

4）更新型：由于城市经济文化的发展，使原本已偏离城市社会、经济、文化中心地段，自身处于不断衰退中的传统商业文化中心得以更新和复苏。如南京夫子庙。

此类传统商业中心，在总体形态上作为城市副中心而存在，规划建设中应突出其独特的旅游资源。

3.2 传统商业中心区的空间解析

传统商业中心虽然形态各异，但其基本仍由七大要素组成，即区位、规模、内容、格局、空间、建筑、交通，它们相互作用，影响着传统商业中心的发展。因此，对传统商业中心规划要素的分析，也从这七个方面入手。

3.2.1 区位分析

（1）传统商业中心区历史区位

历史上，传统商业中心有着与现代商业中心共同的区位特征，但作为当时城市特色商业和民俗文化活动的聚集地，又决定了传统商业中心的区位分布必然有着与现代不同的特色。

（a）交通因素

沿水上交通枢纽逐渐发展形成商业中心，是传统商业中心重要的形成因素。

古代的水上交通，尤其是便利的漕运是中国城市得以繁荣的重要条件，同时密集的河网也是城市商业活动的动脉。如明初，定都南京，将南京城分为宫城、居民市肆及西北部军营三区（图 3.2–1）。市肆即南唐以来形成的地区，其南部连接航道秦淮河，这一带遂发展为繁荣的传统商业中心。据《板桥什记》记载：“秦淮灯光之盛，天下所无，两岸河房，雕梁画槛，椅窗丝障，十里珠帘。自聚宝门水关至通济门水关，喧闹达旦。桃叶渡上，争渡者喧声不绝。……当时水两岸人家，悬搁招架，为河房水阁，雕梁画槛，南北掩映。且秦淮河三山门一带及河两岸，客商云集，舟车辐辏，而馆舍妓楼，亦坐集于是”。其时秦淮繁华可见一斑，而这种繁华胜景是离不开便利的河网的。又如黄山市屯溪老街地处新安江、楼江与率水的三江交汇点，同时北临延安路、东靠新西路，南挨演江路，西接横江桥，是皖南山区水陆交通枢纽，自明末清初以来，屯溪的主要商业街——老街已有相当规模，是地区的经济、文化中心（图 3.2–2）。

清朝后期，铁路运输也成为商业货运的主要方式，车站周围商业活动也逐渐兴起。如北京前门地区，自 1840 年鸦片战争以后，随着京山、京汉铁路的修建，在前

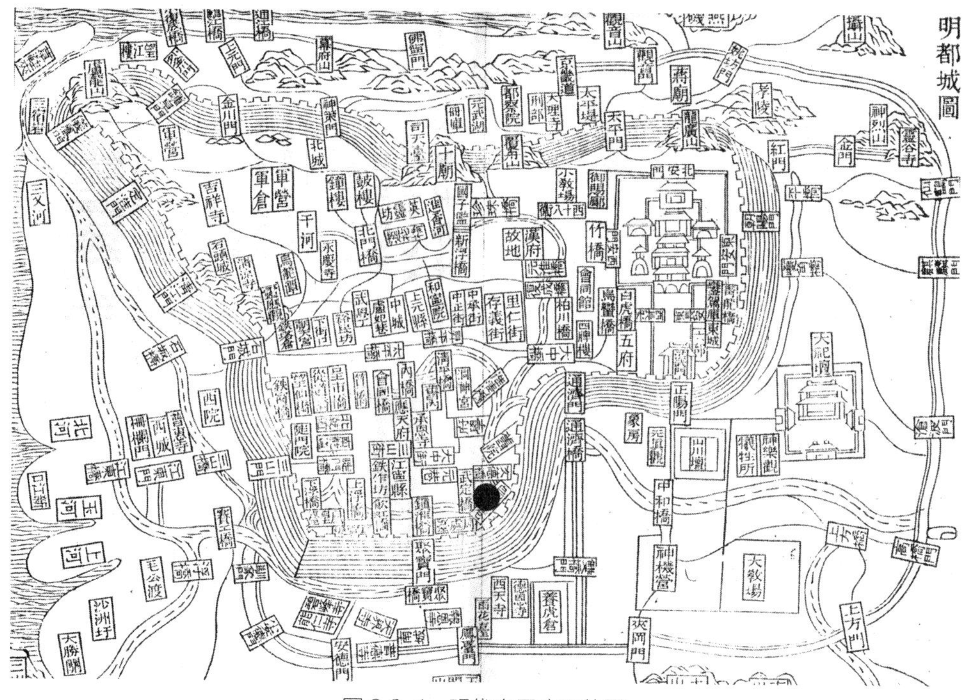

图 3.2-1 明代夫子庙区位图

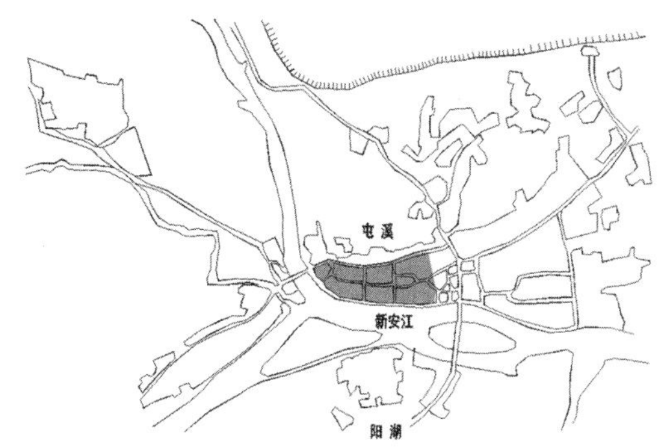

图 3.2-2 黄山屯溪老街区位图

图 3.2-3 清光绪年间的前门地区

门箭楼两侧建起了北京前门东西二站，交通十分方便，过往旅客众多，使前门大栅栏地区的发展进入了鼎盛时期，与西单、王府井并称北京三大商业中心（图 3.2-3）。

可见，水陆交通的便利是传统商业中心形成和发展的重要因素之一。

（b）人口因素

商业活动要维持营利，必须具备两个条件：一是必须有足够的顾客和基本的消费能力；二是商店本身有一定的吸引力和服务范围。因此，传统商业中心一般位于人口密度的重心，人口稠密的地区。

北京琉璃厂的发展即为此一实例（图 3.2-4）。元朝于此建琉璃窑厂，因有“琉璃厂”之称。明朝，琉璃厂规模扩大，设窑甚多，在这一带聚居了大批窑工，于清

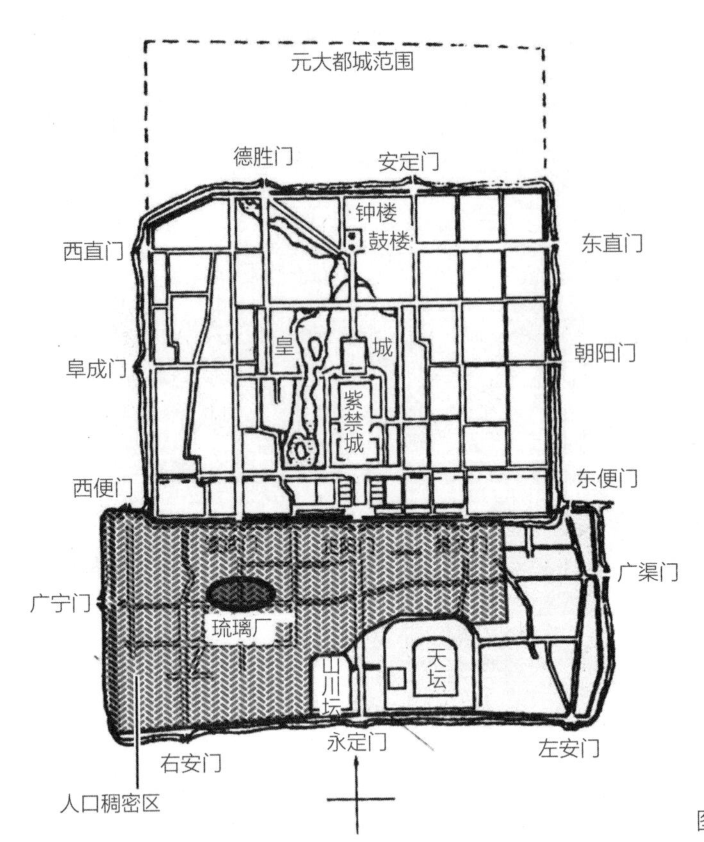

图 3.2-4　明代琉璃厂区位图

朝康熙年间逐渐形成了居住区，小商贩纷纷到此摆摊设点经营商业。随着整个地区不断繁荣和人口的不断增加，逐渐成为一个固定的商业中心，而每年一度的灯市更是促进了它的繁荣。到了乾隆以后，因当时的琉璃厂一带，地势低洼，景物颇佳，因而会馆多建在这一带。同时，清统治下的北京，汉官多住在宣武门外琉璃厂一带，这些文人是琉璃厂的常客，茶余饭后，读书之后，常到此观光散步。富贵文人的增多，促使了它的兴盛。商贩投其所好，古玩字画、珍版书籍、文房四宝逐渐成为主要经营内容。这样，琉璃厂这条小街，在近百年内不断发展，成为独具一格的传统商业中心。

而一些传统商业中心之所以历久不衰，与其位处人口密度重心有很大的关系。如上海城隍庙（图 3.2–5），虽几经磨难，但一直未中断它的发展，客观上它位于城区人口重心，与居民生活密切关系是它保持繁荣的重要因素。

（c）庙会因素

传统集市常与庙会活动相结合，成为集商品、交换、宗教、文娱于一体的综合性商业活动中心。宗教庙会活动是传统商业中心形成的重要因素。

早期的商业活动，常以庙会的形式出现。庙会往往规模宏大，内容庞杂，活动形式丰富多彩，期间商贩走卒，各色人等集会交易，成为中国商品交换贸易的主要

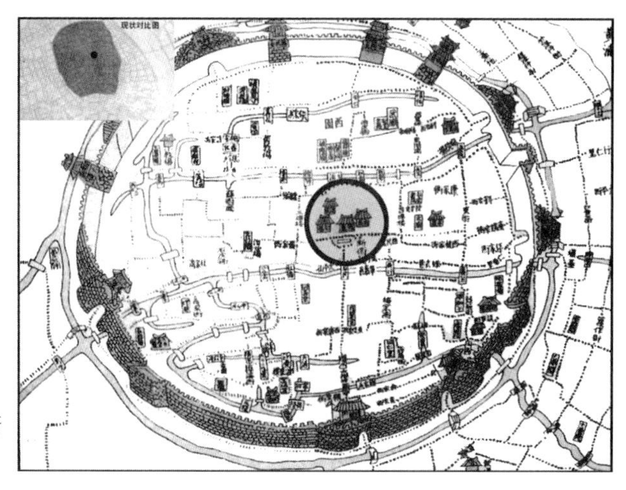

图 3.2-5 明代上海城隍庙位于街区人口重心

形式之一。庙会型制自北宋以来，历经金、元、明、清，直至近代，是传统商业中心形成、发展的重要因素。

由庙会的定期活动而形成的传统商业中心，与寺庙连成一体，同享盛衰。像南京的夫子庙，上海的城隍庙，苏州的玄妙观，以及开封的相国寺等，无不与庙有着千丝万缕的联系。庙街相依并存，成为地方文化的一种象征，标志着整个地区的繁荣与衰落。

庙会与市集相结合，并延续至今，使传统商业中心集中反映着城市的历史、民俗，成为城市文脉延续的连接体。

以上简略地分析了传统商业中心的形成因素，在传统商业中心的历史发展过程中，交通、人口、庙会三大因素是保证其不断繁荣的重要条件，也使传统商业中心形成其独特的魅力。

（2）传统商业中心现代区位

近现代以来，随着社会经济、文化的发展，城市进入一个全新阶段：水路交通逐渐衰弱，人口分布逐渐变化，宗教庙会活动逐渐消亡，城市以不同形态发展，原有传统商业中心已不能成为城市的主要中心；同时现代商业中心迅速崛起，成为城市经济生活的重心。从传统产业中心与现代商业中心的关系来看，明显地表现出两个倾向（图 3.2-6）。

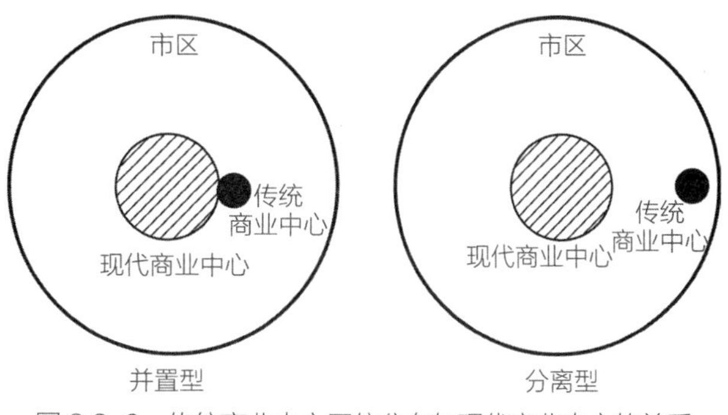

图 3.2-6 传统商业中心区位分布与现代商业中心的关系

（a）并置型。城市商业中心区表现为集中成块的形态，其中传统商业中心毗连现代商业中心，共同构成城市商业核，并以其自身的吸引力改善或改变着城市商业核的布局形态，缓和其人流分布不合理的状况。

如屯溪在新中国成立后，采取依托旧城，沿新安江两侧向东发展的方针。屯溪老街历史地段地处城市核心部位，又作为联系城市各区的中心和古城传统文脉的代表，是全市行政、商业和文化中心。在此地段内，老街作为传统商业中心与现代商业中心左右并置，保持密切联系。老街以传统商品和地方风貌为其特色，商厦以综合百货和餐饮娱乐为其特色，二者相互融合，各得其所，产生了较好的互动效应（图3.2–7）。据统计，这里集中了市区80%的商业、服务业和地、市两级行政机关，以及文化设施，是名副其实的城市中心区。

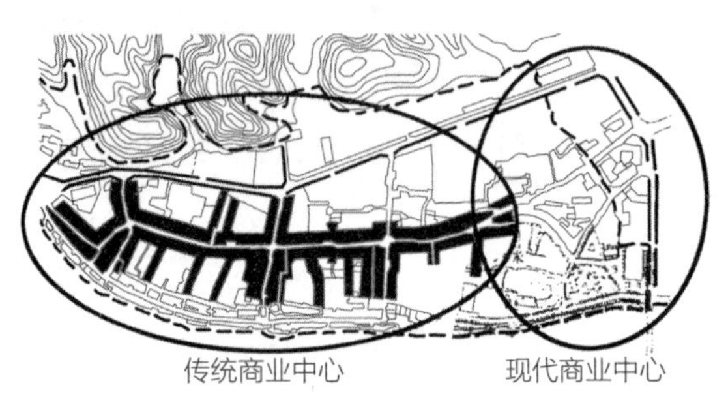

图3.2–7　屯溪老街地区传统商业中心与现代商业中心的左右并置

（b）分离型。随着城市的变迁，新的现代商业中心在符合其要求的地段聚集形成，传统商业中心与现代商业中心既相互分离又遥相呼应。这样，改变了城市单核商业中心的情况，传统商业中心作为城市商业中心系统的组成部分，成为副中心、次中心或专业中心，与现代商业核共同构成具有网络层次结构的城市商业体系。

以南京夫子庙为例，夫子庙始建于北宋景佑元年（公元1034年），人文荟萃，商贾云集，两岸河厅相对，画舫穿梭，形成名闻遐迩的秦淮风光，历来是全市的商业中心，后几经战乱，毁建频繁。民国以来，南京城市商业中心移至新街口—鼓楼一带，夫子庙地区逐渐演化为城市商业副中心，突出其传统文化特征，与中央门、山西路等互为犄角，共同构成了城市综合商业体系，适应了城市消费重心的转移趋势（图3.2–8）。

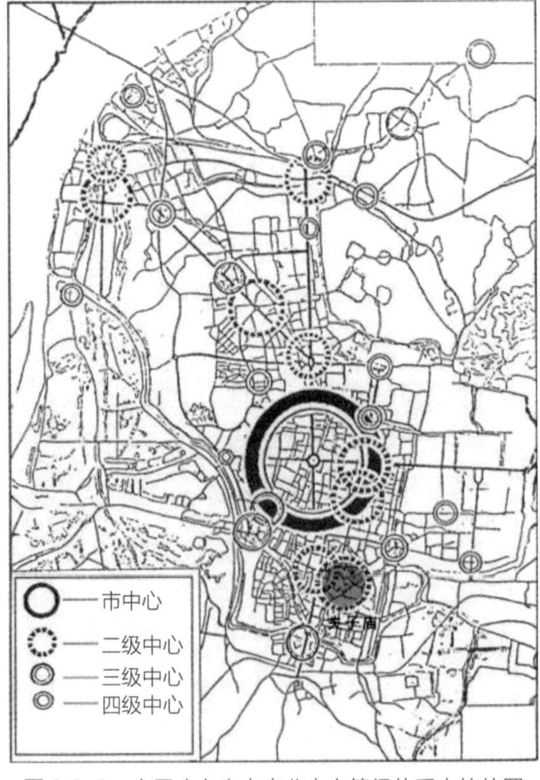

图3.2–8　夫子庙在南京商业中心等级体系中的位置

传统商业中心区区位分布比较　　表 3.2-1

类型	结构类型特征	实例	
并置型	 市区 传统商业中心 现代商业中心	黄山市屯溪老街 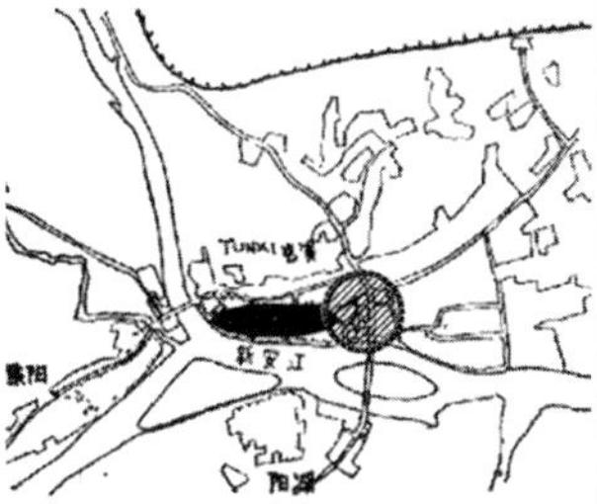	苏州观前街 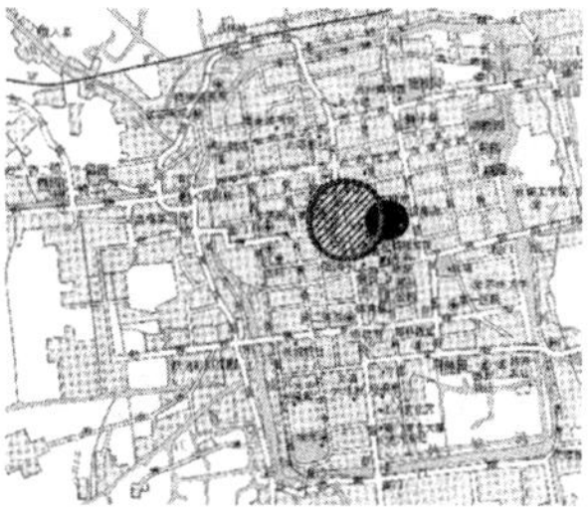
分离型	 市区 现代商业中心 传统商业中心	北京前门大栅栏 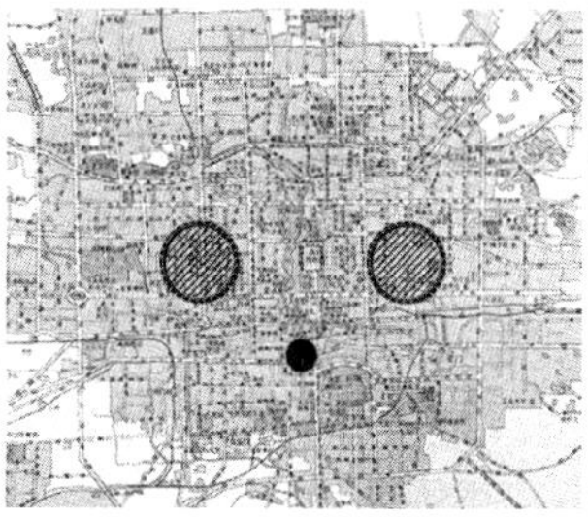	上海城隍庙 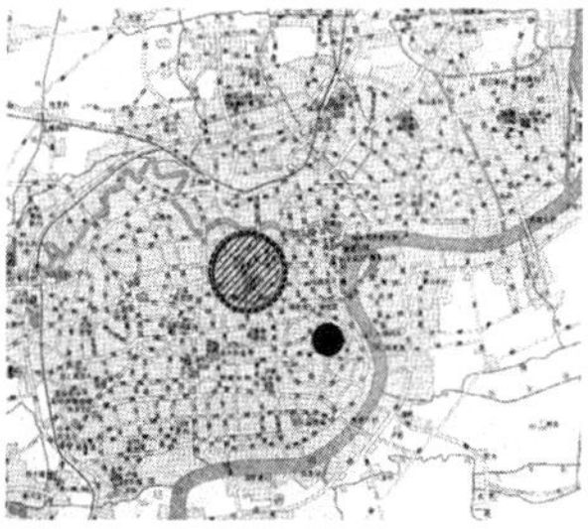
		合肥城隍庙 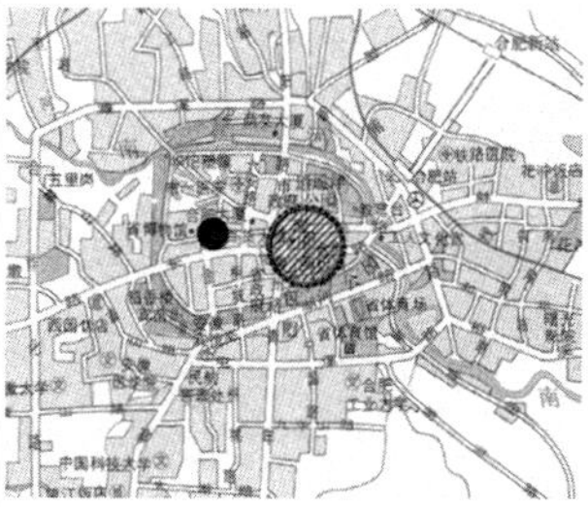	南京夫子庙 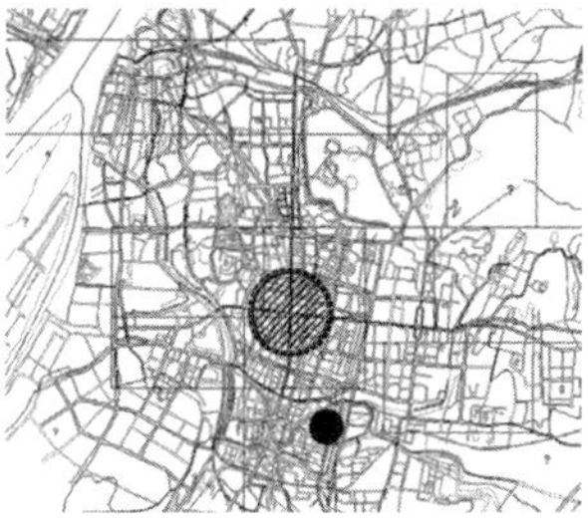
		天津古文化街 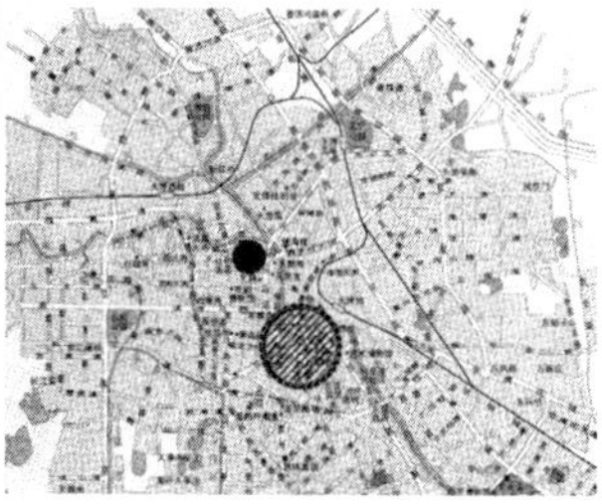	绍兴府山商业街 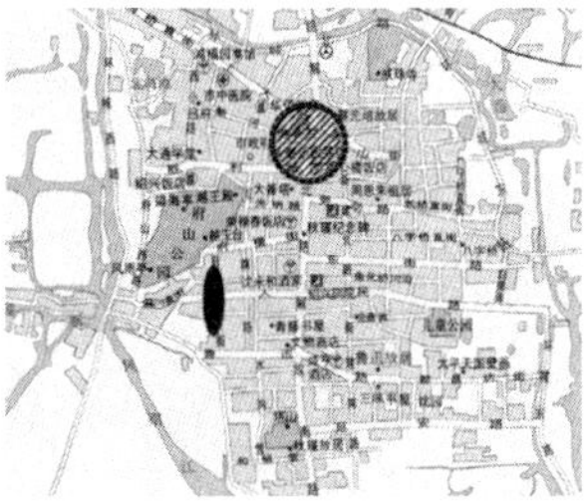

3.2.2 规模分析

传统商业中心的规模与城市大小和经济、发展状况有重要影响。早在我国西周时期，对城市商业中心的规模就有了严格的规划。《考工记》都城营造制度中，对市场有“面朝后市、市朝一夫”的规定。在宋朝以前的都城中，商业中心在整个城市中都有固定的区域。如唐朝的城市规划把商业中心划定在一定的街坊中，四面高墙环绕，称为“市”。“日中为市，集天下之民，聚天下之货，交易而退，各得其所”。(《易经·系辞》。) 这种市一般由城市决策者主观决定，规模基本固定。唐宋以来，随着商品经济的进一步活跃，社会逐渐开放，商业中心的规模突破了原来严格的规划控制，开始由城市人口规模，经济水平所决定。近现代以来。随着商品经济的全面发展，传统商业中心规模的动态性更是日益明显，无论是继承型、传承型还是再现型、更新型的传统商业中心，都随着城市经济文化的发展而不断变化，只能就影响传统商业中心规模的各种因素作如下分析。

1）城市性质、规模对中心规模的影响

传统商业中心是城市特色商业和民俗活动的中心，承担着全市性的商业及社会职能，因此城市的规模与总的人口必然影响到它的规模大小。

南京市是历史文化名城和旅游城市，江苏的经济中心，全市人口规模 623.8 万人（2001 年人口普查数据），夫子庙地区日流量高达 18 万人。如此大的人流量，使得夫子庙不仅规模巨大，而且职能较高，目前核心区占地面积 16hm^2，影响范围达 124hm^2，已成为南京民俗旅游和传统特色商业的核心代表，向全国乃至世界推广（图 3.2–9）。而绍兴虽然与周围地区经济联系紧密，流动人口接近市区总人口，但由于城市规模较小，人口仅 72.42 万，面积 1152 平方公里，因此府山传统商业中心规模不大，商业设施面积也仅为 1.8 万 m^2。

2）传统商业中心性质对其规模的影响

传统商业中心可分为专业性商业中心和综合性商业中心。这两种性质的中心在规模上有一定的差别。一般而言，专业性越强，其规模就越小；而综合性越强，则其规模就越大，这是由商业设施的共生效应所决定的。不同种类的商业设施相互聚集，相互配套补充，可以吸引更多的消费者，获得更高的经济效益。因此一个多功能的综合商业中心，能带来更好的社会效益，提供方便而又丰富多样的活动选择，满足居民物质与精神生活的需求。

上海城隍庙地区是上海著名的小商品、土特产和特色商品的传统商业中心，区内商品琳琅满目，人群熙熙攘攘，平均日流量在 7~8 万人次，节假日达 20 万人次以上。这种综合性突出了城隍庙在城市经济、文化生活中的地位，目前地区内集中了 24 家店铺，51 个行业，是一个规模较大，综合性强的传统商业中心（图 3.2–10）。

而北京琉璃厂地区是专营古玩字画的专业性传统商业中心，由于专业性强，消费群较小，规模也仅限于“一条街两层皮”的模式，二十年来尽管城市迅速发展，琉璃厂地区的规模变化不大（图 3.2–11）。

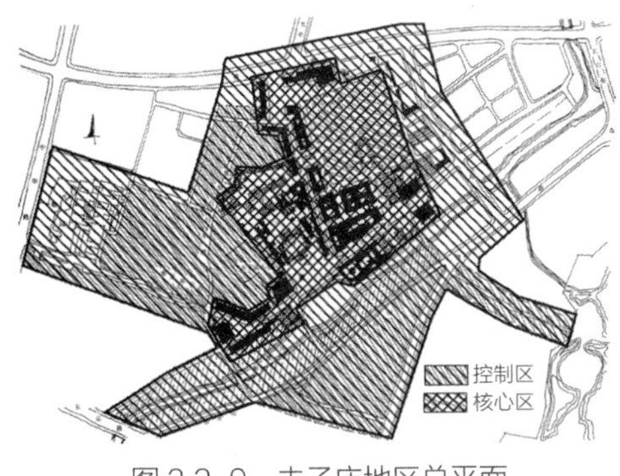

图 3.2-9 夫子庙地区总平面

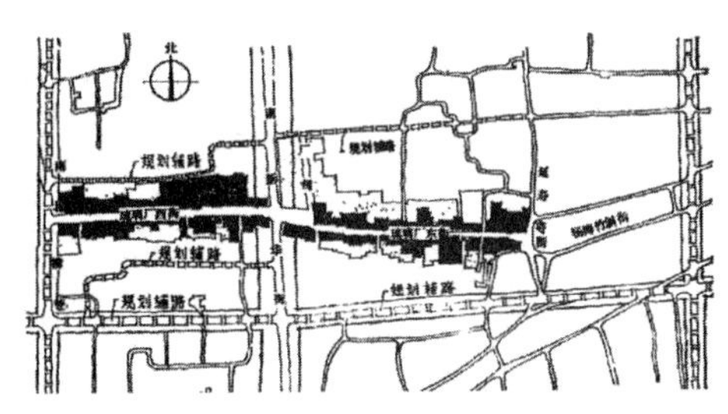

图 3.2-11 北京琉璃厂地区总平面图

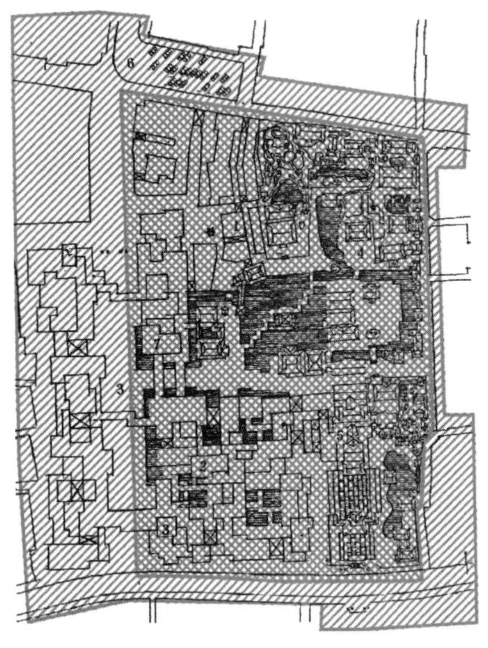
图 3.2-10 上海城隍庙地区总平面图

传统商业中心规模比较　　表 3.2-2

性质	名称	建筑面积（万 m^2）	街面长度（m）	用地（hm^2）	投资（万元）
专业性	北京琉璃厂	3.4	1000	/	5000
	屯溪老街	1.4	1272	/	110
	绍兴府山商业街	1.8	460	/	310
	天津古文化街	1.5	575	/	2500
综合性	南京夫子庙	8.22	/	16	34000
	苏州观前街	/	/	9.1	/
	合肥城隍庙	4.9	/	8.4	5272
	北京大栅栏	3.88	/	6.62	4180
	洛阳东西大街	5.86	1800	10.68	4809

3.2.3 内容分析

传统商业中心的活动内容及经营特色，作为建筑与游人之间的媒介，是传统商业中心特色的重要组成部分之一。

不同性质、规模的传统商业中心，其内容构成存在着显著差异（表 3.2-3）。专业性传统商业中心的主要内容有：旅游商品、文化用品、地方土特产等，基本上属于特色商业的范畴；而综合性传统商业中心的主要内容则可概括为“名、全、专”三个字：里面既有一批历史悠长、在国内外享有一定知名度并作为传统商业中心核心店铺的名店、老店，提升了整体的档次；又有属于服务市民的一般商业服务文化娱乐内容，从商业、餐饮到民俗展示，一应俱全，能满足游人多方面的需求；专业店铺众多，而且大多是现代综合商厦未有的特色商品。总的来说，规模较大的综合性传统商业中心，其内容构成就越丰富；而规模较小的专业性传统商业中心，其内容构成就越单一。

传统商业中心内容构成比较 表 3.2-3

类型	名称	商业		餐饮业		文化娱乐及服务业		共计	
		数量（家）	比例（%）	数量（家）	比例（%）	数量（家）	比例（%）	数量（家）	比例（%）
单一型	黄山屯溪老街	262	99.25	—	—	2	0.75	264	100
	北京琉璃厂	145	99.82	1	0.18	—	—	146	100
	天津古文化街	101	95.4	3	2.8	2	1.8	106	100
综合型	苏州观前街	308	67	116	25	38	8	462	100
	北京大栅栏	170	75	38	17	17	8	225	100
	南京夫子庙	749	77	142	15	76	8	967	100
	上海城隍庙	217	87	27	11	5	2	249	100
	合肥城隍庙	285	91	15	5	12	4	312	100

1）商业经营

（a）特色商业。专业性强是传统商业组成上的重要特色，它体现在两个方面：一是专业街，即性质相同的商店相互聚集，形成自然独具的特色；二是专业店，即只经营某一类商店，讲究花色齐全、品种多样。

专业街的形成源于传统商业的市制和行会组织。明末以来，随着商品经济的发展，散落各处的商人为保护和垄断本行利益，往往相互聚集占据一条街或街区，如成都老城的羊市街、草市街，天津古文化街等。这种特色发展至今有些已不符合现代生活而消亡，如米市街、锣锅街等，但仍有相当一部分专业街在城市经济生活中扮演着重要角色。屯溪老街就是以其浓郁的地方特色而闻名遐迩，主要经营内容有三类：以黄山菊、猴头菇、屯溪笋干为代表的地方土产，以徽派棂雕、徽州漆器、黄山竹编为代表的传统工艺品，以徽墨、歙砚、宣纸为代表的文房四宝，吸引了越来越多的中外游客，体现出强大的生命力。从商业心埋学角度来看，专业街符合人们的购物选择心理，它有各种档次，花色及不同产地的商品，能满足不同层次的消费者的需求。

专业店则是传统商业中心内商店的主要形式，大多以经营某一类商品为主，刻意求精求全，并形成自己的一套独特制作、加工及销售特色。其商品可归纳为“小、土、特”三字。“小”是指小商品，从针线纽扣、鞋帽衣钩、布袋木偶等应有尽有，“土”是指土特产，如观前街的丝绸、绍兴的黄酒等;“特”是指特色商品，如宜兴的陶瓷、天津的年画等，这些专业店在商业构成上占有较高比例，又经过了长期的历史积淀，使传统商业中心成为名店老店汇集的场所，能提供现代综合商业所无法提供的特色服务。如北京大栅栏一带，原有老字号专业店170家之多，同仁堂药店、内联升鞋店在清朝都是内廷供奉，距今已有上百年历史（图3.2–12）。

图3.2–12　北京大栅栏专业店

（b）普通商业。大多传统商业中心内都布置了大量的普通商业，制作、销售日常用品、服装鞋帽等各类市民生活必需，如南京夫子庙的服装商店、苏州观前街的箱包皮鞋和上海城隍庙的日用百货等。这类商业虽然不是商业中心招牌所在，但是吸引了众多市民，成为广大居民生活的一部分。

2）餐饮经营

（a）特色餐饮。别具风格的传统点心、民俗小吃，选料精细、做工独特，历来是传统商业中心的重要内容。从宋代《清明上河图》中，即可随处找到餐饮业的足迹，可以说遍布传统商业街各处。大的如茶馆、酒楼、饭庄，小的即为一些逢市而设的小吃摊等，内容丰富、风味各异，常为聊家常、谈生意、结朋会友的公共活动场所。如茶室，五更即开，早燃炊烟，许多老人不管寒暑，每日必至，有的甚至一日几顿，其乐无穷。特色餐饮至今在传统商业中心仍占有较重的比例。如上海城隍庙有菜馆9家，点心店13家，酒楼5家，占总店铺的11%左右。而南京夫子庙的民俗小吃更是集中布局，自成一区，其中晚晴楼、秦淮人家等饭店更以号称“秦淮八绝”的菜肴著称，游人通过亲自体验品尝，留下深刻记忆。

（b）普通餐饮。与特色餐饮共存的还有很多经营家常菜肴的餐饮店铺。这些店铺物美价廉，面向广大市民和游客，构成丰富的餐饮服务内容。

3）活动经营

（a）民俗活动。民俗游艺活动是传统商业中心地方文化的重要展示窗口，集中了宗教、娱乐、杂耍、灯会等各种活动内容，尤其是庙会、灯会。

庙会是古代中国城镇中最常见的公共活动，是由寺庙发起、市民参与的群体祭祖拜佛的活动，定期的庙会规模巨大，游人众多，商贾云集，逐渐由宗教活动演变为宗教、娱乐参半的世俗节日，不仅促进了商业贸易，而且其他活动也应运而生。

灯会在每年正月十五的元宵节举行，也是重要的娱乐项目。它源于汉明帝“燃灯表佛”，每到正月十五，无论士族还是庶民都要挂灯，唐代以来，已流行元宵节放灯、赏灯、打灯谜的习俗，灯节的时间也延长到五日，灯会期间，游人如织，各户糊扎彩灯，参与游艺活动，水上灯船集聚，高挂式样名异的彩牌楼和花灯，颇具特色，如《山海经》所述："满目灯山光海，珠宇琼楼，叠玉堆金，流光溢彩;更有鸟转莺啼，龙游凤舞，辉丽迷离。”延续到今日，灯会以文化品位高，灯彩精品多，艺术特色鲜明，灯会场面宏大而著称。

（b）游览活动。游览活动是传统商业中心的一个重要日常内容，每天均有大量市民和游客到此游览观光、购物消费，夜市更是广受喜爱的活动内容。

传统商业中心自唐宋以来即兴夜市之风，至今犹存。《东京梦华录》卷六有关于夜游相国寺的盛况："贵家车马，自内前鳞切，悉游相国寺。寺之大殿前设乐棚，诸老作乐。两廊有诗牌灯云：‘天碧银河欲下来，月华如水照楼台’，并‘火树银袭台，星桥铁锁开’等诗。九子母殿及东西塔院、惠树、智海、宝梵、竞陈灯烛、光彩争华，直至达旦。”而商贸活动伴随夜市，其盛况犹如白昼。目前，许多传统商业中心，如上海城隍庙、南京夫子庙等常举办夜市，游人摩肩接踵，熙熙攘攘，可见古老遗风之深。

3.2.4 格局分析

传统商业中心的格局是其整体环境特色的重要组成部分，按其形态可以为商业街和商业街区两大类。

（1）商业街

商业街格局由步行线型空间组成。宋代以来，商业突破“市、肆”的围墙，沿街发展，形成熙熙攘攘的商业街，这种商业街的布局后来一直成为我国商业中心的主要形态。从宋代的《清明上河图》（图 3.2-13）及清代的《姑苏繁荣图》中均可见其典型的形态特征：不宽的街道，两侧店面鳞次栉比、招牌林立，张灯结彩、热闹非凡，构成了生动的城市景观画卷。

图 3.2-13 宋，张择端《清明上河图》

长期的发展，形成传统商业街丰富多变的空间特色，常见的线型空间有以下三种。

（a）直线型。是最简单的一种空间形态，直线型步行商业街对步行和人流疏散有利，但对控制车流地穿行带来诸多困难，同时，空间层次性较差，站在街道任意点上都可一眼望穿整条街道。如北京琉璃厂地区，是在原来城市道路的基础上改造而来的步行空间，整体格局呈东西向的直线街道，东至延寿寺街，西至南北柳苍，全长约1km，中间为南新化街南北穿过，将琉璃厂分为东西两段。尺度较大，曲折较少，基本是笔直交叉，景观一览无余（图3.2-14）。作为传统商业中心的步行街道，行走比较单调未能表现出层层叠的空间趣味。

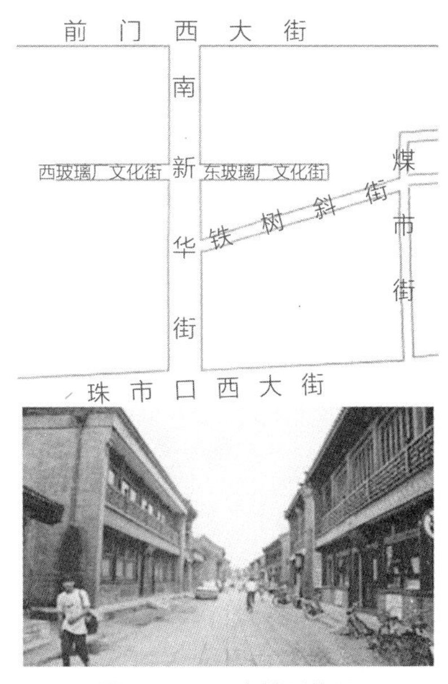

图3.2-14　直线型格局实例——北京琉璃厂地区

（b）折线型。与直线型街道相比，处理更好一些，有引导空间、吸引人流的作用，减少了街道过长的单调感，如天津古文化街，北起老铁桥大街，南至水阁大街，全长580m，以中间天后宫为转折点，宫南大街与宫北大街形成约150° 的夹角。这样，虽然古文化街也是城市道路改造而来，但其空间层次较好，宫南和宫北两个街口各安放一座牌楼，作为古文化街的入口标志，转折处的天后宫作为古文化街的活动中心，现为天津民俗博物馆，宫后设有戏楼，宫前广场两侧设有400座的曲艺厅、文化茶社、太白酒家等活动内容较多的公建，使广场十分热闹，层次感也较好（图3.2-15）。

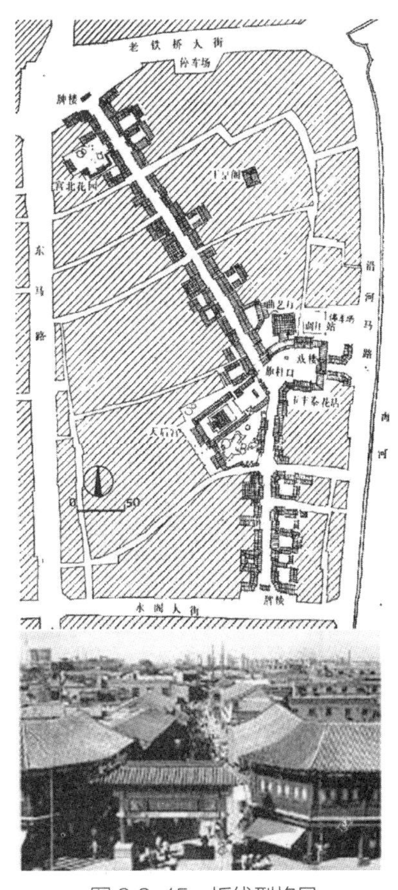

图3.2-15　折线型格局实例——天津古文化街

（c）弧线型。其空间丰富多变，有步移景异之趣，多见于南方传统商业中心，如现存的屯溪老街，街道蜿蜒曲折，漫布全区。整体在一字型的基础上，呈现微微的转折，这种转折配以光影的变化、节点的收放，使人在街巷的任意一点都有“步移景异”的空间变幻感。加上老街东西两个入口和内部三个交叉口的不同

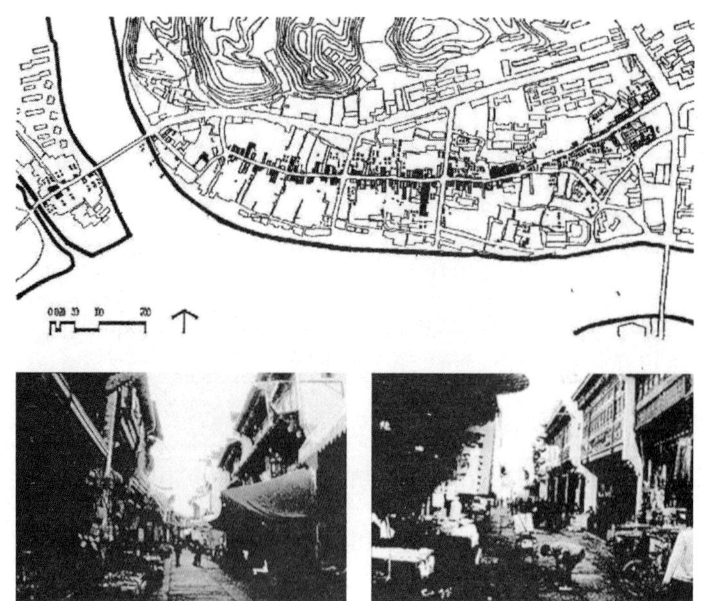

图 3.2-16　弧线型格局实例——黄山屯溪老街

处理，虽然街道长度超过 1km，但空间感觉并不沉闷（图 3.2-16）。

（2）商业街区

商业街区是明清以后才逐渐形成的，是商业街发展的更高层次。传统商业中心由于规模的扩大，在主街的基础上，向纵深拓展并相互兜通，形成若干条次街围合主建筑或广场的街区。这种依托骨架构成网络型街区的组合方式很多，格局呈现出千姿百态、不拘一格的布局形态。根据骨架形态来分，可以分为三种格局形态。

（a）丁字形。由主建筑门前东西向的横街和南北向的纵街组成，在此基础上衍生出支商业街。在这种格局中，核心建筑占有绝对中心地位，是全区的功能中心和视觉中心。

苏州观前街地区以观前街和宫巷形成"T"字形布局，整个传统商业中心以此为骨架组成六大功能分区，包括以玄妙观中心的宗教文化区、以太监弄街坊为中心的美食区观东地区的特色商业区，北局广场为中心的文化娱乐区以及小商品市场区（图 3.2-17）。而在核心建筑玄妙观的处理上，采取三方面步骤，强化其主体地位，取得良好的效果：①完善道教功能，恢复江南第一道观的形象；②完善玄妙观周边商业布局，扩大观前地区的商业容量，以观兴市；③完善道观旅游功能，充实其休闲内涵。

（b）轴线型。庙宇建筑作为主要公共建筑位于轴线各节点处起控制作用，传统店铺作为其"基质"分布于轴线上。这种格局流线比较清晰，中心也比较明确。

四川罗城商业活动中心即为此典型范例，其庙宇建筑位于轴线顶端，戏台作为重要组成部分，位于中心轴线之上，中间为广场，各种活动相互混杂，十分热闹（图 3.2-18）。

合肥城隍庙则是一种变异的轴线型格局，它结合街区现状，因地制宜，采用弯曲的主轴线格局，原庙前街向南延至徽光阁转成正南北向与安庆路、长江路垂直相交，

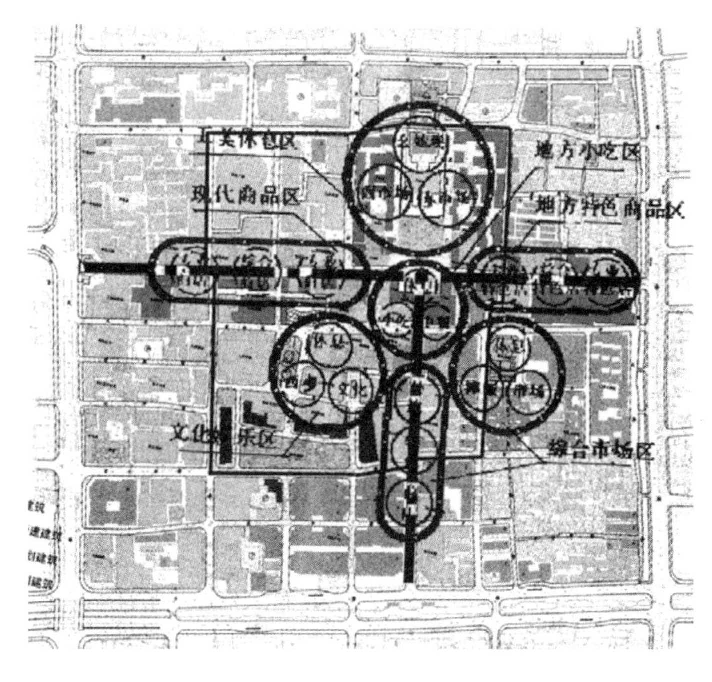

图 3.2-17 丁字形格局实例——苏州观前街

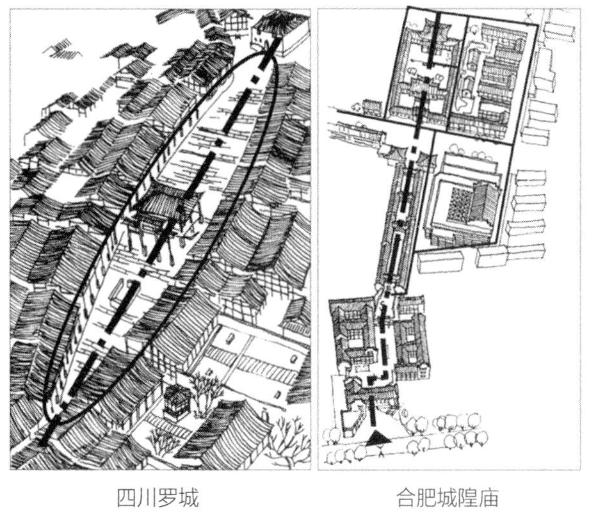

四川罗城　　合肥城隍庙

图 3.2-18 轴线型格局实例

图 3.2-19 平行型格局实例——上海城隍庙

体现了灵活多变的地方特色（图 3.2-18）。

（c）平行型。这种格局形式，保持寺庙原有轴线在其两侧另起商业区，这样即能保证寺庙的完整轴线和文化气氛，又能突出商业的重要地位，两者相互呼应，相得益彰。

上海城隍庙地区是在原有格局基础上发展起来的，核心区保持了“左商业右文化”的平行格局。城隍庙建筑群和豫园形成文化活动轴线，传统商业在西侧集中设置。购物、庙会、游园三种活动既相对独立又紧密联系，形成“商、庙、园”三位一体的整体格局（图 3.2-19）。

传统商业中心格局形态比较　　表 3.2–4

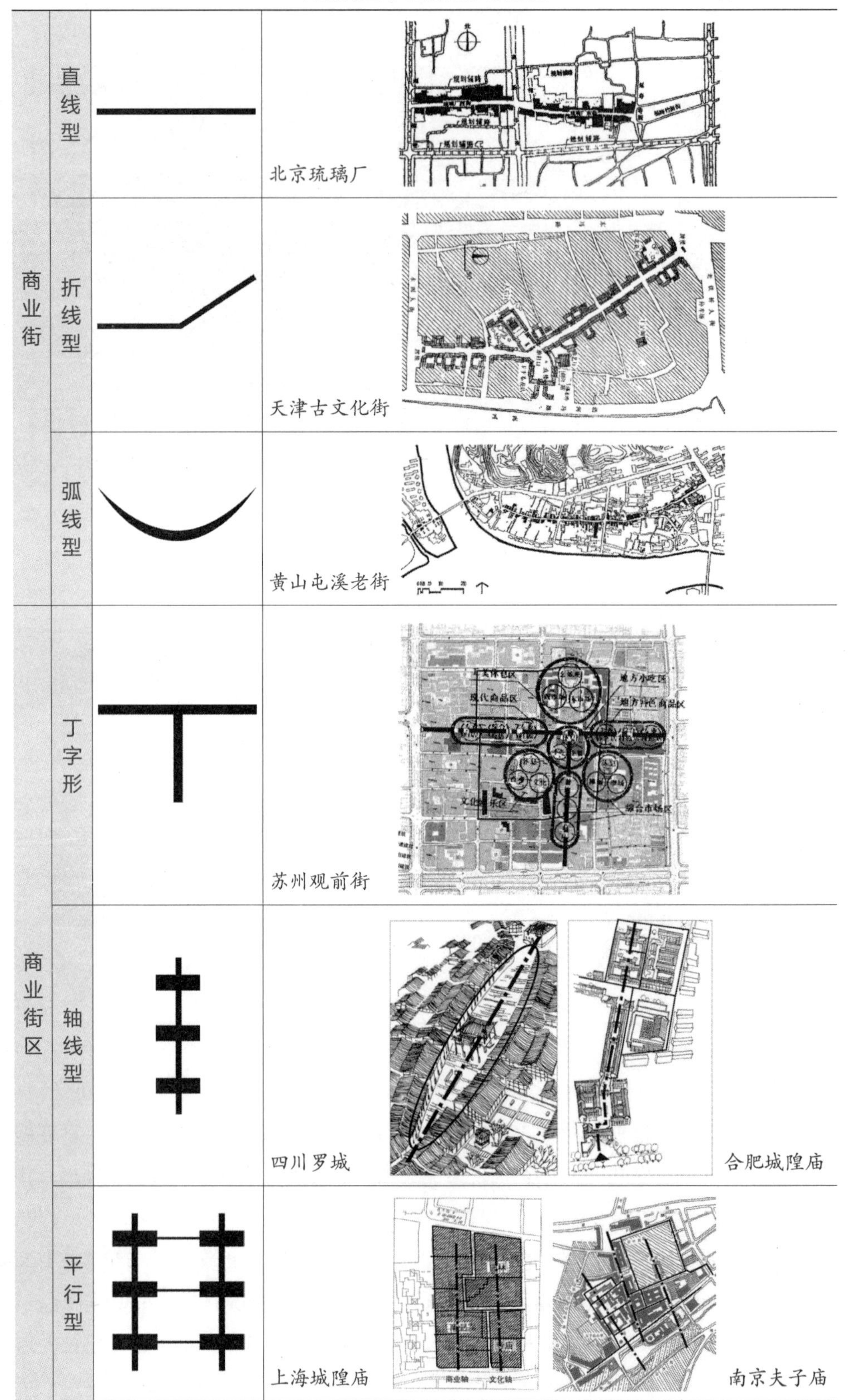

类别	形态	示意	实例
商业街	直线型		北京琉璃厂
商业街	折线型		天津古文化街
商业街	弧线型		黄山屯溪老街
商业街区	丁字形		苏州观前街
商业街区	轴线型		四川罗城；合肥城隍庙
商业街区	平行型		上海城隍庙；南京夫子庙

3.2.5 形态分析

传统商业中心包含着各种形态各异的空间，给人第一印象是丰富多样，复杂易变，但其本身作为一个整体来看，表现为静态的空间结构和动态的空间序列。二者相互作用，共同构成了它极富魅力的空间环境，是传统商业中心特色的重要组成部分。

（1）空间结构

静态地剖析传统商业中心的空间结构，可分为“节点、街道、广场”三个等级。

“节点”空间是传统商业中心的节点空间或趣味空间，包括街道收放点、街道转折点和街道交叉点等小空间处理，创造出趣味生动、对比明快的商业活动节点（图 3.2-20）。

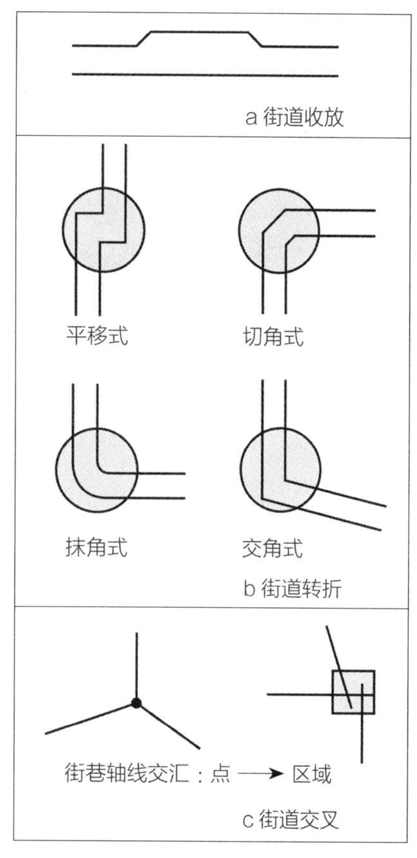

图 3.2-20　节点空间分析

（a）街道收放点：街道局部向一侧或两侧的扩张。扩张处常与绿地或重要店铺的入口相关，是游人停留、休憩，观赏等的活动场所。如黄山屯溪老街三百砚斋店面退后 1.5m，门前让出小片空间，增加了老街线型空间的趣味和变化。

（b）街道转折点：街道改变方向的空间，也是建筑的外墙发生凸凹或转折的地方。这是传统商业中心线型空间处理的普遍手法，在各个传统商业中心均屡见不鲜。街道转折点的处理可分为平移式、切角式、斜角式、交角式四种方式。

（c）街道交叉点：传统商业中心在交叉处的一个视点上通常只能看到一、二条街巷的出口，而不是同时看到几个出口，街巷交汇是一块区域而非一个点，要靠视点的移动才能全部发现。如南京夫子庙东西市的小尺度空间处理。

“街道”空间是传统商业中心的主体空间，包括主要街道、街巷、弄等线型空间，各种尺度的街巷组合变化，使分叉增多，路线曲折，空间形态更加丰富复杂。各传统商业中心的主街空间尺度各异，归纳起来，一般在 15m、11m、8m 左右。15m 左右的主街多由城市道路改造而来，尺度稍大，变化较少，从实际情况看，穿街购物也不太方便，这类街道如苏州观前街，天津古文化街（图 3.2-21）。11m 左右的主街则为传统商业中心最普遍的类型，如南京夫子庙，上海城隍庙等，这种尺度有利于沿街设摊，前店后坊的传统经营模式，空间的过渡、渗透变化较多，穿街购物也比较方便。8m 左右的主街多为规模较小的专业性传统商业中心，如黄山屯溪老街（图

苏州观前街　上海城隍庙　黄山屯溪老街　南京夫子庙

图 3.2-21 “线”空间分析

3.2-21）。街道宽高比为 D/H=1~1.1，是十分宜人的步行尺度，但作为传统商业中心的主街，不适合现代城市动辄几万的人流聚集。

而传统商业中心的支巷弄依托主街演变而来，形式常平行或垂直于主街，是街市转向街区内部发展的结果，宽的有 6m 左右，窄的仅 3m 左右，街道高宽比在 1.3~2.4 左右，保持了亲切的空间尺度关系（图 3.2-21）。

“广场”空间即广场集中空间。传统商业中心严格意义上的广场并不多，主要是依附于主街或建筑，成为它们的一部分。广场空间或是街巷与建筑的围合空间，或是街巷交叉汇集空间。其形成是被动式的，所以占地面积大小不一，形状灵活自由，边界模糊不清。

根据广场的性质，可将其分为入口广场、庙观广场、街巷结点广场三种。入口广场大多结合牌坊、照壁、过街楼等形成相对开阔的空间，是传统商业中心入口的人流集散，车辆停放的空间，如合肥城隍庙南入口结合两翼石狮与过街楼形成广场，人流熙熙攘攘，十分热闹。庙观广场是民俗文化活动聚集的场所，一般与寺庙、山门等空间紧密结合，如苏州观前街的玄妙观广场。街巷结点广场也是游客的交通广场，是水面、街道、巷弄等互相交叉联系的空间，规模比街道交叉点空间大，可供行人休憩赏玩。

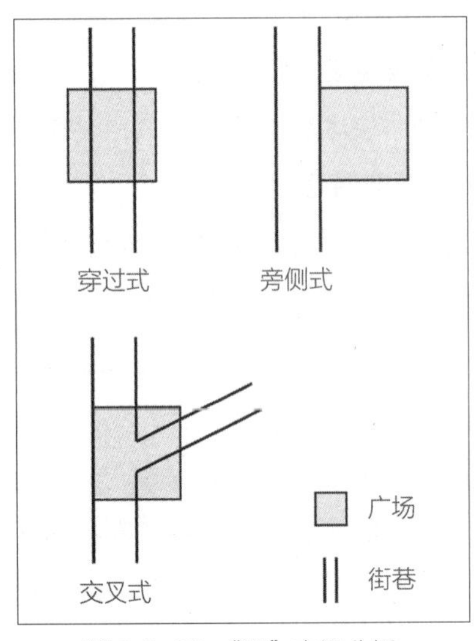

图 3.2-22 “面”空间分析

根据广场与街道的链接依附关系，又可将其分为以下三种：穿越式、旁侧式、交叉式（图 3.2-22）。穿越式通常用于传统商业中心中较小的广场设计，结合布置一些小品等，增加穿过人流的视线变化和心理体验，合肥城隍庙的天女散花广场就是这种模式。旁侧式即在商业街的重点位置沿街设置一个标志性广场，天津古文化街的天后宫广场则是旁侧式。交叉式广场在大面积的传统商业街区中，因为有主街、次街等多条街道，最重要的广场往往设在道路交叉处，不但利于通达，而且可以成为街道的对景，上海城隍庙的中心广场则为交叉式广场模式。

这样，传统商业中心空间构成中，狭窄的街道空间与中心广场形成鲜明的对比，利用尺度上的强烈反差，实现商业活动的向心聚集性，加上各种节点的设置，连续的尺度变化，创造出丰富的视觉变化。

（2）空间序列

传统商业中心空间在静态构成上是以“点、线、面”三种空间为原型，但这种构成关系并非是静止的，它还有其动态的一面，即通过人的活动，使其在运动中观察到场景的连续变化，进而实现空间及情感的变化和高潮。这种空间排列变化，即为空间序列，传统商业中心的空间如果缺少这种序列运动，就只能是僵化的、缺乏生气的。

传统商业中心的空间序列分为单序列延展和多序列汇合两种方式。

（a）单序列延展：传统商业中心通过建筑二度面组合和不规则的紧密排列、弯曲的街道、空间的明暗变化、对比的适当处理，创造出丰富的视觉感受富有节奏和韵律的空间序列。

表现为“起—承—合—止”的模式。“起”是传统商业中心与城市空间的交界点，也是空间转换点，“承”是逐步引导接近主要空间的过程，也是空间变化最丰富的地方；“合”是传统商业中心的主广场空间，中心功能和重点景观均设置于此，是空间序列的高潮；“止”是主空间后的幽静小巷，是人流较少的专业性商业巷。如合肥城隍庙，通过天桥的引导、对景的吸引、光线明暗的变化、尺度的鲜明对比，实现整个空间序列的渐进变化（图 3.2-23）。

（b）多序列汇合：在大面积的商业街区里，单一的序列已经不能完成构架全局、组织空间的作用，也难以满足游人对空间丰富性的心理要求。于是采用多个序列加以组合的方式，增强空间的层次和变化。

表现为“起—承—合”的模式。“起”作为传统商业街区与城市空间的交界点，在数量上不止一个，以连接街区与周围各条城市街道，形成街区的多个入口，引发了多个空间序列。各入口之间或者有主次之分，或者各具特色。“承”作为过渡、引

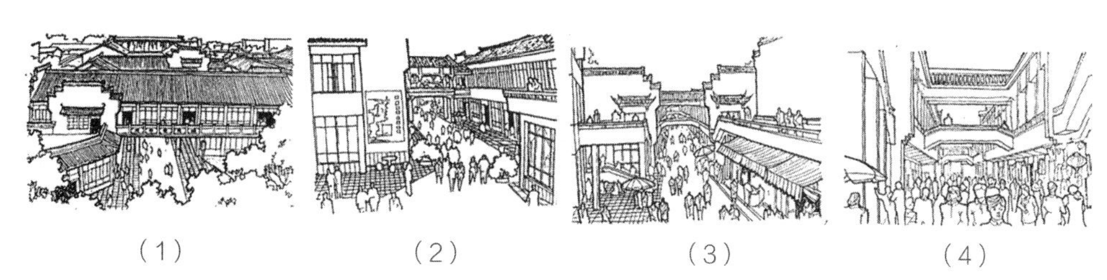

（1）　（2）　（3）　（4）

图 3.2-23　合肥城隍庙的步移景异

导空间，连接各自的入口空间和街区共有的高潮区，有直、有转，风格也与各自的入口空间相对应;“合”空间不仅是单一序列的高潮，而是多个序列的高潮汇合之处，地位更加重要，要呼应各个序列的空间转折变化和风格特点。

在安排空间引导人们活动的同时，考虑到人们在运动中观察景物的要求，采用“对景”、“障景”、“隔景”、“框景”、“夹景”等手法，使传统商业中心的空间组织达到步移景异的效果。这种变化不仅增加了传统商业中心的趣味性，而且形成了街道空间的深邃感，表现出“空间增殖”的特色。其曲折的街道空间，忽明忽暗的街巷，产生感知规模大于实际规模的幻觉。

传统商业中心空间序列比较　　表 3.2-5

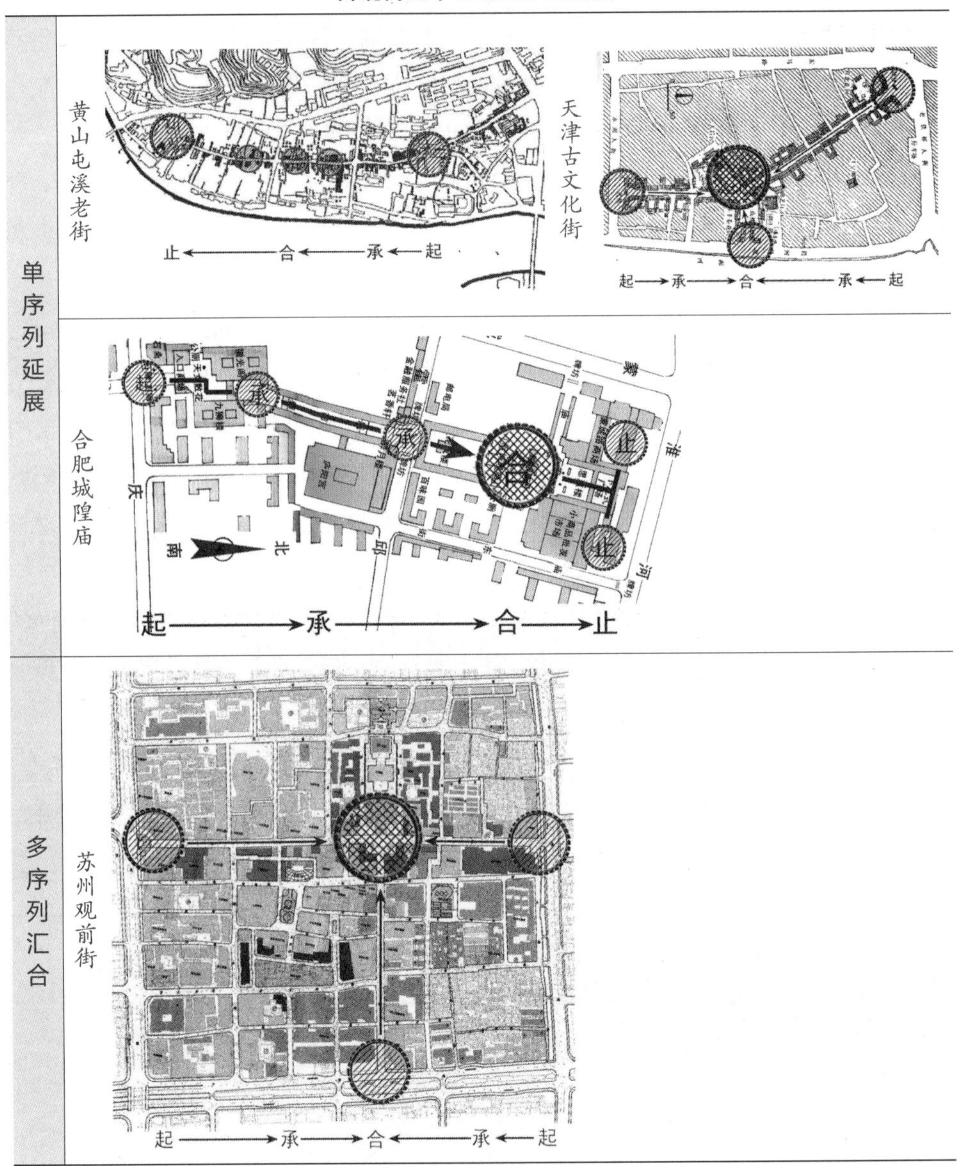

续表

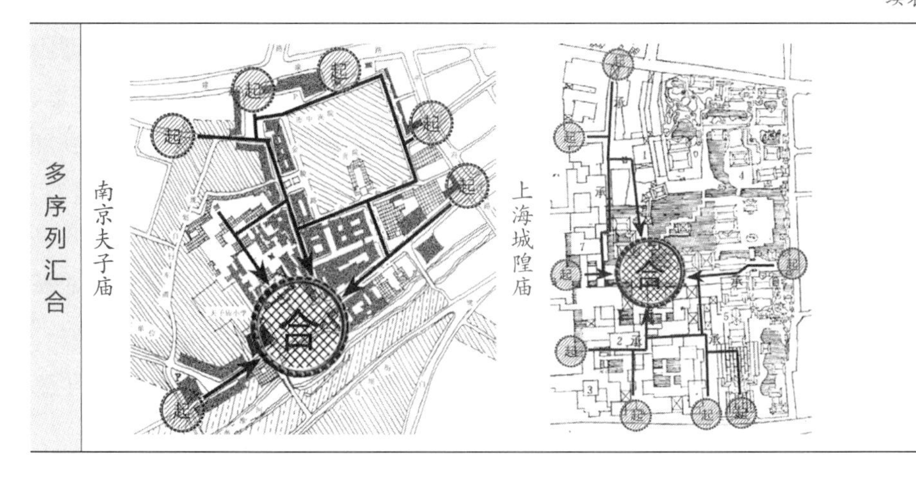

3.2.6 建筑分析

商业建筑是传统商业中心的实体，其历史可以说与传统商业中心同样悠久，它最早虽承袭民居，但由于商业活动的特殊要求，逐渐发展，形成了自己独特的风格和型制。宋朝的《清明上河图》(图3.2–24)中,开敞式的沿街店铺,各层独立的酒楼、戏院,屋宇广阔的金银帛交易所等构成了传统商业中心的主要景象。《东京梦华录》云："凡京师酒店门首，皆缚彩楼欢门。向晚灯烛笼煌，上下相照，珠帘绣额、灯烛晃耀。至无夜，则有一瓦陇中，皆置莲灯一盏。大抵诸酒肆瓦市，不以风雨寒暑，骈闻如此。"宋代商业建筑的风貌由此可见，至今一些酒楼、茶坊、药铺和饭庄，仍保留着原来独具魅力的商业建筑型制。作为最早的商业建筑，"前店后坊，下铺上居"的住宅商业综合体，经过长期发展，已成为传统商业中心的主要形式，而作为商业建筑

图3.2–24 宋，张择端《清明上河图》

面向街道的店面，则随着历史发展而呈现出丰富多彩的形式：装饰兼挡雨的“挂檐板”、雕刻华丽精细的“华板”、加强视觉的朝天拉栏、画龙点睛的“匾额”，以及集商店经营之精髓的“对联”等。这些充分表达出传统商业建筑的个性，加上各地气候地形、文化传统等背景条件大相径庭，在建筑风格上也表现出各自的特点。归纳起来，可分为仿古型和创新型两种类型；其中，仿古型又可分为仿民居建筑型和仿园林建筑型。

1）仿民居建筑型

是最能体现传统文化的地方特色的建筑模式，加上它造价较低，为传统商业中心所普遍采用。如屯溪老街建筑为典型的徽州居民风格，木雕、瓦雕、砖雕样样精美，保持了真实的历史遗存，而建筑以两层为主，底层开敞经营，二层兼作仓库和卧室（图3.2-25）。

2）仿园林建筑型

多为依园而建的传统商业中心所采用，飞檐起翘的园林式建筑能很好地表达传统商业中心与古典园林相隔为体的整体环境。如上海城隍庙依瞻园而建，因此采用了园林建筑形式，把步行购物与自然庭院结合起来，形成一个闹静结合的游憩环境和步行天地（图3.2-26）。

3）仿寺庙建筑型

在香火比较旺的寺庙周边，商业建筑风格多为仿寺庙佛殿的抬梁式古建筑，大尺度的建筑能与核心的寺庙风格上融为一体。如无锡南禅寺附近，建筑多为仿寺庙风格（图3.2-27）。

4）创新建筑型

建筑风格一般由现代建筑的造型结合灰瓦坡顶等传统元素进行创新，反映时代风貌。如苏州观前街，由于历史的原因，现代建筑较多，因此在现代建筑的造型基础上加入了传统建筑的符号，形成一种新的风格，既体现时代气息，又反映传统风格（图3.2-28）。

在有的传统商业中心内部，所有建筑采用同一类的设计手法和外貌特征，从风

图3.2-25 仿民居建筑型

图3.2-26 园林建筑型

图 3.2-27 仿寺庙建筑型

图 3.2-28 创新型商业建筑

格、体量、色彩、细部等各个方面协调统一，使整个商业中心和谐完整。而有的传统商业中心保留了不同的历史时代留下的烙印，表现为多种建筑风格和空间特色的有机结合和生长，呈现出丰富多变的整体风格。

传统商业中心格局形态比较 表 3.2-6

续表

3.2.7 交通分析

传统商业中心吸引了大量的人流、车流，步行街区的开辟又势必增加周边车辆停放压力。因此，必须结合城市道路进行交通规划，对周边道路结构进行调整，将道路系统、公交系统、停车系统有机联系起来，相互配合减轻其交通负荷。

本书就三者之间的相互联接关系分成几种类型，以分析传统商业中心道路交通的调整和改善措施。

1）传统商业中心一端临城市干道

即城市干道从商业区一侧通过，商业区形成独立步行街区，或垂直于道路纵深发展，或平行道路横向发展。

北京大栅栏，东端临接南北干道，步行路线呈“U”字形的主往返，游人不仅迂回路线长，而且要从城市干道一侧出入，对城市交通压力很大。此外，缺乏相应的停车场地，自行车无法停靠，交通组织较混乱（图 3.2–29）。

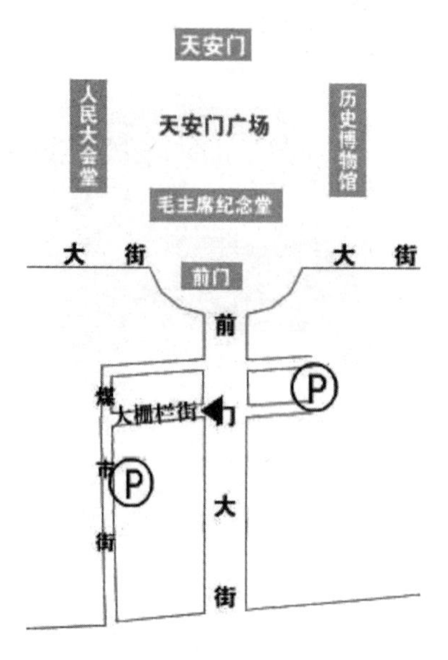

图 3.2–29　一端临接城市干道

2）传统商业中心两端临城市干道

在两条干道之间形成完整的步行街区与有利于组织公共交通，疏散不同方向的人流，其优点是显而易见的。但这种模式对干道之间的距离要求较高，以 500~1200m 为宜，过长则步行距离太长，过短则难以形成商业街气氛，由于城市干道的限制，商业区发展宜向上下两方的发展，在街道上下两侧设立若干条垂直主道的辅路，有助于货运进出口和疏散人流。

合肥城隍庙位于淮河路和安庆路之间，步行路线呈“1”字形，游人多从南端安庆路进入，至北端淮河路离开，交通比较有序，车辆停放也有较大的余地（图 3.2–30）。

3）传统商业中心四面临接城市干道形成环路

这种交通组织方式，对大规模的传统商业中心是一种行之有效的理想结构模式。顾客可以等距地从各个方向进入传统商业中心，在公交组织车辆停放等方面更加灵活多变。传统商业中心被道路封闭其间，从地理、心理上为传统商业活动中心界定了一个独立完整的区域，不仅有利于保护和更新，也有利于控制整体环境的风格和形式。

上海城隍庙地区北依福佑路，南临方滨中路，东靠安仁街，西接旧校场路，四面环街的便捷交通，使人流分散迅速，能承担高峰期30万人次的日流量（图3.2-31）。

以上列出的传统商业中心三种交通类型。需要指出的是，这三种类型不是相互孤立存在的，而是出现于传统商业中心发展的不同时期，即传统商业中心在自身发展中会历经“一端临街→两端临街→四面临街”的演变过程（图3.2-32），在传统商业中心发展早期，由于规模较小，是不易追求环路形式的，因为环路内区域较大，这无疑会增加传统商业中心的建设投资；随着城市经济的发展和传统商业中心的扩展，交通问题日益严重，此时就成了必然的选择。如苏州观前街本是东西两端临街，随着其南北向的拓展，目前已逐渐形成四面临街的环路格局。

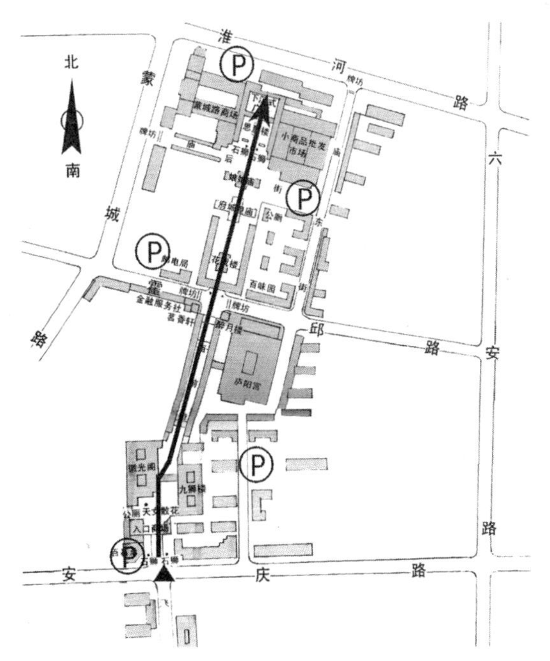

图3.2-30 两端临接城市干道

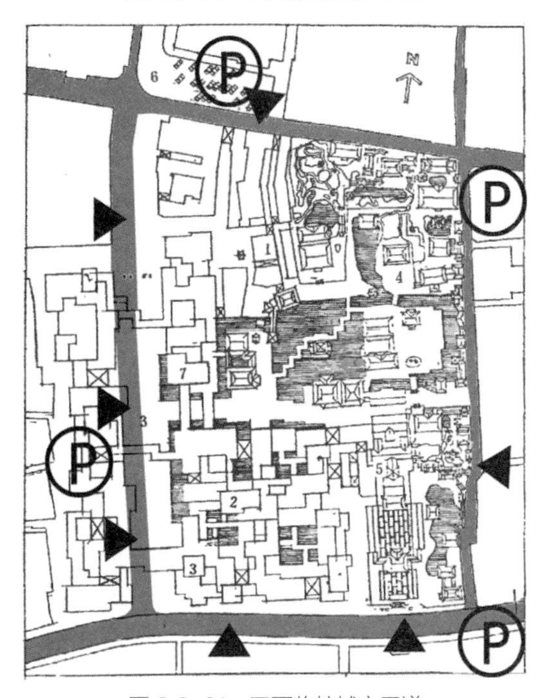

图3.2-31 四面临接城市干道

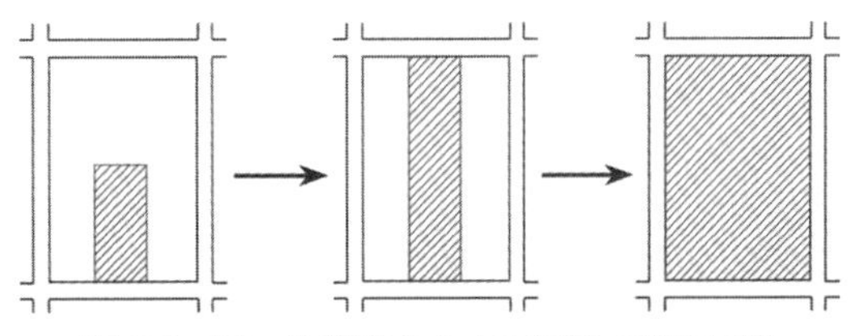

图3.2-32 传统商业中心交通模式演变过程

传统商业中心道路交通组织分类比较　　表 3.2-7

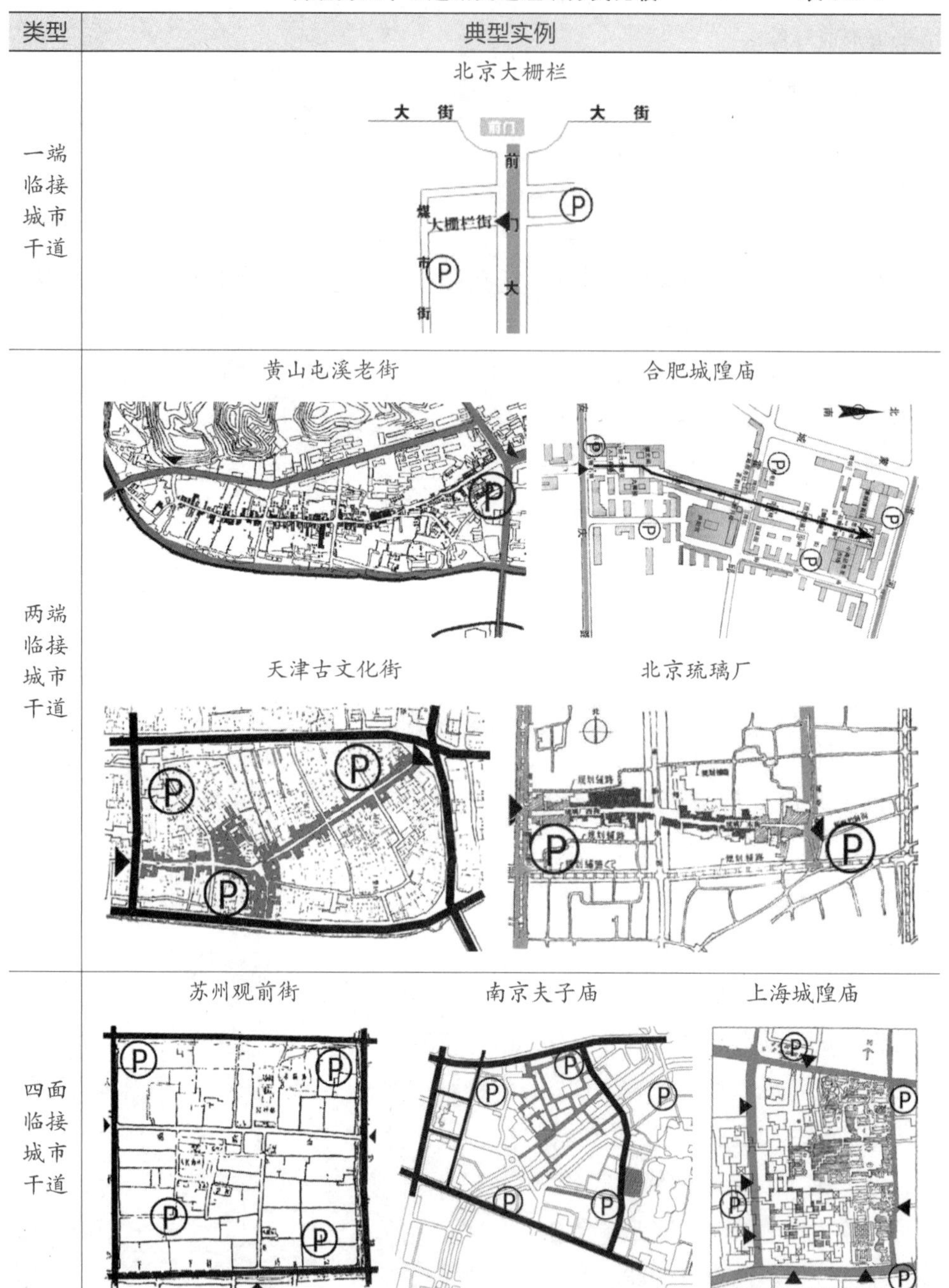

类型	典型实例
一端临接城市干道	北京大栅栏
两端临接城市干道	黄山屯溪老街；合肥城隍庙；天津古文化街；北京琉璃厂
四面临接城市干道	苏州观前街；南京夫子庙；上海城隍庙

3.3　传统商业中心区的设计手法

从空中俯瞰我国建设较好的传统商业中心的空间肌理，具有突出的特点：细细密密的低层建筑、弯曲交错的街道形态自由，反映了商业中心空间由小到大的生长历程，不同风格的砖木建筑交织在一起，加上密集的低层建筑模式，形成了特有的院落空间和街道形态，给人以悠闲丰富的景观感受（图3.3–1）。

图3.3-1 传统商业中心空间肌理

良好的空间感受一方面取决于构成传统商业中心的空间单元的形状、尺度、围合等因素，另一方面也与其空间组合的手法、序列的丰富性有很大的关系。传统商业中心空间的基本要求是多样统一，构成传统空间形体环境的各要素之间既有联系又有区别，按照形式美的一定规律有机结合成为一个统一的整体，就要素的构成可以看出空间的差别与特征；就各要素的组合可以看出空间的多样性与变化；就各要素之间的内在联系可以看出和谐与秩序。下面所要阐述的主要是传统商业中心空间设计的手法，特别是其主要组成部分——空间群体组合的具体手法，以便在传统商业中心空间设计过程中重视、发掘和继承这种传统空间特色和风格。

3.3.1 空间设计构成

“空间连续不断地包围我们。通过空间的容积我们进行活动、观察形体、听到声音、感受清风、闻到百花盛开的芳香”[①]。然而，空间天生是一种不定形的东西，它的视觉形式、尺度、光线特征——所有这些特点都依赖于我们对空间构成要素的感知。

（1）空间形状

空间形状可以是规则的几何形，也可以是不规则形。前者使人感觉到明确的理性秩序，后者则给人以兴奋的不安定感，但由于心理学中的“格式塔”效应，轻微的不规则常被人的视觉所忽略。规则空间与不规则空间的交替出现使用可以满足人们不同的心理需求。

空间形状不仅是传统商业中心建筑与景观视觉的关键组成因素，也是其构造空间组织形态的体现。可以从两个方面来理解空间形状这一概念：①反映在建筑密度上，空间形状可以理解为传统商业中心建筑与空间的图底关系；②反映在空间尺度上，可以理解为各种要素组成的空间结构。传统商业中心空间整体呈现出典型的传统肌理，为线型传统小尺度街巷和矩形组合院落式样建筑群（图3.3–2）。

在传统商业中心建筑群的平面组合中，我们关注建筑的实体形式，但更关注建筑所围合的外部空间形式，各种灰空间、院落、街巷、广场是人们停留的主体。因此在传统商业中心设计中经常先设计各类空间，再设计建筑实体。规划过程中，可以将传统商业中心建筑群的历史原型作为空间分析的母本，梳理原有街区所特有的空间形状

---

① Francis D.K.Ching. 建筑：形式、空间和秩序 . 刘丛红译 . 天津：天津大学出版社，2005.5.

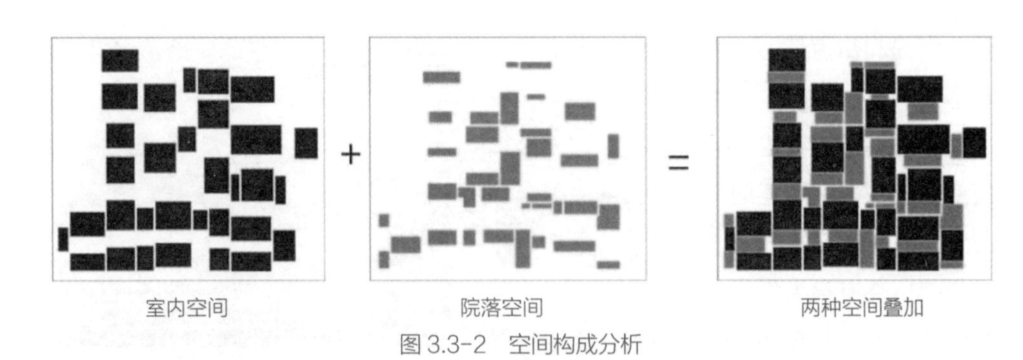
室内空间　　院落空间　　两种空间叠加

图 3.3-2　空间构成分析

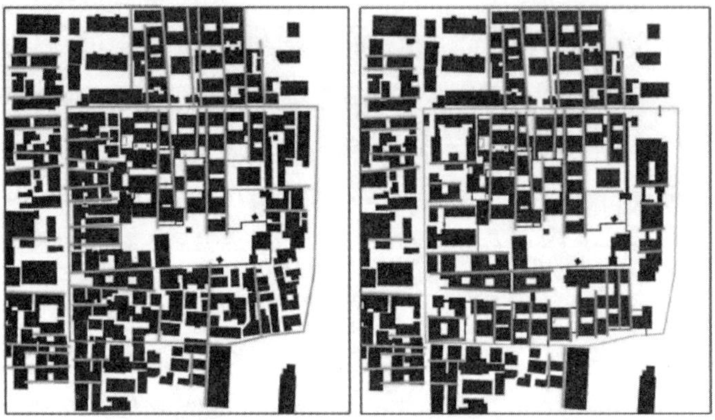

现状院落肌理　　规划院落肌理

图 3.3-3　规划前后空间形状构成分析

肌理，同时融合周边建筑空间，在保护原有空间特征的基础上进行整合。从现状和规划图的街巷和建筑排布的空间分析图中可以看到（图 3.3-3）：规划的传统商业中心新与旧空间相互交织、对比，游人从中可以感受到历史的纵深与时空的张力。

（2）围合限定

界面是传统空间中的一种特殊的构成要素，它是实体与空间的交接面。一方面界面是建筑实体的一个必不可少的组成部分，另一方面界面又是与空间密不可分，没有界面的围合限定就不存在空间。因此围合限定是建筑实体与空间的媒介。

三面以上的封闭型围合具有强烈的向心感和居中感，人在其中有较强的安全感适用与广场节点；街巷的平行围合空间表现出流动性和方向性，如果加以适当转折，出现大量垂直围合界面和平行界面交替的空间限定，能增强人的领域感，形成安静而愉悦的步行空间，也是传统空间设计经常采用的围合方式。应当指出，当界面为实面时，空间的围合限定感最强，界面为开敞柱廊等虚线组成时，空间的围合限定感将被削弱，变得比较开敞通透，甚至只起暗示作用。

空间围合限定界面的开敞与封闭，是出于人有内向和外向两方面需求，同时，也受制约于人的生理、心理及视觉感受的特点。传统居住空间往往对外封闭对内开敞，四合院便是如此；而传统商业空间界面则为开敞式服务，传统商业经营方式是前店后坊，开敞经营，整个街道界面就是商店的营业界面，局部地段将桌椅摆到街面上。

目前的一些规划设计中，传统商业中心往往是缺少围合，大型建筑点状布局，而街道空间中两旁建筑物断断续续，封未封住，开未敞开（图 3.3-4）。

（3）尺度比例

尺度是指某物比照参考标准或其他物体大小时的尺寸；比例则是指一个部分与另外一个部分或整体之间的适宜或和谐的关系。这种关系可能不仅仅是重要性大小的关系，也可能是数量大小和级别高低的关系。人由于生理知觉的原因，往往更容易对小尺度的建筑或空间产生亲切感。适当的空间尺度是形成传统空间亲切感和生气感的基本条件，日本学者芦原义信曾提出过空间宽度为高度的 1.5~2 倍时，可获得较好的尺度感。

传统商业街区倡导闲适的步行购物，空间由于杜绝了车流的介入而创造出亲切的近人尺度，街道宽度倡导小尺度、步行化，具体宽度因人流而异，从 14m 到 3m 不等（图 3.3-5）。这个尺度符合“外部模数”理论，该理论认为一个富于生气的空间，人与人、人与建筑之间应保持相互的感觉波及，因此空间模数值在 14m 距离内，人们恰好可以辨认出对方的面容和建筑的形式细节，对周围人的言谈也略有所闻，超过此距离相互的感觉波就不复存在。传统商业中心中尺度较大的广场也应通过内部的二次空间划分，如小品绿化的运用和地面的升降铺装变化，来创造人们愿意亲近的领域感较强的小尺度空间。

从尺度关系来看，街巷空间尺度的亲人性也是传统商业中心建筑的重要空间特征，空间水平向和竖向的 *L/H* 比例数值大多在 1~2 之间，空间相对紧凑，同时院落和街巷之间存在十分紧密的关系，体现亲人性的重要特征。

（4）光影明暗

明暗与光影是传统建筑的重要特色，无论是粉墙黛瓦的明暗对比还是飞檐起翘

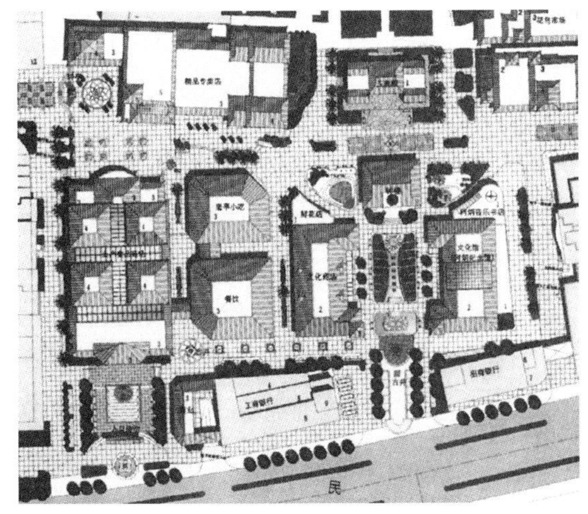

图 3.3-4　此规划设计中突出了建筑主体，忽视了街巷空间的围合，显得十分松散

图 3.3-5　传统商业中心街巷的舒适尺度与比例非常适合游人行走

图 3.3-6 传统商业中心阳光下的光影

的光影变幻，都构成传统空间鲜明的吸引力。缺乏光影明暗的传统空间就会黯然失色，建筑、场景和空间都会变得含混不清，空间环境也会显得冷落萧条。光与影是相伴而生的，合适的建筑朝向产生的光线明暗变化和光影对比能增加传统空间的层次感和建筑的体积感（图 3.3-6），表现场景的深度，斑驳的光影本身也产生富有韵律和动感的构图，使空间充满了生机和趣味。同时，传统商业中心内的建筑也非常适合在灯光下近远距离欣赏。

3.3.2 空间要素组合

（1）收放开合

收与放巧妙结合也是传统商业中心空间设计的一个基本手法，它体现了设计者追求空间丰富多变的观念。这种手法通过对空间狭窄与宽敞的处理，沿线路不断地调节人们的视线和心理感受，以打破单调感。图 3.3-8 所示是苏州留园入口的收收放放处理，这种传统园林式处理方式在传统商业中心中非常普遍。在传统商业中心的线型街区中，基本上是由两旁整齐的建筑夹住的“收”空间，周围的建筑凹凹凸凸也形成了颇有味道的收收放放空间。以街道空间为主，开放空间为辅。传统商业中心以“逛”为主，在行走与停留中完成文化商业活动，因此街道等线性空间为街区主导，广场只起到人流集散的辅助功能。

图 3.3-4 是某城市传统商业中心规划，这个规划力图追求传统空间特点，在不少方面都称得上是优秀设计，但在空间上也确有很多方面与传统空间相悖，基本上是个直来直去而没有“收收放放”特色的空间，使我们不得不反思是不是它只模仿了古建筑的表皮，仅做到了“形”似，而未能达到“神”似的境界。

（2）曲折错动

传统商业中心空间的“曲折”特色，也反映了追求变化多样、反对直接单调的传统空间观念，古人认为空间不曲则不深。在传统商业中心曲折的街巷空间中，人们的视野和空间感受不断变幻流动，似小说情节，悲欢离合，激扬跌宕，给人以强烈的吸引力，“曲径通幽”说的就是这个道理。曲折常与收收放放结合成一对共同使用，形成更变幻丰富的空间。传统空间设计中运用这种曲折错动的手法，使街巷空间层次特别多，就像古代从城市街道到街坊、到院落、到外室、到内室、再到格栅帷帐围起的床，空间有很多层。

现代城市道路受制约于大量车流交通的疏导，若曲曲折折设计无异于南辕北辙；

但传统商业中心等传统步行空间却可以曲折错动，避免一条街均是直来直去的直筒子式设计。笔直的空间设计即使尺度很大，空间层次却特别少，几乎是一览无遗，所以感觉上的空间总比实际空间小，总觉得步行街区就那么一点点东西（图 3.3–7）。空间曲直多变可以有效避免有人单调乏味的感受，由于传统商业中心步行为主，街道空间大小结合，尺度收放，形成各种变化丰富的街道空间。在设计中，直排的建筑和微微错动的建筑，空间感受完全不同（图 3.3–8）。

（3）节点标志

街区中心：以寺庙为中心。在中国历史上，传统商业文化中心大多是由集市与庙会活动相互结合逐渐演化而形成的，以寺庙而闻名遐迩。像南京夫子庙，开封相国寺，上海城隍庙以及苏州玄妙观，无不与庙有着千丝万缕的联系（图 3.3–9）。许多传统商业中心历史上以佛寺道观相结合作为整个街区的重心所在，如今佛寺虽毁，

图 3.3–7　直筒子式的街巷给人一眼望穿的单调感

图 3.3–8　曲直多变的街巷变化丰富

图 3.3–9　传统商业中心大多以寺庙为核心建筑

图 3.3-10　传统商业中心入口标志具有关键性作用

图 3.3-11　传统商业中心空间节点的设置能减缓街巷空间的单调感

但道观仍留，并位于整个街区的中轴线上，成为民俗活动与人们精神上的象征，集中反映城市的历史、民俗文化，成为城市文脉延续的连接体。

如果说传统商业中心街坊是一支曲调幽雅而又旋律起伏的抒情古曲，寺庙即为曲子的高潮部分，它在整个街区中起着举足轻重的作用，也是精华所在。在传统商业中心的空间设计中，应充分突出寺庙的主体地位。

入口标志：传统商业文化中心的入口经常有特色标志，不同形式的牌坊、碑亭、旗杆作为与城市的交界，具有鲜明的特色，也是整个街区的标志。这种标志代表了传统地方文化与现代都市文化的转换，历史建筑风貌和现代建筑风貌的转换，大尺度车行空间和小尺度步行空间的转换，在整体布局中具有关键的作用。因此在传统商业中心的规划设计中，我们对它的大小各个入口都应作不同的处理，丰富城市景观（图 3.3-10）。

空间节点：街巷中相隔一定距离的两个节点空间可由过渡空间来连接，过渡空间的形式性质与被连接的两个空间不同，以表示它的连接作用，使空间节点之间的转化更为自然。这些节点空间一般为小尺度的广场、院落或者是街巷的放大，以碑塔亭石等为视觉焦点，人行至此，能放缓脚步欣赏、停留和拍照。这种空间节点的设置象行文中的逗号，将漫长的线型步行街巷分割成若干乐章，使人行走中具有一定的节奏感和韵律感，同样减少空间体验过程中的疲劳（图 3.3-11）。

3.3.3　空间形态序列

传统空间形态序列是各空间要素通过组合关系形成整体后所呈现出的形式和意

义。它不但包括空间的形式、位置、构筑方式以及使用方式、文化观念等所形成的空间特色和精神意义，还包括使用者对空间的心理反应和认知，以及由此产生的主观空间形态。

（1）空间虚实

中国书画之美，不仅美在黑的墨迹，而且美在白的背景，这是实与虚相互依赖的同等性（图 3.3-12）。“虚实相生”也是传统商业中心空间设计的基本手法之一。它强调形象与背景、物质实体与非物质虚空间的相互依存性，认为失去一方，另一方也就不存在了，体现了虚实空间相互依赖、同等重要，并且可相互转化的特点。这种“虚实相生”赋予了传统商业中心全部空间完整性、统一性，使实空间安排巧妙，虚空间布局得体，虚实交融，具有整体美感（图 3.3-13）。通过大多数传统商业中心图底关系的空间分析可以发现：传统商业中心建筑空间的实体和虚体部分就是处于一种相对均质的状态，同时，两种空间都有一定的组合秩序，反映了院落整体与个性并存的空间构成模式。

图 3.3-12　中国传统书画讲究虚实相间

然而，在我国一些现代传统商业中心设计中，建筑形象受到重视，街巷空间受到忽视，实成为主体，虚沦为次体甚至下脚料。如东北某传统商业中心规划是这种现象：实体很突出，基本上是实空间主宰虚空间，实虚得不到巧妙的转化。虚空间被弃之为“剩余空间”而受到轻视，这不仅毁了虚空间本身，也反过来伤害了形象实体，进而损害了整个空间（图 3.3-14）。

可见，传统商业中心作为一个大的建筑空间复合交融体，势必要求建筑与空间具有连续性和完整性。新建筑与新建筑之间，新建筑与旧建筑之间，建筑与街巷之间要能够相互呼应，使建筑与街巷统一于一个完整的街区环境之中，形成了一个立体的、多维的时空，使得各部的景观相互依靠，相互烘托，变化无穷，循环不止，

图 3.3-13　在这个传统建筑群的不同部位上，实体形式与空间形式之间的图底关系可以颠倒，这取决于我们把何者视为正要素。在这张地图的有些部分，建筑似乎是正要素，限定了街巷空间；在该地图的另外一些部分，街巷、广场、庭院等节点空间则被当作正要素，与作为背景的周围环境中的建筑实体形成对比。

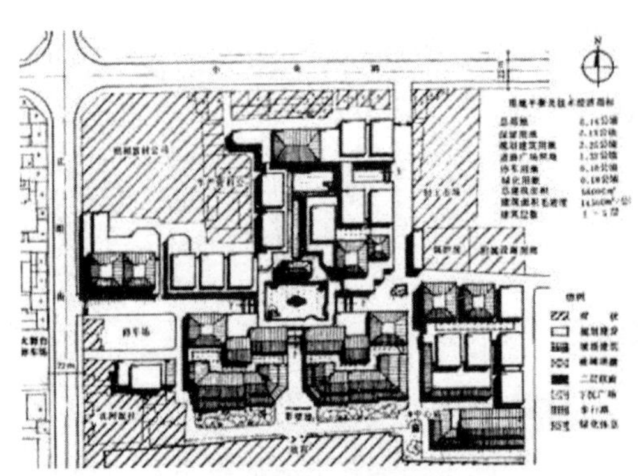

图 3.3-14 这个规划对街巷空间缺少设计，笔直宽大的街道、整齐对称的建筑使整体布局比较呆板

图 3.3-15 街巷空间的动静结合有利于延长人在其间停留的实践

塑造“着力少而趣味多，形简朴而意无穷”的空间景观。传统的街巷和商业文化建筑也长长短短，弯弯曲曲、首尾相连，巷道内外相通，使游人置身其中，如入园林，结合灰砖青瓦或者高大风火墙的各类建筑，可取得完美的空间效果。

（2）空间动静

传统商业中心空间中“静与动”的概念，一是指静止的与可动的空间物质要素；二是指人在空间内活动的静态与动态。前者在传统商业中心街巷中很常见，如静态的建筑、碑亭、石板路与动态的流水、灯光、招幌以及路上的行人构成丰富的物质环境。此外动静物质要素的巧妙组织在园林式的传统商业中心中也较多见，假山、围墙、建筑物、小构筑物等静态要素与流水、树木、云朵、禽鸟及街巷内的人等可动要素的结合是非常讲究的（图 3.3-15）。

后者所指的是人的活动的静态与动态，传统商业中心空间中运动的介入主要表现在两个方面：一是人的交往构成活动的场景，并成为旁人观察的对象；二是人在运动中观察到的场景的连续变化。传统空间的场景中如果没有运动的介入，将是僵化而缺乏生气的。因此，设计中应根据人群的行为心理，为人看人和相互交往创造适宜的空间环境，并通过一定的设计手法暗示和引导人的活动，形成可行、可座、可游、可赏的复合空间。传统商业文化以“逛”为主，在行走与停留中完成文化商业活动，而且商业空间不只是为了卖与买，尤其人在传统商业中心的“逛街”也是一种游憩消遣活动。这些传统商业中心如果没有供人“停停”休息的地方会极大地增加人的疲劳感，这是规划师和建筑师的过错。另一方面，考虑到人们在运动中观察景观的要求，通过“对景”、“障景”、“隔景”、“框景”、“借景”、“夹景”等传统设计手法，使空间环境达到“步移景异”的效果。长廊诱人徐徐而动，浏览两侧景致，但廊必须结合亭，使人坐下来静静地观赏四周景色和表演、购物等行为。

传统商业空间序列包含着各种形态各异的形态，街区与人的步行行为活动有着紧密的联系，空间曲折，尺度宜人，给人印象丰富多样，复杂易变，在传统商业中心空间中亦有巧妙的组织。因此在设计中，注重街巷界面的收缩力和弹性特质，界面的变化不仅可以丰富步行景观，增加了传统商业中心的趣味性，而且形成了街道空间的深邃感，表现出“空间增殖”的特色，其曲折的街道空间，忽明忽暗的街巷，产生感知规模大于实际规模的幻觉。同时，也最大程度拓展了商业临街面，有利于未来商业建筑的使用收益。

（3）空间轴线

轴线也许是传统商业中心空间组合中最基本的方法，它是由空间中的两点连成的线，形式和空间可以关于此线呈现出对称或平衡的排列方式。轴线暗示着对称，但它需要的是均衡，各要素围绕轴线的具体位置，将在视觉上决定轴线组合的力度，是结构松散还是有条有理，是生动活泼还是单调乏味。轴线建筑群的整体轮廓线也是空间设计中必须考虑的因素（图 3.3-16）。如果传统商业中心规划中对围合轴线的建筑群缺乏整体的构思，就可能形成杂乱无章的轴线整体界面轮廓线，建筑之间缺乏联系与配合，建筑的组合不是交相辉映而是相互削弱。因此在传统空间设计中，应当注意边界边际轮廓线的控制，形成集中的、有规律的变化而不是零散的拼凑。

（4）空间序列

传统文化是很强调序列观念的，因而在传统商业中心空间观念上也很强调整体序列，例如上海城隍庙、天津古文化街、南京夫子庙中都有很明显的序列组织。这种序列观念很注重给人美的感受，所以我们常用展开一幅画卷来比喻一个优美的空

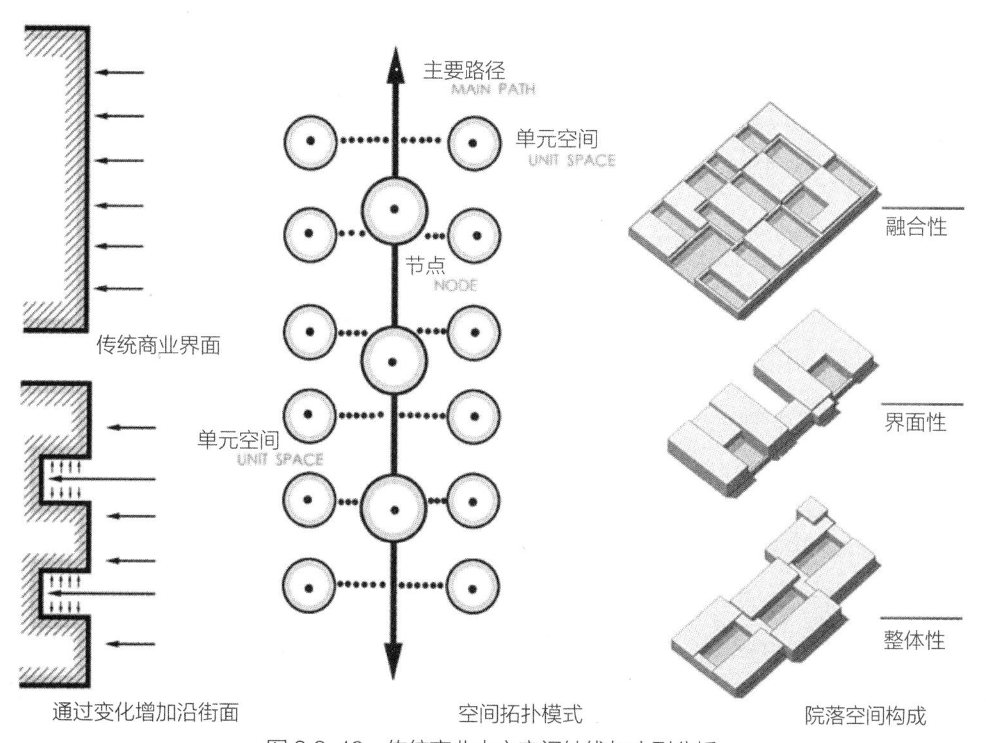

图 3.3-16　传统商业中心空间轴线与序列分析

图 3.3-17　传统商业中心街巷的步移景异

间序列。如图为某街区入口的空间序列，“步移景异”，它使街巷中各种各样的形式和空间在感性上和概念上共存于一个有秩序的、统一的、和谐的整体之中（图 3.3-17）。由于人行走过程中的“感觉残留”效应，在传统商业中心从一个空间到另一个空间的变迁体验，可以给人更大的空间印象。由此，不同的空间组合形成传统商业中心的空间序列，为人们不同的活动和心理感受提供条件。

传统商业中心是由一些功能各异的封闭式或半封闭式空间，通过街巷这一狭长的线型空间组合而成的。由建筑的高低变化，凹凸布置和绿化小品的配置使沿街两侧空间不断变化，街坊内每一个独立的空间如院落、邻近建筑的空隙等，则通过花墙、漏窗、连廊等进行空间的相互渗透引借，不但丰富了空间的内容，而且达到小中见大的空间效果。巷道把空间进行了划分同时也进行了组合，使得各具特点的封闭式空间能溶入一个和谐的大空间。传统商业中心不同形式的空间交替出现，形成了空间收放的节奏变化，从而使人们的心理和生理不断得到调节，减少了视觉疲劳感，始终让人保持浓厚的兴趣，更乐于在传统商业中心逗留和活动。有秩序而无变化，结果是单调乏味；有变化而无秩序，结果则是杂乱无章。统一之中富于变化是传统空间设计中一种理想的境界。

3.3.4　结构骨架构建

基于以上分析，在传统中心区的规划设计中，可先从骨架构建的层面入手，以地区特有的景观环境、街巷肌理等为突破口，通过不同的设计手法，构建传统商业中心的空间骨架，以此来组织功能及形态布局。

多数传统商业中心会比邻湖面、公园等良好的景观，或依托寺庙、道观等场所而建，这些要素均有一定的吸引人流、集聚人气的效应，带来大量的商机，且在空间中占据了较为主导的地位。

（1）环绕式布局

以公园作为空间重心，并围绕其展开布局，将周边较为零散的建设用地统一起来，形成内虚外实、内外相互渗透的整体空间格局。

根据具体空间条件来的不同，环绕式布局有 3 种切实可行的模式（图 3.3-18）：

①利用街巷将外围片区串联成环形成围绕效果；②围绕核心同心圆扩散形成构图重心；③以优势环境为中心利用轴线向外辐射形成视觉中心。以环绕公园为例，对设计手法进行具体阐述。

街巷串联，轴线相应（图 3.3–19）。规划构筑围绕公园的街巷，串联起公园周边各个片区，形成一个明显的街巷环，由于是围绕公园布局，很容易形成视觉上的连续感及整体效果。同时，在公园的四个方向形成各具特色的四条小型轴线，并延伸至公园内部，与公园内部布置的雕塑、亭、塔等标志形成对景关系，使得公园与各个片区之间形成较强的联系关系，轴线的尺度也与传统的街巷及建筑尺度相适宜。整个空间形态形成较为明显的街巷串联，轴线相连的较为自然有机的整体形态。但方案的设计中为了保留东侧几处既有的新建建筑，又要构筑街巷环，对公园空间挤压过大，且街巷环较为封闭，大大降低了公园作为开放空间应有的开放的视觉感受，及对活动的吸引力。

街巷环绕，有机融合（图 3.3–20）。与上述方式不同，该方式更加强调街区整体形态与公园的关系，完全是向心式布局，形成围绕公园的同心圆模式，公园的中心性更强。此外，在建筑尺度上也形成了由内而外逐渐增大，建筑密度逐渐加强的形式，突出了由虚到实的层次感。整个布局外围较为规整、统一，内部较为自由、灵活，形成了围绕公园，内外有机融合的整体形态。但该方案过分强调街巷的环绕关系，缺乏必要的开放空间作为人流活动的场所；同样，缺乏相应的实现通廊，整个街区像一个口袋将公园兜在其中，过于封闭；建筑布局也较为凌乱。

轴线统领，肌理相应（图 3.3–21）。该方式采用较为明显的轴线呼应关系来统领整个空间，并将多条轴线交汇于公园中一处标志空间，形成视觉上的构图重心，公

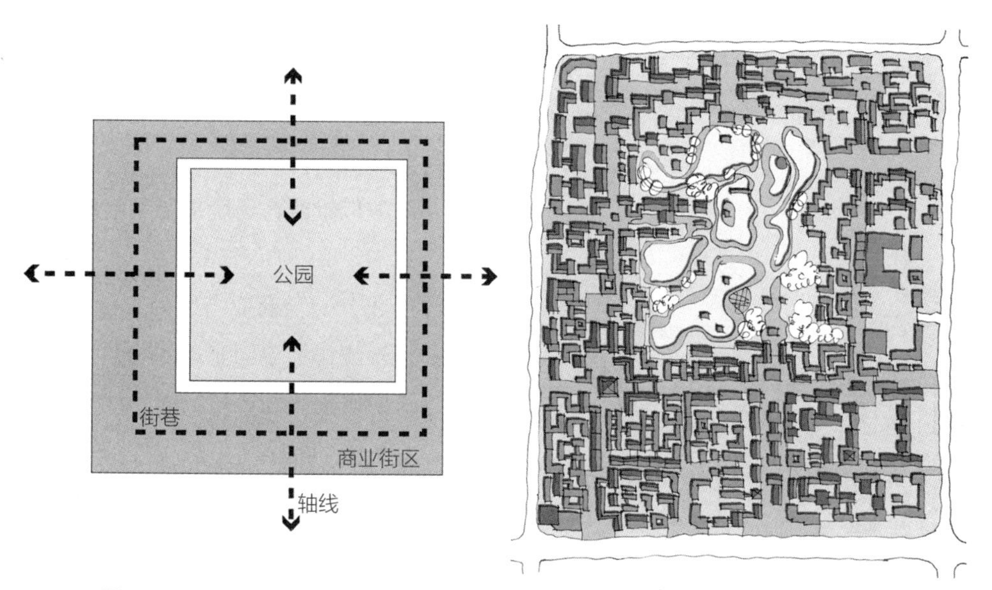

图 3.3–18　围绕公园布局模式图

图 3.3–19　街巷串联，轴线相应

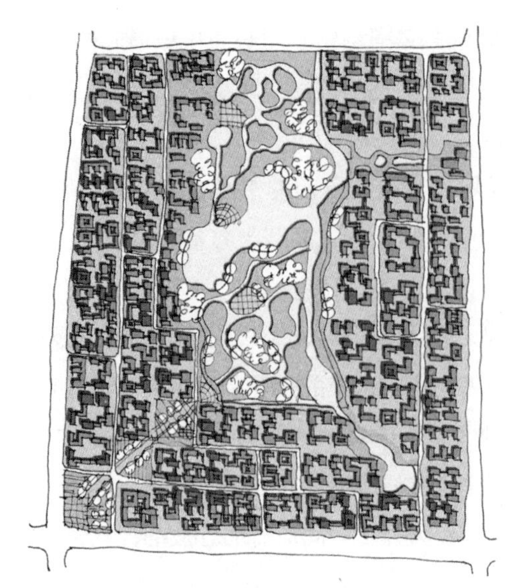

图 3.3-20　街巷环绕，有机融合

图 3.3-21　轴线统领，肌理相应

园周围的空间更加强调的是各片区的整体感以及各片区间建筑形态与街巷尺度的呼应关系。同时，公园被规划为较为方正的形态，周边的各个片区在公园的四角也形成相对方正的形态，与公园相呼应，使得整体构图更加统一。外围建筑形成统一肌理，通过轴线关系与公园形成联系，强化了公园的核心地位。但公园的规模被压缩的较小，且过分方正的形态显得较为生硬，虽有利于形成良好的商业街区空间，但失去了公园景观轻松自由的感觉。而除了轴线外，建筑与公园的关系仅停留在划定公园边界上，使得公园与街区之间缺乏必要的沟通与融合。

（2）轴线统领布局

该片区虽然紧邻公园，但基地内也有一处寺庙存在，也是较为典型的依托寺庙所形成的商业中心，虽然寺庙在长期的发展中遭受破坏，但围绕其形成的商业传统并未消失。因此，在该方案的总体形态布局中，可以以此为切入点，构筑传统寺庙轴线格局。

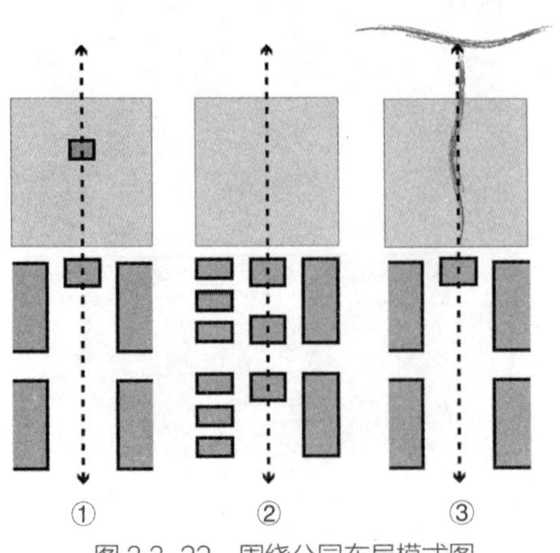

图 3.3-22　围绕公园布局模式图

一般以轴线作为统领要素的布局方式可以分为三种（图 3.3-22）：①利用轴线形成公园与商业街区的直接联系；②利用轴线作为不同肌理的统领；③利用建筑的硬轴线与环境的软轴线形成的呼应关系统一布局。

虚实结合，沟通环境（图 3.3-23）。在基地南侧有较大空间处构筑一条轴线，以轴线作为整个空间的统领，轴线两侧不完全对称，但形成了较为均衡的形态。轴线采用虚实结合的构筑方式，南段以活动引导为主，轴线中间点缀几处建筑作为照壁及山门，呼应传统的寺庙格局，并与基地整个街巷体系衔接，成为整个片区活动的一部分；轴线伸入公园一部分，以寺庙作为轴线端点，形成较为传统的轴线格局；在寺庙后，以景观的方式，将轴线继续延伸，并与公园游览体系相结合，即起到了强化轴线的效果，又将人工环境与自然环境相结合，达到了有机融合 的效果。整个格局较为大气、均衡，又有传统商业中心的文化韵味。但轴线及建筑尺度过大，与传统空间格局有较大差距，失去了传统街巷空间的趣味性，同时，公园封闭感较强，不利于景观的传达。

轴线为界，均衡布局（图 3.3–24）。轴线除了可作为统领全局的结构性要素外，还可作为不同空间肌理融合与分割的界限。该方案构筑了传统的寺庙轴线，并与公园相连，形成整个基地的中轴，以此为界，轴线西侧布置小尺度建筑作为商业片区，轴线东侧布置较大尺度庭院作为文化展示区域，两种不同的肌理在轴线处发生碰撞，但因为有了轴线的统领及缓冲作用，使得两侧的肌理呈现较为均衡的形态，又更加突出了轴线的主导地位。这一方案打破了传统的以轴线为对称轴的做法，而是以其作为不同肌理交汇、融合的边界，是对传统商业中心整体形态布局的有益探索。该思路较为新颖，但方案中的轴线较弱，统领地位不够突出，且西侧的肌理本身又不够统一，显得较为凌乱。

曲直相合，轴线延展（图 3.3–25）。该方案在构筑传统寺庙轴线的基础上，以整理自然水体形态的方式对公园环境进行梳理，将水体沿寺庙轴线向北曲折延伸，但整体保持线形，与南段轴线相呼应，形成南段直线硬朗，北段曲折委婉的轴线格局。

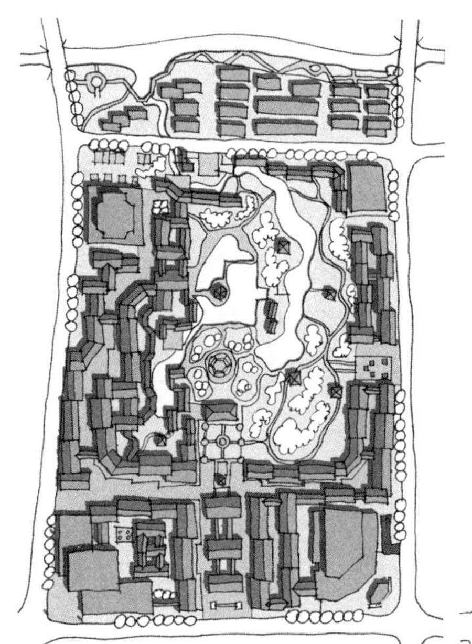

图 3.3-23　虚实结合，沟通环境

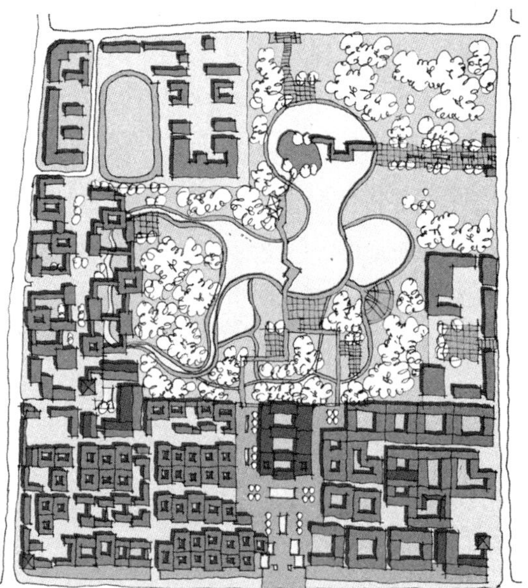

图 3.3-24　轴线为界，均衡布局

图 3.3-25　曲直相合，轴线延展　　图 3.3-26　梳筋理脉，注入活力

同时，曲折的水系轴线向北沟通了北侧水系，又使整个方案有了更强的延伸感，更加融入周边环境。南段轴线采用实轴的构筑方式，即建筑布置于轴线中间，将活动向两侧引导。该段轴线两侧以对称式的建筑布局围合，建筑体量则采用与轴线主体建筑相协调的传统建筑尺度及形态，布局较为生动。该方案利用水系的调整，构筑了人工与自然相协调，轴线曲直相合的整体形态。这一方式的关键点在于两种轴线的交接，方案中处理的过于草率，且缺乏对以水为轴的公园景观的重新设计与规划，使得商业街区与公园缺乏融合，整个构图缺乏整体感。

（3）街巷肌理布局

传统商业中心多是依托传统商业街形成，而传统商业街也是传统商业中心最大的空间特色所在。在该案例中，基地内虽然有一些新建的建筑存在，但是还留存有大量的依托传统街巷的传统建筑，且基地的传统肌理也未遭到大的破坏，因此在总体的形态布局中，传统的街巷肌理可作为一个整体形态的控制要素进行设计。

梳筋理脉，注入活力（图 3.3-26）。将基地内所有新建的超过传统建筑体量的建筑全部拆除，梳理基地现状肌理，并在原始肌理的基础上进行优化与提升，增加街巷空间的收放及曲折变化，使街巷空间更加灵动、丰富。在此基础上，在寺庙原始位置恢复其原有格局，形成一个活动的主要场所。而对于既有的传统建筑予以保留，仅增加几处公共设施，提升街巷功能及商业氛围。公园中也嵌入相同尺度的建筑，作为主要的游憩设施，形成公园内外的呼应关系。但由于过于强调沿街面的统一于完整性，导致公园过于封闭，而恢复的传统寺庙格局也显得过于局促，缺乏足够的开放空间。

局部修补，模块嵌入（图3.3–27）。该方式基本保留了现有街巷格局及传统建筑，仅在局部增加了广场及停车设施。而对于有新建建筑的地块，则以传统建筑组合方式来替代，形成一个个模块嵌入式的布局方式。嵌入的模块与保留的传统建筑之间存在一定的尺度上的差异，但因其空间组合方式相同，在整体上显得较为统一，形成了传统街巷串联，新老结合的整体空间形态。该方案也恢复了崇安寺的原始格局，构筑了一条传统轴线，但由于其过分的强调了各嵌入模块的自身完整性，使得各模块之间，以及嵌入模块与保留建筑之间缺少空间联系与呼应关系，显得较为零散。

保留格局，构筑网络（图3.3–28）。该方案的最大特点是基本保留了既有街巷格局，但将既有建筑全部拆除，以全新的建筑布局重构街巷空间。方案将既有街巷格局作为构筑形态的总体框架，作为对历史的延续，也作为整个片区活动的主要空间，而在这些主要街巷两侧，又通过建筑的布局形成了变化多样的街区内部小的街巷，且这些小的街巷连接成网，提高了置身其中的活动性，也增加了更多的沿街经营的可能性，以小的街巷网络将街区内部空间完全盘活。在街巷网络中，也形成了较为明显的主次关系，即丰富了街巷空间的尺度变化，又有利于引导游人活动。整个方案看似网络错综复杂，但因其较为清晰的层级结构而显得有机统一。该方案在布局中并没有完全排除机动车，而是将保留的街巷作为车行道，会对整个片区的活动产生较大的影响，而传统商业中心中这一尺度的街巷通车也极为不便，极易造成交通拥堵。

图3.3–27　局部修补，模块嵌入

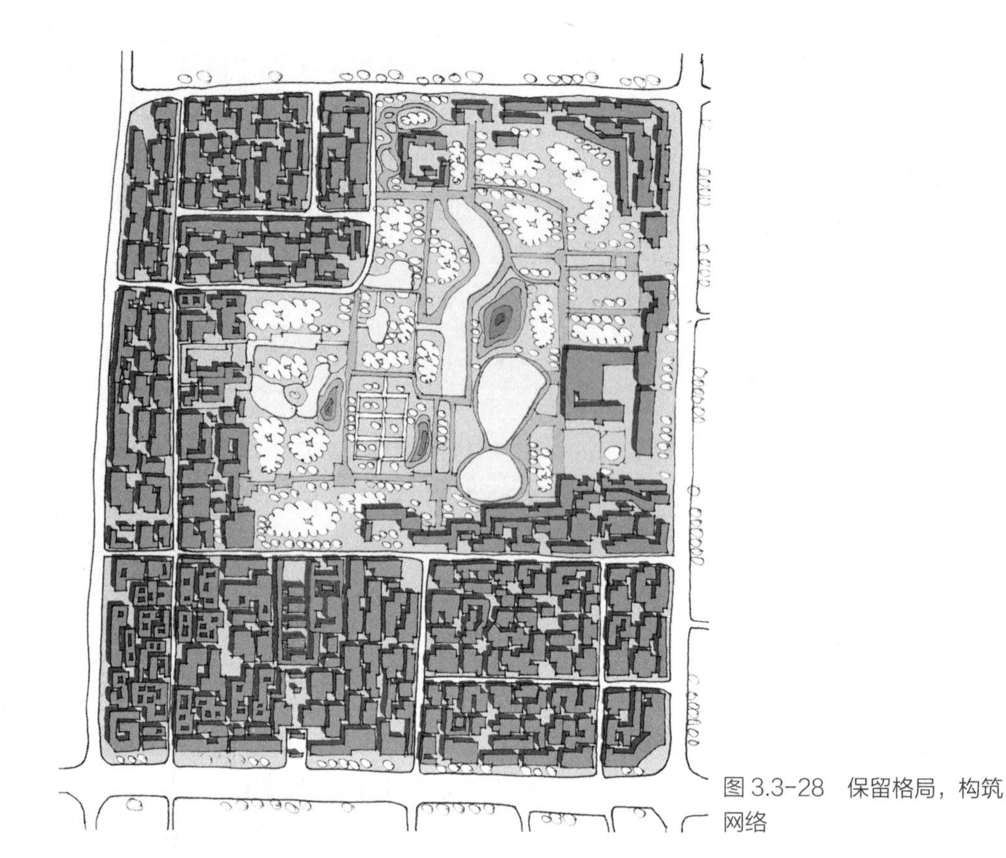

图 3.3-28　保留格局，构筑网络

3.3.5　街巷空间组织

街巷是传统商业中心的重要组成部分，在形态布局层面街巷可以起到构筑整体骨架格局的作用，因此对于街巷的空间设计也是传统商业中心设计的一个重要内容，包括街巷组织、空间收放、节点标志等几个方面。

（1）街巷组织

街巷的尺度多以小尺度为主，一般宽度不超过 12m，并以步行方式为主，增强置身其中的体验感。因而对街巷形式的组织方式实际也是对街巷中人的活动及感知的组织。

主辅街巷模式（图 3.3–29）。该模式以一条主要的街巷作为控制要素，所有活动集中于主街之上，主街向两侧的开口的辅助街巷，主要作为主街的出入口及疏散方向。在整体形态上，一条主街的模式更有利于形成较强的空间导向，多应用与保留较好的传统街巷地区，规划空间狭小受限制的地区，以及沿重要景观资源等条件线性展开的地区。该方式可以将活动有效集中，便于集中力量整体打造，形成整体效果，也便于规划及日常管理。这种一条主街的方式还可以有效的保留原住民的生活方式，保留前店后居的建筑使用方式，前店临主街用于经营，后居作为生活场所，是原住民生活或进行传统手工业生产的空间。

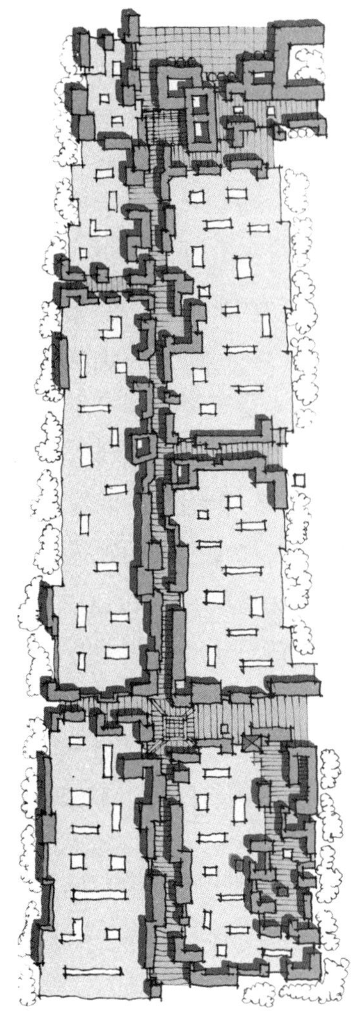
图 3.3-29 主辅街巷模式

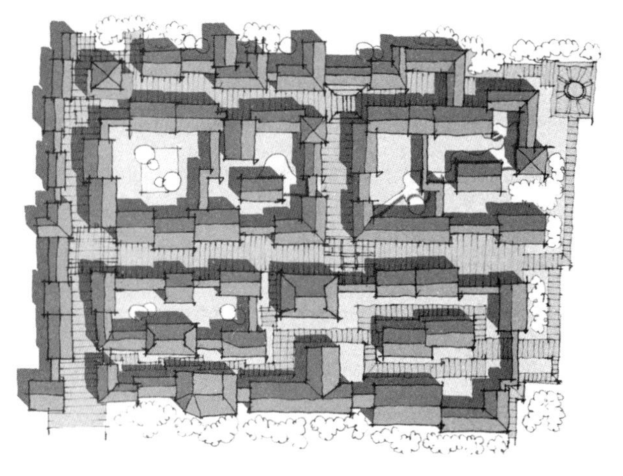
图 3.3-30 环形街区模式

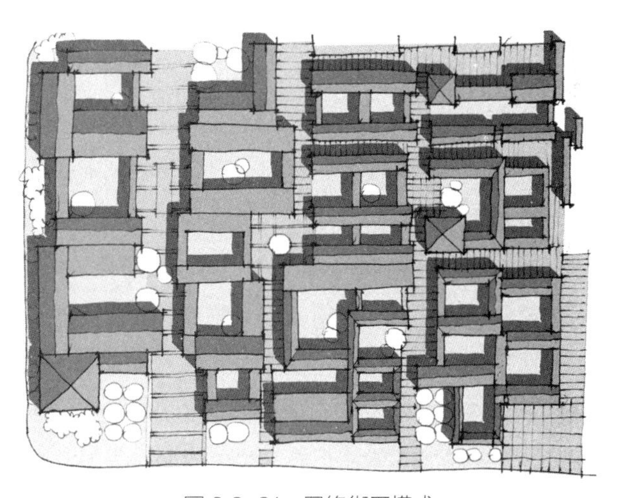
图 3.3-31 网络街区模式

环形街巷模式（图 3.3-30）。在主街的基础上，如果地块有足够的进深，常会发展出另一种典型模式，即环形街巷模式。该模式也以主要街巷为主，但主要街巷不再是一个方向从头至尾的延伸，而是在延伸到一定程度后反向折回，构成环装。该模式多应用与有一定进深宽度，但有明确的主导方向的传统商业中心布局中，与主辅街巷模式相比，整体形态显得更为完整。该模式相当于围绕一组较大的建筑群组构成，客观上增加了中间建筑群组的商业价值，而环形的街巷模式对于游客活动又起到很好的引导与限定作用，即不会在其中迷失方向，又不会来回走重复路线，造成游览时间及精力的浪费。

网络街巷模式（图 3.3-31）。该模式没有较为明显的主要街巷，且每条街巷长度相对较短，各街巷之间相互连接构成网络。该模式多应用于成片的、保存较好的传统街区，或传统街巷格局保存较好的地区。网络模式更多地强调对片区肌理的延续，整体上的形态较为有机，也更富传统韵味。该模式增加了建筑的沿街界面，增加了商业经营的可能性，将人的活动分散到整个片区之中，增加了街区的活力，也使街巷空间更富变化。同时这种网络状的街巷形态，客观上也形成了一个个不同形态的建筑群组，便于在规划中为其赋予不同的功能定位，形成一个个有机的功能单元，从而进一步增加了空间的趣味性。

（2）空间收放

传统的街巷空间少有笔直贯穿的空间形态，而是非常注意空间的曲折变化，讲究空间的收放开合，使的传统商业中心的街巷空间充满趣味感，这也是传统商业中心区别于其余商业场所的魅力所在。

曲折变化（图 3.3–32）。曲折是街巷空间规划设计的基本手法，多是利用建筑间的前后错动关系打破比值的街巷空间，形成错动的空间关系，增加了空间的流动感。同时利用一些建筑的形式变化，使空间形成较大的变动，造成空间的转折。小的错动与大的转折相结合就形成了整个街巷空间的曲折变化，增加了空间的趣味性。在具体布局中，要充分利用建筑不同的尺度及形态，形成富于变化的曲折关系，不宜形成连续的、同规律的错动，这会使空间显得单调而丧失趣味。

收放开合（图 3.3–33）。街巷空间的收放变化是街巷设计的另一个基本手法，多是通过建筑间距的变化及建筑群组的围合，形成线性街巷空间与广场开敞空间之间的衔接与变化，增强街巷空间的节奏感。开放空间多布置于街巷入口、观演场所、主要活动场所、多条街巷交汇处等人流量较大位置，而收的空间基本都为街巷的行进空间。在具体布局中，应注意避免开放空间布局的均质及开放空间大小、形态的相近，这会使整体空间形态显得生硬而丧失灵活性。

自然蜿蜒（图 3.3–34）。在传统商业中心中，有许多商业中心是围绕着自然水

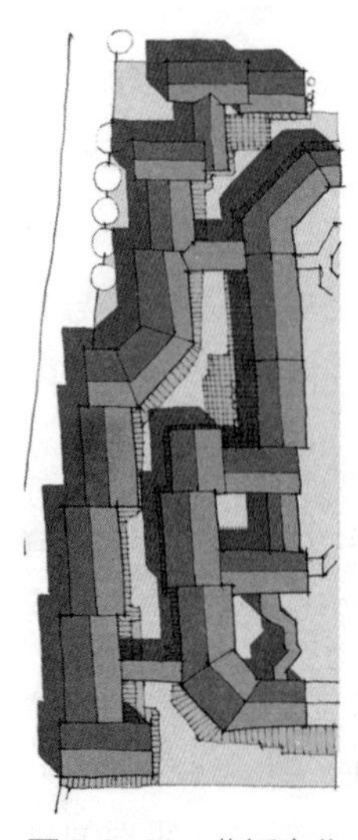

图 3.3–32　曲折变化

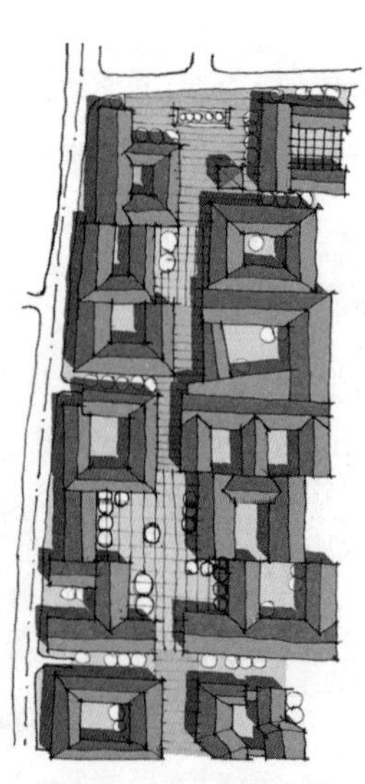

图 3.3–33　空间收放

图 3.3–34　自然蜿蜒

系或自然山体而形成的，而这些传统商业中心的街巷空间人为设计手段的变化较少，其空间的变化主要来自于街巷因山势就地形的蜿蜒变化。这种街巷空间因其与自然环境的贴合关系，本身就显得较为自然有序，而不会过于单调，只需在顺应自然形态的变化中略做优化，增加一些开敞的休息、活动空间就能形成良好的街巷空间效果，但应注意街巷空间与自然景观之间的联系，不应形成一条完全连续的界线，将街巷空间与自然环境完全隔开。

（3）节点标志

传统商业中心多是有一些历史积淀的地区，往往会留存一些牌坊、亭子、塔、碑等建筑物或构筑物，成为传统商业中心的标志性要素，极易获得大众的心理认同。在街巷空间中，这些标志性要素多是与街巷中的开放空间相结合布置，也成为游人活动的主要场所空间。

入口标志（图3.3-35）。街巷入口处通常会结合原有街巷牌坊设置，并形成一处开放空间便于人流集散。原有牌坊被破坏或没有牌坊的街巷，也多会在入口广场设置一处牌坊或者雕塑、喷泉等构筑物，作为街巷入口的标志。这种方式既可以形成人们的心理认同感，又可以作为一个街巷的界定条件，是构成街巷空间的重要因素。

空间引导（图3.3-36）。在街巷的开放空间中，多会布置一些雕塑、休息凉亭、喷泉景观等标志物，成为空间标志，可以起到组织活动、街巷对景景观以及提示空间变化的作用。游客多会围绕这些标志空间进行集会、休憩等活动，而这些标志的出现也会提示游客前方空间出现变化，如出现广场等开放空间，而多条街巷的交汇处也会布置标志，引导游客游览活动，并提示空间的转折变化。

轴线端点（图3.3-37）。传统街巷中往往会依托寺庙等进行布局而形成轴线，轴线的端点则会成为一处重要的标志空间，往往布置一处体量及形式较为特殊的建筑，形成特殊肌理，或布置一座塔或较为重要的雕塑及构筑物作为空间制高点，形成对景又统领整个空间。在具体的布局中也可将两者进行结合，形成实轴以建筑作为标志，延伸的虚轴以塔作为标志的组合方式。

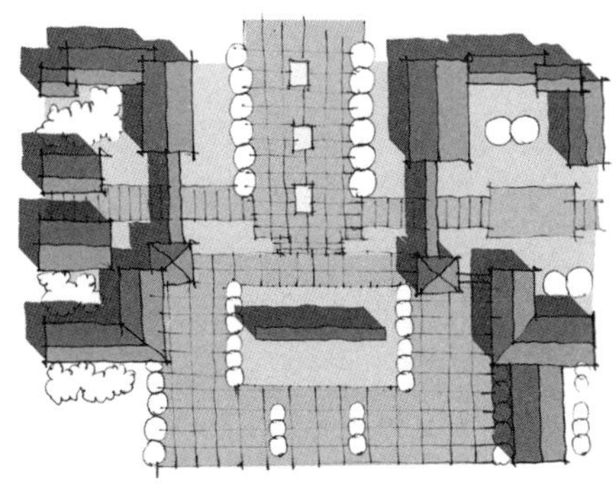

图3.3-35　入口标志

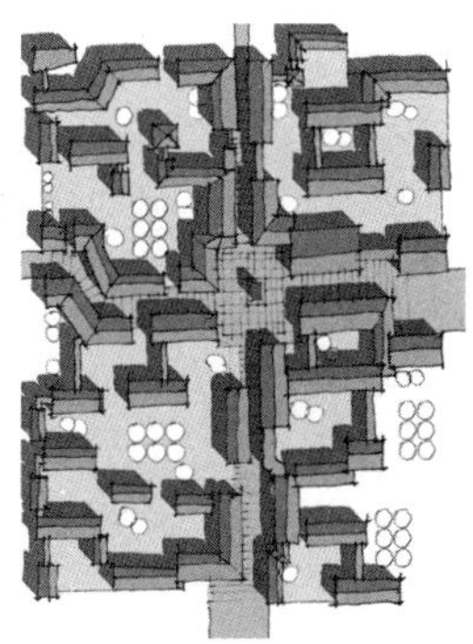

图3.3-36　空间引导

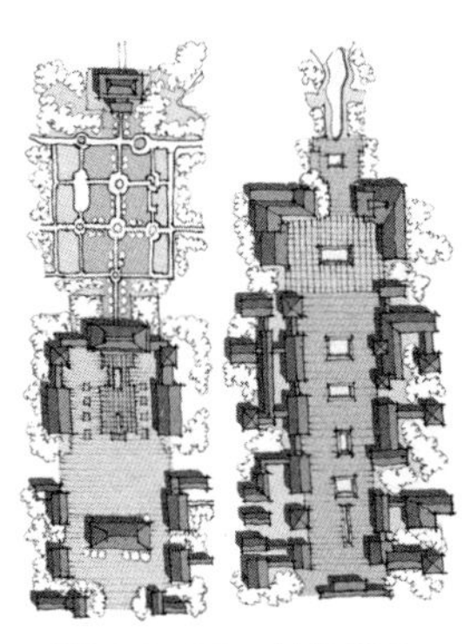

图3.3-37　轴线端点

3.3.6 传统商业中心设计的基本经验

传统商业中心的特色和历史传统，是城市的历史和特色在一个特定地区的集中反映，我们可以从两个方面去看，一是城市社会环境方面的特色，这是当地居民的社会生活，精神生活的结晶，体现了当地经济发展的水平和当地居民的习俗、文化素养和生活情趣等。二是城市物质方面的特色，这就表现在城市的建筑形式、组合、建筑组群布局、城市轮廓线、城市设施、城市小品及城市绿化风景等，以及在城市生活中的集市、商品、艺术、文物、特产物品等。每一个城市由于其历史、文化、经济、宗教等方面的原因，在其发展过程中逐渐形成了自己的特色。

1）以寺庙为中心。在中国历史上，传统商业中心大多是由集市与庙会活动相互结合逐渐演化而成，以寺庙而闻名遐迩，无不与庙有着千丝万缕的联系。像南京夫子庙、苏州玄妙观、无锡南禅寺等，历史上以佛寺道观作为整个街区的重心所在，或位于整个街区的中轴线上，成为民俗活动与人们精神上的象征，集中反映城市的历史、民俗文化，成为城市文脉延续的连接体（图 3.3–38）。这些寺庙的建筑风格、组合关系、尺度比例、甚至所信奉的仙佛，对传统商业中心的空间序列都具有举足轻重的作用。

2）以街道空间为主，开放空间为辅。传统商业中心以“逛”为主，在行走与停留中完成文化商业活动，因此街道等线性空间为街区主导，广场只起到人流集散的辅助功能（图 3.3–39）。在传统商业中心的购物行为基本发生在街巷外部空间和商业内部空间的交界面上，特色商店相当于大型综合商厦的专柜，街巷相当于大型综合商厦的走廊，因此街巷线性空间的设计既要考虑人的穿越行走，又要考虑人的停留购物或欣赏。

3）小尺度、步行化。传统商业街区倡导闲适的步行购物，空间由于杜绝了车流的介入而创造出亲切的近人尺度，街道宽度因人流而异，从 12m 到 3m 不等。这样，游客可以将视觉注意力完全放到建筑、商品和活动本身而不必顾及快速车流穿梭的安全威胁；同时亲人尺度的建筑风貌和空间围合给人以放松休闲的舒适感受（图 3.3–40）。

图 3.3–38　传统商业中心形态布局以寺庙为中心

图 3.3–39　传统商业中心形态布局以街道空间为主

4）空间曲直多变。由于步行为主，街道空间大小结合，尺度收放，形成各种变化丰富的街道空间。空间的曲折一是可以带来空间增殖的放大幻觉，似乎街巷无尽幽深，吸引游人长时间停留；二是不会一眼望穿，头尾形成不同于现代都市的完整空间形象，具有统一的风貌（图 3.3–41）。

图 3.3–40　传统商业中心空间风貌以小尺度、步行化为主

5）入口标志。传统商业中心的入口经常有特色标志，不同形式的牌坊、碑亭、旗杆作为传统街区与现代城市的交界，反映了两种风貌、两种尺度、两种业态的视觉转换和心理转换，具有鲜明的特色，也是整个街区的标志（图 3.3–42）。

6）开敞式服务。传统商业经营方式是前店后坊，开敞经营，整个街道界面就是商店的营业界面，局部地段将桌椅摆到街面上。这样游客在逛街购物过程中大多在室外，享受街巷中良好的阳光和通风，也没有室内的视觉压抑感（图 3.3–43）。

7）老店品牌。老店名店在传统商业中心里具有不可替代的作用，以特促优，带动大批商业的经营档次。因此在传统商业中心规划设计中，经常将当地具有重要影响力的老店名店布局在重要的轴线或节点处，成为吸引游客、提升辐射力的手段（图 3.3–44）。

图 3.3–41　传统商业中心空间曲直多变

图 3.3–42　传统商业中心入口标志极其重要

图 3.3–43　传统商业中心服务经营以开敞式为主

图 3.3–44　传统商业中心服务经营以老店品牌为特色

3.4 典型案例设计及剖析

为了更为清晰的梳理传统商业中心的规划设计方法，本书结合具体教学案例对其进行详细阐述及总结。传统商业中心多是依托良好的景观环境、传统文化生活设施、历史码头等人流货流集散场所等为基础，并在长期的历史发展过程中保持了良好的沿承关系，成为城市的文化名片。在此基础上，本文选择南北方各一个典型案例进行详细剖析，分别为北方园林型及南方滨水型两种典型类别。

3.4.1 北方园林型

传统商业中心的形态格局与气候、环境、文化等有较为密切的联系。北方的传统商业中心多传统商业中心多结合寺庙、园林等文化景观设施而建，受北方环境气候的影响，北方的园林多以堆土造景、园艺花木等为主，水的比重较小，建筑则多采用院落式、形成较为封闭的内部空间，空间结构更为规整、方正。对于这类传统商业中心的规划，重点在于如何发掘与利用传统生活文化要素，如何处理商业中心与环境的关系等。

（1）案例介绍及现状解析

我国北方某城市是国家著名的历史文化名城，具有较为悠久的历史人文积淀。城市中心区位于城市中心位置，城市主干道十字交汇的西北象限。地块东侧、南侧紧邻城市主干道，北、西两面为城市支路，且北侧较近位置有一条小河通过。地块内部有一处较大的公园，公园内水域面积较大；基地西侧为传统住宅区，环境风貌较差，西北角有一所小学；地块南侧城市主干道沿线有大量地块为近年来新建多层住宅，残余传统住宅呈斑块状散布其中，且有一处寺庙，形成了一个小型的轴线关系；基地东侧多为新建建筑，已沿街一层皮方式建设，并设有一处公园大门；基地北侧较为开敞，有一公园出入口（图 3.4–1）。

基地占据了城市较为优势的核心市口区位，又具有较大的水绿开放空间，环境条件较佳，且具有一定的历史文化传承及一定的城市肌理沿承。但基地的价值没有得到充分体现，良好的环境基本被建设所环绕，缺乏对主干道等公共空间的开敞；寺庙等历史建筑也被新建建筑所包围，缺乏有效的开敞界面；良好的传统街巷肌理也正遭受新建建筑的破坏。总体来看，基地整体处于较为封闭、衰败的条件下，优势资源利用效率较低，良好的商业区位条件也未得到充分利用，功能、环境、风貌等亟待提升。

（2）设计思路及重要问题

对于这类传统商业中心的规划设计，设计的目标是激发地区活力，提升环境品

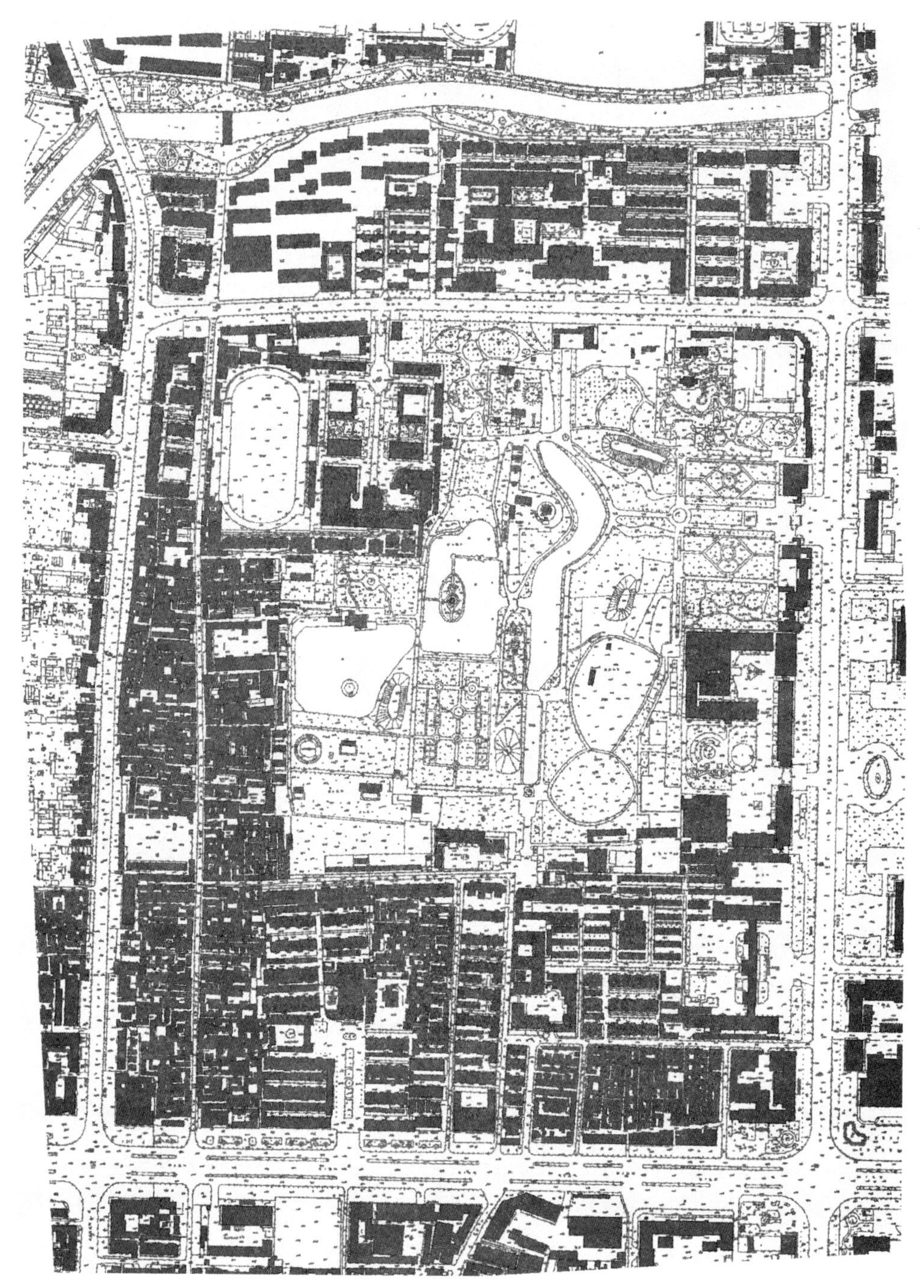

图 3.4-1 典型案例地形图

质，充分发挥其历史人文价值，塑造具有传统空间及风貌特征，服务现代生活的新中心。为此，应充分研究该地区的空间肌理及风貌特征，挖掘具有价值的历史遗迹或遗存，借助周边良好的环境景观条件。针对该案例的设计，主要思路可以从以下几个方面展开。

——抓住传统街巷肌理。传统街巷肌理及建筑风貌是传统商业中心有别于其余商业中心的最大特征。该中心区西侧传统街巷肌理保持较为完整，南侧也有部分传统街巷及建筑遗存，方案可通过对既有遗存的研究获取传统街巷肌理的空间尺度、建筑风貌等相关信息，并可以此为基础对传统片区进行整治，对一些新建的片区进行改造。进一步的，就会面对基地发展的一些重大判断，新建的异质肌理建筑是否拆除？如果拆除，拆除多少，拆除哪些？如不拆除，如何在保证既有建筑使用者权益的基础上实现开发效益？既有街巷肌理是否改变？改变多少？这些问题需要结合整体构思统筹考虑。

——发挥景观环境优势。该地区的景观环境优势明显，公园绿地面积占基地面积50%以上，且水体资源也较为充分。良好的景观环境可以吸引一定的休闲游憩人流，对于提升基地人流量，集聚人气，带动相关产业发展具有良好的优势条件，但除公园入口空间外，其余边界均是与既有建筑的背面相邻，使得良好的景观资源难以展现，公共性极度缺乏。基于这一判断，规划设计应充分考虑如何展现良好的景观环境，如何结合公园进行方案布局等问题。

——利用传统文化要素。基地内的寺庙遗址是良好的传统文化要素，而寺庙、贡院等传统文化要素均与传统商业中心有着较为直接的联系，多作为传统商业中心的中心而存在。因此规划方案是否可利用这一优势资源，恢复寺、商结合的传统生活风貌，打造特色空间形象？而如若恢复这一特色风貌，必然涉及更多的与整体街巷格局的关系，以及相关新建建筑的拆除问题，需要统筹考虑与慎重决策。

在梳理优势资源及方案构思切入点的基础上，根据对现状主要矛盾认识的不同，对各要素理解的不同，及规划设计方案理念的不同，会形成不同的结构形态及空间格局。主要的思路可以归纳为三个方面。

——恢复传统街巷肌理。该思路认为在历史文化名城的核心位置有这样的优势资源，应予以充分的保护和利用，并在保留的基础上，尽力恢复传统的街巷格局，形成完整的传统风貌街区。由于采用尺度较小的传统街巷风貌，应考虑大量商业人流的集散问题，特别是重大节日的人流，因此应结合一定的广场等开放空间布局，并应注意商业街的出入口设置。

——建立传统轴线格局。传统商业中心多与一些标志性建筑物或构筑物，如牌坊、寺庙、贡院等相结合，因此认为应依托原有的寺庙构筑传统中轴线，以此来组织空间结构。这一思路将建设重点集中在寺庙周边，使得整个中心区具有明显的标志空间，也可将传统商业中心与庙会等传统习俗相结合，使得整个片区根据文化气息。

——围绕公园展开布局。公园面积较大，绿化及水体景观较佳，又位于城市核心区位，具有极高的价值及吸引力，现状也已经体现了一定的围绕公园展开布局的特征。在此基础上，可以形成围绕公园展开的整体格局，强调外围与公园的联系，将原有背面与公园结合的方式改为正面与公园结合，并可打通公园与商业中心之间的活动联系，形成公园与商业中心的一体化格局，但在具体布局中，应注意保障公园一定的对外开敞度。

（3）常见错误解析

由于判断或对传统商业中心空间形态的理解有所偏颇，在具体的规划设计中存在一些常见的错误现象，总结如下。

——大量侵占公园绿地。这一问题关键在于规划方案过于消极，对现状建设采取完全保留的态度，只是侵占公园新建商业设施。如图3.4–2所示，规划仅保留了水面，其余空间全部用于城市建设。这一方式大量侵占了公共开放空间，破坏了城市绿地，规划过后，基地的环境风貌没有得到改善，反而进一步恶化。

——中心区变为住宅开发。由于缺乏对传统商业空间的认识，采用了以车行道划分组团空间，组图采用院落式的典型居住区形态。如图3.4–3所示，以对称的路网格局将基地划分为相对均质的不同组图，组团外围采用建筑围合，内部空间则贯通水系，形成良好的景观环境。这一方式缺乏连续的商业界面，及集中的商业建筑簇群，且空间被车行道割裂严重。组团注重外部界面的完整性及内部空间的环境品质，是典型的居住组团方式。

——空间过于均质，缺乏收放开合。不论是现代商业中心还是传统商业中心，均需要形成空间的有序开合，增加空间的趣味性、可识别性，避免单调感，过度均

图3.4–2 大量侵占公园绿地

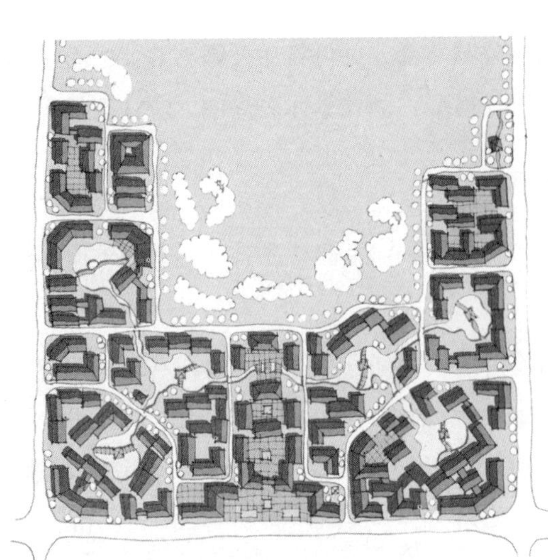

图 3.4-3　中心区变为住宅开发

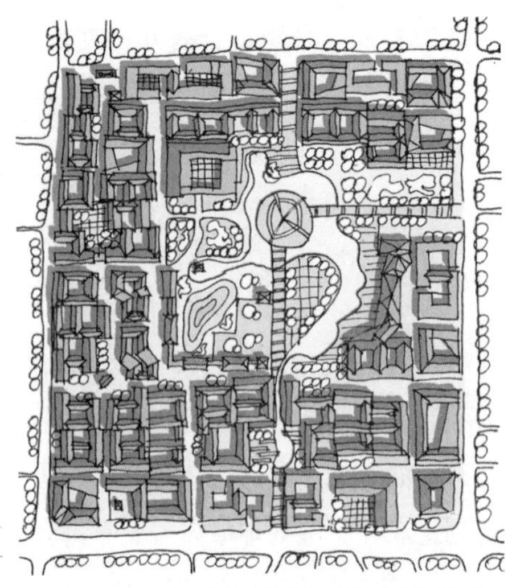
图 3.4-4　空间过于均质，缺乏收放开合

质的空间会显得平淡，缺乏特色，使人产生乏味感。如图 3.4-4 所示，采用建筑院落作为空间单元，并通过空间单元的拼接形成建筑组团，但无论是院落还是组团都缺乏变化，较为均质，整体空间较为呆板，缺乏变化和趣味性。

——建筑尺度过大，缺乏主次关系。对传统商业中心建筑尺度的把握较差，建筑尺度过大，且不同功能建筑之间缺乏体量的变化，主体建筑不够突出。如图 3.4-5 所示，除四角的现代建筑外，传统商业中心的商业街部分，建筑尺度较大，与之相应的街巷空间尺度也较大，无法形成传统商业空间的尺度感，且轴线的重点建筑与商业街的一般商业建筑体量及形式相似，主次关系不显。

——容积率过低，经济价值难以体现。传统商业中心一般空间及建筑尺度较小，在经济效益的推动下，往往会采用高密度的方式开发，以实现土地经济价值，也便于形成良好的商业氛围。而图 3.4-6 中的方案则采用了低密度、低容积率的开发模式，不易形成良好的传统商业氛围，也与土地的经济价值不相匹配。

（4）典型案例剖析

在设计手法详细剖析的基础上，有必要进一步以完整的案例为依托，对其具体的应用及效果进行详细解析。本书选择三个较为典型的案例进行解析，这三个方案各具特色，体现了传统中心区设计的不同切入点及不同的设计构思。

——保留为主，传统街巷主导。如图 3.4-7 所示，该方案最大的特点就是将现状的传统建筑完全保留，并在崇安寺原始位置对其进行复建，而对新建的与传统肌理及建筑体量不相符合的建筑完全予以拆除，以传统街巷肌理对整个片区进行改造，并去除了街巷的机动车交通功能，以步行系统进行串联，街巷空间的设计也以步行尺度的感受为主。而对于基地内的公园，以街巷的延伸作为联系手段，公园内建筑布局及形态从街巷尺度逐渐过渡到开放的园林尺度，过渡衔接均较为自然，使得整

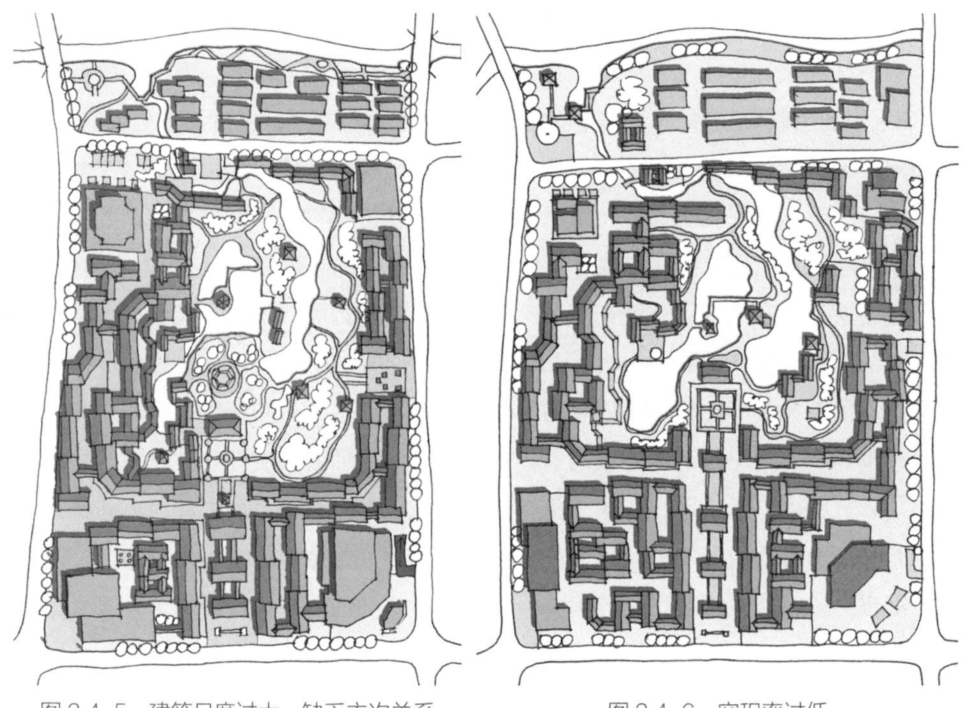

图 3.4-5　建筑尺度过大，缺乏主次关系

图 3.4-6　容积率过低

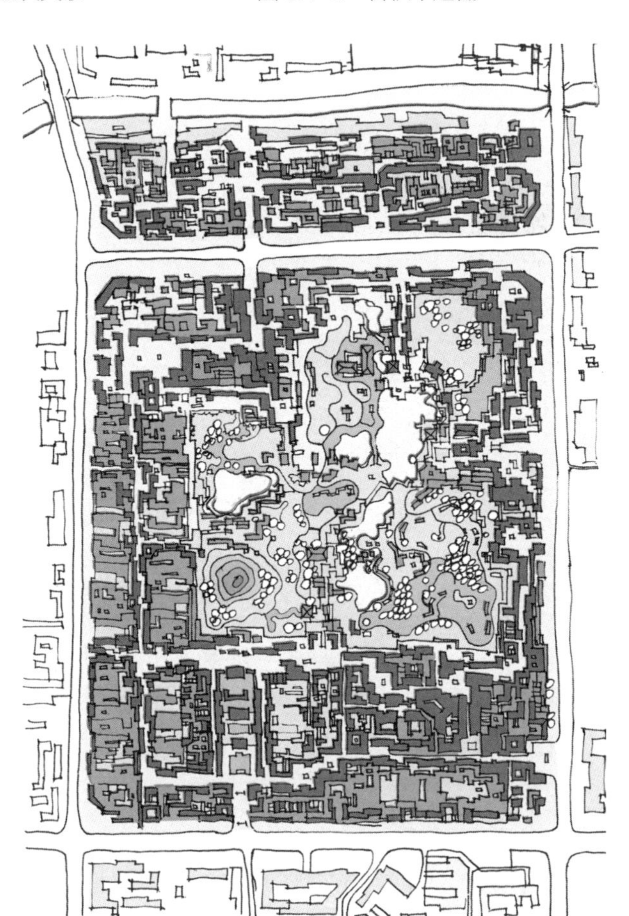

图 3.4-7　保留为主，传统街巷主导方案

个方案看上去较为统一、有序，较为符合传统商业中心的空间形态。

在具体的设计中，非常注意街巷空间的曲折变化及收放开合。在保留的街巷空间，统一规划街巷界面，使其更富节奏感及空间变化，增加空间趣味性，也更加的统一；新建地区，则与传统街巷形成呼应，采用相同的空间构筑手法，街巷形式上较为统一。同时，充分根据地块的进深变化组织街巷空间，在街巷空间串联成环的基础上，注意结合进深较大地块的宽度，将街巷空间进行细分，形成街巷空间组织方式的变化。

该方案较好地处理了传统街巷与新建街巷之间的过渡与衔接，能够充分尊重历史文脉的延续，但在其规划中也有几点问题有所忽视：①在基地内部完全步行化的基础上，没有充分考虑机动车停车的问题，应在靠近主要活动场所的沿路适宜位置布置停车场所，解决机动车停放问题。②现状基地内部公园还有较大范围的直接向道路的开放空间，且公园也采用了免费开放的模式，而在该方案中却以街巷将其全被围合，仅留有几处较小的开口，将公园良好的景观完全封闭在了地块内部。因为没有处理好传统商业中心中实体街巷与虚体公园之间的关系，使得整个方案更像是一个较大的园林，而不像一个繁华的商业中心。③整个布局形态过于均质化，没有明显的入口，也缺乏主要的开放空间，对人的活动的组织有待加强。

——局部保留，传统轴线主导。如图 3.4-8 所示，该方案的最大特点是构筑了

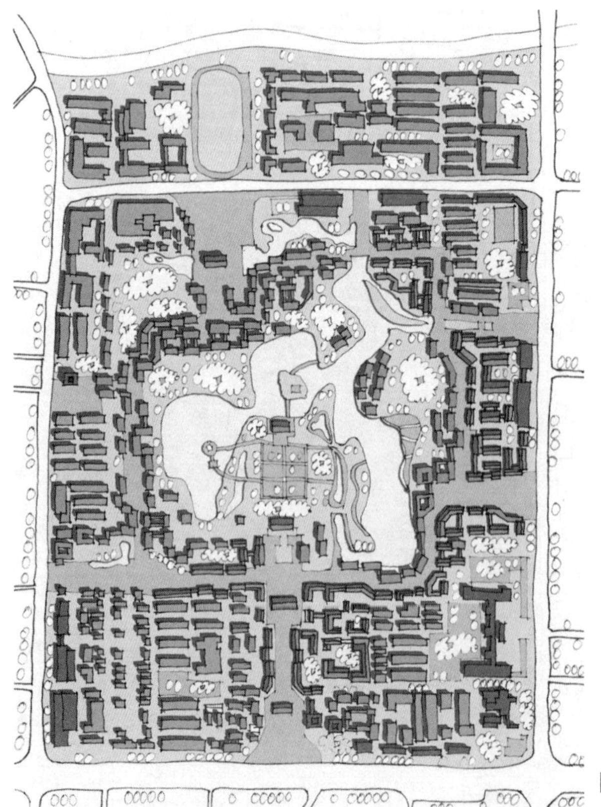

图 3.4-8　局部保留，传统轴线主导方案

一条由街巷空间到园林开放空间的轴线，作为整个片区的统领。在此基础上，围绕中心的公园构筑了一条连续的街巷环，作为主要的商业经营场所，这一轴线及环线范围内的现有建筑均予以拆除，对这一结构没有影响，或影响较小的地区的建筑均予以保留。这一方案空间形态较为明确，并与现状公园有着较好的衔接，灵活自由的街巷环又与规整大气的轴线形成了对比，整体空间较为丰富、流动感较强。由于该方案采用了传统的轴线构图，又保留了较多的既有建筑，因此显得更具文脉延续价值，方案也更有根植性。

具体设计中，轴线的设计较为突出，空间开合有致，以复建的寺庙作为轴线的端头标志，恢复往日崇安寺的风貌，寺庙以北则利用景观的打造，造成轴线继续延伸的视觉效果，并在公园中心布置一处高起的塔作为空间标志，与寺庙遥相呼应，丰富了轴线的空间变化及景观效果。环绕的主街界面均经过统一规划设计，使得步行其中能够获得较为连续的空间感。同时，街巷的走向更加强调与公园的衔接关系，形态较为自由，并在其中利用建筑的错动关系形成了街巷的曲折变化及几处较大的开放空间。片区的几个出入口较为明显，并均经过了精心设计，采用不同的方式构筑入口标志，并在入口旁布置了停车设施。

方案较好地处理了保留与新建的关系，整体方案大开大合又精致有序，可实施性较强，但有几处设计仍需加强：①方案似乎预构建以寺庙及公园标志塔为核心，向外围逐级增高的高度形态控制模式，但在规划中并为予以严格执行，使得部分地区街巷设计空间较为有限，街巷构筑显得较为窘迫；②该方案保留了阿炳故居，却在新的位置重构了崇安寺轴线，将阿炳故居以建筑围合起来，没有得到充分利用。可考虑在主轴相应位置构筑一条东西向横轴，一端联通阿炳故居，一端以一大体量文化建筑为主，形成主辅十字轴格局，充分利用阿炳故居的文化价值。

——完全拆除，自然环境主导。如图 3.4–9 所示，该方案最大的特点为围绕公园布局，从街巷形态、建筑朝向、到轴线关系，均是以公园为核心展开。为了突出公园的主导作用，外围街巷基本以均质的方式布局，并根据实际的地块进深，逐渐由两条街巷过渡为一条街巷，再过渡为单层建筑，层次较为丰富。公园内水体也较为集中布置，并形成环绕的回廊，水体中心位置布置一组建筑，更加强了整个构图的向心性。该方案将既有建筑完全拆除，单纯以基地现有自然条件作为规划设计的切入点，有较大的突破性，也是传统商业中心规划的一种尝试。

具体设计中，街巷空间本身的曲折变化及空间收放变化较少，街巷空间的流动感主要靠围绕公园的自然变化所实现，主要的开放空间分布于街巷空间外围与周边道路相连的四个街角，又在四个街角形成了指向公园的四条轴线。其余街巷空间均布了多条短轴，将环形街巷分割为均匀的模块，短轴的端点均指向公园，多为公园的一个或一组建筑，客观上形成了公园向外围放射的形式。公园内部的回廊与外围

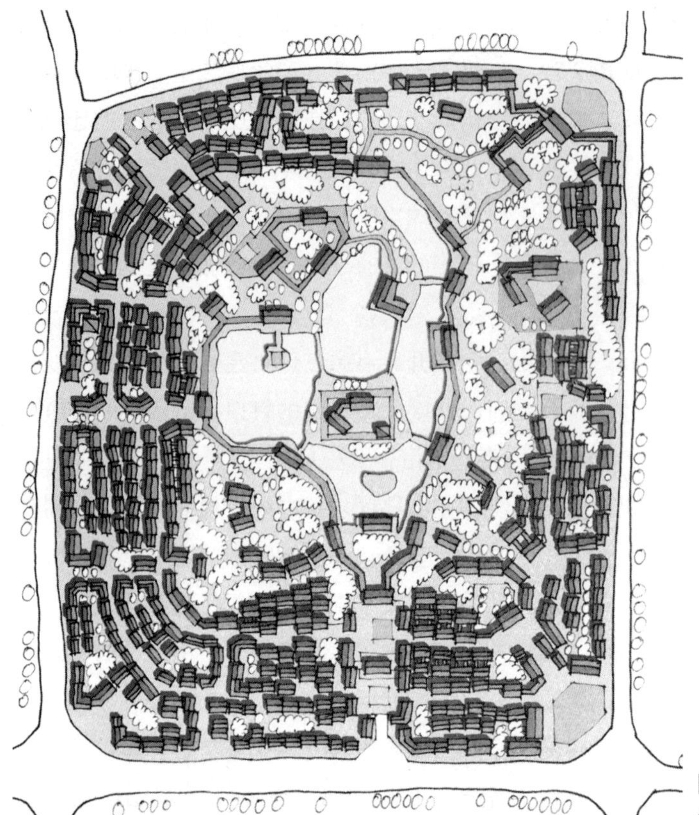

图 3.4-9 完全拆除，自然环境主导方案

街巷直接相连，更便于将街巷活动与公园游览活动相衔接，形成整体。

该方案充分尊重基地特有的自然景观条件，构思新颖、大胆，方案图性感较强，但因其过分强调了构图的完整，规划中有些问题尚待进一步解决：①构图肌理较为新颖，但与基地的历史沿承毫无关系，缺乏传统商业中心的根植性。②该方案的构图形成很好的向心性的同时，也使传统商业中心主要从事商业活动的临街面变成了“背面”，整体内向型的构图与开放的商业行为存在矛盾。③虽然强调了公园的中心地位及主导作用，但公园的封闭感较强，指向公园的开敞轴线也多直接与建筑相对，缺乏视线的通透性。④整个构图的中心布置了一处平台及一组建筑，作为中心的这组建筑从造型及布局上来看，缺乏统领性及厚重感，无法承担构图中心的作用。⑤街巷空间过于平直，缺乏有效的曲折、收放变化，空间较为单调。

3.4.2 南方滨水型

南方雨水充沛，气候湿润，传统商业中心多依托水运码头、水体景观等布局，街巷肌理灵活多变，建筑形态也多以较为自由、开放的形态布局，更多地强调与环境的互动与互赏。早期的城市交通多依托水运发展，会在水运码头区形成一定的商贸集市，并逐渐发展为传统商业中心。这类商业中心多滨河道而建，位于城市城门外侧附近，以码头为中心发展起来，但随着交通方式的变革，多数地区逐渐衰落，成为建筑风貌及生活环境较差的区域。但也正因为交通方式的变革，使得城市建设重心转移，这些地区得以保持较为完整的传统空间肌理。这类传统商业中心的规划设计，在风貌及环境提升的同时，也应更加关注商业中心发展的动力机制，寻找新的地区激发点。

（1）案例介绍及现状解析

我国东部地区某城市是我国著名的历史文化名城，也是历史上漕运较为发达的城市。城市老城南门遗址南侧，运河西岸地区历史上曾作为城市的商业中心而存在，但随着时代的变迁逐渐衰落为一片老旧的居住区，建筑及生活环境质量较差，亟待改善。

基地紧邻老城区，北侧为城市南门遗址，古运河从其东侧流过，西侧有一处公园隔路相望，是城市重要的门户地区，也是古运河沿岸的重要节点。基地北至城市南门遗址，东临古运河，南侧、西侧为城市主干路，西靠道路是进入老城的主要道路。基地内现状主要街巷为南北向贯穿的南门外大街，宽约 5~7m；基地至古运河高差约6m。基地西侧有部分新建建筑，建筑尺度较大，其中：西南角为大型卖场、超市及一处停车场，西侧为新建多层小区。

从现状情况来看，基地被西侧的新建建筑所遮挡，东侧又有运河阻隔，使得整个基地较为封闭；基地与运河之间的高差较大，难以直接利用滨水关系形成亲水空间；但基地具有较好的街巷肌理格局，并有一定的历史人文积淀，内部也有两条河道穿过，具有良好的提升条件。

（2）设计思路及重要问题

综合优势及劣势资源，可以看出该传统商业中心规划设计的核心问题较为清晰，集中在打开对外通道、连接人文资源、沿承街巷肌理、激发地区活力几个方面，为此，可从以下几个方面切入思考。

——依托南门遗址。南门遗址作为城市重要的历史文化资源，已形成了一个开放式的遗址公园，这个位置也是基地向北侧城市主干路的开口地区。规划设计完全可以借助这一优势资源，结合形成标志性入口空间，且该位置也位于多条主干路交汇地区，具有良好的展示价值；同时，结合南门遗址进行规划设计，也能赋予基地更多的历史人文价值，提升整个方案的文化内涵。

——借助水体资源。基地的北侧有一条水系东西向穿过，连通了西侧的公园及东侧的古运河，是否可借助水系的沟通进行活动游线的沟通，将公园的休闲人流引入基地？另一方面，这条水系也形成了对基地的分割，同时也应考虑河道两侧功能及活动的连续性问题。此外，基地与古运河之间存在 6m 的高差，客观上造成了难以亲水的状态，但是否可利用这一高差形成一些独特的景观效果？高差利用合理，

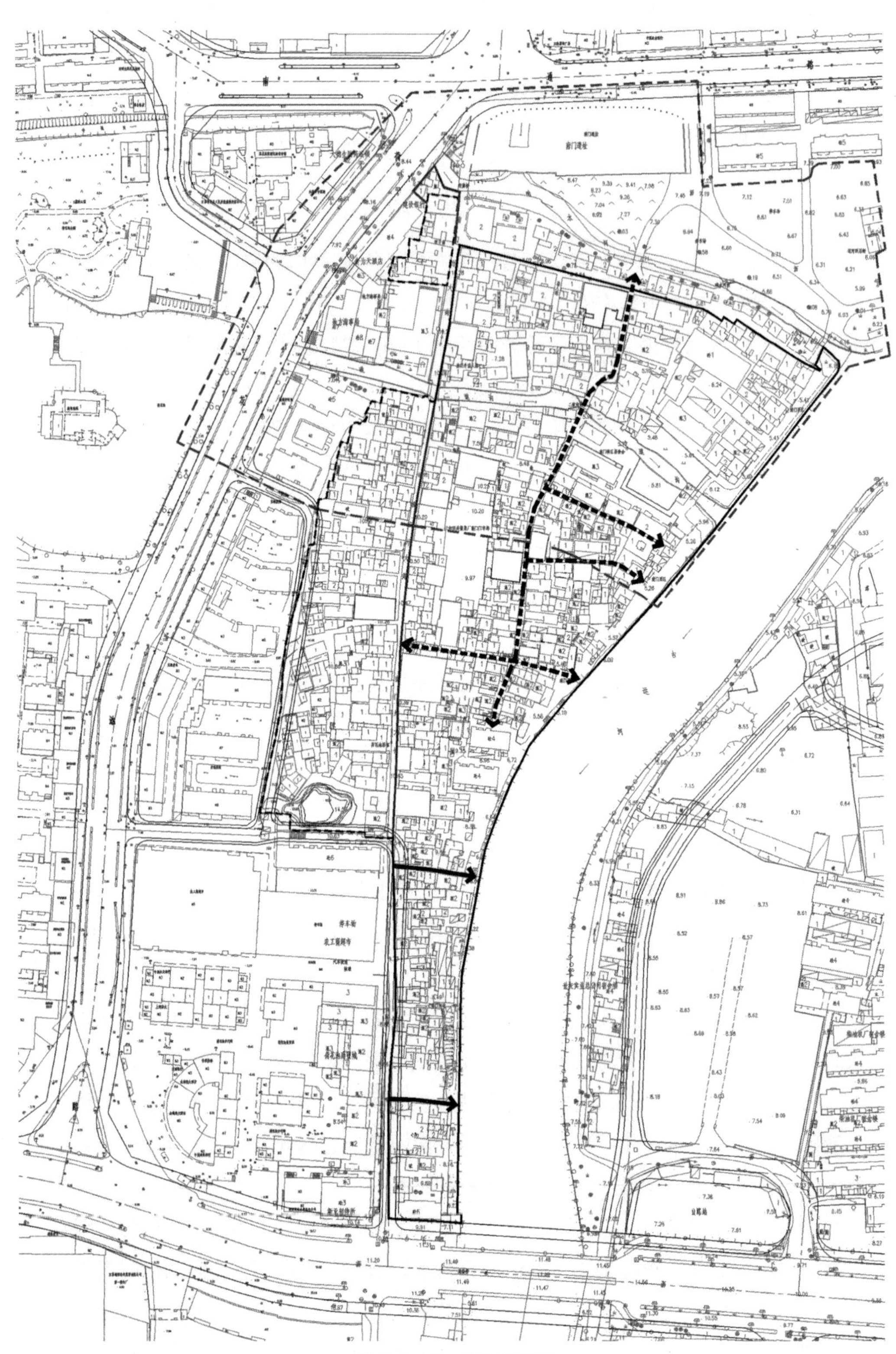

图 3.4-10　基地现状图

可以丰富滨水空间，形成良好的景观效果。

——利用街巷肌理。基地内最主要的街巷是贯通南北的形态，此外还有一些次要街巷相互沟通，形成了基地沿承的街巷肌理，规划设计与街巷肌理的结合，更有利于体现基地的历史文化特征，展现人文风貌。因此在规划设计中可认真思考街巷空间格局的利用为题，如：是否可利用贯通的主要街道形成发展轴线？是否可利用既有的街巷肌理构建中心区发展的主体框架？如何利用既有肌理组合流线与活动？

在规划设计切入点解析的基础上，结合规划设计需解决的核心问题，可以从以下几个方面展开设计构思，针对性的解决基地发展问题。

——结合特色景观设置入口，提升标志性及可达性。结合北侧南门遗址，河道及南侧古运河与道路交汇处，沿主干路设置景观特色鲜明的商业街入口形象区，形成城门、河水、运河等各具特色的标志景观节点，吸引人流进入。

——利用街巷格局，构建中心区结构骨架。街巷系统是地区发展轨迹的沿承，且具有较好的结构格局，可在保留与梳理的基础上，形成良好的内部步行交通体系，并以此作为中心区空间结构框架。在街巷体系的梳理过程中，应注意内部商业空间的完整性以及滨水空间的公共开放性，不易将滨水岸线作为商业背街面。

（3）常见错误解析

该传统商业中心的规划设计中的一些常见错误，有些与上文类似，如住宅化开发倾向，空间均质化，缺乏结构，建筑尺度过大等。此外还有一些不同的基地环境条件下所形成的特有错误做法，如下所示。

——过度引水破坏环境。规划设计中的常见方法就是利用水体造景、划分空间，但该基地与运河之间有较大的高差，引水进入基地制造“岛屿”，存在较大的工程难度，且高差较大也难以形成良好的建设用地与水的关系。如图 3.4–11 所示，方案引入大量水系，将基地划分为若干“岛屿”，但没有考虑基地尺度的大小及与水体的高差关系，难以形成理想效果，且对环境及肌理破坏较大。

——不顾现状情况，破坏文脉肌理。不顾现状的肌理格局及周边的现状建设，以主观的异质的肌理布局，对文脉破坏较大。如图 3.4–12 所示，规划完全忽略了基地肌理格局，并未考虑现状既有建设情况，将其完全拆除重建，整个方案缺乏地域根植性，结构较为混乱。

——缺乏连续商业街面。传统商业中心多是依托商业街构建，强调沿街商业界面的连续性及完整性。但如图 3.4–13 所示，规划为考虑商业街的实际使用方式及规律，使得沿街界面较为破碎，缺乏连续性，使得商业中心难以形成良好的商业氛围，中心区也难以形成较为有利的结构。

——运河界面缺乏公共开放性。规划以较为消极的态度对待滨河界面，认为 6m 的高差过大，不宜结合布局，将主题活动置于基地内部，并将建筑背面朝向运河，

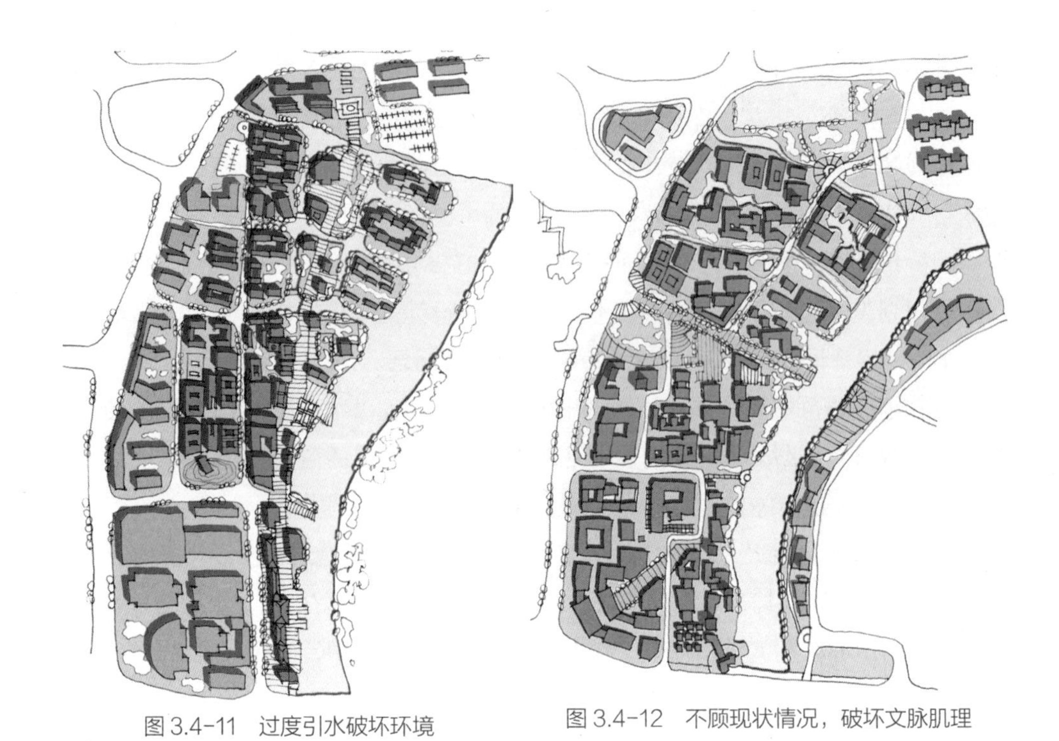

图 3.4-11　过度引水破坏环境

图 3.4-12　不顾现状情况，破坏文脉肌理

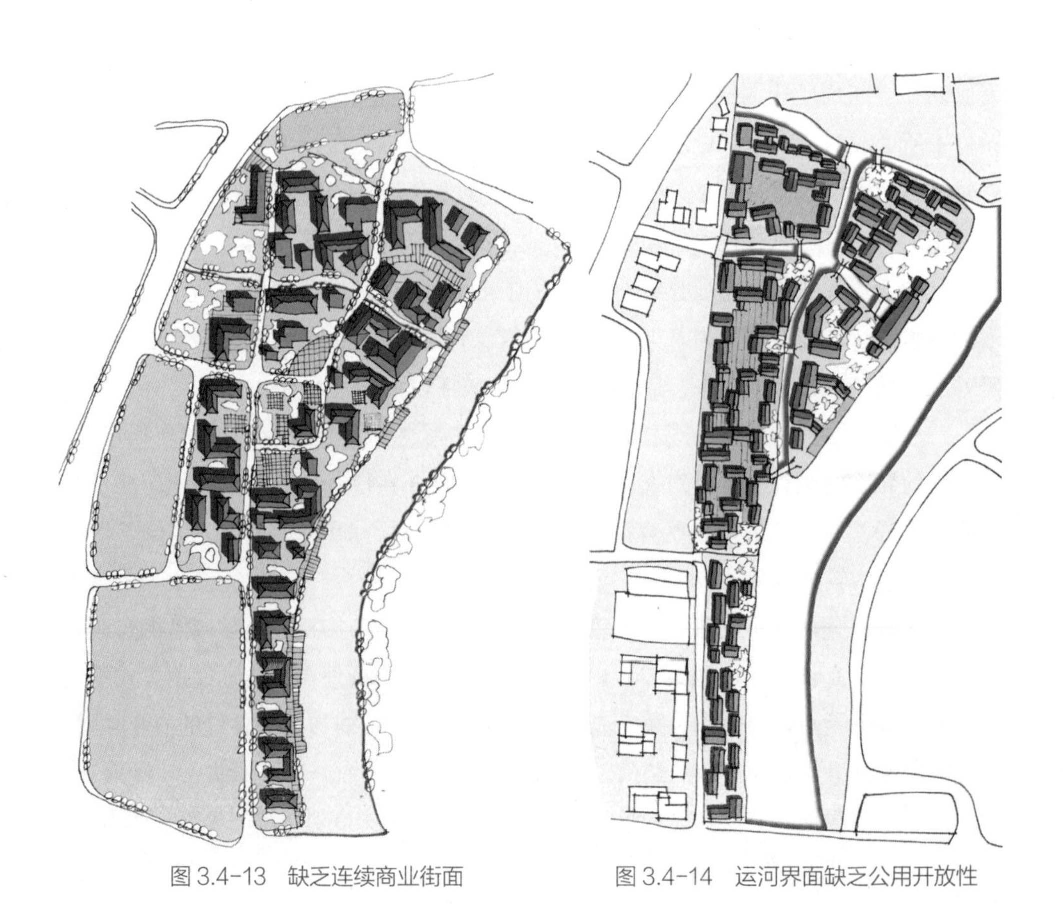

图 3.4-13　缺乏连续商业街面

图 3.4-14　运河界面缺乏公用开放性

如图 3.4–14 所示，运河沿线仅布置景观，缺乏与之结合的活动空间，运河界面变成相邻建筑或建筑组团的私有岸线，造成资源浪费。

——活动缺乏引导，流线不清。不同类型的活动之间缺乏有效的衔接与引导，致使活动流线混乱不清。如图 3.4–15 所示，基地北侧为文化休闲功能，南侧为商业零售功能，中间布置一处寺庙，三者之间缺乏有效的引导与组织，使得南北两侧的流线直接撞向寺庙，极易使游人产生迷惑及混乱感。

（4）典型案例剖析

对于该传统商业中心来说，优势条件及制约因素均较为明显，如何在相对狭长的空间内充分利用优势资源，合理有序组织空间结构，解决发展主要问题，是规划设计的重点。典型的处理方式可以归纳为以下三种类型。

——以传统街巷系统作为空间骨架。方案梳理基地既有街巷肌理，保留主要街巷并进行梳理，彼此沟通，形成“井”字形框架。主要出入口结合南门遗址布置，并在西侧中部设置一处较大出入口，此外结合既有街巷，在南门遗址西侧设置一处街巷开口，车行通道主要集中在基地南侧及西侧。主要的商业空间集中在基地北侧，基本形成环绕式的商业流向，建筑组团采用沿街商业建筑，内部生活或展示院落的组合方式，并保留了一些重要建筑。南侧较为狭窄的线型空间布置休闲、餐饮等设施，滨水空间则以绿化景观为主。

图 3.4–15　活动缺乏引导，流线不清　　图 3.4–16　以传统街巷系统作为空间骨架

方案充分保持了原有街巷肌理格局，空间开合有致，整体感较强，并拥有较强的根植性及地方特色。但在布局中也有一些问题值得注意，基地缺乏直接对外的标志性出入口，北侧出入口放在南门遗址背后，而西侧出入口也处于背街小巷，使得基地缺乏直接对外的标志空间及界面；古运河及河道岸线几乎全部用于绿化景观建设，处理较为消极，缺乏更为有效的利用方式。

——构筑轴线，强化基地与运河的关系。方案摒弃了原有的街巷肌理，但采用了传统街巷及建筑的尺度，利用轴线关系构筑空间。方案主入口设置于北侧，通过与南门遗址的轴线关系，以门阙建筑作为中心区的入口空间，形式山也与南门遗址相对应；轴线延伸空间则采用院落式建筑相围合，将主要流向向基地内部引导；轴线转折处设置了一处大型广场，通过其将轴线进行转折，并继续向南侧延伸。在此基础上，方案更加强调与古运河的空间关系，北侧组团中部以对称的建筑、构筑物及广场形成朝向运河的轴线，并考虑到轴线与古运河的夹角关系，利用滨水建筑形态变形进行转折；中部设置的大型广场开放空间紧邻河岸布置，规划标志雕塑，形成观河平台；南侧线型空间中部，则利用建筑间的小型开放空间结合伸向水中的观景平台，形成与运河的轴线关系。

方案充分利用了古运河的景观优势，形成不同的滨河活动方式，并利用轴线关系组织空间，使得基地活动流线较为清晰，空间较为规整，整体感较强。但方案将主要的公共界面全部朝向河岸，其余界面均采用较为封闭的布局方式，使得方案整

图 3.4-17　构筑轴线，强化基地与运河的关系　　图 3.4-18　沟通内部何柳，营造商业水街

体封闭感较强，缺乏面向主干道的直接开敞门户及界面。

——沟通内部河流，营造商业水街。方案基本保持了基地原有的街巷格局，仅为了车行交通需求，进行了局部的调整。而方案最大的特色在于沟通了内部的两条水系，并将其向基地内部延伸，形成了景观环境较好的商业水街形态。方案结合南门遗址布置商业中心主入口，将其纳入规划统一考虑，使其成为商业中心的标志；主要商业街从南门遗址东侧引入基地，西侧街巷经过部分改造，有一段作为车行交通道路，仅中间一部分保留步行功能，但街巷个整体的格局仍得以保留；两个街巷之间通过水系的沟通及延伸，形成蜿蜒的水街造型，串联起几处重要的保留建筑，使得空间更加灵活，富于生气；基地内部水体空间仅与两条河道相同，并不直接通向古运河，可形成基地内外不同的水体高差；方案主体商业空间集中于北侧，南侧狭长型空间结合景观环境规划，布置低密度的休闲、餐饮设施。

方案在保证传统商业街区基本街巷肌理的基础上，空间较为灵活，并统筹规划南门遗址公园，形成一体化的景观活动体系。但主要商业街巷与古运河之间的街坊尺度较大，其空间形态格局更像是传统风貌的居住建筑，商业氛围营造不够。

Urban Central District Planning and Design

第4章

会议展览中心区规划设计

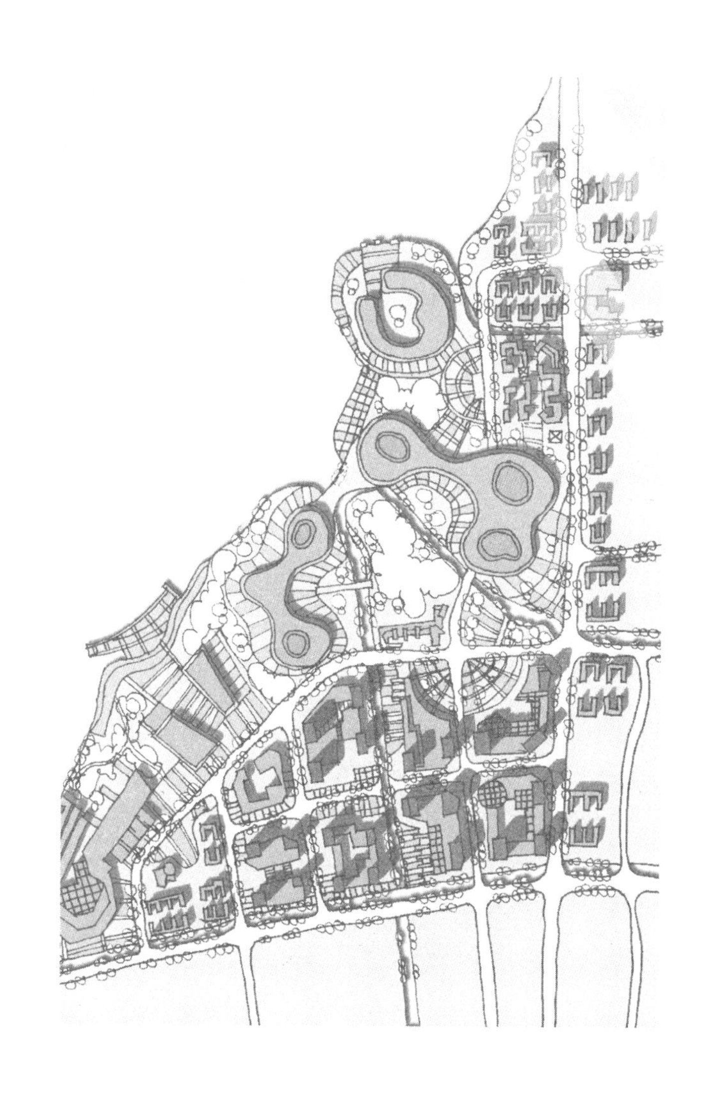

1851年英国博览会水晶宫的设计建造标志着现代会展建筑的诞生，此后，随着全球文化及商务活动交流的加剧，会展需求越来越高，导致了独立的会议展览中心的出现。而会议展览中心也日益成为城市文化及经济发展的窗口地区，成为城市与全球沟通及交流的平台。也因此，虽然会议展览中心属于单独功能的特殊中心区，但其在城市中心体系中的地位尤为重要，甚至成为城市的名片，在世界范围内有着巨大的影响力。

4.1 会议展览中心区概述

4.1.1 会议展览中心区概念

会议展览（会展）中心是一类特殊功能的中心区，其核心职能为会议、展览以及相关辅助配套功能。在此基础上，对会展中心的理解应建立在对“会展”这一特殊功能的理解之上。

“会展”原本是为工业生产服务配套的产业，随着市场经济的深度发展，现代信息、现代科技、现代知识与会展活动相结合，现代会展已经成为一种集商品经济、服务经济、中介经济、注意力经济、创意经济、网络经济等多种特征于一体的新型经济。通常被称为MICE Industry，MICE实际上是由一般会议（Meeting）、会展旅游（Incentive tour）、大型会议（Conference）和展览节事（Exhibition and event）四个词的英文首字母组合而成。

在会展业不断发展的基础上，产生了会展经济，指以会展活动为支撑点，通过

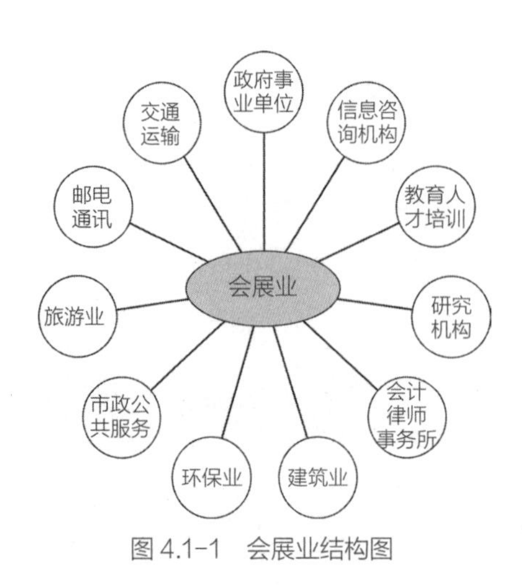

图 4.1-1　会展业结构图

举办各种形式的会议、论坛和展览、展销、博览等活动，传递信息、提供服务、创造商机、刺激需求，并利用其产业连带效应带动相关产业如运输业、电信业、广告业、印刷业、餐饮业、旅游业、咨询业等发展，直接或间接经济效益和社会效益的一种新型经济形态（图 4.1-1）。目前围绕“会展”这一特殊领域，已经形成了一个较为完整的产业链，包括活动策划、组织、布展、招商、宣传等。而“会展”的有效举办，除“会展”本身的意义外，还能为举办地带来大量的人流，提高地区知名度，促进地区产业及经济的发展，是展现城市形象、环境及文化的良好契机。

在此基础上，固定的会展场馆的建设，各类型、高频率的大型会展活动的集中，为地区发展注入了活力，吸引了大量相关的机构、企业的集聚。随着会展设施的进一步完善，以及相关职能的集聚发展，便产生了会展中心。会展中心区是以会议和展览等活动为形式载体，通过商流、物流、人流、资金流和信息流的运动，吸引大量参会（参展）组织和个人、商务人士、游客和市民等集聚，促进产品市场开拓、技术信息交流、对外贸易和旅游观光，并以此带动交通、住宿、商品、餐饮、购物等多项相关产业集聚发展的地区。会展中心很多是由政府投资建设，土地多为行政划拨用地，但是会展中心区的主要目的是盈利性的，其主导运营模式仍然是市场化的，因此，属于生产型服务业中心类别。

会展业集中布局可以借助大型场馆、周围便利的交通和健全的配套产业形成向心力，将大量卖方、买方以及商品、技术、信息等在一定时间内实现空间集中，从而带来聚集效应，可以节约交易成本，使大量商品和技术信息在一定空间聚集，人与人面对面交流，节约搜索成本，减少信息获取费用，降低交易的不确定性，减少信息不对称，从而大幅度降低交易费用；提升搜索效率，使买卖双方集中于同一空间，大大提高了资源的利用率，并提升区域经济影响力，增加就业机会；带来外部效应，大量信息流的空间聚集，便于信息交换和技术扩散，可以产生多种形式的衍生产业和外部经济利益，为新知识、新创意、新观念的涌现提供了源泉；塑造品牌形象，提高社会和业界认可度，也提升企业形象和城市形象。

4.1.2　会议展览中心区类型

根据各会展中心等级、定位及在中心区职能构成中的定位的不同，会形成不同规模及形态格局的会展中心，大致可分为以下三种模式（表 4.1-1）：

会议展览中心类型　　表 4.1–1

类型	结构类型特征	布局特征	典型案例
会展馆模式	以独立的大尺度建筑作为会展中心，会议、展览及其余配套服务设施全部集中于同一建筑内部，形成类似综合体的形式，多见于市场活力较高，用地较为紧张的城市	区位分布上，一般结合商务中心或商贸中心布置，布置于硬核边缘地区；交通上，一般紧邻城市快速路或城市主干道，与公共交通枢纽有较为紧密的联系，特别是轨道；多会作为商务及商贸中心发展的提升，以完善中心区功能布置，提升中心区相关服务水平	新加坡新达城会展中心
会展馆簇群	以不同尺度、规模、形态、造型的会展建筑组合而成，并配套有部分会展管理办公及部分餐饮、休憩等服务功能。会展馆簇群的建设可以对城市发展起到战略性影响，因此需要与城市的整体发展定位相契合	所在城市文化影响力较大或拥有全国乃至国际交通枢纽，具有一定的会展传统，会展面向全球；与高速路、铁路、轨道交通、机场等重大交通设施有着紧密的联系；占地规模较大，容积率较低，保留充足的发展用地	芝加哥迈考密克展览中心 汉诺威会展中心
会展城模式	以大型会展功能为核心，形成相关功能的集聚，并带动中心区发展的大规模、综合性会展中心，是近年来随着会展需求及会展产业的增长而出现的新兴中心区类型，多布置于城市新区或新城，以带动城市发展	借助会展业的窗口及集聚效应，带动与其直接相关的会展策划、布展、酒店、会展服务等功能集聚，形成会展硬核，并吸引一些会展需求较大的产业或相关产业在此集聚，如商务办公、商贸服务、旅游咨询等。此外，如此大规模的会展中心区周边也多会建设城市相关的管理及服务部门	广州琶洲会展中心 * 资料来源：广州市琶洲－员村地区城市设计竞赛，2008

4.1.3　选址模式

会展中心因其空间尺度较大，交通集散力度较大，因此其选址往往会给城市带来较大的影响，而根据会展中心与城市的区位关系，可将其分为四种模式（表 4.1–2）。

4.1.4　会展中心空间特征

会展产业由其特殊的行为及活动方式，单体建筑尺度较大；开展时交通量较大，平日交通量较小，波动性明显；对公共交通依赖较大，特别是大运量公共交通，如

会议展览中心选址模式　　表 4.1-2

区位模式	区位模式示意	典型案例
位于城市中心	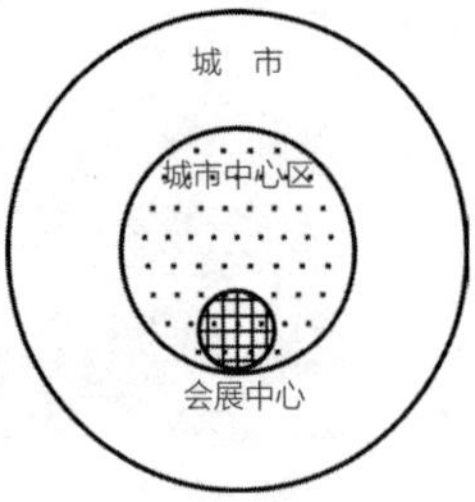 城市 城市中心区 会展中心	这类会展中心一般采用会展馆模式，借助城市既有的人流及消费基础，利用市中心良好的基础设施及公共交通条件 如：香港的湾仔会展中心
位于市区边缘	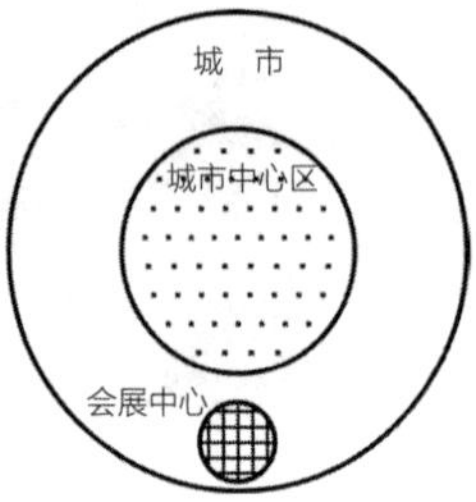 城市 城市中心区 会展中心	这类会展中心多采用会展馆簇群或会展城模式建设，一般会选址于城市快速环路附近，便于出入城交通的衔接，且周边具有一定的城市建设规模及基础设施条件，用地条件也相对宽松，有利于会展中心进一步的发展 如：南京的国际会展中心
位于城市郊区	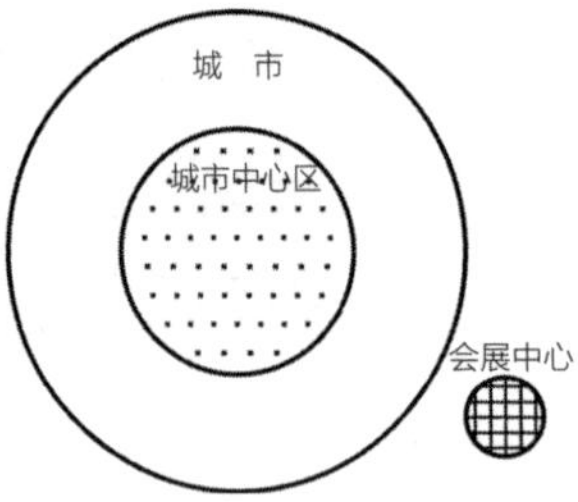 城市 城市中心区 会展中心	这类会展中心多采用会展馆簇群或会展城模式，一般与城市的机场、港口等大型交通及物流枢纽联系较为紧密，借助城郊良好的用地、交通及物流优势承办大型博览会、展销会等 如：德国慕尼黑会展中心
位于城市新区	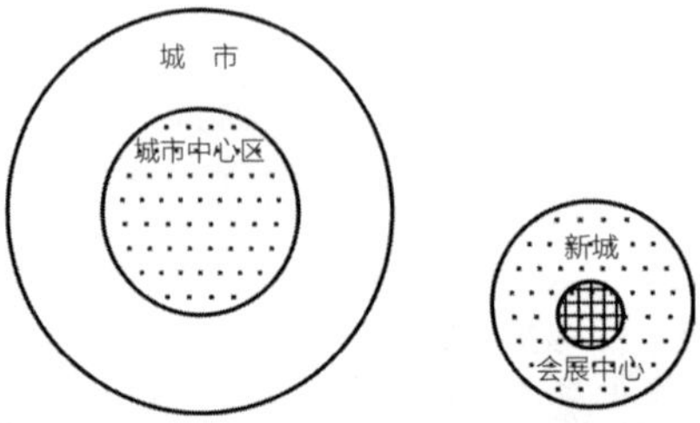 城市 城市中心区 新城 会展中心	这类会展中心多采用会展区或会展城模式，一般情况下作为城市新区建设的带动，可以提高新区的知名度，集聚人气，促进相关产业的发展，并有利于新城的基础设施的快速建设 如：广州琶洲的国际会展中心

BRT、轨道交通等；靠近高等级道路，如高速公路、城市快速路等；应配备较大规模的停车设施；需考虑货运流线与参观流线的分离等。这些特定的行为及活动方式，使得会展中心区具有一些区别于其余中心的特征。

——集散性强，形成内外分离的交通体系。会展中心区在展会期间，会吸引一定范围内的相关人员参会或参展，形成大量人流、车流、物流的集散。这一集散特性不像体育中心的瞬时集散，体育比赛开始及结束的时间节点集散力度较大，也不同于机场、火车站等的持续集散方式，而是在展会期间以持续性的高强度集散为主，展会的空白期集散强度明显减弱，呈现明显的波动性特征。大型的会展中心区由于展会频率及等级较高，中心区会长期处于集散强度较高的状态。

这一特征对中心区交通影响较大，会展交通往往通过高架道路或封闭式快速路等方式穿越中心区，解决中心区外部交通的直接到达及会展交通的直接出行问题，与中心区内部交通形成两套相对独立的交通体系，减少彼此间的影响，保证集散的快捷及需求。

——通用性强，具有综合的产业带动效应。几乎各个行业都需要借助会展功能进行产品展示、经贸洽谈、学术交流等活动，会展的内容变化多样，因此，会展建筑的通用性较强，可根据展品及不同类型会议空间需求的不同，进行不同的分隔与调整。在此基础上，一个等级功能较高，配套设施完善的会展中心，会吸引会展需求较大的企业在周边形成集聚，这在很大程度上带动了城市相关产业的提升与发展。

这一特征对会展中心区的整体功能布局具有较大影响。布局中应充分考虑会展功能的带动作用，会展需求较大的功能及会展配套、服务功能应结合会展功能布局，一般功能则可以布置于外围或周边地区，形成明晰的功能格局。

——体量较大，形成不同密度的路网拼接。会展建筑往往具有较大的体量，而安全及管理的各项需求又使得其内部的道路系统与城市道路系统的相对独立，这就形成了会展建筑周边的大街区路网模式与城市一般街区路网模式的区别。尺度及密度差异较大的两种模式的衔接，应尽量避免城市重要道路被截断，导致中心区交通的拥堵或不畅，也应考虑会展交通的集散需求。

受此影响，在中心区的形态布局中，应充分考虑建筑体量、肌理的对比，街区尺度的变化及肌理关系，以及道路系统的衔接与转换关系，保证中心区道路系统的畅通，及空间形态的有序衔接。

4.2 会议展览中心区设计要点

会议展览中心空间尺度较大，功能要求较为特殊，产生了一些区别于区域中心区的特殊功能及布局要求，且随着其规模尺度的不同，会展中心的空间布局方式、功能构成方式、交通集散方式等均有所不同。本章节在对会展中心尺度规模划分的基础上，针对不同尺度会展中心的特征对其空间进行解析。

4.2.1 会展馆设计要点

会展馆占地规模相对较小，区位选择较为灵活，比较适应现代快节奏的经济发展及灵活的商务会展需求，可结合商业中心、商务中心、行政中心、文化中心及体育中心等综合布置，因此是采用较多的一种会展方式。在具体的规划设计中，会展馆通常以整体的体量为主，尺度及跨度较大，形成的会展空间也是以大跨度空间为主，便于根据不同的会展需求进行设计与变化。

从等级规模来看，根据会展馆选址、定位等的不同，其尺度规模也会有所差别。在会展馆的具体使用中，高等级的会展馆往往会兼容低等级会展馆的功能，而低等级的会展馆则无法满足高等级的会展需求，因此，会展馆的布局中，不应将不同等级的会展馆集中布置，而是应根据城市发展状态，结合实际使用需求及城市基础设施供给情况，分别布局。此外，由于现代的会展业发展较快，一些小型的国际交流会议增加，会议等级较高但规模较小，多会利用酒店、高校的会展设施举行，这也成为会展馆的重要组成部分，对城市会展馆的整体布局也会产生一定的影响。而随着国际交流的深化及日常化，会展馆本身的硬件条件成为其决定其会展等级的关键因素，一些设施较好的小型会展馆也可以承办等级较高的国际会展业务。可见，国际化程度的加深及会展需求的多样化，打破了会展馆的规模对其等级的限制，也因此，本文仅从规模方面对会展馆进行划分。具体来看，可以大致将其分为三个类别：大型会展馆、中型会展馆及小型会展馆（表 4.2–1）。

会展馆等级规模划分　　表 4.2–1

会展馆等级	主要职能	建筑规模（万 m^2）	区位特征	交通条件	周边设施
大型会展馆	大型会议 大型展览	10~15及以上	中心区外围 城市郊区 交通枢纽周边	距离机场、火车站等大型交通枢纽较近； 与城市及中心区有城市主干路相连接； 有多条轨道交通线路与城市及交通枢纽相连	大型酒店 商务办公 交通枢纽
中型会展馆	大中型会议 大中型展览	5~10	中心区边缘 城市郊区	与交通枢纽有主干路相连； 与城市中心区有多条线路及轨道交通相连	旅馆酒店 商务办公
小型会展馆	中小型会议 中小型会展	<5	中心区内 酒店配套 高校配套	与城市交通网络连接顺畅； 有独立轨道交通站点	旅馆酒店 商务办公 餐饮娱乐

从形态体量来看，为了形成良好的会展空间，会展馆建筑多会利用相关的建筑结构技术，形成大尺度、大跨度的会展空间，形成体量较大、视觉冲击力较强的会展建筑。在此基础上，会展建筑会因其窗口性的功能、巨大的体量及特殊的造型等，与周边其余建筑形成明显的区别，成为地区乃至城市的标志。也因此，在会展馆的布局中，应充分考虑城市的景观眺望体系，设置足够的开放空间，以便于会展馆本身的展示；并在周边一定距离设置没有遮挡，可供观赏的场所，形成多条良好的景观视觉廊道；也可结合城市重要道路布置，作为城市标志，形成良好的对景景观及廊道，具有景观观赏及视觉吸引的作用。在其综合作用下，会展馆既有良好的功能作用，又是城市景观体系、标志体系及视觉引导体系的关键要素。而对于会展馆建筑来说，常用的大跨度结构体系见表 4.2–2。

常用大跨度结构汇总 表 4.2-2

结构名称	结构特点	形态特征
桁架结构	桁架是由线性构件组成的结构体系，此结构体系通过杆件的轴向受力来承受整个结构的荷载	桁架的结构特点是相同杆件的不断重复，因此桁架适于表现韵律感和节奏感，并形成视觉上的冲击
网架结构	网架的另一个名字叫做空间桁架，就是在空间中展开的桁架，网架包括平板网架和网壳两大类	网架结构具有非常自由的建筑造型能力，以杆件构成重复而有韵律的几何图形，轻巧、玲珑、精确、富于均衡、精致的美感
拱结构	拱结构是一种传统的大跨结构形式，它能够利用砖、石、混凝土、钢等脆性材料的抗压性能，实现较大的跨度	拱像一把拉满的弓，是一种充满力量的造型，有着强烈的弹性和张力感，且具有古典的意味
悬索结构	悬索结构是利用索在重力作用下自然悬垂产生的结构形式	悬索结构的建筑轮廓流畅，大多以曲面的形式出现，是打破单调平直的方盒子建筑体形的有力手段
缆索结构	缆索结构是一种既简单又优美的结构类型，通常两边有支点，而在中间悬挂荷载	缆索结构受力清晰，拉索刚劲且富有力度，高耸的桅杆丰富了建筑轮廓，同时索的排列和拉结方法可以产生出很多韵律和节奏的感觉，给人以美的享受
薄壳结构	薄壳结构采用很薄的壳体覆盖建筑功能空间，薄壳本身既是承重结构，又是覆盖结构，具有传力路线直接、受力性能良好、自重轻等优点	薄壳结构的体形姿态以曲面、外凸状为主，可以通过对一些规则的曲面采用变形、裁切和组合等方法，形成千变万化的壳体
折板结构	折板结构是由若干块薄板将各自的长边以互成角度的刚性方式连接在一起形成的，折板结构的板单元有矩形、三角形两种	折板结构通常体形鲜明清晰、锋芒锐利、生动朴素、几何条理规律严谨，通过折叠，可以产生丰富多样并有韵律感的形状
膜结构	膜结构由高强膜材料和加强构件通过一定方式使其内部产生一定的预张应力以形成某种空间形状，作为覆盖结构，并能承受一定的外部荷载	膜结构以其材质轻薄透光、表面光洁亮丽为人们所喜爱，同时膜结构具有丰富的造型，可以取得两个方向的弯曲，形成一般建筑无法比拟的造型表现力
张弦梁结构	张弦梁结构是指将张拉索置于梁的受拉部位，形成压杆与拉索分明的空腹梁式结构	张弦梁结构中刚性构件的外形可以根据建筑功能和美观的要求进行自由选择，可与建筑造型完美结合
索穹顶	索穹顶是一种由索、杆、膜组合而成的新型预张力整体结构，同时集新材料、新技术、新工艺和高效率于一体	索穹顶结构造型新颖美观，由于是自锚式结构，外围的柱子及拉力环从水平推力的束缚下解放出来，极大地增加了建筑物外观的轻盈度
张拉环结构	张拉环形结构是利用放射状张拉索与周边受压环梁组成的自平衡结构体系，通常由外环、内环及上下层索组成	张拉环形结构造型新颖美观、轻盈飘逸，常用于圆形平面建筑，但也可用于其他平面形状

* 资料来源：徐洪涛 . 大跨度建筑结构表现的结构研究 [D]. 同济大学博士学位论文，2008.

从交通组织上看，会展馆多位于城市中心区或主城区内，其会展期间带来的瞬时大宗人流会大大增加城市的交通负荷，如处理不好将会造成交通拥堵甚至交通瘫痪的影响。因此，会展馆多会采用建筑交通一体化的方式来处理交通问题，通常在其布局中会重点考虑以下几点问题：①在大的区域交通层面内，考虑远距离交通的需求,多会将会展馆结合城市快速路或高速公路布置,在会展馆旁开设专门的匝道口,与地面交通衔接甚至通过隧道、特殊匝道等方式，与会展馆停车系统直接相连，以减少对地面交通及城市交通的干扰;②与城市大运量交通方式相连,设置专门的站点,且如果会展馆规模过大，还应结合不同入口设置多个站点，便于大量人流的分流与集散。通常会展馆会与轨道交通站点（轻轨、地铁）或 BRT 等大运量公交系统相联系，并配合多条城市公交线路综合解决人流集散问题；③对于参展人流的交通组织，则应通过不同展馆、会议厅的组织，将人流进行分流，并根据功能的排布及人流集中的密集程度，设置不同尺度的开放空间或集散场所。在此基础上，可进一步将结合会展馆内部场馆与外部场所设计相结合,对人流进行分流,并与城市交通体系相连,对人流进行快速疏散。

从功能构成上看，由于会展馆多分布于城市较为中心的位置，并与城市商务、商贸等设施有较为紧密的联系，会展活动规模有限，但活动相对频繁，这也促使了会展馆功能的复合化及综合化，形成会展综合体的发展模式。会展功能多会与一些餐饮、娱乐、酒店、商务、商业等功能以立体叠加的方式混布于同一建筑内，形成综合的会展馆建筑，或采用会展馆相对独立，但在同一街区内，布置有商务、酒店、餐饮、娱乐等设施，形成会展综合街区的模式。此外，由于会展馆常具有大量人流集聚的特点，也应注意功能混合过程中产生的安全问题，避免过多功能引起的各类人流的过量集聚，在具体功能布局时，也应注意不同功能的布局及流线的组织。而人流大规模集聚还应注重防恐功能的组织及布局，避免或尽可能降低恐怖袭击发生的概率，如在具体空间布局时，尽量避免设置地下车库，即使设置地下车库也应与主要的会展空间分开，以避免汽车炸弹等造成的危害，同时，应将具有安全隐患或可能造成一定安全威胁的功能布置于便于监控的区域内，并与大量人流集散区域有所隔离。

4.2.2 会展馆群设计要点

会展馆群规模尺度相对较大，但主体功能相对单一，是以会展为主导功能的多个会展馆的组合，可以算做具有一定规模的城市会展功能的特定意图区。而由于会展馆规模尺度较大，往往会形成多个展会同时召开，或举办大型、超大型展会的情况，因此其面临的问题也超出单一会展馆的范畴，更为复杂与多样。此外，会展馆群还有一类特殊形式，即世界博览会（世博会），包括综合性世博会和专业性世博会两种类别。与一般会展馆群有所不同的是，世博会是一种临时性会展活动，世博会后，大量的展馆会被拆除，因此还会涉及展后利用等诸多问题（世博会后，保留场馆多会作为展览馆、艺术馆等使用，成为城市的文化休闲中心）。

会展馆群的规划设计面临的首要问题就是人流的预测，包括峰值人流、极端峰值人流、日均人流等，还应进一步预测这些人流出现的时间、时段、持续时长等问题。这些问题直接关系到会展馆群的规模、开放空间的规模、公交、轨道交通、大巴车、私家车、停车场等交通设施的配给规模以及餐饮、厕所、休憩、垃圾、医疗等公共服务设施的配给规模。如上海世博会事务协调局2005年的预测，2010年上海世博会期间，平均日大约将有40万的参观者，而在高峰日和极端高峰日将达到60万和80万人[①]。在此基础上，会展馆群的会展馆及各类配套设施应能承受预测的极端高峰日人流，保证会展馆群的运转顺畅，而在平均日人流时，保证会展馆群的高效运营，并应通过数字化、信息化的管控方式，对各个入口的人流进行统计，预防人流超过极限的情况出现，而会展馆群内人流集聚一旦达到高峰人流规模，并持续增加，就应在各个出入口进行展会人流控制，限制进入人流数量，以保障会展馆群的良好运营及安全运营。

在人流总量预测决定各类设施配给规模的基础上，进一步对人流的流动进行预测，并通过对人流的预测模拟，对各场馆及各类设施的空间布局进行调整与优化。人流的模拟预测通常包括人流主要流线，场馆之间的流线关系，主要的人流集散地点等，通常的模拟预测方法是在网上建立虚拟会展模型，并提供每个会展馆的参观时间及各场馆之间的步行距离，形成开放的虚拟会展平台。在此基础上，想要参观的人可以通过网上进行模拟参观，由此可以获得大量的参观人流数据，对人流进行定量分析，寻找人流的主要流线、集聚点、热门场馆等数据，并以此为基础，对会展馆及公共设施的布局进行调整[②]。此外，还可以对特定的人群进行模拟，如摄影家、建筑师、企业家等特殊团体，或欣赏建筑、了解科技、感受某类文化的特定意图人流，或全家参展、单位参展等特殊的参展方式，并由此进一步细化人流的模拟预测。由此，可对会展馆群的布局进一步优化与调整，避免所有场馆或热门场馆的单线串联，避免不同流线之间过多的交叉，避免过多流线或大量人流在较小范围内集聚，同时，还可根据人流模拟情况，根据之间的关联度，对其布局进行调整，形成特定意图场馆群，并应注意在具体规划设计中形成较为明确的空间标识体系。而在此基础上，可以对参展人员的年龄构成、性别构成等进行统计分析，进一步优化与细化服务设施的规模及布局。

---

① 王德，朱玮，黄万枢，等. 基于人流分析的上海世博会规划方案评价与调整 [J]. 城市规划，2009，8：26-32.

② 王德，马力，朱玮. 2010年上海世博会场内人流模拟分析 [J]. 城市规划学刊，2006，3：58-63.

在会展馆群的设计及布局中，由于涉及多个会展馆，且各场馆之间多为独立的建筑体量，因此会展馆的位置关系、形态体量关系等较为复杂，应从整个会展馆群的整体形态层面对其进行规划设计。在规划设计过程中，应注意以下几点：①建筑之间的体量及组合关系。应做到各场馆具有一定的自身特色，同时也应与周边的建筑环境相协调；②天际轮廓线。从单一场馆来看，会展馆群常会形成大体量、低高度的形态，但从整体角度看，则会形成较为平直的天际线，进而成为城市天际线的“塌陷区”。因此会展馆群的布局应从整体层面考虑整体的天际轮廓线关系，如采用突出主体场馆形态及高度、设计较高的景观标志、根据场馆使用目的的不同设计不同的高度及形态等方式，形成具有韵律感的天际线，并可形成一定的空间标志及视觉引导作用；③场馆之间的联系。除一些临时性的展会（如世博会）外，长期会展馆群还应注意不同场馆之间的联系问题，避免恶劣天气等的影响。而临时性展会也应设置一些有顶集散空间，避免意外天气的影响。常见的会展馆群组合方式见表 4.2–3。

此外，由于会展馆群在展会期间会吸引大量的人流集聚，使得始终会有大量人流在户外活动，或往返于各场馆之间，或驻足观赏场馆建筑，或休憩饮食等，这也对会展馆群的外部空间提出了更高的设计要求，在满足基本的交通集散需求的基础上，还应具备一定的游憩功能，满足不同参展者的需求。在此基础上，也可结合户外的游憩空间布置一些户外展览设施，作为会展场馆的延伸，也能使参展者始终处于一种会展的氛围之中。在具体设计中应重点关注以下问题：①重点场馆观赏空间。在主场馆及重点场馆周边一定距离范围，应设置一些开放空间，便于观赏（考虑会展场馆的体量，开放空间不宜距观赏场馆过近，这样即可以观赏到场馆全貌，也可以避免观赏人流与集散人流的冲突）；②室外游憩空间。考虑不同的参展者的实际使用需求，应设置一些室外游憩场所，如儿童游戏区、园艺景观区、主题雕塑、休息座椅（应有树荫或顶棚遮挡）等场所或设施，并应结合一些直饮水源、小型百货、餐饮等设施设置，以增加参展者的舒适度；③户外展览空间。为了给参展者以全方位的会展体验，应结合室外空间布置户外展览空间，如在重点场馆观赏空间可增加一些场馆的介绍或模型，增加观赏性和拍照的趣味性，结合游憩空间布置一些临时展览设置，使参展者在休息时也可以获取一定的信息，结合主要的流线布置一些故事性展览设施，起到引人入胜、渲染氛围的效果等。户外展览空间的布置，即可有效增加会展空间、丰富会展形式，又可增加会展的氛围和趣味性，但布局时应注意其吸引的停留观赏人流与移动人流之间的冲突，不应加重主要人流集散空间的人流集散压力及人流的复杂程度，可更多地考虑与休憩空间结合布置。

而由于会展馆群人流量巨大，人流的瞬时集散压力也十分巨大，因此多会利用综合化的交通方式对人流进行疏解，这就需要会展馆群与城市多种交通方式进行充分、高效的衔接。首先通过较大的占地规模及不同的出入口设置，将人流进行分区

会展馆群的组合模式　　表 4.2-3

布局模式	模式特征	布局模式特征
串联式	会展馆依次展开，由一条主流线串联，形成线形形态。这一模式流线简单清晰，占地规模较小，根据设计及使用需求，各场馆可直接相连形成统一体量，或各自独立，形成多个体量的组合	会展馆 天津滨海国际会展中心
并联式	会展馆依次展开，形成两列，内部为步行展会流线，外部车行货运流线的分流。这一模式下，会展馆也可以直接相连，并采用大跨度技术将并联式的会展馆囊括到统一体量之中，或形成各自独立的会展馆模式	会展馆 会展馆 会展馆 会展馆 广州国际会展中心
环绕式	会展中心围绕一处开放空间展开，开放空间可为公园、绿地、广场等，作为会展中心的休憩场所或室外展场。会展人流从各展厅中间穿过，或围绕开放空间形成一圈环形廊道，外围则布置货运通道	会展馆 会展馆 会展馆 上海新国际会展中心
自由式	这一方式更多地强调各会展馆的特征，并根据各自特征独立布置，形成自由的建筑簇群形态。这一模式下，各展馆个性突出，能够满足个性化的布展需求，且比较容易进行扩建。但由于分散的空间形态及个性化的展馆设计，使得会展流线组织较为困难	会展馆 会展馆 德国汉诺威会展中心

及稀释，减少每个集散点的压力，进而为每个集散点提供多种立体复合的集散方式，包括公交、轨道交通（地铁、轻轨等）、BRT、出租车、私人出行的小汽车停车场、集体出行的大巴车停车场等。在此基础上，应将不同交通方式分开布置，并设置清晰、明确的标识体系，使得不同人流进一步分散，避免过度集中引起混乱。而对于人流量集聚较大的主要出入口，应提供多条公交、轨道、BRT 等大运量线路、站点，以便于参展者快速集散。此外，由于会展馆群开展的大型会展活动，往往需要进行多日，许多参展者会持续多日参展，因此还应在会展馆群周边布置一些酒店、旅馆等不同等级的住宿设施，并配套相应的餐饮、娱乐等生活服务设施。而为了集散较为便捷，

还可增加一些连廊、天桥、地下通道等方式，将这部分人流以立体的、步行的方式疏散到周边的配套设施集中区，以减少主要出入口人流与不同交通方式衔接的压力。

4.2.3 会展城设计要点

与会展馆及会展馆群所不同，会展城的功能结构及各个城市系统的完整性更强，且在城市中的地位及承担的作用更强。会展城是指以会展功能为核心，各类城市功能围绕会展功能展开，并为其提供辅助及配套服务，同时还会吸引会展产业的各类上下游产业集聚，成为城市的专业职能集聚的副中心。

会展城的空间规模尺度较大，在城市层面具有较大的影响力，因此其功能、定位等均需与城市的整体发展相协调。通常来看，会展城多会出现在等级规模较高的特大城市之中，如广州、郑州等，成为城市迈向国际化的重要功能支撑，需要从城市整体公共中心体系的层面去审视会展中心的布局及功能定位。在城市整体层面中，会展城所形成的会展中心一般称为城市的专业副中心，但这并不是说会展中心就会受城市等级及辐射范围的限制，专业副中心也完全可以成为国际乃至全球的会展中心，如广州的琶洲会展中心就是具有较高影响力的国际会展中心。而由于会展城与城市的关系密不可分，会展城的定位又受城市现有的等级规模、公共设施服务水平等的影响，如城市的产业特色、城市文化、国际交通枢纽、市内交通体系、服务业发展状况、城市环境等。随着国际化程度的加剧，各会展城基本均可称为国际会展中心，使得会展中心之间的差异减少，竞争加剧。在此基础上，结合城市真正的特色，对会展城的发展目标进行定位，如以工业产品为主的会展中心、以电子科技产品为主的会展中心、以文化艺术作品为主的会展中心、以学术交流为主的会展中心、以潮流时尚为主的会展中心等。而随着会展中心特色的形成及相关国际展会的不断开展，会展中心的特色会更加突出，成为一种行业或领域内的核心交流展示场所，进而会反过来影响城市，也会成为城市的特色与标志。而除了城市自身的特色外，对于会展城建成后会展市场的预期、目标客群的预测及调研等也是至关重要的环节，是会展城精确定位、规模设定、服务设施配套等极为重要的参考依据。

会展城的规划建设是关系到城市整体发展格局的重大项目，因此为保证其良好建设及运转，起到应有的作用，在会展城正式运营时，城市政府多会给予一些优惠的政策或建设一些良好的公共设施，以鼓励企业投资、入住，并吸引人口常住。如减免企业税收、给予一定类型的企业奖励基金等（可结合城市特色及会展中心定位选择企业类别，如科技企业、电子企业等）；此外，通过建设良好的公共服务设施及良好的景观环境，也能吸引一定的企业入驻，并能吸引大量的人口常住，如轨道交通、教育、医疗等重要设施。在此基础上，更重要的是进行一些重大节日和重大事件的策划，如举办世界博览会、举办国家或世界重要节日庆典、举办行业具有影响力的评奖及颁奖活动等；还可以通过举办固定的会议、展览来巩固会议中心的地位，举办类似于博鳌论坛的具有影响力的固定会议、举办行业高峰论坛并按届数每年举办；此外，还可联系一些具有国际影响力的文化组织、机构在会展城设置固定集会场所，特别是一些非政府组织（NGO）、非盈利组织（NPO）等。通过多种有效的途径及方法，是会展城快速进入国际视野，并成为某一领域或行业内的标志场所，或成为在会展业内具有影响力的场所。

在会展城的功能构成中，虽然以会展为核心，但由于其整体规模尺度更大，功能更为完善，相关上下游产业较多，因此真正的会展功能所占据的比重不高，集中的会展区域的用地面积约占整个会展城用地比重的10%~20%之间。除此之外的用地多被会展的上下游产业和配套产业所占据。制造及生产企业提供产品、销售及采购企业提供途径、创意及研发企业提供技术……通过会展产业提供的平台，可以将各个领域内的上下游产业进行整合发展，达到共赢。在此基础上，会形成一些依托会展业而形成的新的产业，为会展及参展企业提供专业化的服务。同时，一些会展需求较大的企业，也会选在会展城布局，或将相关部门布置于会展城内，而把生产等部门布置在其余地区。在此基础上，将会展城相关产业进行分类总结见表4.2–4。

会展城相关产业总结　　表4.2–4

产业类别	产业业态
依托会展产业	信息、贸易、咨询、新闻、票务、旅游、企业销售部门、企业采购部门
会展配套产业	酒店、会务、法律、金融、策划、广告、图文制作、交通、货运、餐饮、娱乐
会展相关产业	创意、研发、文化、艺术、景观、教育

在会展城的具体布局中，除会展馆、会展馆群提到的设计要点外，还应特别重视以下几个方面：①会展区域的布局。会展区域作为会展城的核心，除布置于交通优势区域外，还应更多地考虑景观等要素的影响，滨水、临山布置。这样除了能形成大体量的会展建筑与自然环境良好的对比、呼应的景观关系外，还可以借助天然的景观要素，形成良好的观赏视野及观赏条件，并可借助其形成天然的开放空间安全格局，便于疏散及防灾；②在会展区布局的基础上，考虑会展城整体景观界面。特别是在会展区滨水、临山布置的时候，应从天际线的韵律感、城市与自然环境的关系、会展区的可识别性等多个方面考虑，形成城市标志性景观界面，进而可称为城市的名片，如香港的维多利亚湾、上海的外滩等；③注重文脉的延续。由于会展城规模尺度巨大，且大量大体量建筑的建设，会对城市原有文脉及肌理的延续产生一定的影响，在规划布局中应予以充分考虑，在充分尊重城市文脉及空间肌理延续的基础上，构建会展城的肌理格局。

由于会展功能的特殊性及相对的独立性，会展中心区有着一定的空间结构特征：①会展场馆布置于中心区一侧或边缘。由于会展场馆的规模较大，多占据主干道围合的大型街区，且街区内部的道路不对外开放，作为内部的道路使用，这就使得会展场馆所在街区只能从外围的主干路通过，内部的支路系统无法形成有效的衔接。如若把会展场馆布置于中心区内部，会严重破坏中心区的路网肌理，出现大量丁字路及断头路，将严重降低中心区的道路运行效率，产生拥堵等现象。因此会展场馆多布置于中心区边缘地区，通过主干路与中心区内部联系，这也方便与会展中心大规模车流的集散需求；②会展场馆周边应配备大型的开放空间，并与大运量公共交通有着良好的衔接。大型的会展场馆人流集散规模非常巨大，高峰时期能达到几十万甚至上百万人次（上海世博会期间单日最高人流达到 103.27 万人[①]），如此大规模的人流集散给中心区带来了巨大的交通压力和安全隐患。这就需要有较大的开敞空间避免人流集散时的过度拥挤，同时需要多种方式结合的大运量公共交通系统提供保障，同时，应提供充足的停车场所，并将会展场馆与中心区主干路网直接连接，便于小汽车、大巴车的快速疏散。会展场馆周边也应配备一些酒店、餐饮等服务设施，以缓解人流集中释放的压力。

在这些认识的基础上，结合会展城空间结构特征，对会展中心区的结构模式进行归纳，可总结为以下三种类型见表 4.2–5。

会展城布局模式总结　　表 4.2–5

布局模式	布局模式示意图	布局模式特征
结合轴线布局	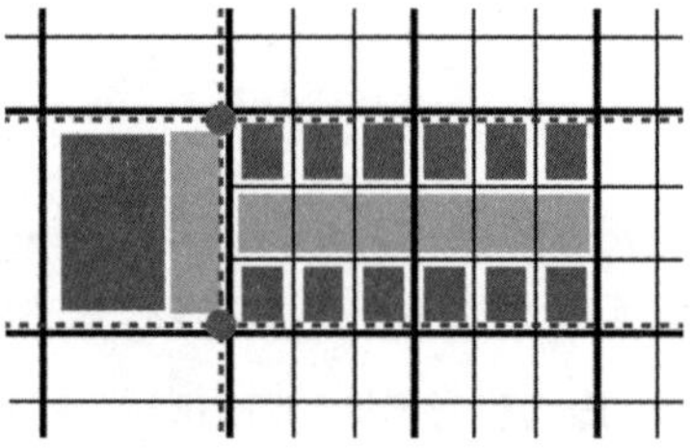	会展场馆布置于轴线端点，并将会展的开放空间与轴线的开放空间统筹布局；会展场馆通过两侧的主干路与中心区联系，并通过周边的四条主干路解决会展交通的集散问题，由于分布于中心区轴线的端点，其交通集散对中心区影响较小；通常中心区内的轨道交通会沿公共设施集聚轴线通过，并会在会展场馆旁设置站点
两侧延展布局	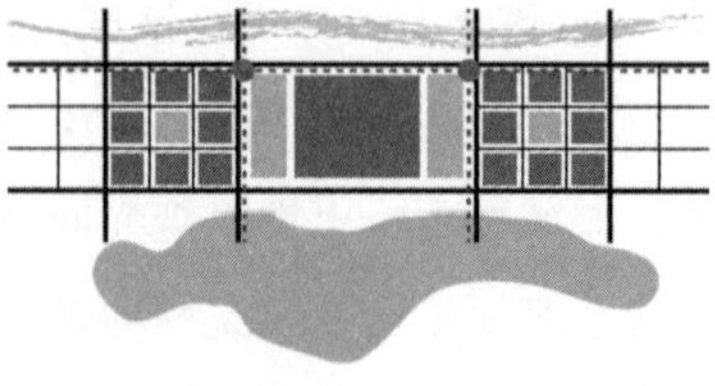	会展建筑依托良好的景观环境资源而建，布置于中部，两侧分别布置两处大型的开放空间；商务、商业等核心功能布置于会展场馆两侧，形成两个硬核；垂直方向的主干路以跨越水系及穿越山体的道路为主，强化中心区与周边的联系；轨道交通沿贯穿的轴线式主干路布置，并多会在两侧同时设置站点，以便于不同方向的人流快速集散

① 中国 2010 年上海世博会官方网站 . http://www.expo2010.cn

续表

布局模式	布局模式示意图	布局模式特征
扇形展开布局		会展场馆位于中心区一侧，商务、商贸等公共设施沿主干路展开，形成一条横线发展轴。同时，还有一部分公共设施形成一条正对场馆的纵向发展轴；两条轴线构成中心区主体发展框架，呈扇形展开格局；中心区内有多条轨道交通线路穿过，并在会展场馆处设有站点

4.3 典型案例剖析

基于以上的分析可以看出，会展中心具有建筑体量大、交通需求大、相关产业带动力强、国际影响力大、空间标志作用强烈等特点，会展中心常与交通枢纽或自然山水等要素结合布局，以借助交通枢纽的综合交通集散能力或形成良好的景观标志效果。

4.3.1 结合交通枢纽布置

在会展中心的选址中，一个重要的方式即将会展中心布置于大型交通枢纽周边，借助交通枢纽的大运量、大区域的交通输配能力，增加会展中心的可达性及更大范围的影响力。在我国，高铁的迅速发展为城市带来新的发展契机，在此基础上，以高铁站点为带动的新城、新区建设全面展开，其中，枢纽结合会展中心的布局也使高铁新城建设的一个重要方式，对城市整体形象及产业的提升具有重要作用。

（1）案例介绍及现状解析

我国东部某城市是某省的省会城市，也是我国著名的历史文化名城及重点风景旅游城市，也是我国重要的交通枢纽城市。根据城市及国家高速铁路发展需求，有8条高铁线路从城市南侧穿过，并在主城区南侧边缘地带建有高铁站点，该站点是亚洲最大的火车站。此外，火车站旁还设有长途汽车站、轨道交通站点，并拟规划建设与机场直接相连的轨道交通线路，使得该火车站具有极强的人流集散能力以及较大的国际影响力，对于会展中心的规划建设提供了较好的支撑条件。

高铁线路从基地北侧横向穿过，站房位于基地中部位置，南北两侧均设有出入口；站房北侧已建有站前广场，广场两侧规划为商业及部分商业商务混合用地，外围分别为研发及居住用地；城市快速环路从基地北侧通过，并与城市外围高速公路网直接相连；基地西侧为连接市区与机场的机场高速；基地东侧为城市快速路，连接城市主城与城市南侧主要发展区，并通过立交方式与快速环路相连；基地南侧有一条河道穿过；基地内已建成十字形主干路网，南北向主干路从北侧快速环路下方

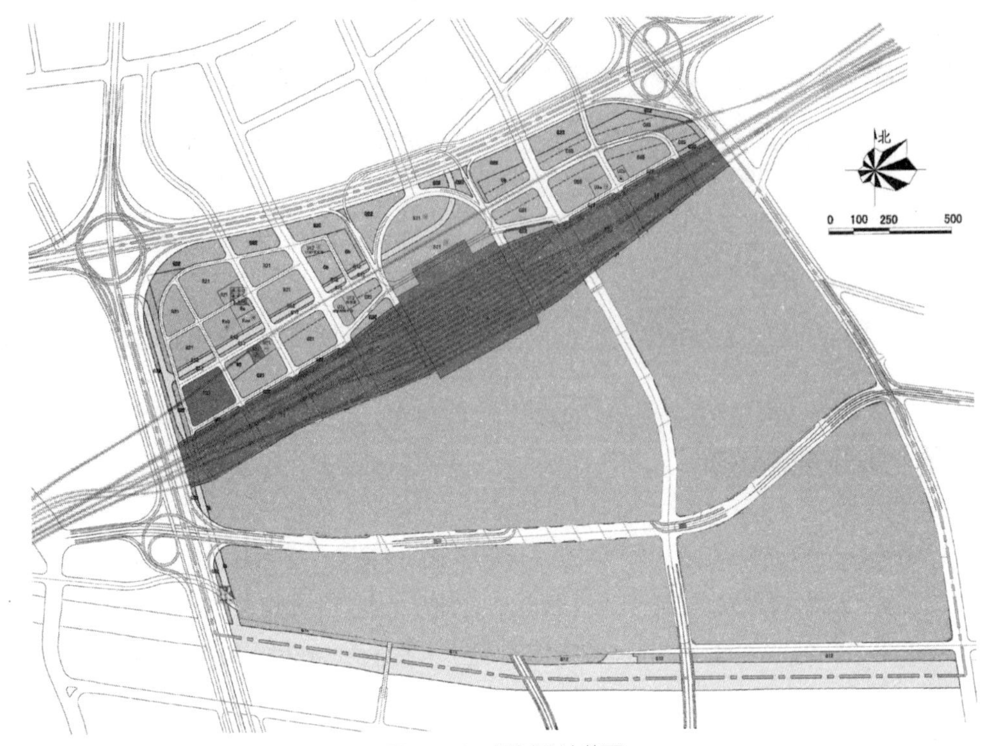

图 4.3-1　规划设计范围

穿过，直接与主城区道路网络相联系，东西向主干路则可以直接与机场高速及东侧快速路相连，可直达机场或通过快速环路连接高速路网快速出城，便于周边城市的快速到达与疏散；基地内地势平坦，现状多为老旧厂房及村庄，可完全拆除。

（2）设计思路及重要问题

交通枢纽与会展功能的结合具有一些不同于一般中心区的变化。交通枢纽与会展场馆均是重要的人流集散场所，都能对中心区的发展起到良好的引擎及带动作用，两者的有机结合可以为中心区的发展提供良好的交通条件及人流集聚基础。就该中心区的规划设计来看，规划设计的重要问题集中在以下几个方面。

——如何处理两个大尺度建筑之间的关系。高铁站房及会展场馆均是尺度、规模、体量较大的建筑物，其中高铁站房为了体现城市的门户形象，多采用较为独特的风貌造型，具有较强的地域标志性，而会展场馆作为城市的形象窗口，也多采用较为特殊、具有艺术感的造型，多成为城市的标建筑之一。在城市空间中，两个建筑基本均是作为标志建筑及空间结构的核心来处理，而两者在同一中心区内共存，如何处理两个大尺度建筑的空间关系？如何协调两个标志建筑，并形成中心区有序的标志体系？等问题对中心区的结构形态具有较大的直接影响。

——如何处理复杂的交通关系。交通枢纽本身的交通组织就比较复杂，而会展场馆所带来的集散车流、人流也较为复杂。两者之间有一些类似的特征，也有区别：

交通枢纽的交通流属于持续性交通流，车流量一直很大，而会展交通更偏向于钟摆式交通，开展时各类交通向此汇聚，闭展时向外疏散，会在特定时间产生大量的瞬时车流。规划设计中必须认识到两种交通方式的不同，并通过整体道路交通系统的规划，解决这些问题。

——会展场馆如何选址。会展场馆的选址对中心区整体空间结构形态的影响较大，又受交通条件的限制。就基地现状条件来看，重要的道路交通条件，南侧水系带来的良好环境条件都是可供会展场馆选址的条件，因此其选址布局方式必须从整体出发进行统筹考虑。

在上述问题思考的基础上，针对该基地的特殊条件，可以从以下几个方面构思，展开规划设计。

——构筑高铁站房与河道之间的景观廊道。与站房北侧向呼应，形成一条贯穿中心区的景观轴线，打通高铁站房与河道的联系，可以形成良好的景观形象，使出入站旅客能够直接看到良好的景观，同时也可结合布置站房南侧的集散广场。与北侧广场呼应的轴线关系，也更有利于中心区的整体效果。

——交通体系紧密联系又相对独立。高铁交通枢纽与会展场馆都需要相对独立的交通系统，便于其大运量的交通集散需求，而中心区内部也需要有较为高效的道路交通系统，保证中心区的高效有序运营。这一条件下，可以基地内某一条或两条主干路为界，将交通枢纽、会展等功能与中心区其余功能进行一定的划分，避免相互间的干扰。

——会展场馆滨水布置或沿路布置。在道路形成的是个象限内，会展场馆宜布置于南侧的两个象限，距离站房有一定距离，且不会影响中心区的内部道路交通。这一区域道路交通也较为完善，有多种出行的选择方式，且具有良好的滨水景观条件，因此会展场馆可布置于该区域内，滨水或沿路布置。

（3）常见错误解析

在具体的教学过程中，在中心区整体空间结构构建、道路交通组织、会展场馆选址等方面存在着一些常见的问题，将其总结如下。

——大尺度建筑间缺乏有效联系，导致结构混乱。在大尺度建筑集中的中心区内，大尺度建筑之间的关系对中心区的整体结构影响较大，处理不好会造成整体结构的松散。如图 4.3–2 所示，会展主场馆与其余展馆布置于中心区主干路十字交汇处的对角现象，而主场馆与站房又形成较为直接的轴线关系，其余公共设施则沿布置于站房两侧。中心区主体结构呈较为明显的“T”字形，但其余场馆偏于主轴线一侧，使得主轴线关系不明显，且其余会展场馆在中心区的结构不清晰，造成结构混乱。

——会展场馆与站房过近，导致交通集散问题严重。会展场馆与站房周边都是交通集散压力较大的区域，两者布置的较近，易形成交通流的叠加，加剧周边路网

图 4.3-2　大尺度建筑间缺乏有效联系

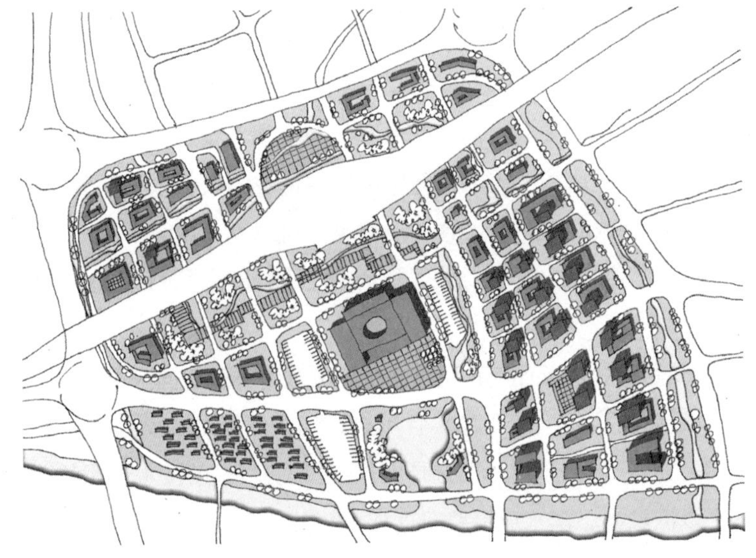

图 4.3-3　会展场馆与站房过近

压力，造成严重的交通问题。如图 4.3-3 所示，站房与会展馆距离过近，共用多条输配道路，造成周边交通压力过大，交通集散问题严重。

——引水环绕会展场馆，使得交通及人流集散压力较大。基地南侧的水系提供了良好的景观环境资源，会展场馆可结合水系进行布置，但布置不易用水洗将会展场馆环绕布置，这会严重影响会展场馆的交通疏散，破坏会展场馆与周边道路的直接联系，同时也会使得大量的人流集散出现危险。如图 4.3-4 所示，会展场馆被水系所环绕，造成与周边道路的连接不畅，且缺乏较大尺度的供人流集散的开放空间。

——穿越铁路道路组织不畅，造成交通混乱。该中心区交通组织的主要难点在于铁路的影响，使得铁路两侧的支路网难以形成有效的衔接，因而应加强两侧道路

图 4.3-4 引水环绕会展场馆

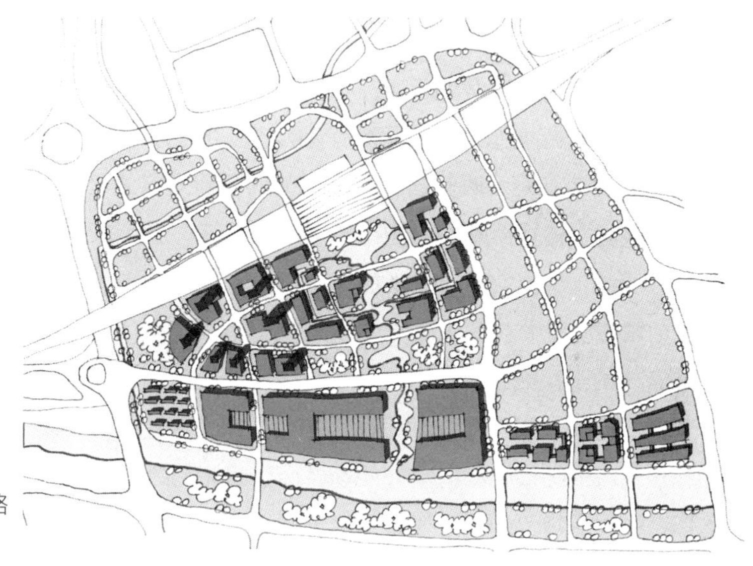
图 4.3-5 穿越铁路道路组织不畅

的直接联系，形成便捷的主干路网体系。如图 4.3-5 所示，主干路网的组织就存在较大问题，将纵向的路网进行扭转，转为横向道路，不仅使得基地道路连接不畅，还出现了较多的弧线、夹角等地块，难以使用，造成土地使用的不便，也使中心区的空间结构较为混乱。

（4）典型设计解析

本书选择三个较为典型的案例进行解析，这三个方案各具特色，体现了城市会议展览中心的不同的设计构思。

——大型会展场馆，轴线统领

如图 4.3-6 所示，该方案体现了城市会展中心最为常见的开发模式，即以一大尺度的会展场馆作为会展中心的主体建筑来进行布局。会展场馆位于基地南侧中央，

图 4.3-6　大型会展场馆，轴线统领

以舒展的建筑形态面朝河流而建，与高铁站遥相呼应。规划将两者之间建立了强烈的轴线序列，中央通过绿地公园将两者的广场相互连通，形成了一个大型的、集中地城市休闲活动空间，两侧依次为多层的商业建筑空间以及高层的商务建筑空间，与会展建筑的大体量形态共同构建出了高低错落、疏密有致的天际线，会展中心起到了很好的统领城市空间与景观的作用。打造了集公共生活、形象展示、产业发展一体化的城市会展中心。

在具体的设计中，会展场馆南立面有意设计为弧线形来向里退让出一块大面积的广场，与滨河景观带相互联系，共同营造出会展中心核心的室外景观活动空间，还能在展览时期提供必要的室外展场，而场馆北侧的广场则主要作为人流疏散的交通空间，中间广场两侧则主要设置为草坪，辅以景观小品能够很好地提高会展中心的空间环境品质。会展场馆东西两侧为城市次干道、南侧为滨河景观道、北侧为内部的支路，共同组织形成了会展中心环形的车行交通。

该方案采用典型的会展中心的设计模式，使会展中心承担起了地区核心公共空间和标志景观的职能，以轴线统领形成了特征鲜明的城市空间形态。但在其规划设计中也有几点问题有所忽视：①对于会展中心内部的车行交通空间和停车场地考虑不足，大型的会展场馆在场地内部往往应设置独立的内部交通道路，以免与城市交通产生过多的干扰，同时即使在采用地下停车的情况下，也应设置必要的地面停车场，以满足货运以及大巴的停车需求；②方案中对会展场馆北侧两条道路间的场地作为广场处理较不妥当，广场位置较为尴尬、无法使用，可将该地块作为绿地和停车场来搭配处理，既可解决地面停车缺乏的问题，也可形成主入口的主要景观空间，与中央绿地轴线相适应。

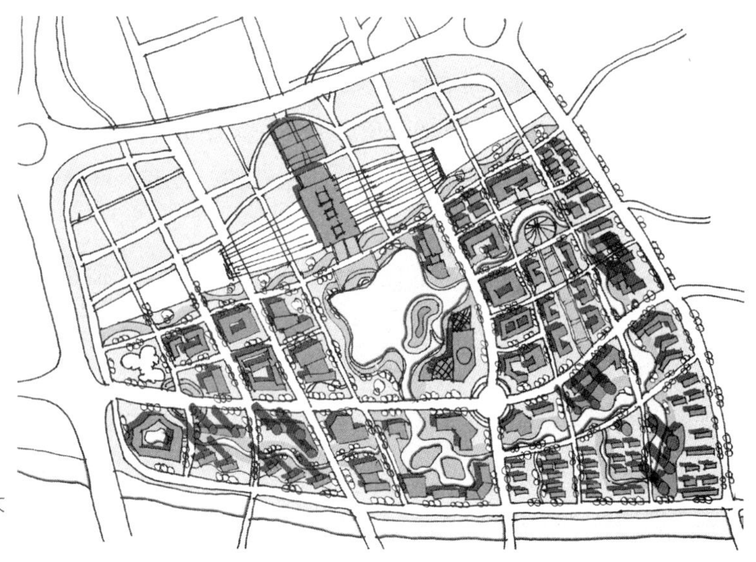
图 4.3-7 组团式大型展览城，水脉相连

——组团式大型展览城，水脉相连

如图 4.3-7 所示，该案例以组团式的大型展览城模式来进行总体规划布局，功能分区明确，各组团空间形态特征较为明显。外部空间处理上，以水为脉，将各个组团空间串联起来，通过集中开敞空间构筑了大开大合的空间秩序，疏密有致地安排建设区域。

在具体的设计中，规划在基地中央、高铁站南侧的地块，通过将南侧河流水系引入形成了大面积的核心水体景观，会展中心的主要职能空间则呈组团式围绕其分布。主体会展场馆规模相对较小，位于水体东南角，东、南两侧临城市次干道，建筑富有标志性。水体北侧以及西侧两个建筑组团主要为小型展馆以及会议、酒店职能空间，水体南侧则主要组织为会展配套的办公、商业、娱乐、酒店公寓等辅助空间。几个组团之间通过水系相连，建筑空间形态较为统一，共同构成了会展中心区的核心区域。地区的商务办公、商业也以组团形式主要集中于基地的东北角，以组团的开敞空间为出发点自呈轴线布局。东南和西南两个组团则主要为居住空间，沿城市道路设置有部分商业，高层建筑结合开敞空间进行设置，富于变化。规划利用引入的水系将各组团联系起来，各组团都形成了开开合合的丰富的开敞空间，建立了以会展中心为核心的城市公共空间体系。

该方案以水为脉来组织总体空间环境，形成了富有乐趣的城市会展中心，但其在规划中也有几点问题有所忽视：①对于会展中心内部的交通空间缺乏考虑，该案例会展主场馆所临两侧均为城市次干道，没有设置内部的车行道路，展览时期会产生较多的交通干扰，易产生拥堵，同时也没有详细的考虑停车空间的安排；②由于中央水体的面积过大，留给会展主场馆的外部空间较少，导致外部的人流疏散广场、室外展场空间均不足，可以减小水体的面积，为主场馆提供充足的户外场地。

——大型会展商贸综合体，绿轴渗透

如图 4.3–8 所示，该案例采用多功能商贸建筑综合体模式来组织会展中心的主要功能空间。总体环境的处理较为注重生态性，通过水系的引入形成了多条滨水绿带渗透。

在具体设计中，该案例注重总体空间环境的设计，通过中心区公共开敞空间的营造，利用基地现有的自然环境形成了“两横三纵”的中心区虚骨架。“两横”即沿高铁站的绿化活动空间以及南侧河流的滨河活动空间，“三纵”即由南侧河流引入水系所形成的三条南北向的绿带。三条绿带与中心区各功能空间相互契合，有所收放，形成了虚实相生的城市空间形态。会展中心设置于西侧的两条绿轴之间，以一会展建筑综合体来进行组织，展览空间为三个大型展厅并列相连而成，展厅北侧的圆形建筑用来组织会议空间，东侧的则为辅助的办公、餐饮等职能空间。主要的室外广场空间设置于展馆和会议中心所围合成的区域内，是会展中心主要的人流疏散空间以及室外展场，与西侧的水体景观空间直接相连，并通过中央的绿带与高铁站相连，创造了便捷的步行交通引导。场地内车行交通组织较为合理，没有将车行交通深入到场馆区域，避免了车行交通对主要的步行交通空间的干扰，运货车流也较为便捷。

该方案较好的把握了会展中心的设计方法，但在其规划中也有几点问题有所忽视：①方案没有明确的对于停车空间的处理，建议可在场馆东南角的绿地空间来组织地面停车，停车便捷，且干扰较小；②场馆南侧靠近河流的空间应该多做一些处理，可以结合滨河景观来设置休闲活动的广场，丰富外部空间设计，来提高会展中心的品质，更好地与周边的绿化环境相结合，打造为重要的公共活动空间。

图 4.3–8　大型会展商贸综合体，绿轴渗透

4.3.2 结合自然景观布置

会展中心另一类常见的布局方式是依托自然景观布局，或依山，或傍水，一方面可以借助开放空间体系缓解大体量会展建筑的冲击，并增加会展中心使用的安全性，缓解人流集散的压力；另一方面，也可以形成更好的城市标志场所，成为城市展现形象的良好的窗口地区。这一布局方式多应用于新建会展中心，结合新城、新区自然景观的优势地区进行布局，成为树立新城、新区形象、拉动地区建设、带动城市发展的重要举措。

（1）案例介绍及现状解析

我国江南地区某大城市是我国著名的历史文化名城，为了保护老城的历史格局及空间肌理，也为了提升城市发展的竞争力，满足城市外围的工业区及商务发展需求，拟在老城东侧地区规划建设一处会展中心，以会议展览功能为主导，包括商务办公、综合商业、酒店餐饮、住宅公寓等功能。

城市东侧地区有一个较大的湖面，会展中心选址于湖的东北角，规划用地面积约 $2km^2$，整个基地形态近似于一个直角三角形，两个直角边为两条城市主干路，西南侧的斜边则完全向湖面打开（图 4.3–9）。其中，北侧的直角边道路是会展中心与城市直接联系的主干路，东侧的直角边则是湖东新区的主干路。此外，基地西北角的南北向道路可与基地北侧快速路直接相连，距快速路匝道口距离不到 800m，并可通过快速路进一步与高速公路网络连接。在此基础上，城市拟规划了一条地铁线路从湖底穿过，连接老城及新城，并在基地内设有站点。基地东侧是城市新区的行政中心，包括管理委员会、工商、检察、公安、建设等诸多行政单位；基地北侧地区多为近年新建的住宅小区，以现代风格的小高层及高层住宅为主，并配件有学校、餐饮、超市等生活服务设施；基地内部地势较为平坦，水绿条件丰富，并有多条水

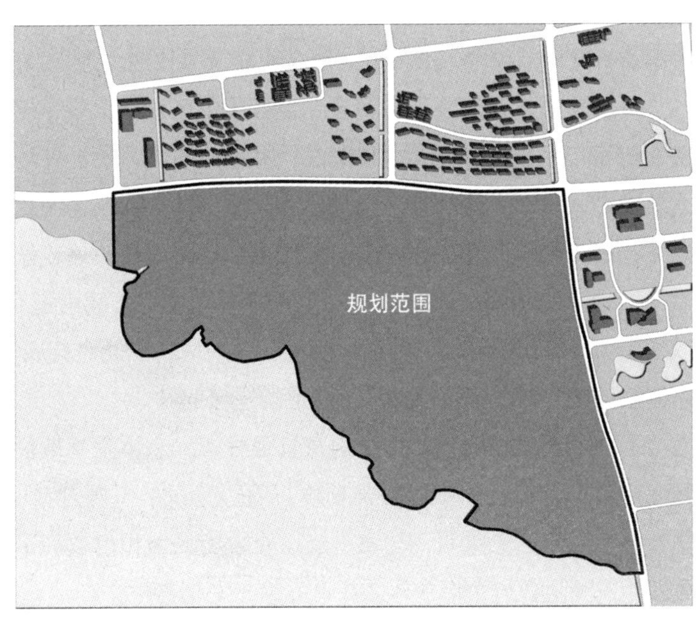

图 4.3–9　规划设计范围及环境条件

系与联通西南侧湖面与周边河道，景观生态条件良好。

（2）设计思路及重要问题

该设计是一个典型的新城开发模式，利用新城良好的景观生态条件建设大型公共服务设施及完善的基础服务设施，并以公共服务设施的建设带动新城开发，以便快速形成良好的居住及工作氛围，分散老城压力。该类中心区的规划设计具有一些共性的特征，可以从以下几个方面进行思考破题。

——如何利用优势滨水景观资源塑造中心特色。该处湖面是城市中难得的大尺度开阔水域，具有良好的景观视野及绝佳的生态条件，成为基地最重要的特色资源。在此基础上，如何利用良好的景观生态条件就成为该规划设计的核心问题之一，直接关系到会展场馆的选址、组合方式、形态体量等，甚至直接影响整个会展中心的空间形态及功能布局。

——如何处理会展交通与基地内部交通及城市交通的关系。基地所处位置虽然具有较好的景观生态条件，但由于水体的阻隔，使得基地所在区域的整体交通网络连通性较差。而目前来看，基地与老城区的车行交通联系，也仅依靠北侧的一条主干路，会使得局部交通压力过大。在此基础上，如何处理瞬时大流量的会展交通？如何缓解会展交通对东西向主干路的交通压力？如何组织基地内部交通？等问题需要细致的研究。

在对以上两个核心问题深入研究的基础上，对具体的规划设计进行思考，重点考虑会展馆布局、交通体系构建、功能及景观结构等问题。

——会展馆滨水、沿路布局。在该基地中，会展场馆大体量作为标志建筑，与水体结合布局能够形成较好的景观标志效果，如滨维多利亚湾布置的香港会展中心，就是利用滨水的条件加上轻盈的建筑造型，形成了良好的景观标志效果。此外，还应考虑会展场馆带来的巨大交通流量的疏解问题，因尽量将会展馆布置于便于快速疏解车行交通的位置，如靠近北侧主干路及与快速路连接的道路位置。

——交通体系的分隔与联系。会展场馆区位选定后，进一步的问题就是交通体系的构建，而对于该会展中心来说，关键的问题在于会展场馆的交通组织与城市交通及中心区内部交通的分隔与联系。分隔是指会展场馆的主要交通疏散通道应相对独立，避免与城市交通的冲突，也便于会展交通的快速疏散，而联系则是指会展场馆又必须与对外交通体系、城市交通体系以及中心区内部交通体系有较好的衔接，以便于会展场馆的使用。在具体规划设计中，应特别注意会展场馆与基地北侧主干路、东侧主干路及西北侧快速路连接通道的连接问题。

——利用水体构建功能结构及景观骨架。水体是基地最为特色的资源，应合理利用水体的连续性，形成融合基地与周边建设的景观骨架；利用水体的造型能力，塑造核心景观标志空间，与城市建设及会展场馆相得益彰；同时还应注意水体所形成的生态廊道效应，保护地区基本的生态安全格局。

（3）常见错误解析

在该案例的具体规划教学中，由于对会展中心功能构成、交通组织、景观环境等方面思考不足，也会出现一些常见的问题，将其总结如下。

——会展场馆规模过大，功能过于单一。会展中心是以会展职能为核心的中心区，但仍然需要其余各类功能的辅助及配套，形成一个功能完善、布局合理的中心区。因此会展功能不是会展中心的唯一职能，还应包括酒店、商务、餐饮、商业，甚至是居住等功能。而如图 4.3–10 所示，该规划方案将整个中心区全部用于布置会展场馆，使得会展场馆的尺度及规模过于巨大，并将停车场直接与主干路相连。这种方式是一种典型的中小型独立会展场馆的布局方式，也类似于郊区的购物中心的格局，不适用于大型会展中心模式，会造成后期建设及使用的极大不便。

——布局过于零散，土地利用效率不足。对于该城市来说，滨水的优势区位及土地资源非常有限，因此在规划设计中，虽然应该充分考虑景观、生态等要素的影响，但也不应将开发力度降得过低，造成土地等优势资源的浪费。如图 4.3–11 所示，规

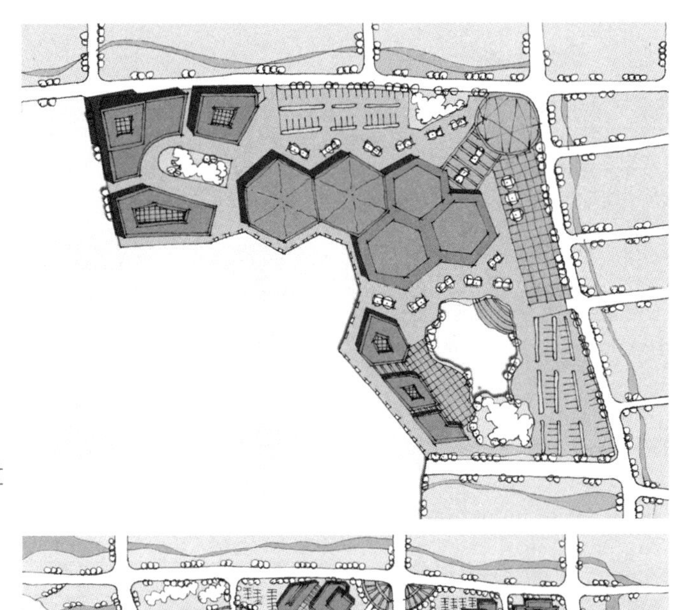

图 4.3–10　会展场馆规模过大，功能过于单一

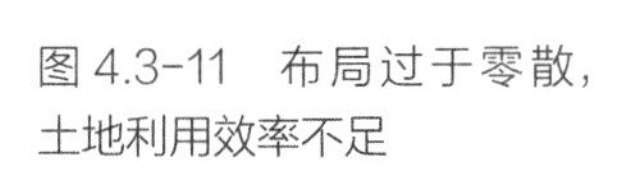

图 4.3–11　布局过于零散，土地利用效率不足

划设计将基地中部及滨水岸线完全打开，用于景观建设及生态保护，使得整个中心区的结构及布局过于零散，不成系统，且造成了用地的浪费，土地利用效率严重不足。

——会展场馆布局分散，影响城市交通。会展场馆的布局，特别是大型会展中心场馆的布局，应保持一定的联系型，便于使用及召开大型展会活动，且布局应相对集中，避免对城市交通产生破坏。而图 4.3-12 中，在基地中部布置会展场馆，形成三个会产场馆集中片区，且三个片区被城市道路所分隔。一方面，会展中心被城市道路所分隔，各场馆之间联系不便，难以举办大型的展会活动；另一方面，也对中心区的东西向交通产生阻隔，破坏了城市交通系统的完整性，会展交通与城市交通缺乏有效的分离，难以阻止及管理。

——过于追求布局形式，功能布局低效。在规划设计中，由于基地形态及滨水的双重因素，较容易形成斜穿基地的轴线结构，并以轴为依托，规划近乎对称的格局。如图 4.3-13 所示，规划将会展场馆布置于主干路交叉口处，造型也采用对称式，并以此作为轴线端点，形成了一条指向水体的轴线，轴线两侧布局较为对称。这一模

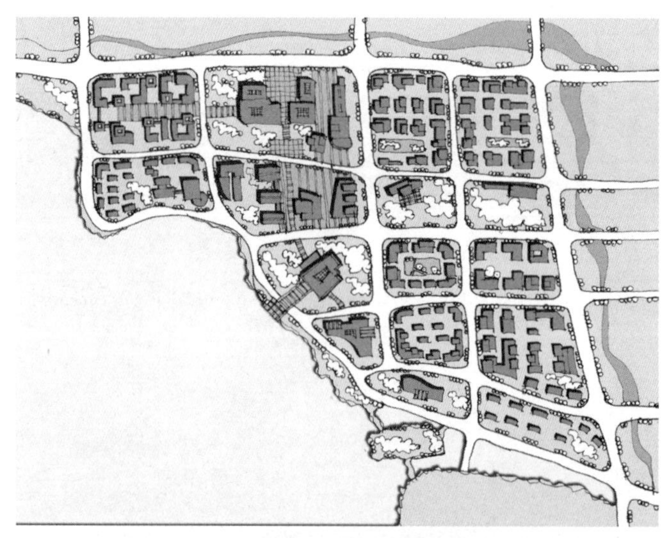

图 4.3-12　会展场馆布局分散，影响城市交通

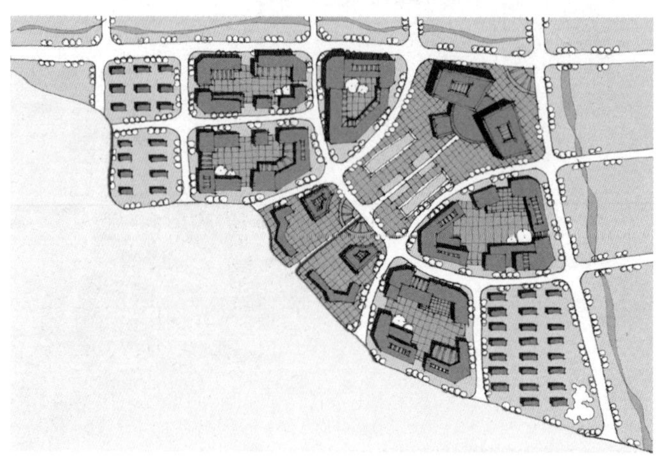

图 4.3-13　过于追求布局形式，功能布局低效

式下，会展场馆会对主干路交叉口形成较大的交通压力，且远离水体，难以形成良好的滨水建筑风貌，又与高速公路连接通道相距较好，交通难以组织。同时由于过于强调轴线的对称性，功能布局缺乏联系，会造成使用效率较低。

（4）典型设计解析

在规划构思及常见问题解析的基础上，选择两个较好的设计案例进行详细剖析及评价。在较好的设计案例中，有一些共性的特征，特别是对水体资源的利用，如会展场馆滨水布局、以水为轴组织空间结构等。具体如下：

——会展滨水展开，水体引领景观

该方案是较为典型的依托优势水体资源布局的方案，会展场馆滨水布局，沿岸展开。中心区内部也通过与周边水系的衔接形成景观轴线，将各功能区进行串联。中心区整体形态较为灵活自由，水体的组织及利用也较为合理。具体来看：会展场馆占地用地规模较为适当，在基地中部位置打开了较大的滨水界面，布置会展主场馆，主场馆造型也采用流线型水迹造型，与滨湖的环境特征相得益彰；同时，其余会展场馆也采用了类似的造型手法，且形态布局较为协调；在此基础上，会展的一些辅助功能，如休闲、餐饮、通讯等功能建筑形态与之有所区别，沿滨湖岸线展开布局，即突出了主体的会展场馆，也保持了会展职能的相对完整性；商务办公、酒店、商业等功能则集中布置于基地东侧，依托东侧新区内部主干路布局，也减缓了北侧新老城连接主干路的交通压力；居住、公寓等功能分别布置于基地的东西两端，便于各功能片区的使用；在景观格局的构建中，通过构建联通湖面及周边河道的水系，形成以会展主场馆为中心的，汇聚式景观体系，而水系也成为天然的视觉廊道，

图 4.3-14　场馆沿岸展开，水体引领景观

突出主场馆的标志作用；在交通组织上，规划通过基地中部南北向道路，将会展功能与商务办公等功能切分开来，且同时连接了两个主干路，便于交通的组织与会展交通的集散，同时，会展功能通过北侧的一条内部道路直接与高速路通道相连，也便于远距离交通的集散。

该方案较好地处理了多种功能的组织及布局问题，也较好地处理了会展交通与城市交通之间的关系，并较好的利用了水体的造型及景观控制效果，方案特色突出，空间效果较好。在此基础上，该方案还需在以下几个方面进行进一步优化与完善：①会展功能区的其余建筑与主场馆不够协调。主场馆采用的水迹的形态造型，体量较大，而其旁边的商业餐饮街、娱乐休闲中心等建筑无论是形态还是体量，与之差距过大，不够协调，虽然使得主场馆的地位更加突出，但会展功能区的整体感相对较弱；②道路轨道下穿主体场馆存在安全隐患。虽然方案对于交通的整体处理较好，但对接高速公路通道的道路以及地铁全部均从主场馆地下穿过，虽然便于直接对接主场馆的停车系统及人行系统，但会存在严重的安全隐患及管理障碍，应进一步优化处理。

——会展居于一角，水体塑造轴线

该方案中，有意识的压缩了会展功能的面积，将其布置于基地的西端，而基地中部依托水体构建了一条东西向的商务轴线，中心区整体布局较为紧凑，道路交通体系也较为清晰。具体来看：规划了一条连接高速公路通道及东侧主干路的道路，以及一条连接北侧及东侧主干路的道路作为中心区内部的骨架道路，在基地中部十字相交，使得中心区的交通疏散较为高效与便捷；将会议展览功能分解为会议休闲中心及展览文化中心两个功能区，居于中心区西北角，使得会展中心成为整个湖东地区的入口标志，也是外围快速路进入城市的一个景观标志点；建筑多采用玻璃、

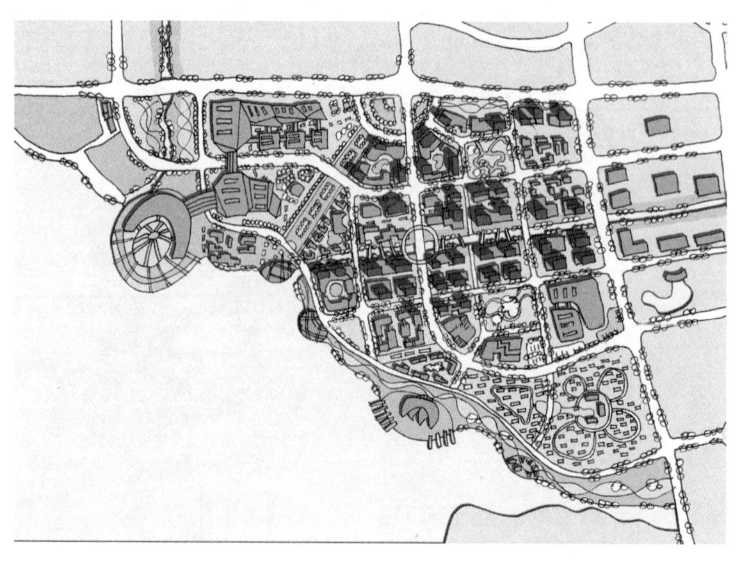

图 4.3-15　会展居于一角，水体塑造轴线

镂空飘板等元素构建，整体较为轻盈，会展旁还布置有一定量的开放空间；商务办公功能局域基地中部，以一条横向水系作为景观及建设轴线，空间布局较为紧凑；酒店等设施布置于会展与商务功能之间，便于服务；综合商业功能及社区商业功能集中布置于商务功能与居住社区之间，同样便于为两者服务；整个滨湖岸线以生态、休闲、景观等功能为主，成为会展功能的延伸，并与湖中岛屿连接为一个体系，作为高端会议休闲的场所；而在景观格局中，除商务功能依托的水体轴线外，还在会展功能与其余功能之间规划了一条水系景观轴线，并在滨湖处设置一处观景平台，即是轴线的对景标志，又是观赏湖景的最佳场所。

综合来看，方案功能布局合理、骨架结构清晰、交通组织有序、景观格局突出、休闲体系完善，反映了方案整体思路较为明确。在此基础上，该方案尚有基础需要进一步斟酌：①会展功能的规模不足。会展中心内，会展功能作为核心及主题功能，也是城市发展所必须的升级功能，在该方案中的规模略显不足，且被道路所分隔，虽有天桥连接，但对于城市举办大型展会起到了一定的限制作用；②交通体系组织还可进一步优化。方案采用十字形轴线道路的方式组织中心区内部交通，使得大量城市交通从会展功能区内部穿越进入高速通道，会增加会展期间道路的交通压力，也不便于交通的管理。此外，纵向的道路也穿越了多个功能片区，使得中心区内的主要道路功能复合均较高，需要进一步优化道路交通体系，使交通组织更为合理。

Urban Central District Planning and Design

第5章

行政文化中心区规划设计

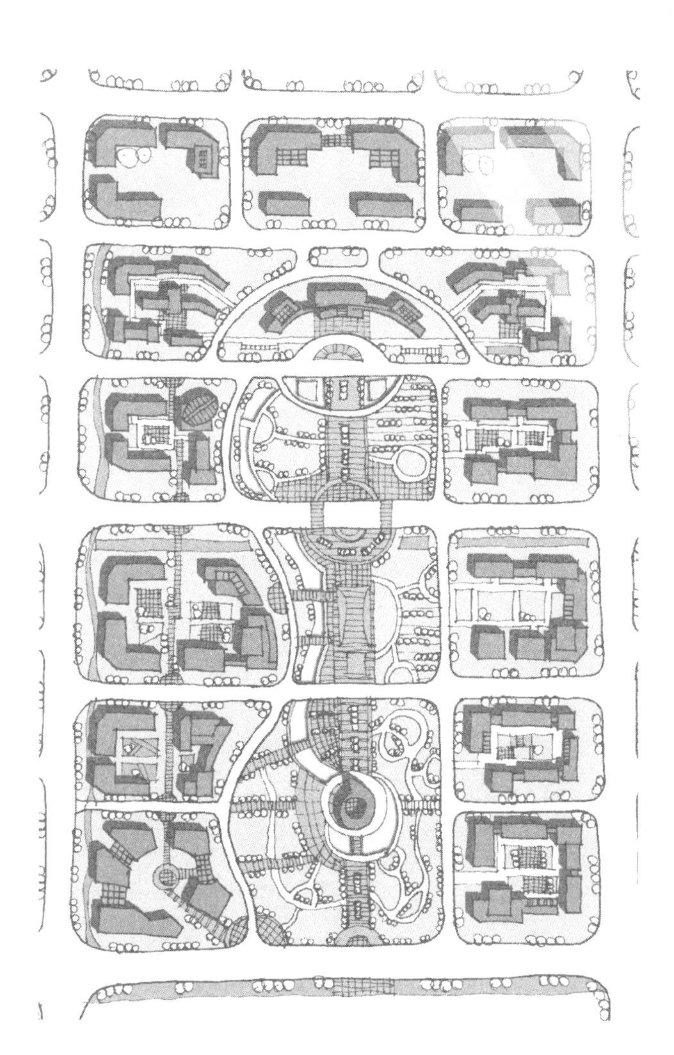

在我国长期的历史演进中，行政文化中心一直以来都是城市经济及社会生活的核心场所之一，是整个城市政治及公共管理的中枢。同样，行政文化中心也是城市的标志性空间之一，对城市整体空间形态格局及城市空间的扩展有着至关重要的影响，是城市重要的结构性要素之一。相应的，城市行政文化中心规划也已成为城市发展的一项重要议题。

5.1 行政文化中心区的界定

5.1.1 行政文化中心区概念

"行政"一词在我国古代历史文献中很早就出现过。"左传"中就有"行其政令"、"行其政事"的说法。《纲鉴易知录》这部编年史也记载，纪元前 841 年周厉王因"国人发难"而出逃，当时太子靖年幼，由"召公、周公行政"，这里所指的"行政"，即指管理国家政务，它包括管理国家的全部活动。而我们现在通常所说的行政，则来源于英文：administration，据国际通用的《社会科学大辞典》解释："行政为国家事务的管理"。马克思也把行政理解为"国家的组织活动"。因此，从一般词义上来看，"行政"即是国家事务的管理活动[1]。

中国的《辞海》中提出了行政具有两个含义，一是泛指各种管理工作。如国家管理工作、社团管理工作、企业管理工作等。二是专指国家行政机关的组织管理活

① 张敬荣 . 行政管理学 [M]. 济南：山东大学出版社，1988.

动。范围很广，包括国防行政、外交行政、民政行政、公安行政、司法行政、教育行政、科技行政、文化行政、卫生行政、体育行政以及国民经济方面大量的组织管理活动[①]。而近现代西方学者给行政下的定义也有几十种，例如“行政是国家的全部管理活动”、“行政是国家立法、司法以外政务的总称”、“行政是达成政治目的的活动”以及“行政是为完成特定目标而对许多人的指挥、协调和控制”等。这些定义在一定程度上从不同角度说明了行政的含义。马克思在著作中曾说：“行政是国家的组织活动。”把这一定义展开来便是：行政就是国家行政机关为实现国家的目的和任务，行使国家权力，从事国家政务管理的活动[②]。

而从空间层面来看，行政中心的规划应当抛开行政相关的组织及活动等非空间内容，主要指针对行政机关办公、管理活动的集中场所的物质空间规划，主要体现在行政中心的布局方式、建筑体量组合以及外部空间设计等方面。与国家行政机关的层级结构相对应，行政中心也有相应的等级区别，形成国家级、省级、市级等的结构体系：国家级行政中心一般指各国首都的行政中心，如北京、华盛顿和堪培拉等；省级行政中心一般指省会城市的省级行政机构；市级行政中心一般包括市、县级市和县这几级国家行政机关和政府职能机构（图 5.1–1）。

5.1.2 行政文化中心区建设动因

一般情况下，在我国的传统中，城市往往在行政文化中心，即府衙周边形成商贸等服务业的集聚，成为城市中心，现在仍有许多城市保留有府前街、县前街等传统名称。虽然大多数行政文化中心在城市的发展中都有所迁移，但仍多位于老城区甚至是城市中心区。而随着我国快速城市化的进程，城市规模及人口迅速扩展，使得老城区面临较大的交通、人口及环境压力，严重影响行政文化中心的工作效率，又进一步增加了老城的压力，集中体现在以下三个方面（图 5.1–2）。

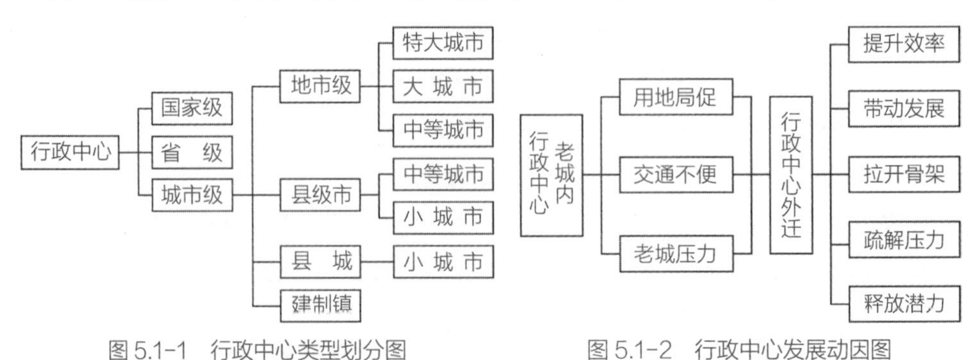

图 5.1–1 行政中心类型划分图

*资料来源：姚准．新时期我国城市行政中心规划建设初探 [D]. 东南大学，2002.

图 5.1–2 行政中心发展动因图

① 辞海编辑委员会．辞海 [Z]. 上海：上海辞书出版社，1999.

② 刘永安．行政行为概论 [M]. 北京：中国法制出版社，1992.

用地局促：老城区建设用地限制严重，行政文化中心周边多为已建成的区域，致使其扩展限制明显，且使得行政单位较为分散，不易形成良好的机构组合，形成办公空间匮乏、办公协作不便的问题。

交通不便：由于城市规模、人口的急速增加，及私人小汽车的快速发展，使得老城内交通压力剧增，导致交通通行不畅等问题，加之分散的行政机构布局，严重影响了既有行政机构的运行效率。

增加老城压力：社会经济的飞速发展，对行政管理的需求不断增加，频繁地交流及活动纷纷向老城汇集，也进一步增加了老城内的交通及环境压力。同时，既有行政机构占据的土地往往具有较高的商业价值，更利于商业开发。

在此基础上，行政文化中心外迁成为城市发展面临的重要议题，许多城市均采用行政机构外迁，集中新建的方式进行应对。这一方式不仅有利于行政文化中心的发展，也有利于城市空间的发展，具体体现在以下几点。

①提升行政效率：由于老城外围发展空间较大，建设用地充足，可根据城市发展的实际需要进行规划建设，并可为未来的发展留有一定的余地。这一方式，有利于各相关行政机构集中布局，减少了部门协调的交通时间，便于交流与协作。

②带动城市发展：行政文化中心的选址新建往往与城市新区的建设相结合，作为新区发展的首要增长极。新区建设可以利用行政文化中心的带动作用，完善基础设施及生活条件，完善投资管理及投资环境建设，使得新区建设能够得以快速发展。

③拉开城市骨架：新建的行政文化中心除带动新区发展外，对于城市来说，也是一个新的空间增长极，拉动城市的各项建设向其聚集，城市基础设施也随之延伸，突破原有城市格局。特别是城市主干路网的延伸，使得城市的空间骨架得以延展，促进城市空间的拓展。

④疏解老城压力：行政中心的外迁必然带动了相应的人口、交通等向城市外围迁移，从而降低了老城相应的压力，也进一步降低了其对老城环境的压力，对于保护老城环境及空间格局具有良好效果。特别是类似苏州这样的历史文化名城，行政文化中心的外迁对于保护古城格局，疏解老城压力具有重要意义。

⑤释放老城潜力：占据老城较好区域位置的行政文化中心的外迁，可以进一步释放老城的发展潜力，为老城的进一步发展提供良好的土地资源，增加老城持续发展的动力和可能。而由于其所处区位较好，投入市场后，对于提升城市土地价值，促进老城的良性发展具有重要作用。

5.2 行政文化中心区的空间解析

我国的行政文化中心较为特殊，长期以来都对城市建设发展起着有效的带动作用。因此，行政文化中心如何选址布局成为其建设的首要问题。而由于其功能的相对单一性，造成了其空间构成要素的相对明确，可以把行政文化中心理解为由行政办公建筑与开放空间组合而成的一种特定的空间形态。

5.2.1 机构分布及选址模式

行政文化中心包含的概念内涵较多，而通常所说的行政文化中心则多指政府所在地，其余的行政文化部门或独立分布，或与政府合立一处，而各行政机构之间的联系及协作关系是各行政机关布局的基础。从城市尺度来看，存在着三种布局方式：分散式布局、集中式布局及模块式布局（表 5.2–1）。

行政机关布局模式　　表 5.2–1

模式类别	布局形态	模式概述	典型案例
分散式布局	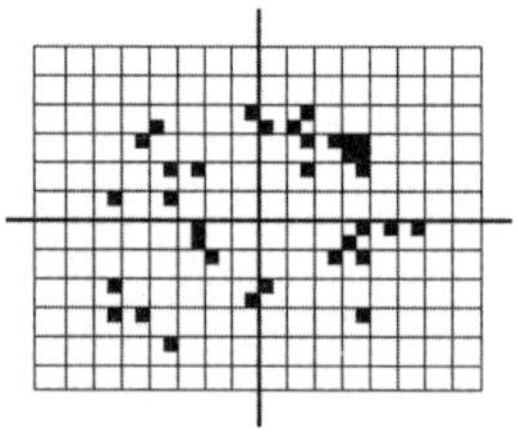	城市各行政机构分散布局于城市不同位置，各行政机构根据自身发展条件进行更新及扩展，并随着城市的扩张逐渐外延，形成分散式布局模式	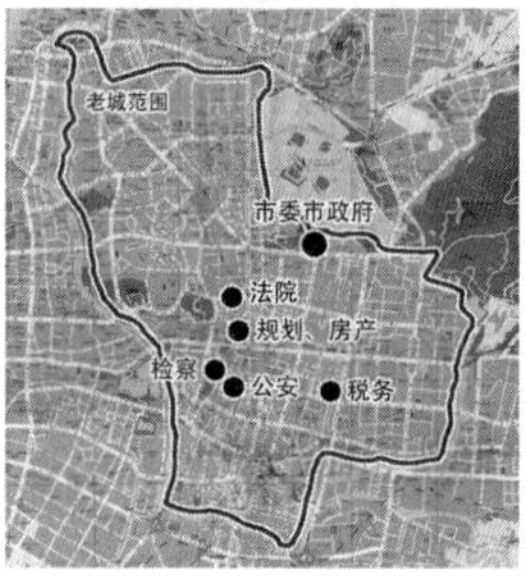 老城范围　市委市政府　法院　规划、房产　检察　公安　税务 南京市行政机构布局示意
集中式布局	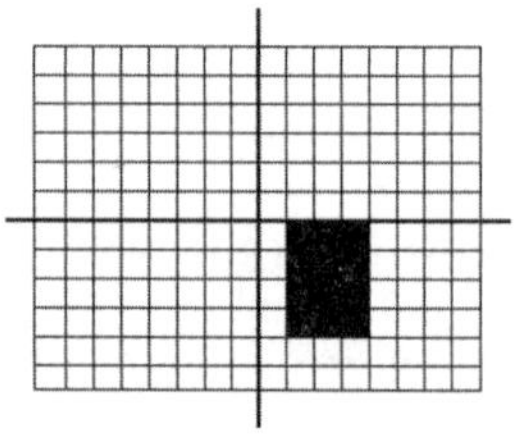	行政机构集中于一栋建筑、一组建筑之中，或相对集中于一个街区、一条街道之中。这种模式多为新建行政文化中心，根据上文提及的选址方式进行集中布局	 深圳市市民中心布局
模块式布局	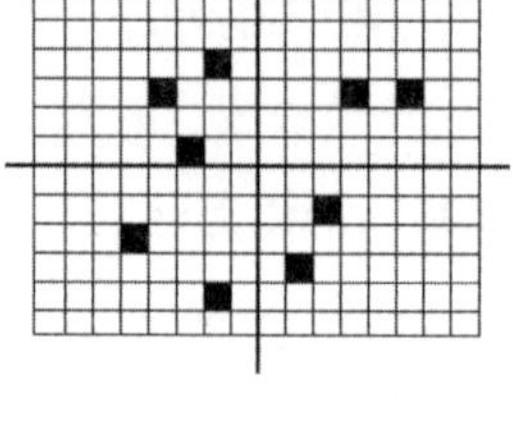	模式化布局强调的是相关职能部门的有限集中及各行政模块之间的相对分散，形成相关职能行政机构的集中布局，而不是所有机构的集中	 行政中心　市委市政府　政务管理　职能监管　政府综合经营　行政事业单位　开发区管理　常、团、社　公检法　人大政协纪委 行政办公模块设置示意

在此基础上，行政中心选址的影响因素较多，但在与老城的空间关系上，主要表现为三种方式，即，原址提升、近郊布局与跳跃搬迁（表 5.2–2）。

行政文化中心选址模式　　表 5.2-2

选址模式	区位示意	模式特征	适用条件	典型案例
原址提升	老城区 行政中心	城市行政文化中心在原有基础上进行扩展，通过改造、扩容等方式进行提升	现有用地条件较为充裕；既有位置较为合理；城市空间的增长也较为均衡，使得既有行政文化中心位置仍然处在城市管理较为合理的位置	老城范围 市行政文化中心 南京行政文化中心
近郊布局	老城区 新城区 行政中心	城市行政文化中心外迁，但选址在既有建成区的边缘，利用城市现有的道路等基础设施进行建设	原有行政文化中心发展受限，现有的行政办公场所分布较为零散；结合城市主要发展方向或城市新区的建设布局	新行政中心位置 原行政中心位置 深圳湾 香港特别行政区 深圳行政中心的迁移
跳跃搬迁	老城区 新城区 行政中心	行政文化中心跳出原有城市格局，并与城市建成区具有一定的空间距离，在城市外围选址新建，形成新的城市发展片区，初期基础设施等的建设投入较大	城市整体发展受到限制，如历史文化名城保护、自然山水条件等，需要行政文化中心作为新的增长点以带动城市发展	新行政中心位置 原行政中心位置 合肥行政中心外迁

5.2.2 主体建筑及空间布局

行政文化中心的具体布局中，多会以一栋建筑作为空间统领，成为整个行政文化中心的主体建筑。该栋建筑通常为市委市政府办公大楼，在行政管理体系中，也处于主体地位。而由于行政文化建筑的特殊性，主体建筑也有一些常见的处理方式（表 5.2-3）。

在行政文化中心的布局中，主体建筑起到了至关重要的作用。行政文化中心讲究庄重、严肃、大气，因而更加强调工整的对称式布局，形成宽大的空间轴线，这一布局模式也是现代采用的主要方式。而在具有特定环境条件的地区，行政文化中心的布局受到更多因素的影响，产生了一些新的形态。总体来看，倾向于在保证行政文化中心应有的空间意向的基础上，结合自然条件及环境，为空间注入活力，进行创造性布局。

主体建筑形态模式 表 5.2–3

建筑形态	模式示意	模式特征	典型案例
“一”字形	“一”字形　弧线形　折线形	“一”字形是较为普遍的一种形态，建筑体量较为规整，形式大方、严肃，符合我国对行政文化中心的心理认同	无锡市行政文化中心
四翼型	“田”字形　“×”形　“>–<”形	这种方式与我国行政体系的四套班子相呼应，建筑由四个相同模式体量组成，形成“一体四翼”的组合关系	福州市行政文化中心
双子楼	对称式　联立式	行政文化中心的主体建筑由两栋高层建筑组成，且两栋建筑体量相同、形式呼应，多布置于中轴线两侧，成对称排列，形成门阙式造型	大庆高新区行政文化中心

1）轴线统领布局模式

轴线统领布局是最为常见的布局方式，往往以主体建筑布置于轴线正中，其余相关建筑布置于轴线两侧，轴线往往会与周边山水相呼应，或在轴线端头布置雕塑等标志景观，形成较为宏大、庄重的空间格局（图 5.2–1）。

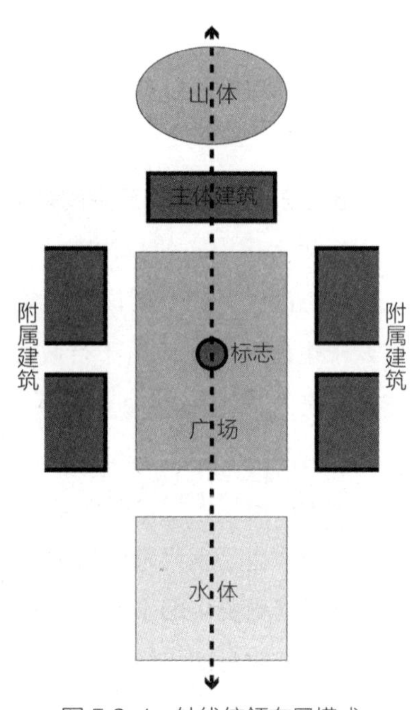

图 5.2–1　轴线统领布局模式

虚轴对称布局（图 5.2–2）。轴线被东西向斜向道路分成了南北两段，北段为行政文化中心核心区域。主体建筑位于轴线最北端，采用对称式结构，形成轴线的起点；轴线中部以开敞水面、广场及绿地组成，也均为对称式；轴线两侧也以完全对称的建筑所限定，但各组对应的建筑间并不是呆板的完全相同，而是在形式上稍作变化，增加轴线的序列感；斜向道路以南，保持了轴线对称的格局，布置了一组较为灵活的建筑，形成呼应关系，轴线中部，规划了一处景观雕塑，形成对景标志作为轴线收头。该方案形成了较好的行政文化氛围，又以弧线造型的主体建筑、不同体量的高层建以及局部的斜向道路进行空间变化，较好地处理了行政文化需求也增加了一定的灵活性，庄重而不死板。虽然方案通过大量布置绿化、水体的方式压缩了北段的广场面积，但整体的开敞空间尺度较大，树木布置较少，会显得过于空旷，不利于室外的活动与交流，且停车场地均集中于一侧，且对外围城市道路直接开口，不利于停车的组织与管理。

实轴院落布局（图 5.2–3）。该方案的采用了与常见的虚轴相反的布局模式，更类似于传统的府衙、宫殿的布局模式，将建筑布置于轴线中部，形成一个个院落；轴线中间不再是开放的绿地、水系及广场，而是规划为步行走廊，串联起各个院落，将集中地开放空间化整为零的布置于各个院落之中，与院落尺度相对应，形成节奏感较强的空间序列；轴线北端在院落之外规划了一处板式建筑，在空间感知上形成了一个类似传统“照壁”的空间效果，作为轴线的一个端点；轴线南段正对较为开阔的水系，规划了一处观景平台，在形成景观节的同时，也成为轴线的南部端点。这一布局模式并不多见，但在一些地形条件限制或历史文化要素较多的地区较为适合，也较为切合模块化的行政办公模式。但该方案的线性、院落式布局模式与集中的行政文化中心便于交流协作、提升办事效率的初衷有所违背，且整个行政文化中心在空间上较为封闭，显得过于保守与内向。

十字双轴布局（图 5.2–4）。该方案在构筑了南北向行政文化轴线的同时，以斜向水系为依托，勾出了一条东西向横向轴线，组成纵横交错的十字双轴格局。纵向

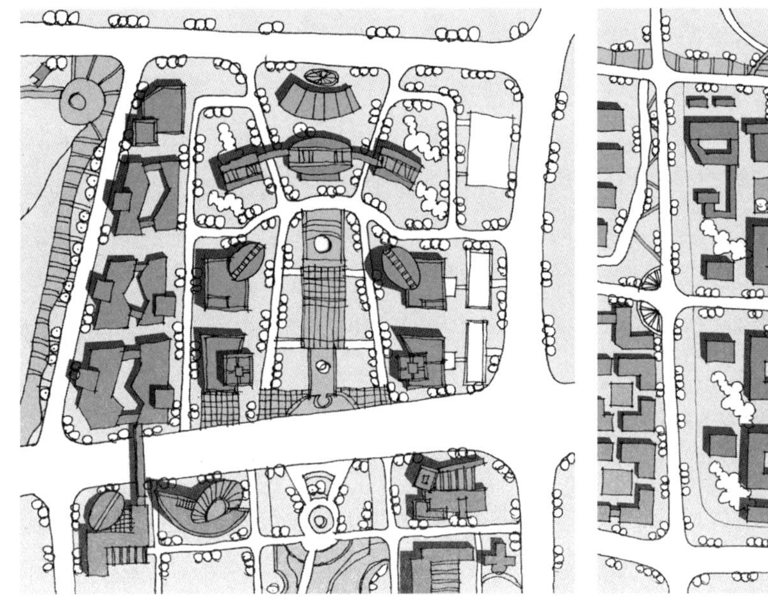

图 5.2–2　虚轴对称布局

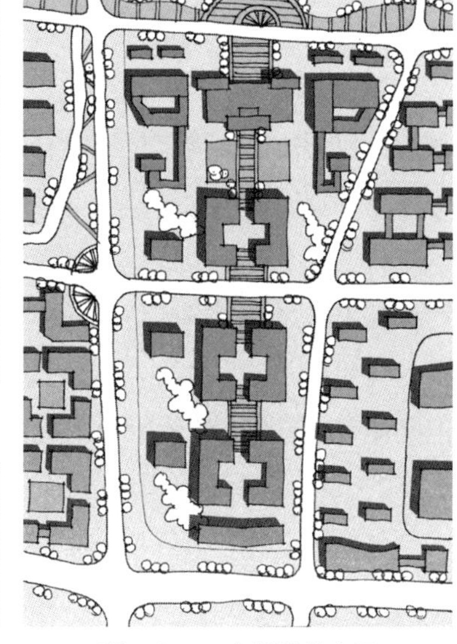

图 5.2–3　实轴院落布局

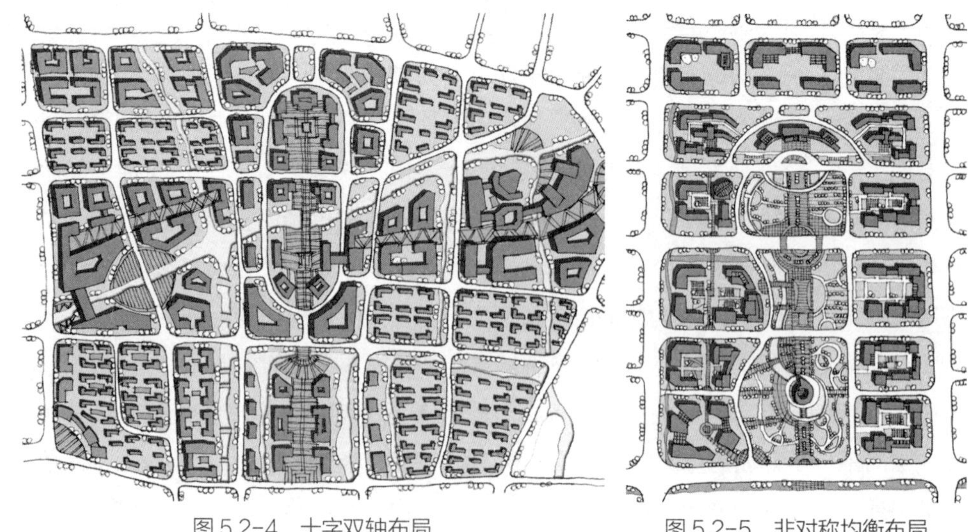

图 5.2-4　十字双轴布局　　图 5.2-5　非对称均衡布局

轴线以广场串联，围绕广场形成双层建筑围合，内层为行政文化建筑，外层为商务商业建筑；横向轴线以水系串联，形成滨水休闲活动带，也形成了双层建筑布局，贴近水面布置商业休闲设施，外围布置商务办公设施。这一格局，有效地缓解了纵向轴线格局的割裂感，使得整体空间形态联系更为紧密、更有张力。但方案中行政文化中心的建筑体量过小，未能形成有效的空间标志感，且广场空间被围合的过于严密，未形成良好的景观环境，显得过于小气，双轴交汇处的空间处理也过于简单。此外，商务、商业设施的体量过大，尺度有些失衡。

非对称均衡布局（图 5.2–5）。该方案打破了传统认识上行政文化中心对称式的布局模式，借助南侧的较好的水体资源，将水系引入基地，形成自由的线性，使得空间更加的灵活多变。与之相应，主体建筑也采用了弧线造型。因为水系的造型，轴线的开放空间形成了东侧直线型与西侧曲线形的对比，使得开放空间的收放关系变化较为灵活；而两侧的建筑组团虽然各不相同，但均采用了同样的组织方式，使得整体较为协调。为了保证整个轴线的连续性，整个开放空间设计手法相似，并在被道路分割而成的三个连续开放空间中布置了不同类型的标志节点，使得空间更富于变化。整个形态很好地利用了水体灵活性的特点，在保证了整体空间庄重、大气的基础上，赋予了空间更大的活力。但方案过于强调生态环境条件，使得开放空间多为绿化所覆盖，集会、活动的广场空间缺乏。虽然引入了水系作为构图的要素，但整体与河道的交流较少，应将其纳入整体布局形态统一考虑。

2）景观主导布局模式

该模式多应用于环境资源较好，行政文化中心为主的新城或新区的规划中。利用现状水系构筑景观水环或人工构筑景观绿环，环绕行政中心布局，串联起周边片区，与行政文化中心的布局相呼应，形成独具特色的片区整体形态。这一形态特征类似于传统的“护城河”格局，有着较强的向心性与领域感，又能形成有效的连接，整体感较强（图 5.2–6）。

轴环相契式（图 5.2–7）。由于周边的环境较好，方案在布局中以弧线的方式构筑南北向轴线，增加了空间的灵动感。同时，梳理外围水系，形成水环。水环尺度较大，串联起外围的居住片区，并在居住区中心将水面放大，形成节点，并结合布置居住区配套服务设施；水环在主体建筑南侧也形成一处放大的水面，与主体建筑呼应，形成核心建筑、景观节点；同时轴线南侧水环与轴线相交处结合广场，也形成了一处景观节点。方案以水为脉，水景结合公共设施布置，整体空间较为有序有充满变化，不似一般规整严肃的行政文化中心氛围。但方案对主轴线的处理过于均衡，缺乏变化，且东西向轴线、南北向轴线及水环均相汇于主体建筑处，使其更像一处景观建筑，与使用方式不符。

水环筑廓式（图 5.2–8）。由于采用的是集中办公的方式，该方案在中心道路南北两侧各规划了一处大体量建筑，并通过连廊相连，形成整体。在此基础上，规划一条水系环绕该组建筑布局，形成类似“城郭”的结构，并在南北两侧形成两处景观广场，北侧堆山、南侧造水，形成背山面水格局。外围建筑结合水系，布置成组团式院落，串联与水环之上。整体方案类似于传统的园林式布局，适合于单体建筑规模较大的行政文化中心，南北分开，左右相连的格局，也较为适合我国“四套班子”的行政办公模式。但外围空间组织较为零散，整体感较弱。

核心水景式（图 5.2–9）。某些行政文化中心的选址紧邻较为开阔的水面，景观优势显著，因此在布局时往往将主体建筑正对水面布局，并对水面进行景观处理，形成核心水景区。该类水景一般不讲求对称，造型较为灵活，多会形成主题公园。

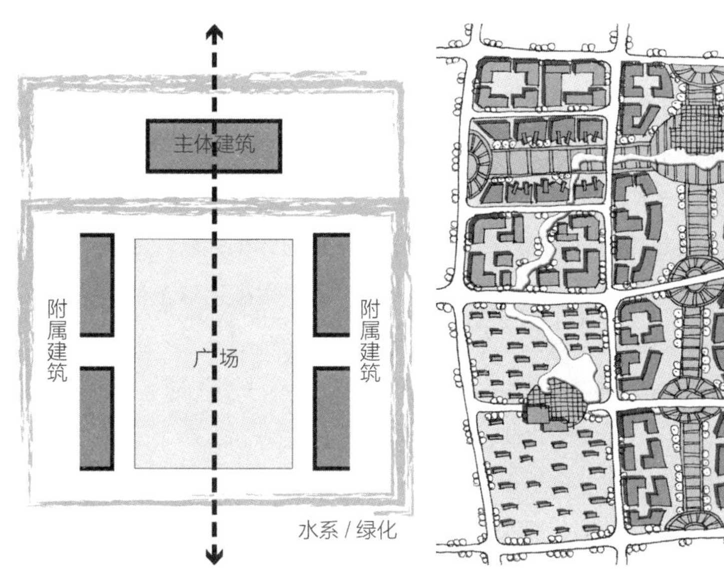

图 5.2–6　景观主导布局模式

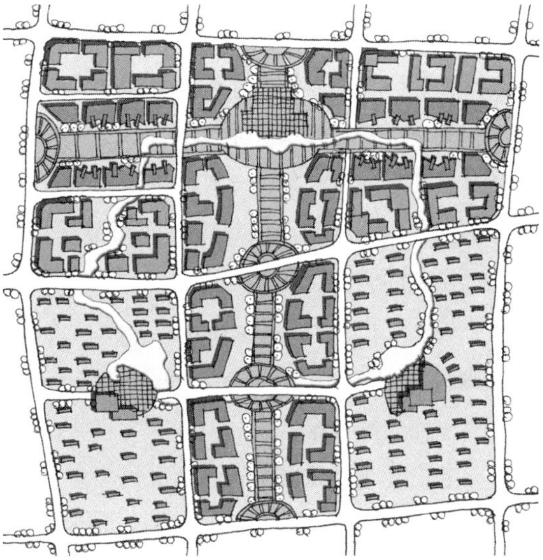

图 5.2–7　轴环相契式

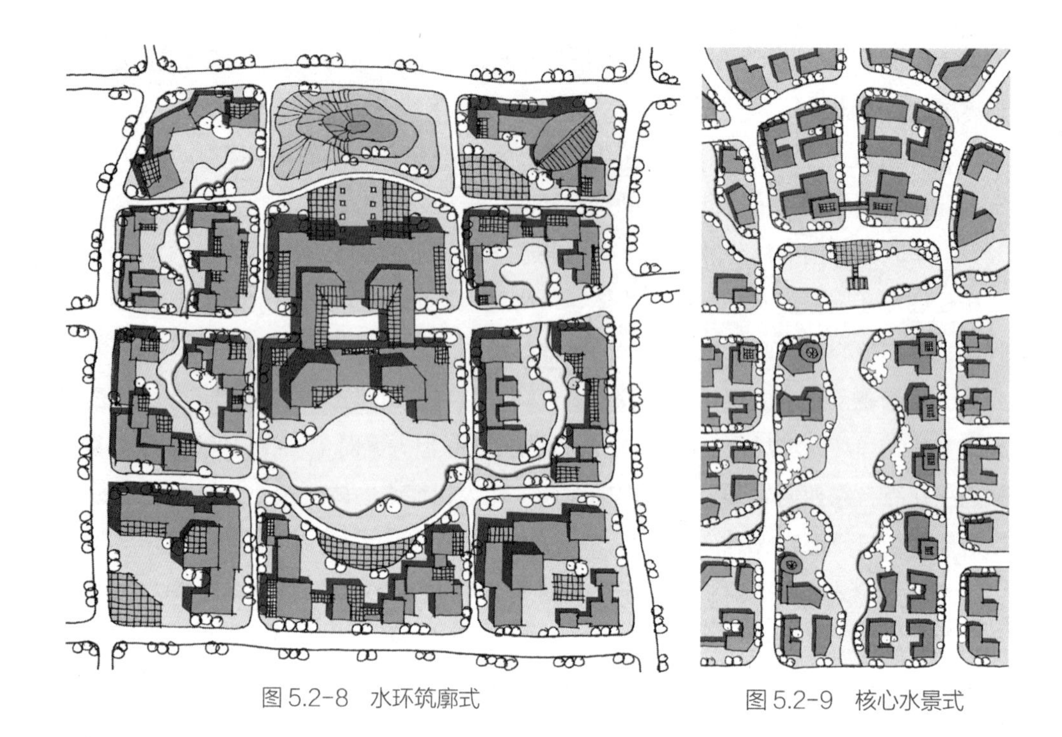

图 5.2-8　水环筑廓式　　图 5.2-9　核心水景式

其余行政办公建筑也不求对称，而是围绕水系，因地制宜，以组团式布局嵌于环境之中，使得整体形态较为有机与松散。这一布局方式较为适合采用模块化的行政办公发展趋势，各个办公模块相互分割又相对集中，使得行政文化中心的整体形象更具亲和力，也为市民提供了一处休闲游憩场所。但方案模糊了行政文化中心边界的同时，也为行政文化中心的管理带来了一定的困难，且如果一个个办公组团对水景围绕的过于完整，缺乏直接对外开敞的界面，极易将核心的景观资源封闭化，成为仅供行政办公使用的内部景观。

5.2.3　行政广场及围合模式

几乎所有城市行政中心的布局中，都会结合广场进行设计，一方面是为了满足大量人流的集散需求，另一方面也可以提高行政办公条件，创造良好的环境，同时，广场的设置也有利于形成良好的景观视野，成为城市良好的标志性景观场所。对于行政广场空间的设计，其围合方式是首先需要解决的问题。根据地形条件、行政文化中心规模、广场使用功能等不同因素的影响，又可分为完全围合、三面围合、半围合及自然开敞等方式（图 5.2–10）。

（1）完全围合模式

行政广场被行政办公及相关文化等建筑所环绕，形成完全闭合的“内院”模式（图 5.2–10，a）。具体的设计中，由于该模式的进入性及视线通透性较低，封闭感较强，使得开放空间极易成为行政文化中心的内部活动场所。通常的做法是以城市道路为

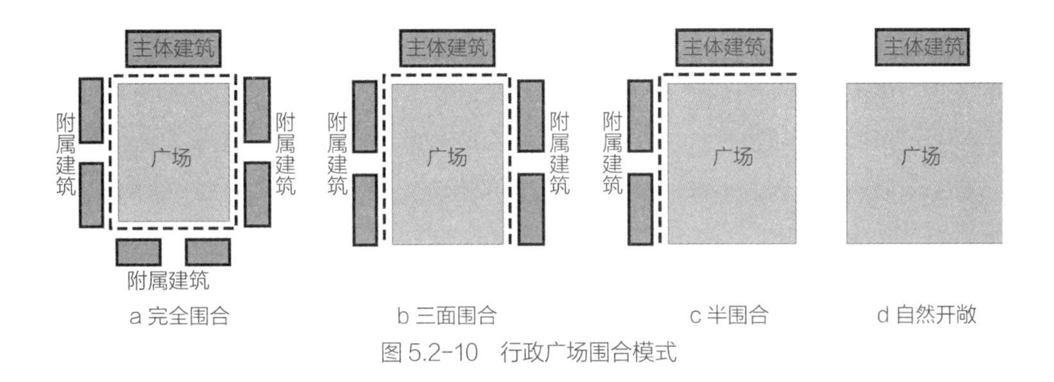

图 5.2-10　行政广场围合模式

界，将其划分为纵向的几个单元，形成不同的功能主题（图 5.2-11）。该方案以横向的道路将行政文化中心划分为纵向的三段：北段为行政办公区域，以弧形建筑及相应的附属建筑围合广场，作为行政广场；中段以两组建筑相对应，限定广场东西两侧，延续纵向的开敞空间；南段以文化建筑品字形布局限定广场空间，作为开敞空间的收头，且中部的建筑造型独特，与北端的行政主体建筑相应，形成对景。这种方式便于对不同使用功能及服务对象的广场进行针对性的管理，行政广场封闭管理，南侧的文化广场则可以完全向市民开放。但方案在进行景观的设计时，过多地强调了绿化空间，缺乏集中活动的硬地广场，特别是南侧的文化广场，应提供充足的活动场所及集散场地。

（2）三面围合模式

行政广场被行政办公及其附属相关建筑围绕，一般以北、东、西三个方向的围合为主，形成较为封闭的三面围合模式（图 5.2-10，b）。这一模式实际中使用较多，以主体建筑围合北侧，以相关附属建筑围绕在东西两侧（图 5.2-12）。一般情况下，该模式尺度比完全围合模式小，多为 1~2 个街区组合而成，方案中北侧为主体建筑及两栋高层建筑限定，南侧为两排附属建筑限定，并与下方公园向通，形成较有效的联系。该方式开敞度比完全围合模式要高，可形成较好的观赏角度，有益于突出行政文化中心整体形象。但方案中，建筑体量较大，建筑界面的通透性较弱，且与建筑体量相比，广场尺度显得较小，空间较为压抑，

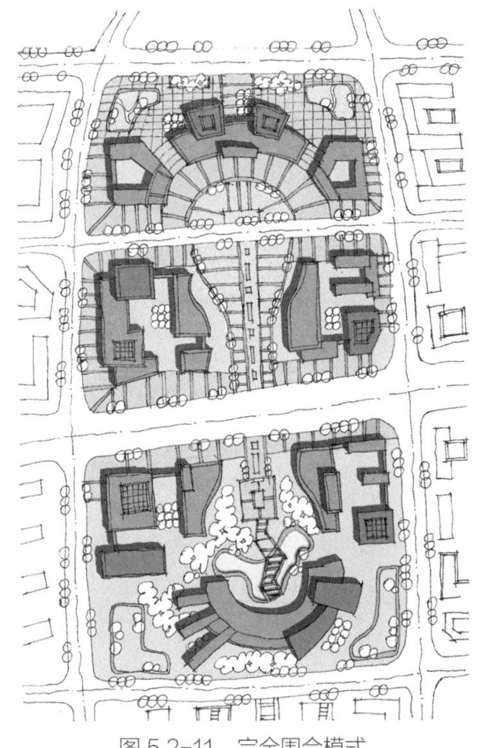

图 5.2-11　完全围合模式

绿化空间及树木较少，使广场的活动适宜性较弱。

（3）半围合模式

行政广场形态较为自由，行政办公建筑与之相呼应，或布置为组团式，仅围合开放空间的两个界面，形成半围合、半开敞的形态（图 5.2–10，c）。这一模式适用于行政办公规模适中，园林式的行政文化中心，强调良好的生态景观效果及自由的形态格局（图 5.2–13）。方案仍然保持了主体建筑坐北朝南的传统格局及对称的形态特征，在此基础上，更加强调水体的自由变化，形成核心水景区域；其余相关的行政办公建筑布置于公园一侧，建筑形态与公园的自由形态相呼应；建筑整体高度不高，形成建筑掩映于绿化之中的整体效果；公园的半开放模式也可形成该片区主要的休闲、游憩场所，为市民提供服务。但正因为方案强调环境的重要，整个开放空间以水体及绿化为主，缺乏必要的广场集会空间。

（4）自然开敞模式

行政广场与主体建筑相对，完全占据一个街区，适用于行政办公规模不大，并采用集中式办公为主的行政文化中心，开放空间更多的是为市民提供服务，一般会形成市民广场或市民公园（图 5.2–10，d）。

由于行政办公建筑采用了集中式，因此体量或高度较大，设置大型的广场或公园，也能在空间上形成较好的呼应关系，形成较好的观赏场所（图 5.2–14）。方案主体建筑采用“四翼型”模式，中间为裙房连接体，整体规模尺度较大；南侧

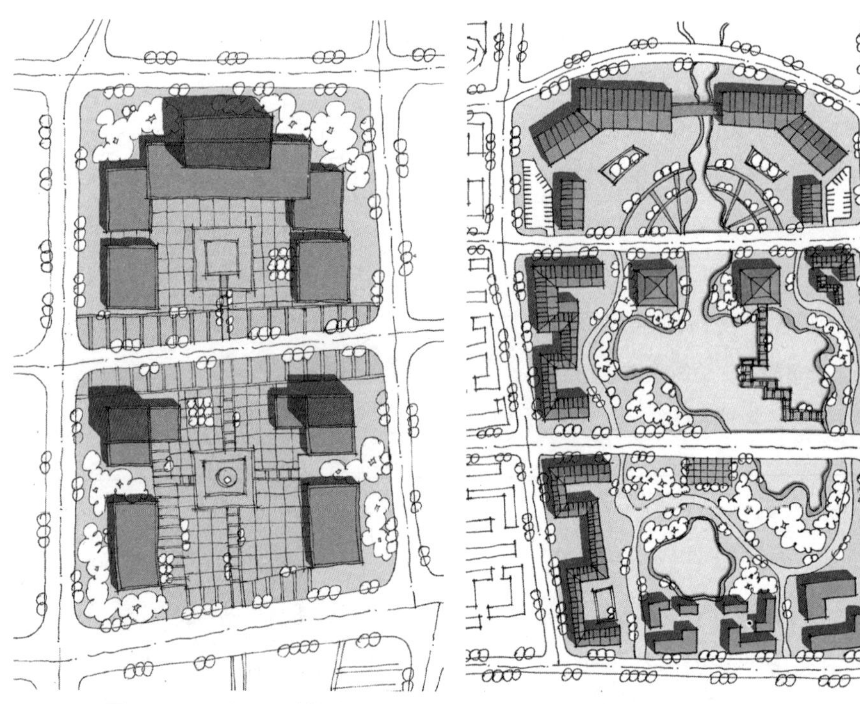

图 5.2–12　三面围合模式　　图 5.2–13　半围合模式

结合水系布置了一处大型开敞水面，并于轴线位置规划了一处标志塔，与主体建筑形成空间呼应关系；以此为核心，又将水系向两侧延伸，同时在南侧规划了一处山体，形成远景；大型开敞绿地与主体建筑公共构成一处景观标志空间。与全封闭式不同，该模式中的开放空间是整个片区的结构控制要素，而不仅仅局限于行政文化中心内部。但与较大的建筑体量相比，行政文化中心所在的街区内部的行政广场面积过小，在开阔的水面南侧再用一个街区规划一处山体，过于浪费，应结合南侧的大体量文化建筑，布置成广场为主的活动场所。

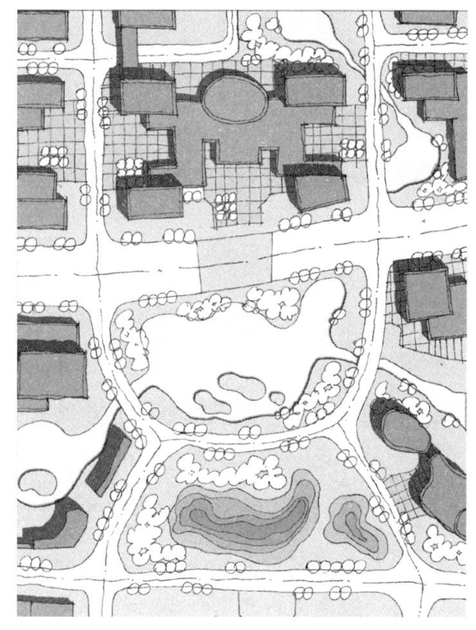

图 5.2-14　自然开敞模式

5.2.4　行政文化中心区规划的重要问题

选址问题——基于我国特定的国情条件，行政文化中心的选址关系到一个城市的整体建设格局，对城市结构的演替具有重大意义，应慎重决策。行政文化中心已经超越了一般意义上的政府形象工程，而是城市新区、新城发展的首要增长极核之一，起到带动城市发展的发动机效应，因此应从区域发展联系、产业发展格局、城市拓展方向、未来发展潜力等多方面对其进行评价。

建设规模问题——行政文化中心的建设应根据城市的实际需求，选择合理的规模与形式，不能为了追求形象而盲目扩大规模，劳民伤财，造成资源的浪费；也不易过小，无法满足行政办公的增长需求，设施使用力度过大，或未达使用年限便需要重建或新建。应根据城市现有条件及科学的未来发展规划，在满足当前需求的基础上，为未来的发展留有适度的余地。

建筑形式问题——建筑形式的选择，不易过度追求时尚或古典，造成建设成本过高。应在强调地方材料使用的基础上，根据周边环境及城市发展定位，选择能代表城市未来发展风貌的建筑形式。同时，在建设中也应注意行政建筑在生态、节能、环保等方面的示范带头作用，强调节能环保材料及生态绿色技术的应用，为国家节能减排做出贡献于引领。

开放性与封闭性问题——行政事务越来越朝着服务型、开放式的方向发展，而现有行政文化中心基本都是以围墙相隔，进行封闭的管理。这是长期的历史原因的作用，但给公众与政府之间树立了一道鸿沟。为此，在保证政府工作良好有序运转的前提下，如何增加行政文化中心的开放性，增强政府与公众之间的纽带联系，促进政务公开及服务透明，需要规划师在空间上提供创造性地解决方式。

5.3 典型案例设计及剖析

在行政文化中心设计的具体教学案例中，根据行政文化中心规划建设的实际情况，选择了多个案例进行研究，重点考虑在不同尺度及需求的条件下，行政文化中心的布局形态、功能构成等特征。而根据空间尺度及区位等的不同，主要涉及三种类型：新城规划、新区规划以及街区规划。

5.3.1 行政文化中心区带动的新城规划

以行政文化中心的建设带动新城的建设，是我国城市化快速发展阶段城市扩展的一种常见现象。行政文化中心多会选址于新城的核心地段，并以行政文化中心的建设带动新城基础设施、环境景观及公共服务设施的建设，为进一步的发展奠定良好的支撑及服务条件。同时，行政文化中心的建设又能在很大程度上代表城市建设新城的决心，为大量的开发商及城市居民树立信心，对于新城初期的招商引资、吸引居住人口等具有较大的推力作用。本书将结合具体案例对其规划设计进行详细解析。

（1）案例介绍及现状解析

我国南方某大城市因原城区距离区域核心城市距离较远，且老城内发展空间受限，城市急需新的增长空间释放城市的建设压力，带动城市发展新一轮的发展。在此前提下，城市选择在其老城西北侧选址建设一处新城，形成于区域核心城市距离较近，位于核心城市西南侧。而由于新城位置距离老城较远，城市功能及人口搬迁阻力较大，城市拟将所有的行政办公及相应机构全部搬迁至新城，规划建设一处新的行政文化中心，以树立新城发展信心，带动新城建设。

如图 5.3–1 所示，该新城北侧有一条大江穿过，东侧即为该江的入海口，区域整体生态及景观条件较好。基地北侧的东西向主干路等级较高，向东与城市工业集中区相连，向西则可达区域核心城市；东侧的南北向主干路向南可直达老城，向北则有跨江大桥与江北地区直接联系，基地整体的区域交通条件较好。在这一大的区域条件下，基地内部水系条件较为充沛。基地中部有一条较宽的水系斜向穿越基地，并与多条纵向水系相连，其余地区也多有小型的河道纵横。基地整体形态较为方正，地势平坦，现状用地也多以村庄、工业、农田、鱼塘等为主，可完全拆除新建。

（2）设计思路及重要问题

在这一典型的行政文化中心带动新城开发的案例中，基地整体形态较为规整，但基地内部水系错综复杂，为新城的规划布局增加了难度，但同时，水体资源也是

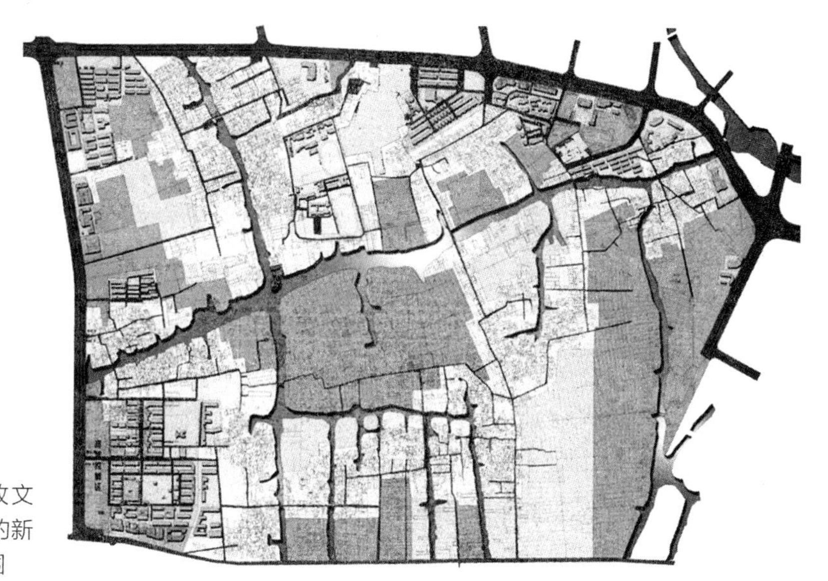

图 5.3-1 行政文化中心区主导的新城规划基地范围

塑造新城规划特色的重要元素。在此基础上，规划设计应重点思考以下几个问题。

——高密度开发还是低密度建设。无论从周边大环境来看，还是从基地内部小环境来看，该新城生态景观条件均较为优越，因此极易规划为低密度开发的模式，凸显其生态价值。但进一步思考会发现，该新城的建设初衷就是释放老城的建设压力，满足城市进一步发展的空间需求，从这一方面考虑，低密度开发的模式似乎有些不足，无法满足城市建设发展需求。因此综合判断来看，该新城应以高密度开发模式为主。

——对称布局还是不对称设计。从基地整体形态来看，具备对称布局的良好条件。而对于行政文化中心来说，也更倾向于居轴处中的对称式布局形态。一方面，这种布局方式更为庄重、大方、严肃；另一方面来看，也能对基地的整体形态起到良好的控制作用，对整个新城的均衡发展起到良好的带动作用。

——放大生态景观还是合理疏导利用。从基地内部来看，水体资源丰富，分布较为均衡。这种条件下，规划设计常常在核心节点或景观节点处将水面放大，形成开阔水面景观效果。但对于水系较多的地区来说，这种做法缺乏特色又浪费用地。在具体的规划设计中，应根据具体的设计需求对水体进行合理的疏导，利用水体天然的宽度造景，增加滨水的活动空间，使得空间布局更为紧凑。

在对整个规划设计的原则问题思考明确的基础上，对新城具体的空间形态布局进一步展开研究，可从以下几个方面需找突破口进行详细设计。

——利用行政文化中心打造基地中轴。行政文化中心多采用中轴对称这种庄严、大气的形态格局，会在一定的区域范围内形成较为明显的发展轴线。规划设计中可以利用并强化行政文化中心的空间轴线，作为整个新城的空间轴线，进而以此为核心控制要素，控制、引导、协调整个新城的功能及形态结构。

——利用斜向水体构筑横向虚轴。基地内部的斜向水体是基地内的主要河道，其流向肌理与基地较为方正的格局有所冲突，但同时，也为基地的灵活布局提供了良好的依据条件。在具体的规划设计中，完全可以利用其贯穿基地的条件，组织活动及相关职能布局，形成一条横向联系的轴线，对新城的空间形态进行进一步的控制及引导。

——围绕行政文化中心组织功能布局。对于该新城来说，行政文化中心是其龙头及核心要素，整个新城的发展及功能布局也应以行政文化中心为核心进行组织。在具体的布局中，应按照各功能与行政文化中心的相关性进行布局，相关性较高的，如商务、酒店、会展等功能应靠近行政文化中心布局，而一些相关性较低的，如生活服务型的商业、居住等功能则不宜距行政文化中心过近。

（3）常见错误解析

在行政文化中心主导的新城规划中，关于行政文化中心选址、整体空间结构、功能布局等方面也存在一些常见的错误，在这里将其总结如下。

——行政文化中心选址过偏、规模过小。行政文化中心的选址建设是该新城得以快速发展的前提，且必须能够容纳所有行政机构搬迁带来的庞大办公需求，因此应充分考虑行政文化中心的规模，且选址不宜过偏，过偏的位置不利于新城基础设施的建设及空间结构的构建。而图 5.3–2 中，行政中心规模极小，且位于新城南侧中部位置，并将新城内布置了大量的商务及商业设施。这一规划方案，既不能满足行政办公的需求，大量的商务办公职能也缺乏足够的支撑与依托条件，且新城建设缺乏明显的空间标志。

——过分放大水体，方案结构过于图案化。水体资源丰富是该新城的一大特点，但如将水体过分放大则会浪费新城宝贵的土地资源。如图 5.3–3 所示，方案将两条

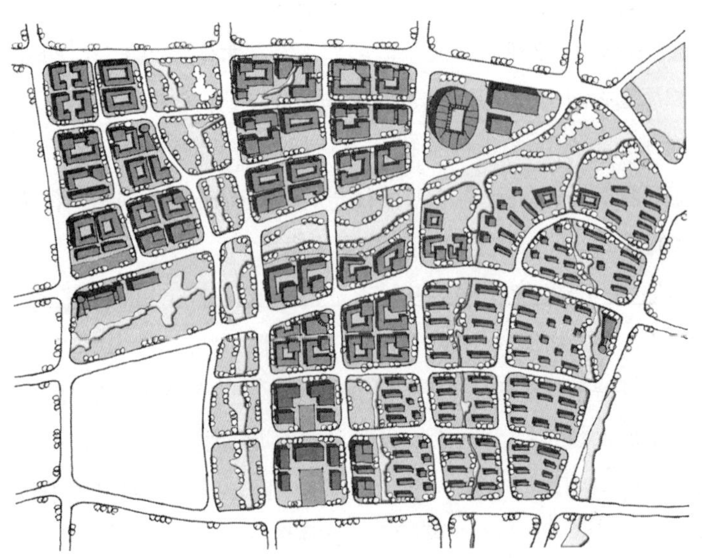

图 5.3–2　行政文化中心选址过偏、规模过小

水系交汇处水面放大处理，使之成为新城的结构中心，并以向外放射的水系作为轴线组织功能及空间。但方案的水面尺度过大，造成大量土地的浪费，同时方案的结构过于图案化，使得整个新城的功能及交通组织等均较为复杂，进而也造成了行政文化中心出现斜向轴线，形象不显等问题。

——行政文化中心过于孤立。由于行政文化中心功能及形态的特殊性，在具体布局中，往往会形成自身相对完整的形态格局，缺乏与其余部分的协调，整体感较差。如图 5.3–4 所示，行政文化中心单独布置于新城东侧，且由于采用对称式布局，使得其自身形态格局相对完整，进而形成了行政文化中心与其余部分相对独立的形态格局，空间形态及功能结构的衔接性较差，方案整体感较弱。

——行政文化中心采用斜向轴线。在对行政文化中心的传统认知中，多是以南北向正轴线为主，这也是延续至今的一些传统文化习俗。但如图 5.3–5 所示，方案

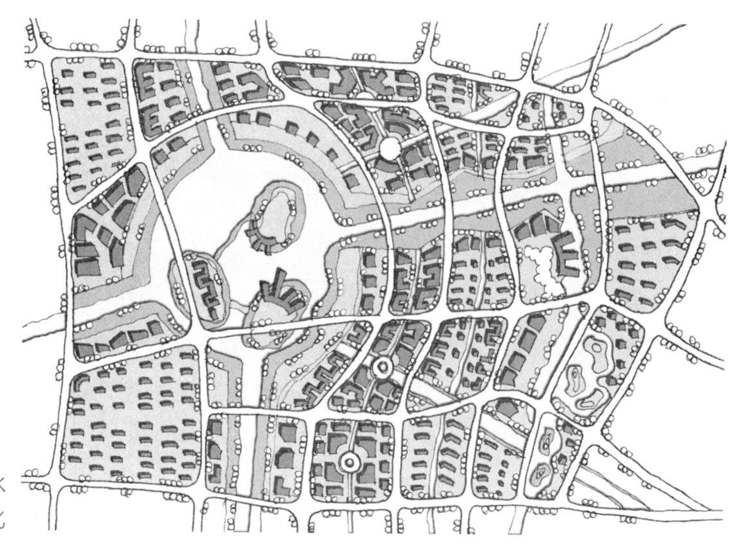

图 5.3–3　过分夸大水体，方案结构过于图案化

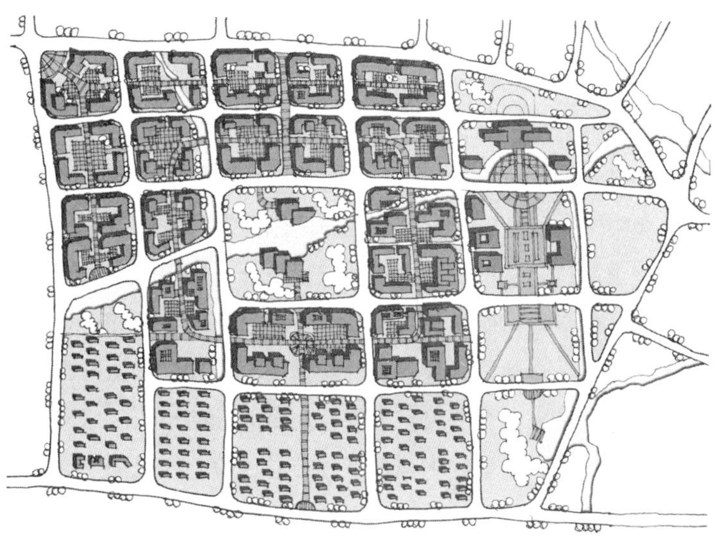

图 5.3–4　行政文化中心过于孤立

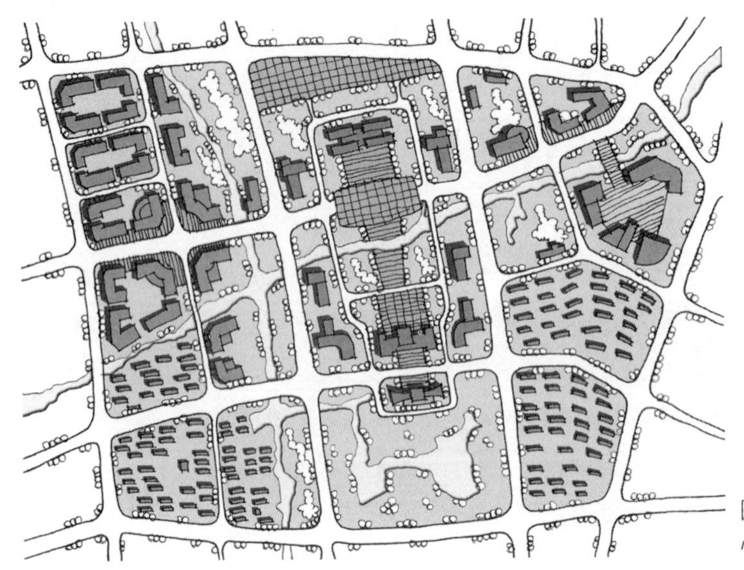

图 5.3-5　行政文化中心采用斜向轴线

考虑到行政文化轴线与斜向水体的关系，将其进行一定的倾斜，保持了与水体垂直的关系。但这一方式破坏了传统行政文化轴线正南北向的传统，且使整个新城的格局显得不够稳定。此外，该方案对于行政文化轴线的围合感较差，紧靠铺地的软硬变化很难形成这种较大尺度的轴线感。

（4）典型设计解析

在错误剖析的基础上，为了形成完整的设计思路，有必要对典型设计案例进行整体的评价与解析，以便更好地理解各设计手法的应用方法及设计效果。为此，本书选取三个尺度及设计思路均不相同的典型案例进行详细解析。这三个方案也体现了针对不同尺度的行政文化中心的设计及空间组织特点。

——串联水网，轴环相契

面对尺度较大的新城规划，该方案充分发挥了基地的现状条件，以水为脉，将整个基地各类空间有效的串联起来形成整体。整个方案变化丰富、组织有序、特色明显（图 5.3-6）。

具体设计中，将行政办公的主体建筑布置于基地中部、水系北岸，并构筑纵向轴线，形成基地空间的中轴线，轴线两端均规划了山体，形成两处较大的绿化节点，也成为限定轴线的有效方式，轴线两侧为对称式建筑组团，并在南侧以弧线形文化建筑与主体行政建筑形成空间呼应；充分利用现状水系，并将其作为引导公共设施布局的有效手段，所有公共设施均沿水系布局，形成一条斜向滨水休闲带以及一个滨水活力环，将整个基地有效的连接成为整体。水系基本以保留现状水系为主，仅做了局部的梳理，充分保留了基地水系的脉络格局；水环的格局与行政文化中心的轴线形态相应，在空间上强化了其核心地位，穿过周边居住区的水系则成为居住区的主要休闲活动场所；片区路网结构也尽量结合水系组织，在行政文化中心两侧形

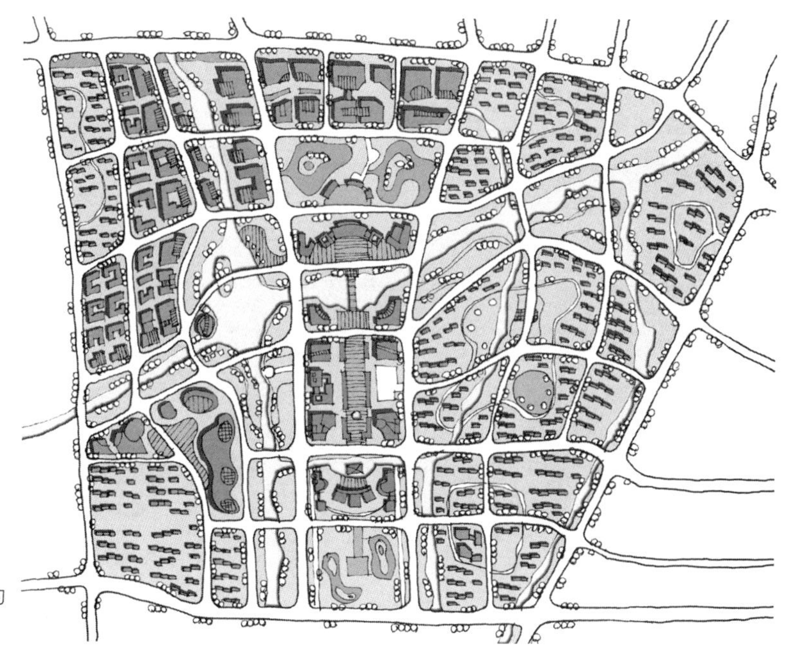

图 5.3-6 以水为脉，轴环相契

成对称的收放式形态，也进一步加强了其主体地位。

该方案以灵活自由的水系为脉络，有效地缓解了行政文化中心过于严肃的轴线对称式布局模式，使得整体空间形态更具为有机，但仍存在几处问题有所忽视：①整体的形态，特别是公共设施的布局，偏重于基地西侧，而东侧大量的居住区内没有布置，这就使得公共设施出现了布局不均衡的问题。可在规划中依托形成的水轴及水环，布置集中的公共服务设施为住区服务，并结合小区的水景，布置一些小型服务设施；②行政办公主体建筑布置于水体北侧，其余相关建筑布置于水体南侧，虽然设置了一处步行桥梁联系，但由于水面较为宽阔，会使两岸的交流出现障碍，降低行政办公的联系与协调效率；③在具体的轴线设计中，轴线中部布置了一处大型停车场，严重破坏了轴线两侧的界面，打破了轴线的节奏感、连续感及围合感。停车场应结合建筑组团，布置于轴线外围沿城市道路的一角，而不应占据轴线的主体空间。

——居轴处中，多轴相合

该方案更加强调行政文化轴线的空间统领效果，并通过多条轴线的呼应、对景、连接等作用，将周边的各功能片区串联，形成整体效果。方案空间特征突出、轴线作用突出，整体感较强。具体来看，如图 5.3-7 所示，行政主体建筑布置于基地北侧中部，作为轴线的端点，即靠近主要道路，便于区域交通达到，又起到了很好的空间标志作用；在此基础上，规划了一个正对主体建筑，并贯穿基地南北的正轴线，轴线两侧布置相关的行政办公机构及相关的文化设施；在轴线与斜向河道交汇处，将水面进行适当的整理，形成一段水平的河道，并进行一定的放大处理，形成轴线

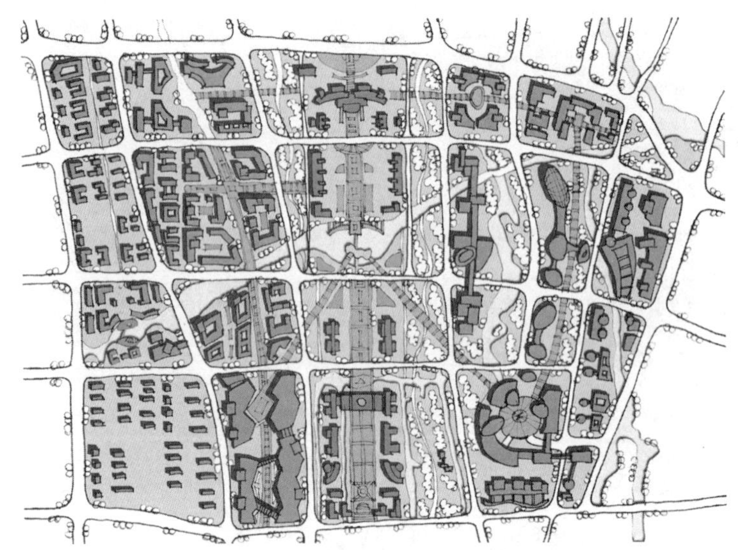

图 5.3-7　居轴处中，多轴相合

的景观节点；由此节点引出两条斜向的轴线，与基地南部中轴东西两侧的商务金融区及综合商业区相呼应；同时，主体建筑东西两侧也引出两条轴线，与商业、商务等功能片区相联系；与中轴线平行的东西两侧，也各有一条轴线与步行系统相结合，连接南北，整体上形成了较为清晰地轴线系统，使方案具有较强的轴线感；此外，这些轴线上串联了休闲娱乐、科技研发、体育、会展等诸多功能，也进一步丰富和完善了新城的功能体系。

整个方案布局较为紧凑，注重行政文化职能的特殊性及与周边功能的联系性，形态特征明显，功能结构完善，在进一步方案的深化中，有几处问题需要进一步推敲：①外围轴线的塑造较为生硬。外围的轴线虽然清晰地表达了联系的意图及目标，但轴线较为生硬，围合关系不够合理，与两侧的建筑关系仍需进一步优化；②斜向水体处理较为消极。对于基地内部最大的水体的处理不够积极，将其作为一条生态景观观赏性河道处理，仅在与主轴线相汇处做了处理，未能充分发挥出该条河道横向联系的轴线特征，其生态、景观、休闲等价值也未得到充分利用；③局部地区布局稍显凌乱。为了形成多轴相合的空间效果，部分轴线处理较为生硬，使得功能片区内部的形态布局受到一定影响，稍显凌乱。

——十字双轴，以水为脉

该方案在利用行政文化轴线形成中轴的基础上，更为合理地利用了水体优势，形成双轴十字交汇的空间格局（图 5.3-8）。具体来看，行政文化轴线为南北向正轴线，居中布置，作为整个新城的主轴线；行政文化中心被道路及水系分为三个部分，行政主体办公部分位于轴线北段，相关办公位于轴线中段，河道南侧，而相关的文化设施则位于轴线南段；在此基础上，将水系作为横向联系的轴线，沿水系布置商业、商务、酒店等设施，并根据水体走向，形成较为均衡的形态，消弱了水体斜向

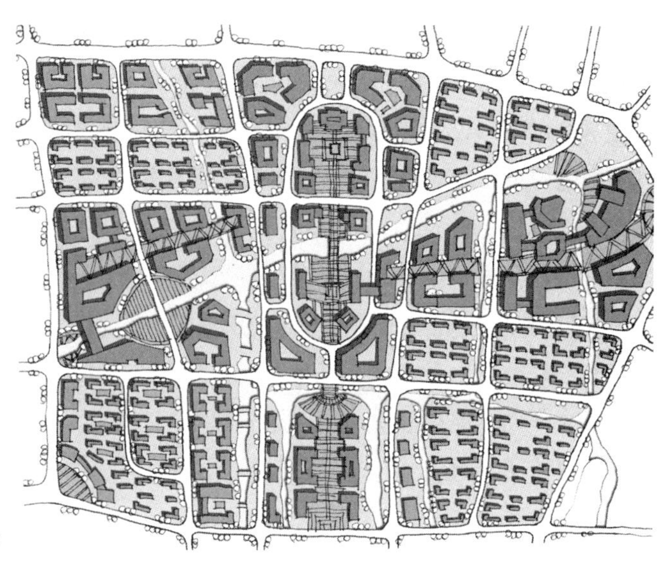

图 5.3-8 十字双轴，以水为脉

穿过的不稳定感；此外，考虑与区域核心城市的关系，又在基地西北角布置了一处商务功能区；规划设计中，除行政功能外，几乎所有的公共服务设施均是滨水布置的，这也成为该方案的一大特色。

方案整体来看，十字双轴空间特征突出，水体利用充分，功能布局合理，但尚有几个问题需要进一步的优化调整：①行政文化轴线过于封闭，略显压抑。行政文化轴线两侧建筑排布过于密实，且建筑间距不大，使得形成的空间主轴线过于封闭，尺度感较小，形成的空间略显压抑；②行政主体建筑不够突出。行政文化设施布置于基地中部，并有跨水体的环路相连，但由于尺度较小，在其外围还布置了多处体量较大的建筑，使得行政文化中心显得较为小气。且由于行政主体建筑尺度较小，空间效果不明显，整体基地缺乏标志建筑；③商业及商务设施建筑体量过大。在整体布局中，特别是滨水的商业及商务设施建筑体量过大，一方面会对滨水空间形成较大的压力，与滨水的景观环境不够协调；另一方面较大的建筑体量也不便于后期的开发建设，且与周边建筑体量差距过大，空间形态不够优美。

5.3.2 行政文化特殊功能区规划

行政文化特殊功能区尺度有所减小，是以行政办公及文化职能为主的功能片区。从其区位上来看，可位于老城，也可位于新城、新区，强调的是其功能的相对独立性及完整性，将其与周边的城市功能片区区别开来，而不是强调其对片区的带动及发展作用。也正因此，行政文化特殊功能区的规划设计出现了一些与新城规划所不同的特征。

（1）案例介绍及现状解析

我国南方某大城市是我国著名的历史文化名城，也是较为普遍的单中心发展模式，以老城为核心，沿多条主要道路，向四周辐射发展。但因老城格局有限，且保护价值较大，已经无法承担过多的复合功能，急需将一些公益型职能外迁，以缓解老城的压力。在此基础上，城市拟在主城区南侧选址新建一处行政文化特殊功能区，将老城内的行政文化等职能外迁，并进一步优化城市格局，形成老城中心以商业、商务职能为主，新区中心以行政文化职能为主的双心发展格局。

如图 5.3–9 所示，拟新建的新政文化特殊功能区位于城市南部新区的核心位置，基地整体较为方正。基地西侧有一条河流通过，河流水面较宽，水量充沛；基地东侧是直通老城的主干路，路幅较宽；同时，基地中部还有一条东西向主干路，是新区的主干路，也是新区发展的空间骨架型道路，路幅较宽；此外，基地东侧滨河也规划有一条滨水道路，为次干路级别；基地南北两侧的东西向道路也是城市次干路级别；除此之外的基地内部道路均为支路级道路，且可根据设计意图的不同而进行调整。

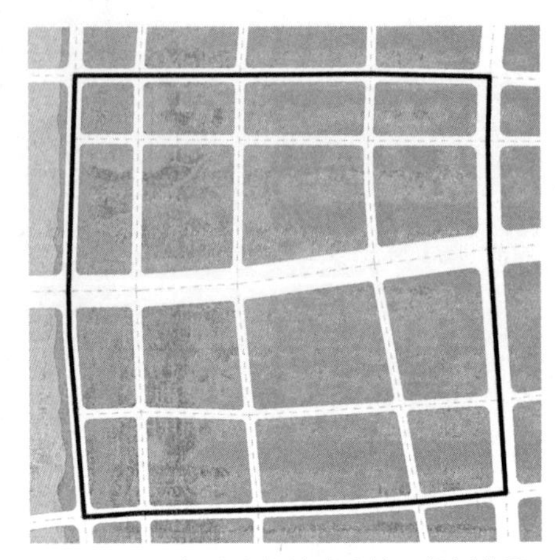

图 5.3–9　行政文化特殊功能区规划范围

（2）设计思路及重要问题

基地整体较为方正与规矩，周边城市道路系统也是较为方正的网格状格局，而这种格局虽然较为符合行政文化职能严肃、规矩的需求，但对整个功能片区形态格局的构建也起到了较大的限制作用。对于该方案的规划设计，应首先解决以下几个重要问题。

——方正格局还是自由格局。对于该片区的规划设计，在外围路网的整体框架下，较易规划为整体方正规矩的格局。但同时，基地西侧的水体条件又为基地格局的构建提供了一个创造性较强的要素。由此，是保持方正格局，还是借助水体形成较为自由的形态格局，需要仔细的推敲。而从行政文化中心的特殊性来看，多会形成奇正结合的格局，即行政文化中心仍保持较为规整的格局，但利用水体形成一些与之相协调的自由形态，其中的关键是如何把握两者之间的平衡，形成庄重不失活泼，规整不失灵活的整体格局。

——行政居中还是偏于一侧。从传统认知上看，行政文化中心应居于中部，并构建起基地的纵向轴线，统领整个片区。而从交通方面分析，基地东侧的南北向主干路也具有较大的吸引力，通过与老城中心较为便捷的联系而吸引行政文化中心的布局。综合来看，行政文化中心弱偏于基地东侧，反而会对南北向主干路形成较大的交通压力，其交通组织完全可以依靠基地中部及东侧的两条主干路共同解决，并利用基地内部的支路网系统对交通进行进一步的组织及分流，避免对主干路造成过多的交通压力。而居中的行政文化轴向也更符合传统文化的认知，较易获得各方面的认同感。

对于这一尺度的行政文化特殊功能区的设计，更应注重的是行政文化职能的主体地位、与周边功能片区的衔接关系、所在的具体区位等问题，可从以下几个方面着手进行设计。

——充分利用水体，灵活组织布局。充分利用西侧河流水量充沛的优势，在基地内部引入自然水体，通过水体这一新要素的植入，丰富空间变化，与传统较为刚硬的行政文化轴线相辅相成。也可利用水体形成景观节点，丰富空间景观效果，起到画龙点睛的效果。

——合理利用轴线，构建骨架格局。在整个规划设计当中，行政文化轴线无疑是最为重要的空间骨架，但轴线的尺度、轴线的转折等还有很大的设计余地。在此基础上，是构建贯穿基地的轴线，竖起整个特殊功能区的脊梁，还是形成放射中心，用多条轴线控制周边形态，亦或者通过景观节点的转换，将轴线与周边功能区相融合，等等。这些对轴线的细致考虑，也正是特殊功能区尺度下需要重点考虑的问题。

（3）常见错误解析

由于基地条件过于方正、平直，为了营造更富变化的空间形态格局，在具体规划设计的教学实践中，往往会看到过于夸张的设计手法，使得方案的空间结构及功能布局出现问题。常见问题总结如下。

——轴线体系牵强无序。轴线是建构空间形态格局的重要手段和设计方法，但轴线的形成应符合一定的空间规律及设计原则，不应生搬硬造。如图 5.3–10 所示，为了使得空间形态更加灵活多变，方案将行政文化轴线布置于基地西侧，在东侧地区构建了多条轴线、廊道，形成了一个复杂的轴线体系，但轴线的起点、端点，轴线的空间围合，轴线的空间意图等均较为模糊，构建的较为牵强，因此使得整体空间形态较为混乱、无序。

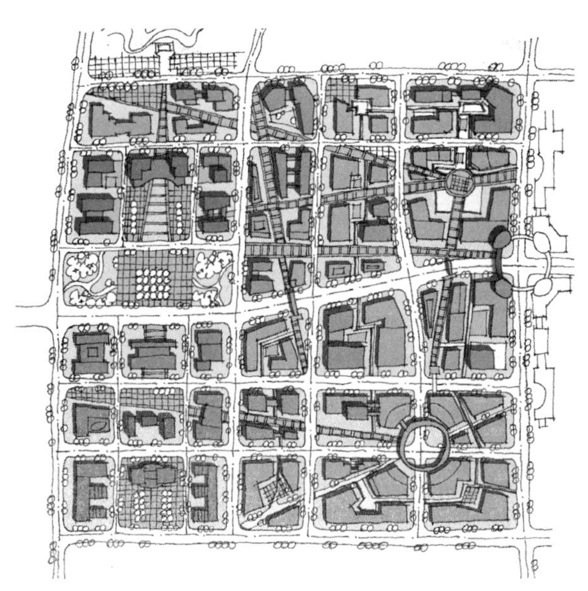

图 5.3–10　轴线体系牵强无序

——轴线横向展开，造成视觉失序。在传统认知中，行政文化中心基本均是南北向展开的轴线格局，而图 5.3–11 在设计中则在主体建筑居中布置后，将行政轴线横向展开，纵向上虽然也布置有一定的对应建筑，形成一定的轴线关系，但主题的行政办公职能均为横向展开格局。这种设计方法会让人产生认知上的偏差，形成空间形态与功能布局相矛盾的感受。

——行政偏于一侧，居住位于核心。如图 5.3–12 所示，规划片面地强调行政文化与老城区的联系，将其置于基地东侧，同时强调水体景观条件，将商务、商业等职能布置于基地西侧。整体格局看来，行政文化职能过于孤立，而设计中增加的横向绿廊由于缺乏相应的空间形态的支撑，也无法起到空间联系的作用。此外，中部核心的区位反而让位于了居住功能，形成了围绕居住职能的功能布局形态，使得方案整体在空间结构及空能布局方面均存在较大问题。

——水体利用夸张，开发建设不足。如图 5.3–13 所示，方案过于夸大滨水的条件，将基地内部引入大量水体，滨水布置休闲娱乐设施，行政文化至于基地中部，以较为松散的布局组织了一条南北向轴线与水体景观相连。整体结构过于松散，使得整个方案像是被景观生态功能分割开来，同时，也造成了土地使用效率较低，开发建设明显不足。

（4）典型设计解析

对于这一尺度的行政文化中心，较好的方案均是合理有效地利用了水体条件，并通过路网的调整，整体形态布局的呼应关系等，形成了整体感较强，在保持行政文化中心相对规整、

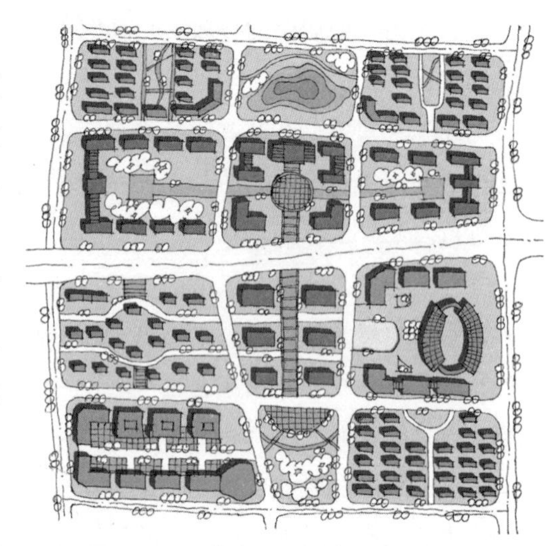

图 5.3–11 横向展开轴线造成视觉失序

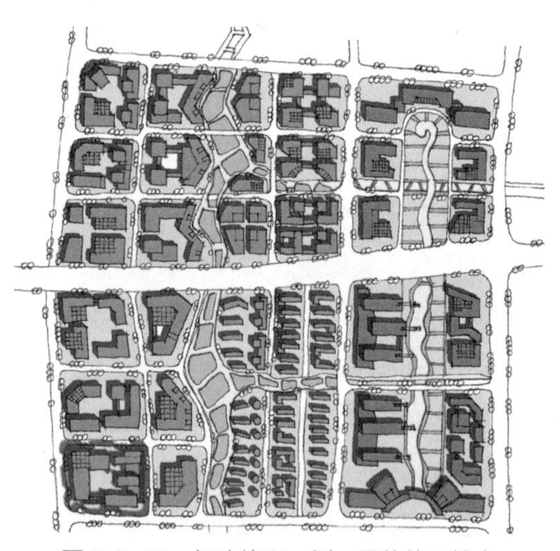

图 5.3–12 行政偏于一侧，居住位于核心

图 5.3–13 水体利用夸张，开发建设不足

庄重的基础上，也更富于变化的形态格局。

——轴线统领，周边相合

行政文化片区在尺度上有所减小，行政文化中心的主体地位更加突出，因此方案在设计中仅以一条富于变化的轴线贯穿基地，周边建筑则从朝向及形式上与轴线向呼应，形成整体较为协调又充满变化的空间形态（图 5.3–14）。

该方案将核心的行政及文化功能布置于基地中部，并以一条南北向轴线贯穿。轴线上半段为行政办公功能，轴线较为规整，建筑也采用对称的形式，或对称的组团模式，整体形态较为规整；轴线下半段为文化功能，以较为自由的大体量建筑为主，构图上将轴线向南侧延续，但根据具体的建筑形态及活动行为特征，做了相应的蜿蜒变化及空间收放变化，并在南段以一个弧形的建筑作为标志；南北两端轴线的交汇处形成了一处放大的广场作为转换空间，北侧以硬地广场配合规矩的水景为主，南侧以自由的水系穿越其中，更符合文化空间需求；行政文化中心两侧，布置商务及居住功能，采用相同的肌理及模块，形成肌理式特征，而不求过多变化，以突出行政文化中心的主体地位，变化主要集中在与行政文化中心的交界处，沿线布置了规律性的点式高层，形成明显的空间界面。

该方案空间层次清晰，功能组织合理，通过丰富轴线空间的变化，形成即有联系，又各有特点的核心开放空间，方案整体感较强。在此基础上，规划中仍有几处问题有待加强：①在整体的构图中，最为突出的是轴线南侧的文化设施，北侧的行

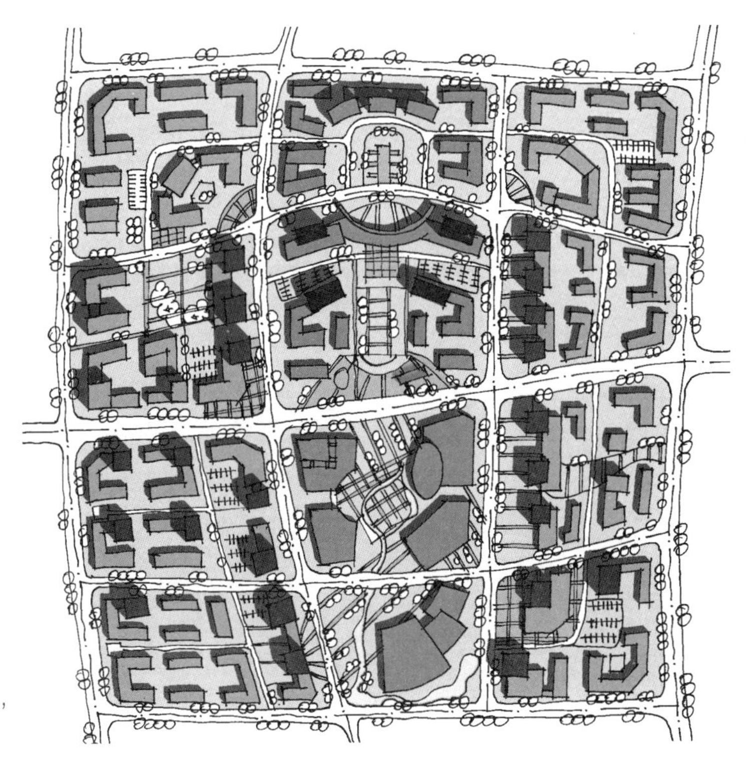

图 5.3–14　轴线统领，周边相合

政办公建筑不够突出。究其原因，是因为在其体量的处理中与周边建筑的体量及形态均较为接近。应根据其特定的行政办公要求，进一步强化行政办公的建筑体量及形态，并与文化建筑相呼应，使行政文化中心的形象更加突出；②方案行政办公部分采用了“二进院落”的布局方式，形成两组行政办公簇群，在空间上极易形成混淆，分辨不出主体建筑所在，且这一方式形成了轴线的断裂，破坏了整体轴线的延续感。在布局中应予以区分，更加突出主体建筑的地位，并保证作为主要空间控制手段的轴线的连续性与整体性；③轴线中水体的处理可以进一步优化，特别是轴线南端，将水系绕道建筑背后形成一处景观，对于整个轴线来看有点偏重。应将水景集中于建筑之前的轴线中间，结合广场形成一处标志水景，作为轴线的端头，空间结构会更为清晰。

——轴线贯穿，引水筑环

该方案是较为合理利用水体的典型案例（图 5.3–15）。方案从西侧河流引入一条水系，并与河流组合成环，水系尺度较小，仅在重要节点处做局部的放大处理，形成各景观节点。同时方案行政文化轴线的设计也较有特点，在保持整体轴线对称、规整的基础上，在轴线内部空间的处理中，采用了较多的弧形路网，与主体建筑弧线造型相对应，也与引入的水体相呼应，使得轴线空间较为活泼，方案整体感也较强；文化设施集中于轴线南端，围绕一个圆形广场布置，与北侧轴线相呼应的基础上，也使轴线空间产生了明显的空间收放关系，增加了轴线的趣味性；商业及商务设施集中不至于基地的南侧，而居住等生活设施在布置于北侧行政轴线两侧；商业、

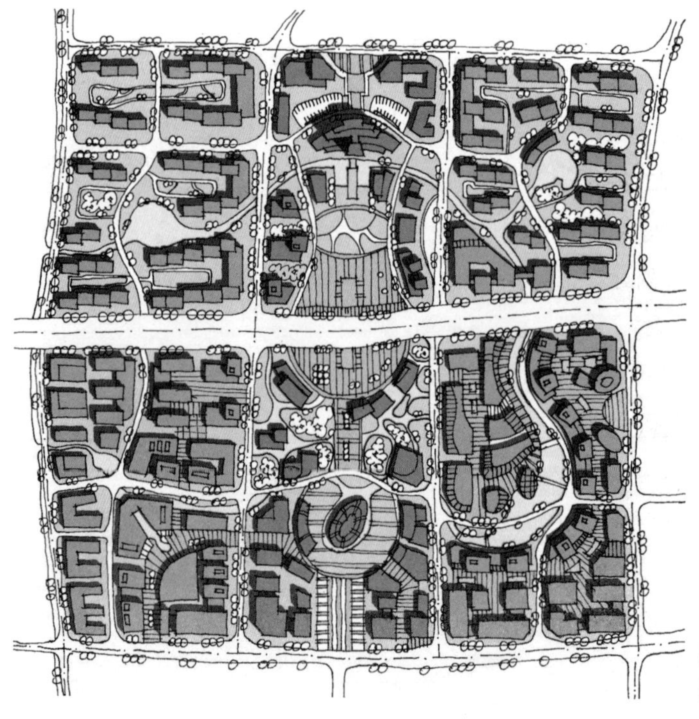

图 5.3–15　轴线统领，周边相合

商务等功能以及居住功能的具体布局，也采用了较多的弧线造型，并与水体相结合，进一步增强了方案的整体感。

方案整体看来较为活泼，利用水体制造空间的变化，又保证了一定的开发建设强度，但在具体的设计过程中，上有一些问题没有考虑清楚：①商业功能过渡集中于基地南侧。行政办公职能孤立于基地北侧，两侧的几乎全部为居住职能，缺乏相应的配高及服务设施，行政职能的带动作用未能得到充分体现；②道路系统对居住小区破坏较大。为了保障道路系统的完整性，多条道路均从小区内部穿过，破坏了小区空间及景观的完整性，也使居住区的管理存在一定困难；③轴线的空间围合感有待提升。虽然从空间形式上看，轴线空间较为明显，但在具体细节方面尚存在一些不足，如轴线中段为了围合广场，有些建筑破坏了轴线的连续性，而轴线南端也有个别建筑与广场之间缺乏形式的呼应等。

5.3.3 行政文化街区规划

行政文化街区规模尺度更小，多选址与城市发展方向的近郊或主城边缘地区，功能较为单一，仅以政府的行政办公及公益型的文化设施为主，形成相对独立的行政文化功能街区。其所关注的重点也从大的区域结构，与周边功能片区的关系等方面，进入到行政文化空间的具体营造上，具体教学案例如下文所示。

（1）案例介绍及现状解析

我国中部地区某特大城市是典型的平原型城市，也是我国重要的交通枢纽城市。在享受到交通枢纽带来发展便利的同时，城市也被铁路所分割，致使城市的行政文化职能分散于城市各处。而随着城市的不断发展，城市规模不断扩大，原有的行政文化格局效率降低，已经无法满足城市建设发展的需求，因此，城市决定在大的区域格局背景下，在城市发展主方向的近郊地区，选址新建集中地行政文化中心。最终，新的行政文化中心选址于城市西侧，该地区城市道路等基础设施建设已经相对完善，开发建设条件成熟，也有利于节约建设成本。

如图 5.3-16 所示，拟新建的行政文化中心位于城市西侧，南邻城市东西向骨架轴线型道路，与主城连接较为便捷；北侧则为城市的东西向主干路；基地西侧一个街区相隔的道路为城市的四环快速路，东侧一个小街区相隔的道路则为城市西部片区的南北向骨架型道路；基地南侧紧邻一

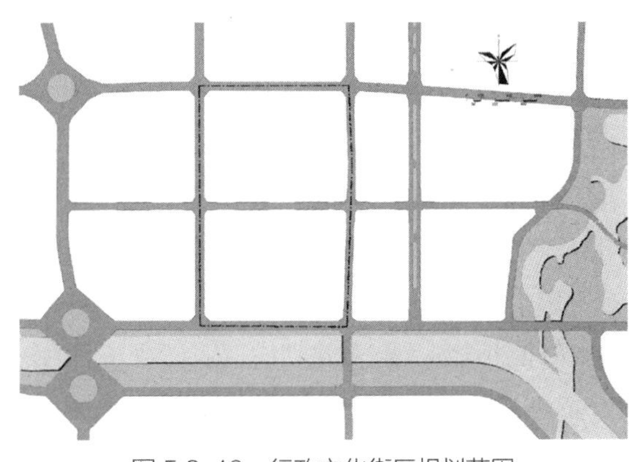

图 5.3-16 行政文化街区规划范围

条大型水渠，为国家的南水北调渠，但河基高出地面 2m 左右，使得该段的南水北调渠成为地上悬河；南水北调渠以南的大片地区为大型的林地及湿地，生态景观条件较好；基地西侧两个街区相隔处，有一条较大的水系南北向穿过，形成了城市重要的生态湿地公园。基地整体区位条件较好，交通较为便捷，且生态景观资源较多，地势平坦，利于建设。

（2）设计思路及重要问题

对于该设计来说，由于空间尺度较小，设计会更多地考虑一些空间细节的处理问题，也会更多的关注于可用于丰富设计手法的要素。从基地的区位、周边条件、规模尺度等方面综合考虑来看，该设计应重点考虑以下几个问题。

——如何处理与南侧水体的关系。基地南侧有水系流过为方案设计提供了较好的利用要素，但水体高于地面，是地上悬河，又造成了一定的设计障碍。设计中如何利用水体景观条件，如何缓解高于地面河道的空间拥堵感，是规划设计必须面对的一个重要问题。同时，如果不处理好这一问题，南侧良好的生态景观条件也难以得到充分利用。

——如何处理与东侧水体的关系。东侧的水体距基地范围有一定的距离，但作为一处良好的景观生态资源，能否建立起与基地的空间视觉关系值得进行思考。而在行政文化中心用地相对局限的基础上，可以借助东侧的水体资源优势，在更大的空间尺度范围内整体考虑片区的功能布局、景观结构及交通关系。这也是一种从大尺度空间结构入手，对中小尺度空间进行规划设计的有效方法。

对于该方案来讲，用地条件有限，基地形态方正，可供凭借的条件不多，会使得整体设计较为平淡。因此，该方案的设计应充分利用有限的资源条件，创造出富于变化的空间形态，具体的设计可从以下几个方面着手。

——借助水体条件，形成景观眺望体系。基地周边的水体，一处较高、一处较远，直接利用水体较为困难。在此基础上，可以利用水体的这些空间条件，形成呼应的景观视廊关系，以大范围的景观结构框架及景观眺望体系来组织空间结构，丰富空间形态。

——注重轴线变化，形成开合有致空间。在大格局的基础上，行政文化空间的打造则需要更为细致的处理，在空间格局及轴线展开尺度均有限的基础上，更应注重轴线空间的处理，避免形成较为呆板、单调的空间。

（3）常见错误解析

由于该方案用地条件等的限制，在具体的教学实践中，出现严重问题的方案较少，但也有个别问题是设计中应该注意并避免发生的。

——行政办公空间过于局促。这一问题主要是设计者对街区尺度及行政办公尺度把握不足，以及对街区式的行政文化中心的功能认识不足，希望添加更多的功能

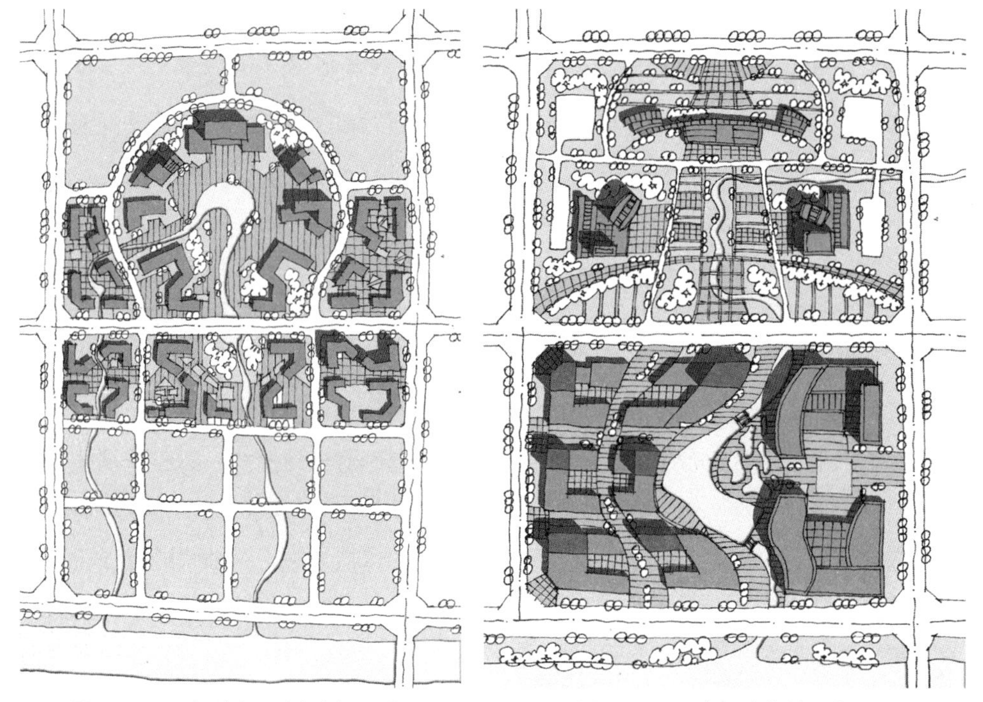

图 5.3-17 行政办公空间过于局促　　图 5.3-18 空间变化过于突兀

空间所造成的。如图 5.3–17 所示，规划将原本不大的基地范围划分为更小的地块，将行政办公压缩在北侧的一个弧形路网内，使得整个空间行政办公空间过于拥挤，中心广场尺度也较小，且行政空间较为封闭，难以与周边景观形成呼应关系。

——空间变化过于突兀。在一些方案的设计中，利用基地中部的横向道路将基地分为南北两部分，北侧布置行政办公职能，南侧布置文化职能是一种较为常见的布局方式，但应注意南北两个片区空间模式的一致性及呼应性，空间变化不应过于突兀。如图 5.3–18 所示，基地南侧的文化片区突然加入了过多的弧线元素，看似与水体形成了一定的呼应关系，但与北侧的行政办公空间差异过大，两者之间缺乏有效的衔接与联系，方案的整体空间感较差。

——整体空间格局过于自由。如图 5.3–19 所示，方案大量引入水体，并形成两个圆形相呼应的格局，北侧为行政功能，南侧为文化功能，整个方案过于强调形式感，形态也过于自由，方案更像是文化休闲空间，缺乏足够的严肃性。这类方案没有尊重行政办公职能的空间

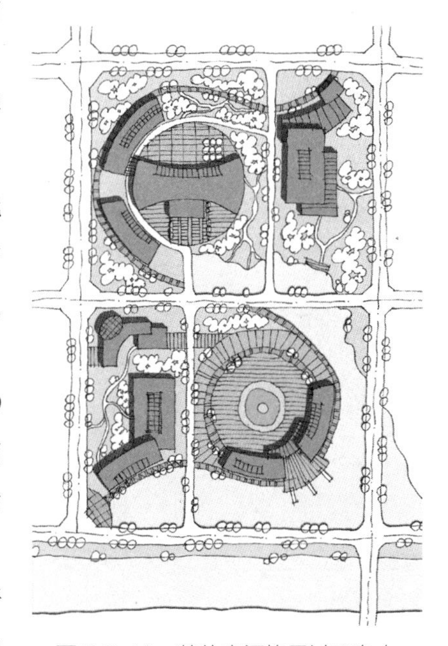

图 5.3-19 整体空间格局过于自由

规律，会造成公众认知上的障碍，也会造成空间使用的不便。

（4）典型设计解析

在该方案的教学实践中，较好的方案均是注重行政文化轴线的打造，并能从更大的区域范围构建片区发展的框架。

——三面围合，面朝水系

仅就行政文化中心街区而言，三面围合的方式最为常见，多以行政办公的主体建筑正对南侧景观，东西两侧以相关的附属办公建筑及文化建筑所限定的方式布局。这种方式较为庄重、大气，符合行政文化中心的客观需求（图 5.3-20）。

方案南侧临水系及绿地，较为适合采用三面围合的模式布局行政文化中心。具体设计中，主体建筑位于中部北段，并采用面朝南侧退台的模式，高层建筑布置于轴线正中；主体建筑南侧形成一处较大的开敞空间，作为行政广场；行政广场向南延伸部分进行了收缩，并沿轴线布置具有节奏感的水体景观，对轴线进行强化，也与水体形成呼应关系；轴线被城市道路分成了三段，北侧为行政办公、中部及南部为文化建筑；轴线两侧的建筑采用相同的方式组织，形成整体效果，并在两侧规划了两条自由的步行廊道，与水体景观及滨水的空间特色相应；每个地块中部还设置了一条横向联系的步行廊道，与主轴线形成空间与活动的联系；轴线两侧布置了相

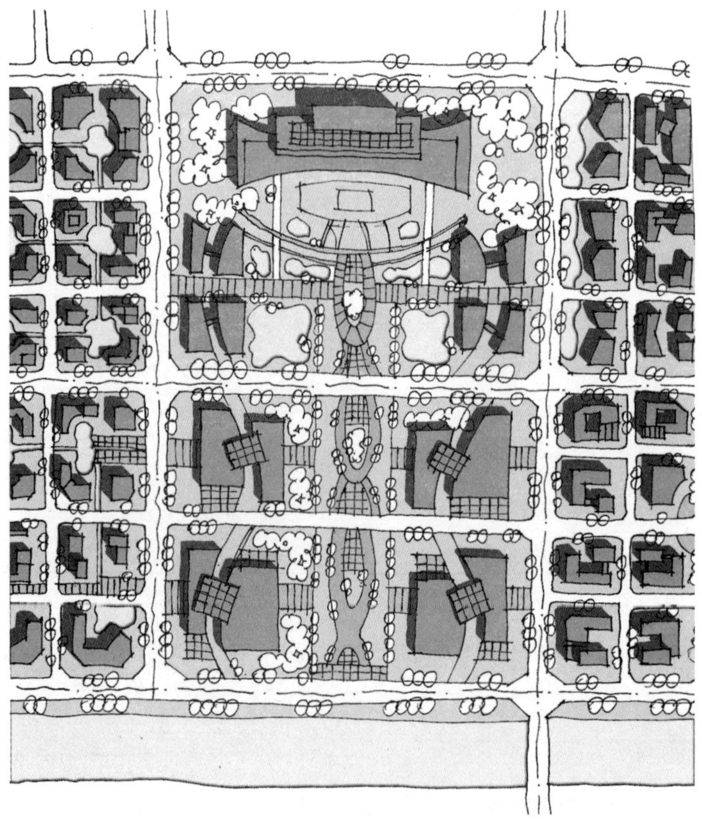

图 5.3-20 三面围合，面朝水系

关的商务、宾馆、商业等设施，且与行政文化建筑形成了体量上的对比，更突出了其核心地位。

方案较好地处理了整体形态及建筑与滨水环境的关系，在保证了规整大气布局的基础上，又以水景及步行体系进行了柔化，使空间更加灵活，富于趣味，但仍有几点问题需要进一步优化：①由于横向的道路及步行廊道过多，将轴线切成了较短的横向片段，割裂过多，使得轴线的连贯性较弱，整体感被破坏较大；②轴线南段与水体交汇处，被道路阻隔，交接较为生硬，应加强轴河交汇处的空间及景观的处理，以一处标志景观节点作为轴线的收头。

——灵活组织轴线，滨水展开格局

从大的格局来看，基地南侧近水、东侧望水，对水体资源的利用与借鉴均存在一定的难度，但该方案打破了基地范围的束缚，以行政文化中心为核心，以水为纽带，在更大的空间范围内统筹空间形态及功能布局，是各类资源可以得到更为充分的利用。

具体来看（图 5.3-21），在基地范围内布置行政文化中心，满足基本的规划设计要求，基地北侧布置行政职能，以一个弧形的主体建筑置于轴线端点，主体建筑南侧为广场开放空间，形成较好的景观视野，其余的行政办公机构置于轴线东西两侧，形成较为规整对称的行政办公空间；基地南侧为文化片区，中部规划了一处集中的大型水面，主体文化建筑也设计为弧形，沿水面形态展开，虽然形态较北侧更为自由，但整体仍较为均衡，与北侧空间较为协调；行政文化中心南北两侧的开放空间整体的开放性较好，能够形成较为开阔的景观视线，同时开放空间内均规划了一些水面，会形成与远处南水北调渠内水面相连的延伸感，增加观赏性及趣味性；在此基础上，

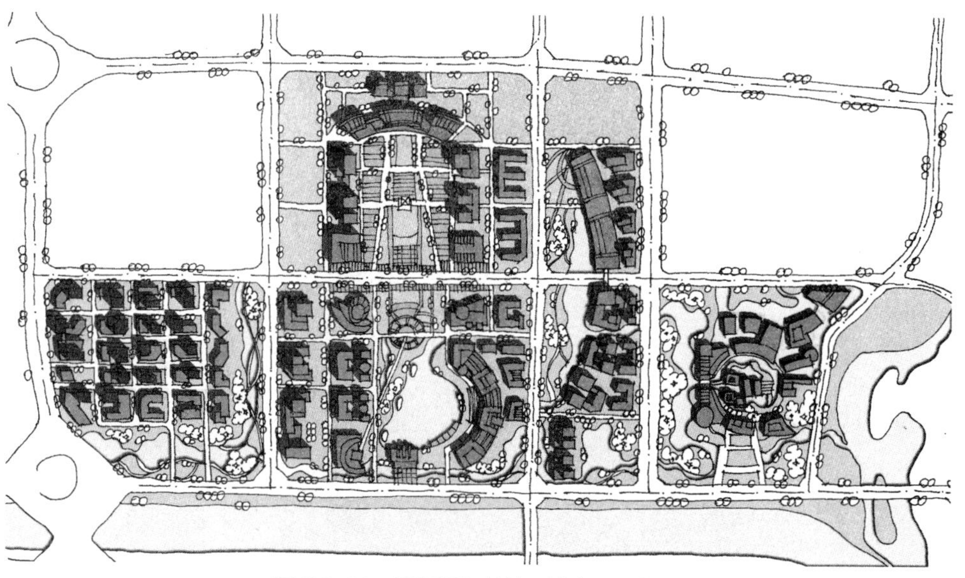

图 5.3-21　灵活组织轴线，滨水展开格局

在更大的区域范围内，沿南侧水体展开公共服务设施，将西四环与城市主干路交汇处布置为商务中心，并在基地东侧引入水面布置会展中心，在东侧滨河处则结合水体布置了一处休闲娱乐中心。

方案从更大的区域范围内进行整体思考，充分利用了周边各类有力要素进行设计，结构清晰，空间形态规整而不失灵活。在此基础上，方案在具体的形态设计及功能布局方面尚需进一步的优化提升：①功能布局方面。商务功能的布局更看重其与交通可达性的关系，而忽略了与行政办公功能及更好的景观环境的关系，且与主城距离较远。此外，会议展览功能与行政及商务功能关系均较为密切，应布置于二者之间，而不是偏于一侧。②形态设计方面。商务功能与行政文化中心之间设置了一处大型的绿带，试图形成南北向的绿廊，但尺度过大。此外，会议展览功能的形态过于完型，且缺乏与行政文化轴线之间的衔接与呼应关系，显得有些格格不入，与休闲娱乐功能之间也缺乏有效的呼应关系。

第6章

大型零售购物中心区规划设计

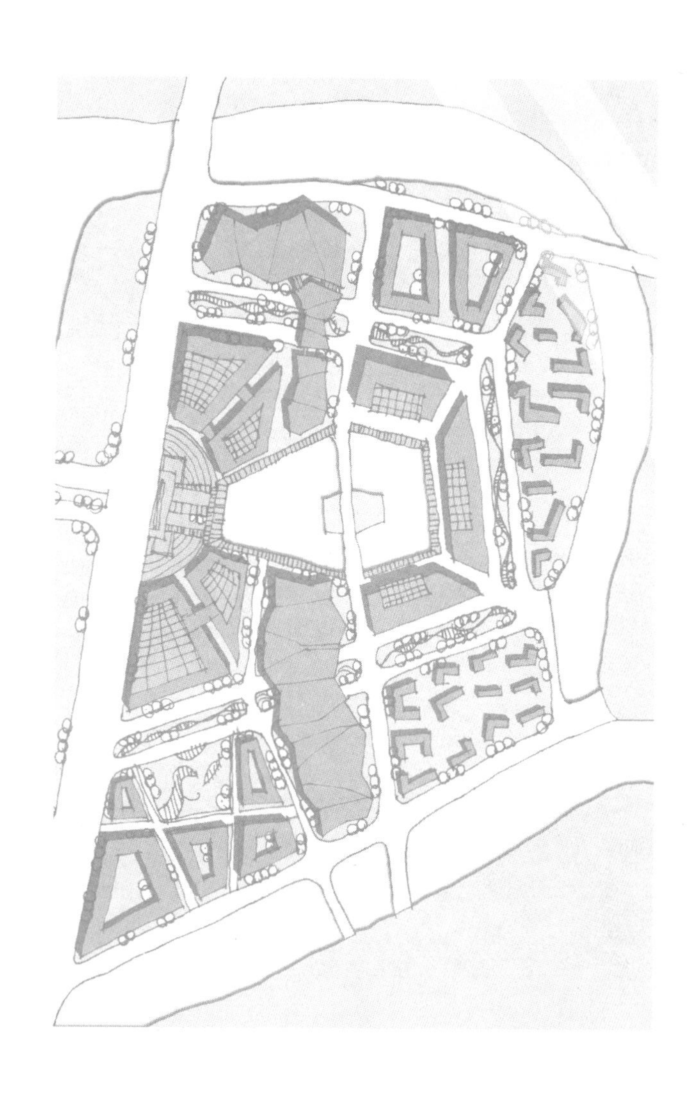

大型零售购物中心这一商业模式产生于20世纪中叶，并在2000以来的十多年时间里，在我国得以引入与集中发展于。Shopping Mall的出现，以其独特的空间设计、功能组织及销售模式，为城市提供了新的购物休闲方式及体验，也进一步影响了城市的交通及空间结构，成为城市商业设施规划建设的热潮。为此，从经济、建筑、交通到城市规划，都开展了大量的理论探索与实践。目前，大型零售购物中心（Shopping Mall）已成为城市中心体系的一个重要组成，发挥着重要作用。

6.1 大型零售购物中心区的界定

6.1.1 大型零售购物中心区的概念

早期的大型零售购物中心区多称为“Shopping Mall”简称“Mall”，国内通常音译为“摩尔”或“销品茂”。“Mall”的本意是“林荫路，散步场所”，如“The Mall，Washington，D. C.”就特指华盛顿林肯纪念堂和国会大厦之间的中轴线（图6.1–1）。1956年在美国明尼阿波里斯郊区一座名为South dale的购物中心开张，开创性的把室外公共步行区放在室内，通过空调和散热器营造了宜人的购物环境，使顾客既有街道般的购物体验，又免受风吹雨淋和寒暑之苦，因而一出现就受到欢迎，被形象地称为“购物林荫道”即“Shopping Mall”，成为以后商业设施仿效的范例（图6.1–2）。

图 6.1-1　华盛顿特区中轴线

* 资料来源：http://silin.lofter.com

图 6.1-2　美国 South dale 购物中心

* 资料来源：http://quizlet.com

购物中心概念辨析　表 6.1-1

定义机构	定义内容
国际购物中心协会（ICSC）	由单一产权所有者规划、建设、并统一管理的零售及其他商业设施组合，拥有宽广的停车场，其大小和定位一般由服务覆盖地区的市场特点来决定①
日本购物中心协会	由一个单位有计划地开发、拥有、管理运营的商业和各种服务设施的集合体，配备有停车场，按其选址、规模、结构，具有广泛选择性、方便性和娱乐性等特征，并提供适应消费者需要的社交空间，发挥一定的城市功能
牛津高阶英汉双解词典	大型购物中心，购物广场。集中大批商店，有顶，禁止车辆通行②
我国《零售业态分类》	企业有计划地开发、拥有、管理运营的各类零售业态、服务设施的集合体

在大量调研及实践的基础上，通过研究、总结以及对其概念的辨析（表 6.1-1），本书认为大型零售购物中心应是指 2000 年以来在我国出现的位于城市郊区，规模尺度巨大，业态高度复合，以步行街形式组织的封闭型购物中心，规模通常在 10 万 m^2 以上。而随着商业模式的不断发展，现阶段更多地以“城市综合体”的概念来代替“Shopping Mall”，其区位选址、空间结构、运营模式等也随之发生了更多的变化。

在大型零售购物中心的概念摆脱郊区的地域限制以后，其区位也有了更多的选择，可以大致分为三种类型，见表 6.1-2。

① 国际购物中心协会网站，www.icsc.org

② （英）霍恩比 . 牛津高阶英汉双解词典 [Z]. 第七版 . 王玉章，赵翠莲，邹晓玲等译 . 上海：商务印书馆，2009.

大型零售购物中心特征总结　　表 6.1-2

区位特征	区位描述	典型案例
新区带动型	只有当新区的居住人口达到一定规模，购物中心才会选址建设，当然，购物中心的建设对市民选择在新区居住也有很大的吸引力。选择新区进行选址建设的好处是土地、租金等成本较低，用地条件相对充足，可以进行较高标准的建设并形成较大规模，便于营造良好的消费氛围并快速占领市场份额。而新区良好的道路交通及停车条件，也为购物中心的发展提供了便利	上海正大广场就是在浦东新区发展到一定程度后在浦东选址建设的。在其建设前，浦东新区已具有一定的发展规模和基础，但也面临居住人口较少，夜晚空心化严重，人气活力不足等问题。正大广场建成开业后，有效提升了浦东新区的活力，并起到引导浦东新区从金融商务区向城市综合中心区发展的作用
郊区发展型	是较为常见的方式，多是位于城郊结合处的主干道交汇处或交通枢纽附近，与主城区有较好的联系，且与区域交通也有较好的链接。郊区选址的优势在于距离主城较近，周边为已建成区域，有较好的公共设施支撑，且土地价格相对较低，有助于降低成本。郊区选址的购物中心一般规模较大，多为“大型量贩中心”等对物流依赖较大的商品销售为主	各个城市的奥特莱斯（outlets）基本都是布置在城市近郊地区，以大量世界著名或知名品牌的过季、断码、下架商品的销售为主，并以1-6折的低价销售，吸引大量消费者前来购物。也因此，奥特莱斯这种商业模式多选择在地价、租金等较低的城市近郊布局
老城填充型	这一模式是随着购物中心概念的不断发展而产生的新的选址类型，是在老城更新的基础上，引入购物中心的综合体模式对地块整体打造，提升地区整体商业服务水平，改善周边消费环境。这一模式是老城功能更新提升的重要方式，但应注意对老城肌理格局等的保护	南京市水游城就是这一选址方式的典型代表。水游城坐落于南京市老城南片区，紧邻夫子庙、瞻园等历史文化地区。水游城以其独特的造型、生动的主题、复合的业态等优势，迅速在城南片区形成认同，和夫子庙共同成为城南的标志性场所，带动了整个城南地区的进一步提升

6.1.2 大型零售购物中心区的特征

大型零售购物中心区得以迅速发展，并逐渐改变人们的购物、休闲习惯，得益于其独特的空间形式、业态结构及营销模式，可以概括为以下四点，见表 6.1-3。

大型零售购物中心区特征总结　　表 6.1-3

特征类别	发展趋势	具体内容
功能业态	复合化	零售业在Mall中的比重远低于传统百货业或旧式的“购物中心”，而餐饮、娱乐、文化等多种城市功能在Mall中则占有更重的分量。通过这样的配置，使各功能之间产生互补性而构成统一整体，形成完整的商业群落，发挥地区商业中心的功能，能全方位满足消费者需要。Mall功能上的高度复合化，使之相比其他类型的商业设施更加具有完善的城市属性，成为一个多元化的现代消费中心
规模尺度	集约化	通过统一的开发建设创造出产生聚集效应的空间载体，从而实现规模上的集约化。也正是由于这种效应，Mall充分体现出商品种类的丰富性和商品组合的多样性。广泛的业种、业态提供消费者灵活多样的消费选择，大规模的主力店，小型租赁店聚集一处，给购物者的一站式消费提供了莫大方便，发挥出巨大的规模效应和成本优势

续表

特征类别	发展趋势	具体内容
空间形态	城市化	Mall 在形式上不同于传统意义上的商业街，却又保持着商业活动所必需的空间环境特征，其成功的因素之一，就在于融合了城市空间与建筑空间的优势。在这一过程中，街道、广场城市元素被引入了建筑内部；区域、路径、节点、地标、界面这些城市设计要素也充分地体现在 Mall 内部的空间设计上
运营管理	一体化	Mall 被叫做“管理型商业集聚”，其他的叫做“自然形成的商业集聚”，两者有本质的不同①。具体来说，Mall 是一种经过整合的商业设施，通过充分的市场分析，有计划的确定集聚的规模和构成。在其后规划、设计、开发、租赁及管理等一系列的过程中，都进行着统一的运作

由于其功能形态的多样化、复合化、一体化等特征，其内部的空间类型也更加多样，可将其分为购物空间、餐饮空间、康乐空间、交通空间、停车空间、开放空间等多种类型，且各有其布局及形态特征，见表 6.1–4。

大型零售购物中心空间类型及特征　　表 6.1–4

空间类别	布局特征	服务内容
购物空间	这类业态多布置于购物中心底层及低层空间，且主力店一般布置于购物中心端头，设立独立出入口，并与内部步行街串联，而步行街出入口一般设置于步行街中部，便于人流组织，增加顾客进入机会。常见的购物中心布局形式为：底层化妆品、珠宝首饰；二层至三层服装；四层儿童、运动；超市则布置于顶层或地下层	购物空间是购物中心的主体功能空间，多为服装、鞋帽、饰品、化妆品、超市等
餐饮空间	餐饮空间会有一定的油烟及味道影响，因此一般均独立、集中布置，其布局在购物中心中也有集中典型的方式：布置于顶层、布置于地下层部分、布置于购物中心一角（从底层至顶层对应位置）、布置于中庭（西式或无油烟餐饮）或购物中心的高层塔楼部分，而一些快餐店则多布置于底层沿街部分	餐饮是购物中心主要的辅助业态之一，为顾客提供不同等级、环境、位置的餐饮服务
康乐空间	这一部分业态的使用人群目的性较强，一般较为嘈杂，对周边产生声光等影响较大，也以集中设置于同一区域的方式为主。在其空间布局中，多布置于购物中心顶层或单独占据一定空间范围，且有直接通达的交通方式	康乐也是购物中心的主要辅助业态之一，包括健身、电影、游戏、主题游乐场等主要方式
交通空间	郊区的购物中心多采用地面停车方式，环绕购物中心布置；新城则多采用地下停车的方式解决停车问题，并利用垂直交通工具与购物中心直接连通，避免了室外的步行；停车需求较高的地区，也有采用停车楼、屋顶停车的方式进行解决。停车场地出入口应设置于周边支路或辅路上，以免影响主干道交通的顺畅	停车场地是购物中心的重要支撑空间，特别是在私人小汽车快速发展的背景下，小汽车出行是购物中心主要客流来源
开放空间	包括入口空间及节点空间，入口考虑大量人流的集散，一般会布置较大的广场；节点空间包括中庭、放大节点、景观空间等，是购物中心设计中的重点区域，起到空间的转换与衔接作用	作为活动、休憩、集散、交流场所，并可供商业展示、宣传等活动使用

① 吴小丁．郊外型购物中心的理论解释 [J]．商业时代，2000（7）：9–11.

6.1.3 大型零售购物中心区的类型

就其类型上来看，1999 年国际购物中心协会（ICSC）将购物中心分为：邻里型中心（Neighborhood Center），社区型中心（Community Center），区域型中心（Regional Center），超级区域型中心（Super–Regional Center），时尚精品中心（Fashion/Specialty Center），大型量贩中心（Power Center），主题与节庆中心（Theme/Festival Centers），直销中心（Outlet Centers）等八种类型[①]（表 6.1–5）。前四种依据规模等级，多年来未有变化，后四种则倾向于经营内容和形式的划分，近年来不断有新兴类型出现而多次修订。

购物中心分类和特点　　表 6.1–5

购物中心类型	概念	建筑面积（平方英尺）	占地面积（英亩）	主力店数量	主力店类型	主力店所占面积比例	首要商区
邻里中心	便利	30000~150000	3~15	1 个或更多	超市	30%~50%	3 英里
社区中心	普通商品；便利	100000~300000	10~40	2 个或更多	折扣店；超市；药店；居家用品；服饰店	40%~60%	3~6 英里
区域中心	普通商品；时尚	400000~800000	40~100	2 个或更多	综合百货；大型零售商；唱片店；时尚服饰	50%~70%	5~15 英里
超级区域中心	与区域中心相似，但品种和门类更多	800000 以上	60~120	3 个或更多	综合百货店；大型零售商；时尚服饰	50%~70%	5~25 英里
时尚精品中心	高端群体，时尚导向	80000~250000	5~25	—	时尚精品店	—	5~15 英里
大型量贩中心	仓储式主力店；商铺少	250000~600000	25~80	3 个或更多	大型超市；家居用品；仓储店；唱片店；折扣店	75%~90%	5~10 英里
主题与节庆中心	休闲、旅游主导，辅以零售服务	80000~250000	5~20	—	餐饮；娱乐	—	—
直销中心	厂方直销商店	50000~400000	10~50	—	厂方直销商店	—	25~75 英里

* 资料来源：国际购物中心网站，www.icsc.org

① 资料来源：国际购物中心网站，www.icsc.org

6.2 大型零售购物中心区的设计手法

随着商业销售模式的不断探索及建筑设计技术的不断进步，购物中心从功能到形态都不断发展变化，已成为商业发展的主要方式，成为城市各片区的标志性场所，市民休闲、聚会、购物的主要途径，家庭娱乐的主要目的地等。在复合商业规律及顾客各类活动规律的基础上，购物中心的设计也有一些基本的方法及原则。

6.2.1 总体空间组织模式

在将购物中心中的各种商业元素组合成具有竞争力的购物环境时，合理的规划布局极为重要。综合来看，购物中心的总体空间布局主要存在综合体模式、步行街串联组织模式和核心开敞空间组织模式这三种类型。

（1）综合体模式

综合体模式是购物中心建设开发过程中最常见的模式，是以大型的综合体来组合各个功能空间，形成了一个密闭式的、功能复合化的综合购物区，能够为消费者提供全天候的一站式购物消费和休闲享受。常用的空间组合方式主要有两种：一种为以步行式商业内街结合节点大厅广场为主导公共空间的内街式组合方式，一种为围绕大型庭院来组织空间的集中式组合方式（图 6.2–1），具体设计手法如下。

内街式综合体组合方式（图 6.2–2）。该案例用一个超大型的建筑综合体以平面衍生的功能组织方式组织了综合商业和餐饮功能空间，而商务办公主要集中于西侧沿道路以高层的形式进行布置，酒店及公寓则以小高层的方式设置在综合体的东侧。总体的空间布局形成了以大型零售中心为核心，商务办公和酒店公寓环绕布置的布局形态，在北侧主要的临街面也突出了大型零售中心的整体形态，主体突出，易形成凝聚力和吸引力。零售中心的大型建筑综合体采用了面街和面河的两个弧线形的形态，并通过线形的步行内街和多个节点大厅来进行空间的组织，承担了购物空间流线的组织作用，空间的开放性很强，平面的布局较为舒展。常用的内街还有放射形和环形两种。

集中式综合体组合方式（图 6.2–3）。该案例将综合商业、餐饮以及酒店紧凑集

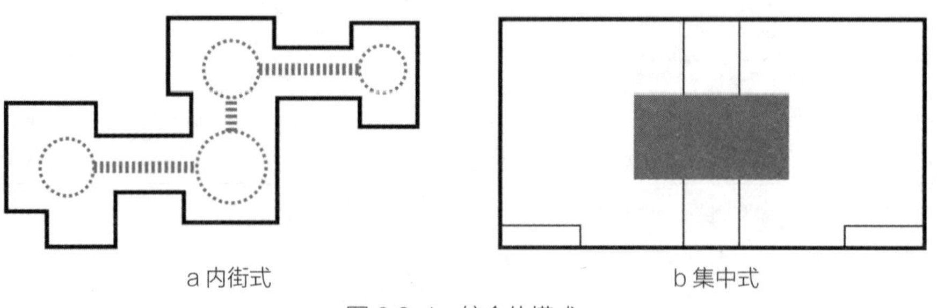

图 6.2–1 综合体模式

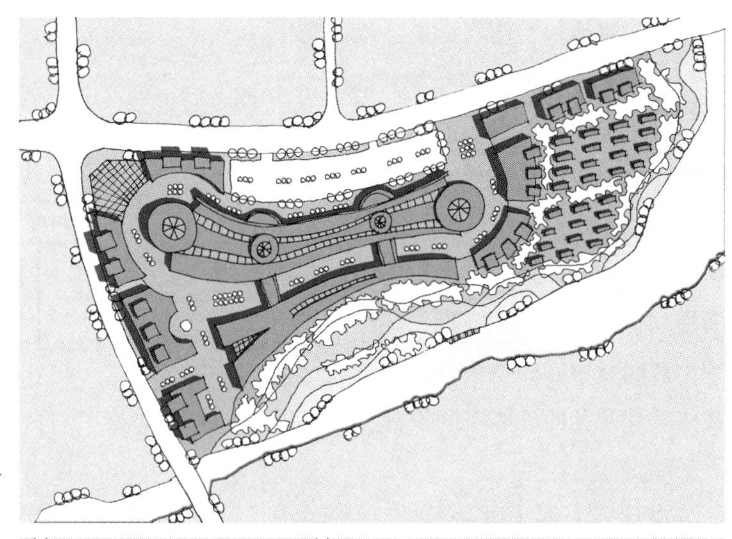

图 6.2-2 内街式综合体布局模式

图 6.2-3 集中式综合体布局模式

中于西侧的一块用地当中，紧邻北侧和西侧两个沿街界面，以集中式的大型综合体的方式进行空间组织。而商务功能主要集中于东北侧的沿街面，南侧用地形成一个面水的弧线的娱乐活动建筑和大面积的户外活动的广场和绿化空间，与零售中心的大型的综合体的形态了对比与呼应，提高了活动的丰富性，能够有效地吸引人流。综合体建筑以一个大型的中庭来联系三个建筑体块，作为零售中心核心的公共空间和交通空间将各个功能空间组织到一起，在空间形式上十分突出，其他空间在其周围聚集靠拢。与内街式的购物中心相比，公共休闲空间的面积较小，建筑整体外观上可能与现有的大型商业建筑区别不大。当建设用地较为紧张或者土地价值较高的情况下常采用集中式综合体组合方式来进行紧凑型开发建设。

（2）步行街串联组织模式

郊区的大型零售中心建设用地面积和建筑建设量往往都十分大，其功能也会更加多样化和复合化，会存在多个和多种的建筑功能体块，这时常常会利用步行街来组织各建筑体块，使之形成连续的整体（图 6.2-4）。步行街串联组织模式下，步行街既是整体空间组织的纽带，又是功能活动流线组织的载体，同时也丰富了空间环境，营造了一种交互式的购物体验。步行街所体现的空间形态、商业氛围是购物中心展示的窗口，往往会成为顾客对购物中心的体验特征标志和记忆载体。其常见的具体空间设计方法有以下三种。

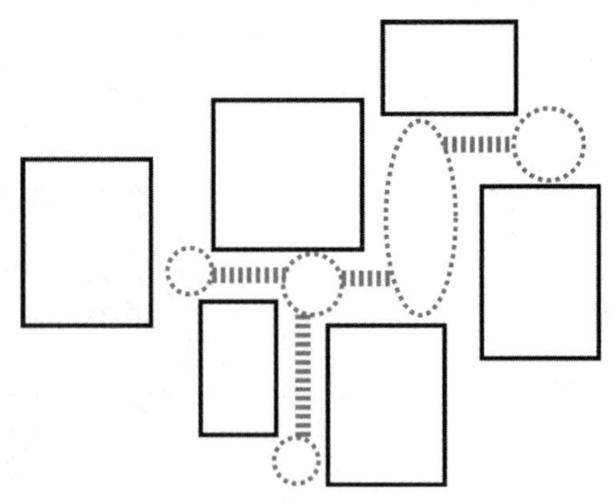

图 6.2-4 步行街串联组织模式

覆顶式 + 露天式商业步行街（图 6.2-5）。该案例购物中心的总体空间布局以中央的水系和绿化空间为轴分为两个大的建筑组团，每个组团由多个建筑单体构成，这些建筑单体又通过室外的商业步行街和覆顶式的商业步行街组合共同联系起来，形成一个整体的购物体验空间。设计将综合商业、餐饮以及酒店功能都集中在这一组建筑体当中，并设置了部分高层将商务办公也组织在其中。该案例通过一条弧线形的露天步行商业街联系了西北角和西南角的两个主要的入口广场，形成一条串联整个零售中心的步行主街，然后在西侧的建筑体块间建立了一条覆顶式的步行商业街，并与主街相连，形成了一个室外室内串联的步行内环，又在一主一环的基础上，伸出了多条较短的步行街，增加了购物空间与周边城市空间的联系。共同构成了一个丰富的步行环境，有主有次，引导性强，而且极大的创造了商业沿街面，提高了商业价值效益。

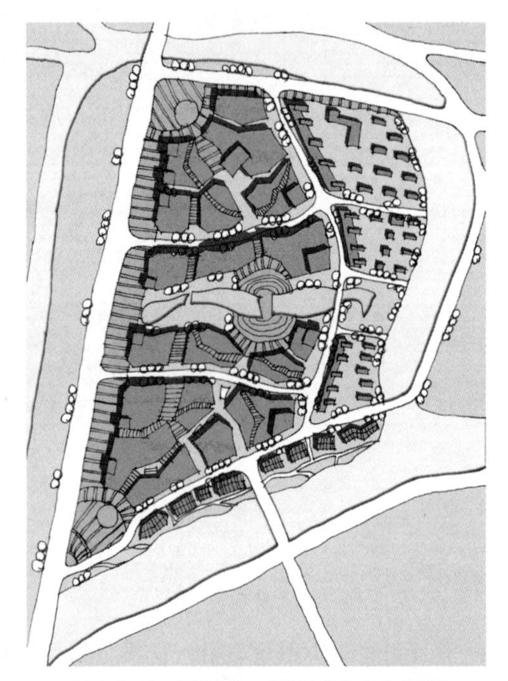

图 6.2-5 覆顶式 + 露天式商业步行街

步行街不再是简单的购物者通道，而且成为重要的公共活动空间，以良好的景观和设施、优美的环境满足购物者逛街漫步、餐饮和交往的需要。覆顶式商业步行街往往通过加设玻璃拱廊使人们能出处在一个明亮、轻快、并附有动态和生气的空间之下，再通过绿化和休憩设施的设置，就能够营造出类似户外亲切尺度城市街道的空间环境，使人们能够感受到传统商业街中的生活方式以及文化气质，同时运用现代技术（大荧幕覆顶），可以使得商业街更具有吸引力。设计的流畅型曲线的露天购物街道，也使人们在行走的过程中，视觉和空间感受都不断变化形成步移景异的感觉，是顾客在行进中不断地对下一个场景产生巨大的好奇心和浓厚的兴趣，在其中乐而忘返。

步行连廊（图6.2–6）。该方案在总体功能布局上，北部用地以小街区—密路网的模式来组织商务办公功能，东面沿河一侧结合开敞滨河绿地空间设置了几栋高层公寓，南侧的一大块用地则环绕水系设计了一组建筑群，来组织综合商业和餐饮酒店等主要功能。这一组建筑群则利用一层或多层的骑楼式连廊来将各个建筑空间连接起来，并设置了一些空中走廊将水系两边的建筑群体联系得更加紧密，形成一个完整的购物空间。步行连廊的组织方式能够为购物中心创造丰富的购物环境，能够创造出室内空间—灰空间—室外空间三个层次的空间组织，使外部空间环境能够很好地与建筑内部环境产生渗透与交融的效果，也为多种类型的商业活动（诸如临时商业活动）提供了丰富的空间支持，使得整个零售中心更加富有商业活力。步行连廊可以根据建筑体块的形态产生丰富的变化，创造出灰空间收与放的空间序列的变化，开敞的灰空间就可以通过小品与绿化的设置形成良好的休憩空间。同时，步行连廊的顶层平台还能够提供良好的观景平台和活动平台，在购物活动之余也能够享受游玩观赏的乐趣，更加增强了零售中心的吸引力。

步行水街（图6.2–7）。该方案结合设计地块多面环水的环境优势，在总体空间布局上以水为核心来进行组织。在地块中央以原有清水塘为基础形成一大型水面，

图6.2–6　步行连廊

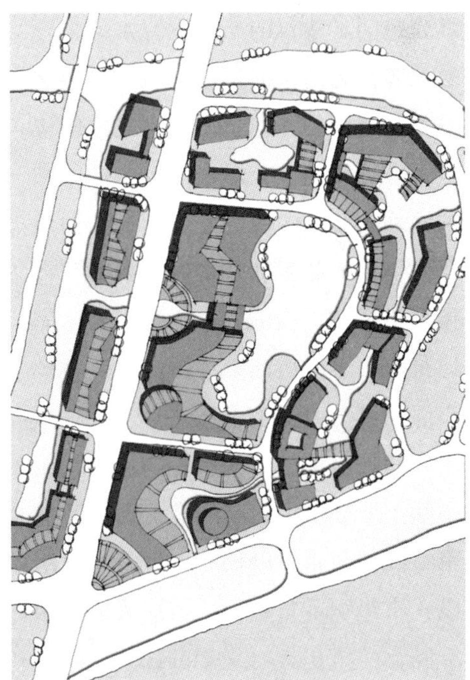

图6.2–7　步行水街

西侧设计一组较大型的建筑体块来组织酒店餐饮以及娱乐功能，其他三侧则形成U形环绕的一组建筑群来组织综合商业和商务办公功能，相邻几个建筑围合成一个半开放的院落空间，这些院落又通过从周边河道引入的蜿蜒曲折的一条水系来整体串联起来，形成一条以水为空间特色的步行水街。水街建筑布局的收放与水系的收放形成呼应，形成了开开合合的变化丰富的开放空间序列，也是引导购物流线的主体。各个院落中都结合水系设置了一些小广场和亲水平台，为购物者提供了丰富的游憩活动空间。步行水街模式将外部自然绿色环境与整个商业空间充分结合起来，为购物中心的购物空间和建筑形态带来一种视觉上的活跃感，使人在购物的同时获得观赏游玩的乐趣。同时，该步行水街以西北角较大的建筑组合为主，随后的建筑体量逐渐变小、形态也更为简单，该组建筑与中央西侧的建筑从体量和形态上都形成了联系与呼应，加强了零售中心建筑群体的整体性。

（3）核心开敞空间组织模式

核心开敞空间组织模式是指以一主要的大型开敞空间为核心来环绕组织购物中心的各职能空间的总体布局模式（图6.2-8）。如图6.2-9所示，该案例以基地内原有的清水塘为基础，形成了一个多边形的大型水面，通过绿化景观的营造形成了基地内核心的景观空间。建筑的布局围绕水面呈环形分布，为与水面形态呼应，周边建筑也以规则的几何形态呈不完全对称方式来进行组合，形成了东西向的轴线序列的联系。西侧紧邻街道的两组较大体量的建筑体块为综合商业，占据了最好的沿街的商业面；水面东侧建筑为一组酒店建筑，呈U形环抱核心绿化景观，具有较好的景观朝向；中间设计了南北向的带型的商业休闲空间，形成了南北向的商业活动与城市空间的联系。以核心开敞空间组织模式来组织零售中心，所形成的开敞空间不但承担核心景观的功能，同时还承担着经常或临时的商业行为活动，

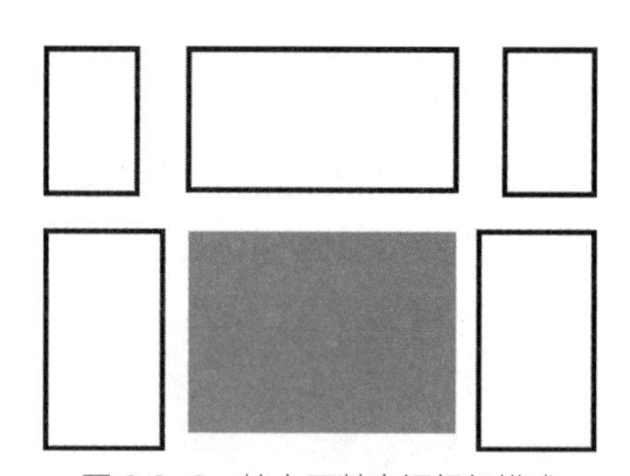

图6.2-8　核心开敞空间组织模式

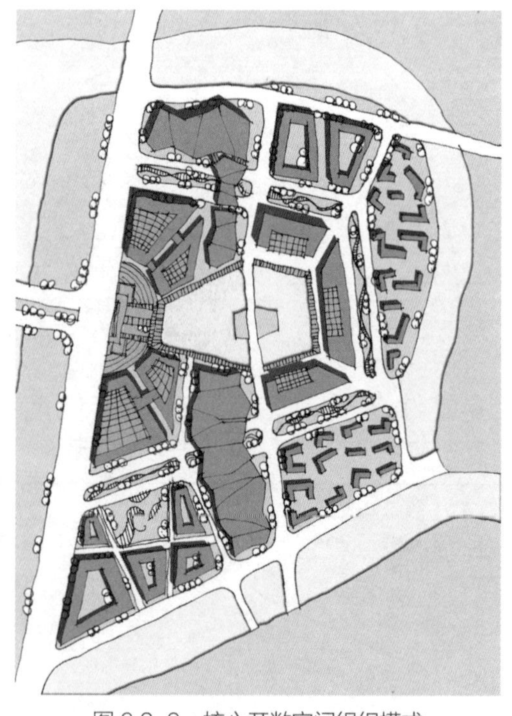

图6.2-9　核心开敞空间组织模式

具有展示功能，便于商家进行促销活动、扩大销售、商品展出以及文艺演出等活动。更重要的是其往往能够成为城市居民休闲娱乐的场所，具有城市广场或者公园的功能，往往能够很好地促进对人群的吸引，以达到促进消费的目的。

6.2.2 外部空间设计手法

购物中心的外部公共空间设计中，交通空间及外部环境的营造是需要重点考虑的内容，直接关系到购物中心使用的便捷程度以及整体的空间特色。

（1）外部交通的组织

购物中心外部交通的组织设计必须要考虑与城市交通的对接，加强零售中心的可达性与停车便捷性，以达到吸引和汇聚人流的目的。设计既要充分考虑零售中心与周边地铁站或公交站等公共交通连接的可能，同时还需考虑大量私人小汽车的引入方式，尽可能地在基地周边道路设置出入口，并使进入基地的车辆就近方便停车，同时合理布置停车场使下车的顾客能够方便步行到购物中心入口。

图 6.2-10 所示案例，设计充分考虑到了基地现状北侧的地铁 1 号线的交通优势，扩大了规划设计区域，设计了一条连接小龙湾地铁站和百家湖地铁站的商业步行街，多组建筑沿步行街呈线性布局，来组织零售中心的综合商业、酒店餐饮以及其他功能。可以利用立体的步行交通方式来组织购物中心与地铁站的联系，可以是如该方案中的地面的步行街，也可以利用地下通道使地铁站与购物中心的地下空间直接相连，或者通过空间天桥直接联系到购物中心的建筑体内，形成有效的引导，便捷的

图 6.2-10　与地铁站的交通联系的组织

到达其出入口，能够有效地疏散人流。通过建立与地铁站的交通和空间的联系，能够为零售中心带来更多的消费人群，促进商业的活力。

在购物中心整体环境中，由于综合的内部功能，因而每天都会有大量的固定停车与临时停车要求，同时停车场还要与内部活动空间能够直接联结，方便出入。地面停车多是围绕核心建筑布置，在主要的出入口集散空间以外全部布置为地面停车场，便于大量小汽车的停放，也便于顾客直接进入购物中心（图 6.2–11，a）。这一模式投资成本地，占地面积大，多用于用地规模较大，土地相对廉价的郊区购物中心，但受环境影响较大，炎热、多雨、日照强烈等地区不宜采用这一方式；地下停车场是主城区特别是中心地区较为常见的方式（图 6.2–11，b）。在购物中心周边道路上设有地下车库出入口，车辆通过出入口进入地下车库，并通过垂直交通进入购物中心内部。通常地下车库出入口限制车辆右进右出，以减少对城市道路的交通干扰，或引入一条基地内部道路，通过其连接地下车库，以避免高峰时期车辆进出排队对城市道路的影响，此外，地下车库范围多会覆盖整个基地，且设置多层地下车库，以增加停车数量，

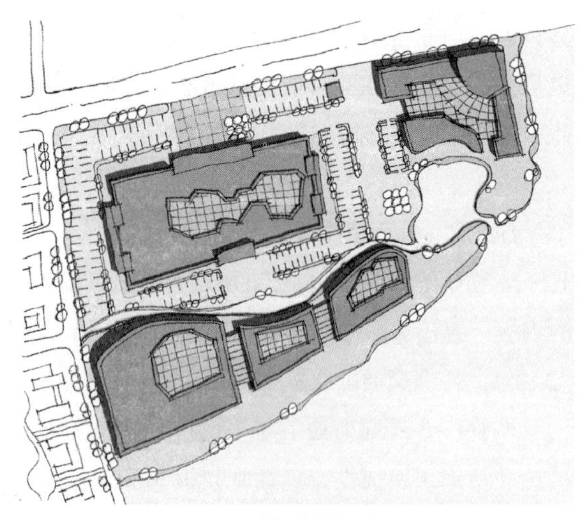

a 地面停车

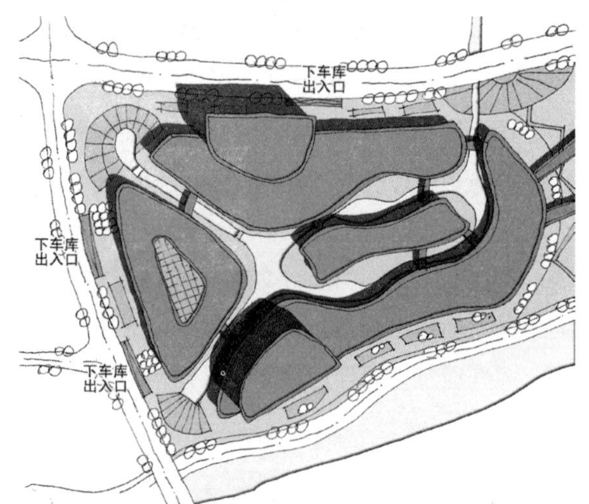

b 地下停车

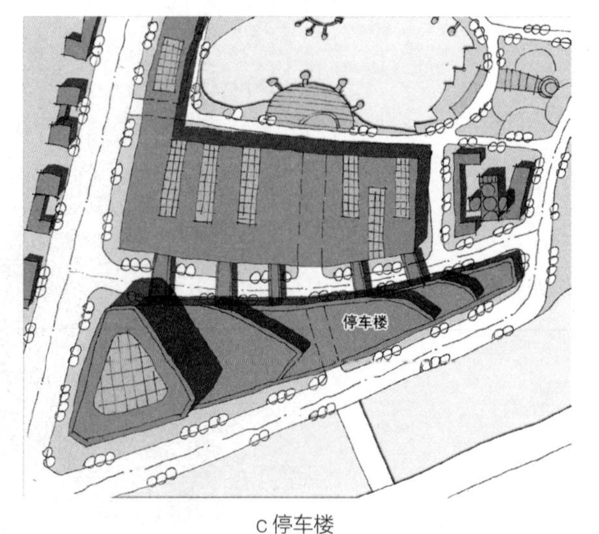

c 停车楼

图 6.2–11　静态交通的组织

并在购物中心周边道路上均设有开口，以便于各方向的车辆进出。地下车库投入较高，并涉及人防等要求，多用于用地条件较为紧张的主城区、中心城区、老城区等地区；停车楼这一方式在我国大陆地区尚不多见，而在香港地区则较为多见，欧美的特大城市、亚洲的东京、迪拜等城市也较为常见。停车楼也是较为集约的停车方式，多布置于高层集中区，大量商业集中区等地区，其使用比地下车库方便、建设成本也低于地下车库，但其停车数量相对较少，出入口设置不够灵活，多用于地下空间开发困难的地区。

（2）外部空间环境的设计

现代社会中，购物中心已经更多地承担起丰富社会公共生活的责任，在欧美国家甚至成为一种生活方式。那么塑造城市公共空间，创造富有个性的场所感，将购物中心真正融入社会生活的网络中，其外部空间设计就显得十分重要。外部空间设计目标在于吸引或积聚大量的流动人群，因此在空间规划上，不只需要设置一个相对宽敞的休闲广场，更需要调动顾客的参与和体验欲望。设计应针对顾客的行为心理，设置并安排相应的公共设施与活动，如下沉广场可为儿童提供安全的游玩场地，演出广场可进行时装表演、新品推介展示，亲水空间可为群众提供观赏和休憩空间，甚至设置小型的游乐场等。这些活动是外部空间中最活跃的元素，加之建筑空间与室外的自动扶梯、上下穿梭的观景电梯、二层平台上行走的人群等汇聚在一起，就会形成极富活力的外部空间环境。

图 6.2–12 所示方案充分利用了现状良好的自然环境基础，通过人工处理使滨水岸线更加的蜿蜒曲折，富有观赏的乐趣，同时，将水系引入基地内形成一个较大型的水面，并设计一中心岛，结合滨水的活动广场、亲水码头等空间，形成了核心的滨水活动空间。滨水商业建筑也与岸线交相呼应，形成了开开合合富于变化的滨水绿地空间。零售中心的建筑空间与自然环境相互渗透，相得益彰。休闲广场、商业

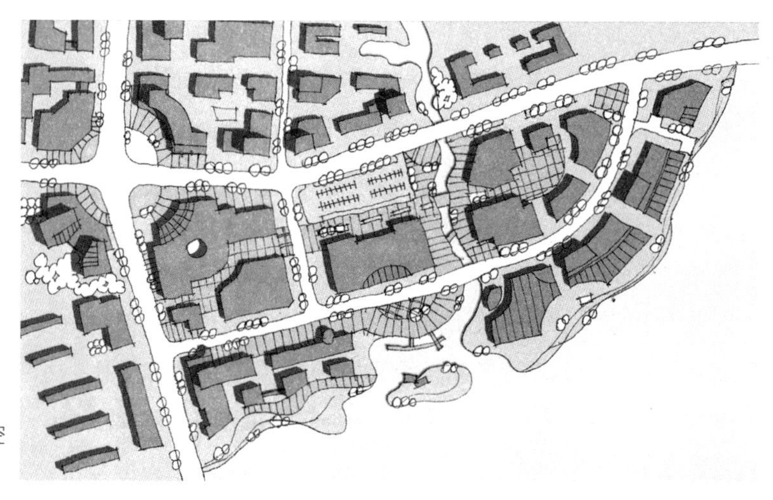

图 6.2–12　外部空间环境的设计

步行街将整个零售中心的建筑群体串联起来，并与城市空间相联系，通过绿色、水系空间以及造景小品、辅助设施的设置，就能够为购物中心营造了一个可观、可赏、可玩的外部空间环境。

6.2.3 大型零售购物中心区规划的重要问题

适建性问题——购物中心作为一个典型的“舶来品”，其在中国的快速全面健康发展，一方面要从外部环境上，通过政策的调整、人才的培养、制度的建立来创造适应购物中心发展的条件；另一方面，购物中心通过自身的调整，包括形式的改变、特色的创造等来适应我国的现实国情。从购物中心适合发展的地域来看，并非全国都适合建设，从经济状况、商业设施现状、交通条件等方面综合考虑，诸如东部三大城市带以及部分中心城市如成都、重庆、武汉等地才具有有较为优越的发展条件。

选址问题——交通的可达性和便捷性往往是大型零售购物中心选址的一个重要依据，只有在此基础上才能为购物中心带来能满足其商业规模的消费人群。一般位于城郊结合部的交通枢纽附近，充分利用交通优势和土地价格优势，与物流业相结合，有效降低成本，形成强大的集聚效应。汇集众多商家，其商圈范围也因为便捷的交通而大大扩展，往往能够辐射整个区域。

形式地域化问题——从商业空间和建筑造型的角度，我国历史悠久，幅员辽阔，各地具有独特的地域商业文化，如何在现代的商业形式下，延续这种文化传统，塑造富有地域特色的商业设施，应当是设计者未来所需要关注的。只要遵循基本的商业设计原则，满足以使用功能，在形式和空间上做出适合当地文化和居民活动的地域化设计，在国际化、标准化的设计风格席卷商业建筑设计领域的今天，拥有独特地域魅力的商业设施终将让人们找回历史的记忆。

城市功能倾向问题——购物中心总体来看就是一个小型的城市中心，城市功能的植入，使其具有了鲜明的城市综合空间的特色和优势，更多城市功能的进入，多种公共职能的融合（如交通、文化、社区服务、商务办公等）也将是我国购物中心发展的前进方向。设计中应突出其作为城市空间的特征，强化开放空间和活动空间的塑造，将其真正纳入城市空间网络当中。

6.3 典型案例设计及剖析

在具体设计方法剖析的基础上，进一步以完整的案例为依托，主要从总体空间布局层面和具体的公共空间营造方法层面详细阐述大型零售购物中心（Shopping Mall）的规划设计方法。根据基地与周边环境的关系，将其分为外部环境引导型及内部环境引导型两种类型。

6.3.1 外部环境引导型

购物中心选址于重要的水体、山体等自然景观环境周边，基地其余 2 侧或 3 侧被城市道路所围绕，基地内部景观资源相对较弱。在此基础上，外部的城市景观资源对基地的规划建设起到重要的引导作用。

（1）案例介绍及现状解析

大型零售购物中心的规划建设，能够快速集聚人气，形成良好的生活配套设施，带动周边居住社区的发展，因此，大型购物中心多与大型的居住社区相结合布置。我国南部某城市是国家重要的文化、旅游、交通枢纽城市，因城市发展需求，需在城市南部近郊位置规划建设大型居住社区，拟建一处大型购物中心，以满足周边居住需求，并带动周边地区发展。

基地位于城市一条东西向快速路南侧，与老城连接较为便捷；基地北侧为城市东西向主干路，道路等级较高，且北侧主干路上有一处轨道交通站点，可与老城中心区及城市交通枢纽相连；基地西侧与东侧有两条较宽的河道通过，并在基地东南角交汇，使基地形成了较为自由的生态河岸线，基地内部也有一条河道与北侧河道相连，但与外围水系不相连；基地及北侧地区以工业用地为主，并以确定外迁，用以开发大型居住社区与大型零售购物中心；基地西侧及南侧基本以居住用地为主，零星散步的工业用地也将逐渐外迁，逐步形成配套完善、环境良好的大型居住社区（图 6.3–1）。

（2）设计思路及重要问题

大型零售购物中心相对来说较为独立，自身系统性较强，并多会以较大的体量、较为特殊的形式出现，成为片区的标志性建筑群。由于体量规模较大，功能组合多样，交通及停车问题，功能的分区及组合方式等都是大型零售购物中心的重要问题。就该案例来看，规划设计之初应重点思考以下几个问题。

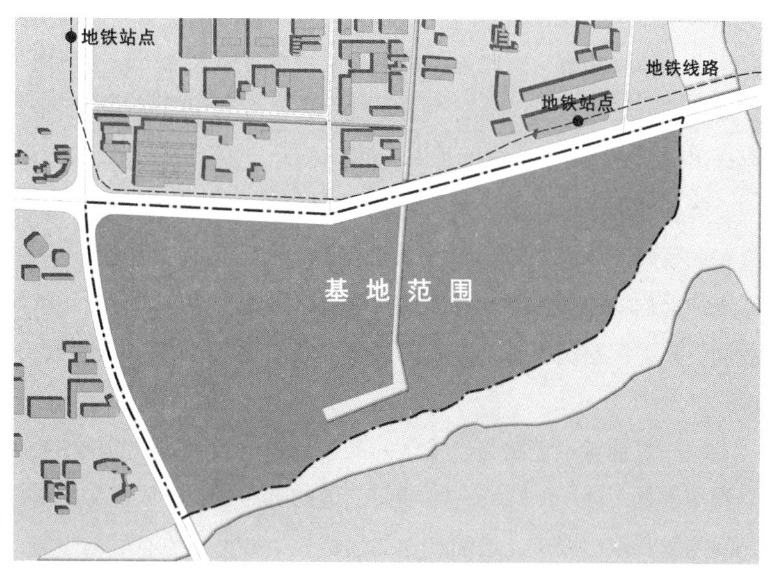

图 6.3-1 基地范围及规划条件

——如何组织内外交通。就基地现状的条件来看，只有北侧及西侧两个方向能够引入内部道路，其中西侧道路等级较高，道路界面较小，且南侧紧邻一处跨河道大桥，道路开口受到较大限制；北侧道路界面较长，道路路幅较宽，可作为主要的道路出入口连接道路。对道路情况的分析可以清晰地了解车流的主要方向，形成相应的道路交通系统设计，并应进一步的思考购物中心的规划建设所新增的道路交通压力，推敲道路对接的开口位置，以及是否采用限制左转等的交通方式等问题。

——如何利用水体环境。基地位于河道交汇处，景观生态环境较好，且内部也有水体资源，这些资源对于方案的规划设计提供了极好的素材，日本的博多水城就是著名的结合水体的购物中心案例。在此基础上，能否沟通基地内外，形成良好的水绿环境？能够利用滨水条件组织活动，发展游憩功能？能否发展水上线路，串联周边景点，连接周边住区，形成更具辐射力的购物中心？这些问题需要仔细的推敲与研究，探索其可行性及对空间形态的影响。

——如何协调功能布局。大型零售购物中心必然面对大量人流集散的问题，因此多与公共交通枢纽有着较好的衔接，基地北侧的交通站点为基地的发展提供了良好的公共交通条件，如何利用这一大流量节点组织功能布局值得慎重思考。进一步，可继续思考大流量的人流集散的功能是否与车流分开？开放空间的布局是否与之协调？是否以此为重要节点组织人流动线？这些问题都将进一步影响到方案的具体形态格局。

在对重要资源及外部条件充分分析的基础上，可以更为清晰的梳理设计思路，找准突破口，塑造规划设计方案的亮点。为此，可从以下几个方面展开构思。

——构建车行与人行立体分流的交通体系。大型零售购物中心注重室内购物空间与室外休憩活动空间的有机结合，以良好的室外活动空间及特色的内部购物空间成为居民重要的综合活动场所，购物中心也较为注重室外活动空间的步行环境及相对安全的活动场所。因此，可将车行交通全部引入地下，与地面步行交通形成立体分流，即可解决车流人流交织的安全隐患，保证地面活动的安全有序，也更为方便车行出行，并增加了大量的停车空间。

——梳理水系形成水街，并打开滨水空间。滨水与内部水体是基地的特色要素，可在此基础上对水体形态进行梳理，结合建筑布局形成特色鲜明的水街模式，并可以水沟通购物中心内部及外部景观环境，形成水城。同时利用良好的滨水资源组织活动，并组织建筑形态，形成向河道开敞的形态格局，形成与自然环境有机结合的形态。

——打通城市道路与水体之间的视觉廊道。大体量购物中心的建设，不应成为阻碍城市景观视线的障碍，可利用基地的自然景观资源优势，形成北侧道路与河道之间的景观视觉廊道，增加基地的通透性，并可形成有效的生态、通风等廊道，提升整体环境品质。

（3）常见错误剖析

大型零售购物中心无论是建筑的体量形态，道路交通系统，还是整体空间结构，都有其特殊的要求，未经过认真的研究与思考，就会在规划设计中犯错，造成空间使用不便。在该方案的教学中，也出现了一些错误，具有一定的代表性，现将常见错误总结如下。

——建筑体量过小。大型购物中心是以大体量建筑将购物、餐饮、休闲、娱乐等功能等统一在一栋建筑之中，以保障活动的连续性，避免天气等诸多因素的干扰，因此建筑体量不宜过小和零散。如图 6.3–2 所示，建筑体量较小，且较为零散，缺乏有效的室内连续空间，整体感较差，也无法形成连续有效的购物消费环境。

——道路密度过大。大型零售购物中心同时也需要良好的外部空间环境，供游客休憩、活动，并可举办一些室外展览，因此需要保证较为完整的室外步行环境，而图 6.3–3 中，道路网密度过大，过于强调各建筑的地面建筑可达，导致地面空间较为破碎，难以形成良好的室外步行环境。实际中，可利用地下空间解决各建筑的车行到达问题，避免车行干扰地面活动。

——景观空间浪费严重。良好的滨水资源是组织游憩活动，提升环境品质的重要因素，应予以充分利用，但图 6.3–4 中，将大量的停车空间布置于地上，且紧邻河道景观休闲带布置，其余滨河位置也以居住功能为主，使得休闲活动与商贸活动产生空间分离，良好的景观空间难以得到有效利用，方案整体景观环境较差。

（4）典型设计解析

在理清思路的基础上，对于该方案的具体设计也形成了一些较为典型的规划设计方案，将其中最具代表性的方案进行详细剖析如下。

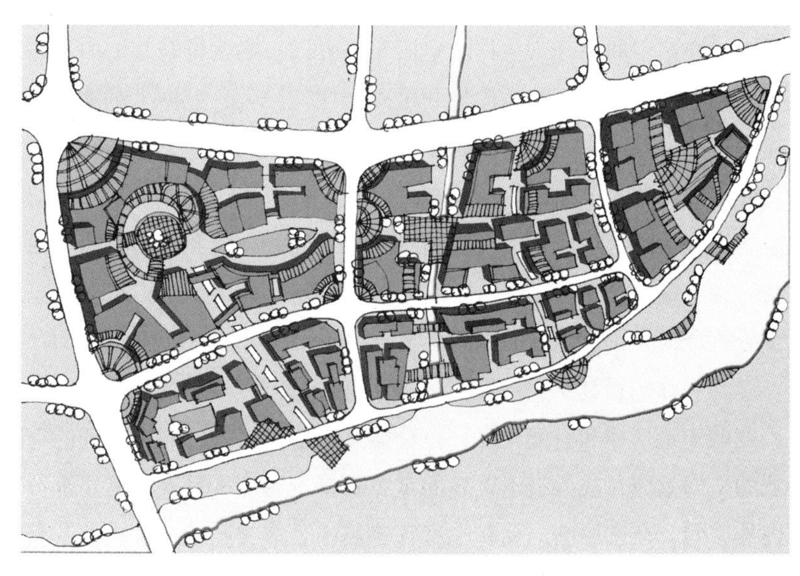

图 6.3–2　建筑体量过小

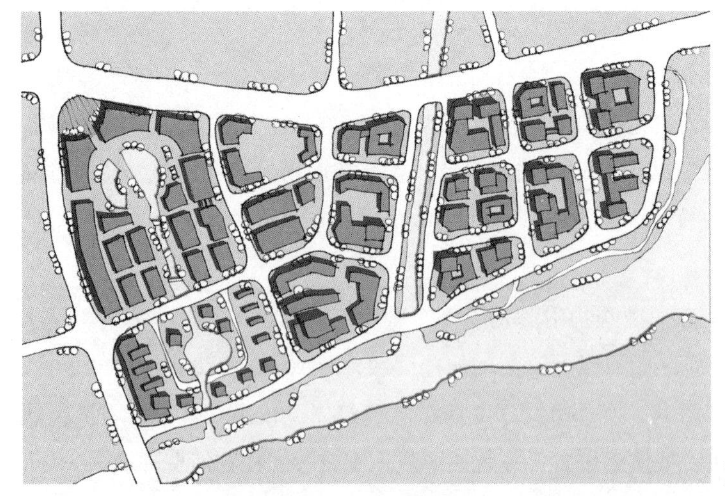
图 6.3-3　道路密度过大

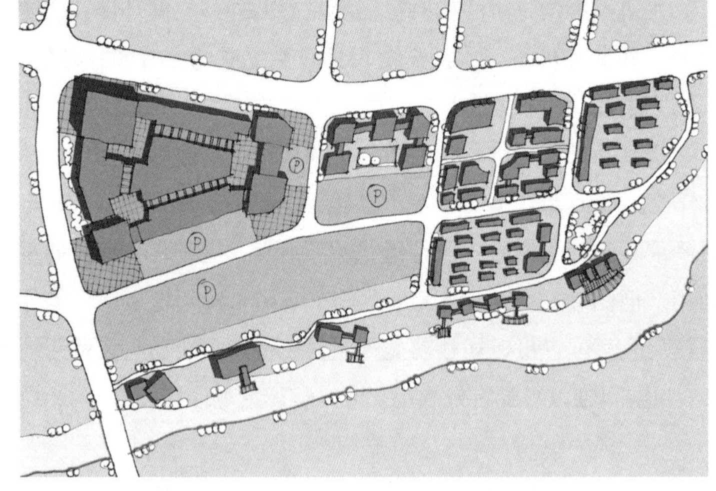
图 6.3-4　景观空间浪费严重

——大尺度异型建筑空间组合，逸趣横生

如图 6.3-5 所示，该方案体现了购物中心最典型的开发模式，即以大体量、大尺度的建筑空间组合为主体的空间布局方式。案例结合基地的形态，设计了东西一大一小的两组建筑，建筑体量和尺度都比较巨大，占据了基地大部分的面积，在现在已建成的购物中心中比较常见，能够充分利用土地，提高经济效益。零售中心的功能空间分布主要采用垂直分布的方式，多层建筑从下至上来组织综合商业、文化娱乐、餐饮酒店功能，用高层建筑来组织商务办公和公寓功能。两组建筑都以大尺度异型建筑空间进行组合，且呼应基地形态，使得整个方案看上去较为统一、有序，十分符合 Shopping Mall 的空间形态。

在具体的设计中，营造了丰富而有趣的空间环境，特色十分明显。首先，巨大尺度的建筑形体和空间尺度，往往能够创造出具有区域标志性的空间形态，产生强烈的空间效应，成为吸引顾客的重要因素。其次，以异形的建筑形体组合出流动的内外空间，在常用的内街和中庭等建筑内公共空间营造方式的基础上，西侧的建筑

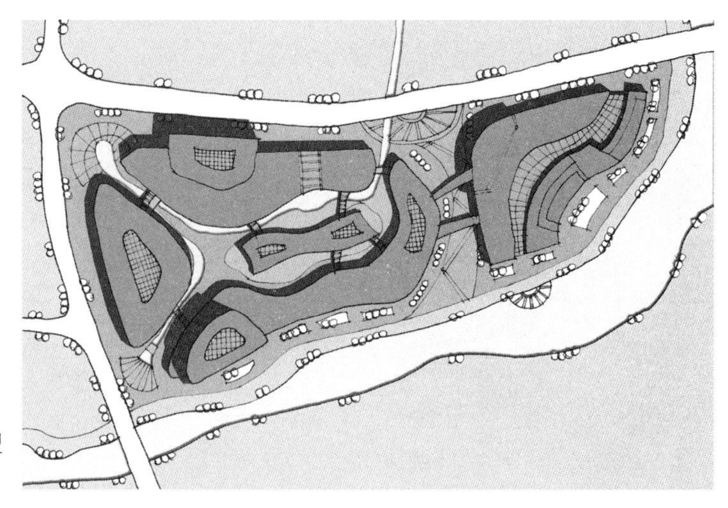

图 6.3-5 大尺度异型建筑空间组合

群体围合成了流动的外部空间，购物街道设计成流畅的曲线，人们在行走的过程中，视觉与空间感受不断变化产生步移景异的感觉，使顾客在行进中不断地对下一个场景产生巨大的好奇心和浓厚的兴趣，在其中乐而忘返。设计还将周边的水系引入步行街之中，与周围的自然环境形成空间的渗透和互动，蜿蜒曲折的水系与商业步行街相结合，形成了现代商业水街的特色空间。建筑体块之间还通过空间走廊进行连接,形成了丰富的步行体验。整体的步行空间的营造宛若现代城市中的“峡谷”一般，形成了丰富多姿的特色体验空间，使顾客在购物的同时产生妙趣横生的观览感受。

该方案较好的把握了购物中心的建筑群体及其总体空间环境的处理，但在其规划中也有几点问题有所忽视：①对于车行交通的组织缺乏考虑，虽然该方案沿两条城市道路均设置地下停车场入口，能够满足自驾购物者的车行交通需求，但对于货物配送尤其是消防的交通需求没有考虑，建议可沿南侧河岸设置一条车行道，并设置部分临时停车位作为装卸货物场地；②对于基地优势的自然滨水空间利用较少，虽然利用了水系来组织商业步行街，但没有与南侧的主要河流水体产生联系，滨水空间处理较为单一，没能发挥自然环境优势，绿化空间较少。

——退台式建筑设计，融入自然

如图 6.3–6 所示，该方案最大的特色是利用了退台式建筑设计手法来营造了一个空间环境特征十分突出的大型零售中心，并较好的利用了建筑绿化以及水环境的营造，能够很好地与自然环境相互融合。

在具体的设计中，案例将南侧的水系引入基地内，在基地中央设计了一个带型的南北向的蜿蜒曲折的水体，局部有所放大，形成了内部的一个核心的水体景观。建筑以中央水体为分割形成了东西两个大型的建筑综合体，建筑设计采用了退台式的建筑处理手法，结合基地形态形成了 5 层的梯田式的围合建筑形态，这五层主要用来组织综合商业以及餐饮娱乐等功能。沿建筑外围又设计了一圈的高层建筑，来

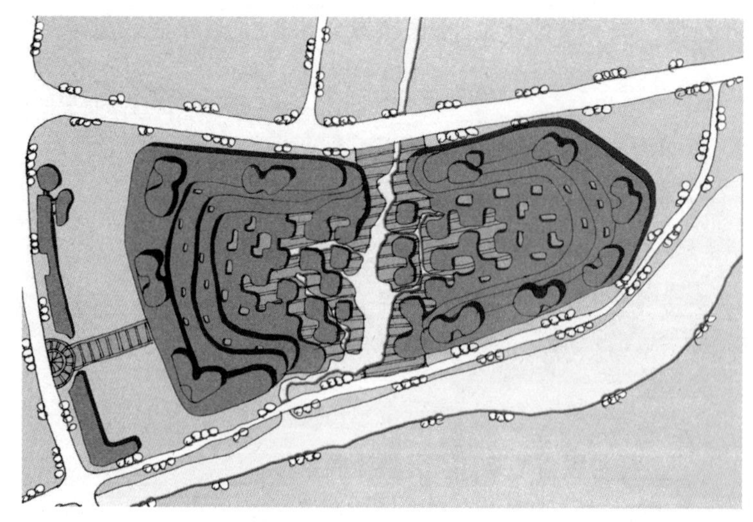
图 6.3-6　退台式建筑设计

做为组织商务办公、酒店和公寓的空间。从剖面示意图可以看出总体的建筑空间层次的变化，特征明显，完全能够成为统领周边区域的标志性的城市空间。在具体的环境营造方面，充分利用了退台式建筑所形成的屋顶空间，通过屋顶绿化和屋顶活动空间的塑造手法，形成了一层一层的丰富的屋顶开敞空间，能够为购物提供充足的游憩、娱乐、观赏的空间。同时，屋顶也是零售中心交通组织的核心空间，流线型的建筑形态塑造出了丰富而有趣的屋顶商业步行空间，每层的商业空间都能有室内—灰空间—室外三种层次的丰富的空间组合，能够很好地调动顾客的体验欲望。而且，屋顶绿化还很好地处理了大面积建筑空间多带来的绿化空间不足的问题，将绿化空间同购物游憩活动紧密结合，反而产生了比单一的绿化空间更大的积极效益。购物中心整体的空间环境较为城市化，能够很好地吸引市民来此参与日常的公共活动，从而促进商业的活力。外部交通的组织层面，方案设置了三处大面积的停车场，并延河流设置了一条车行道，基本能满足车行交通需求。

该方案通过极具标志性特色的建筑空间设计及绿色公共空间的营造形成了令人印象深刻，富有空间体验趣味的购物中心。但在其设计中也存在几个小的缺点：①缺乏明确的入口空间的设计，除西侧停车场区域有入口广场空间的设计之外，其他地方均没有明确的入口空间，尤其是东北角停车场空间和西北角的绿地空间欠考虑，应结合地铁站来设置入口广场空间；②中央建筑的小体块化的处理，利用小地水系环绕其中，使得整个空间显得过于错综复杂，应当简化处理，并且可以适当地放大中央的开敞空间，加强核心开敞空间的景观效果；③中间水系隔开的两个建筑综合体之间的联系性较差，且两侧地块的步行交通联系也欠缺考虑。

——外部开敞空间营造，虚实相生

图 6.3-7 所示方案，该方案着重对购物中心的外部开敞空间的设计有较多的考虑，将自然水体绿化环境与建筑空间和公共活动有机结合。在总体布局上，主要的

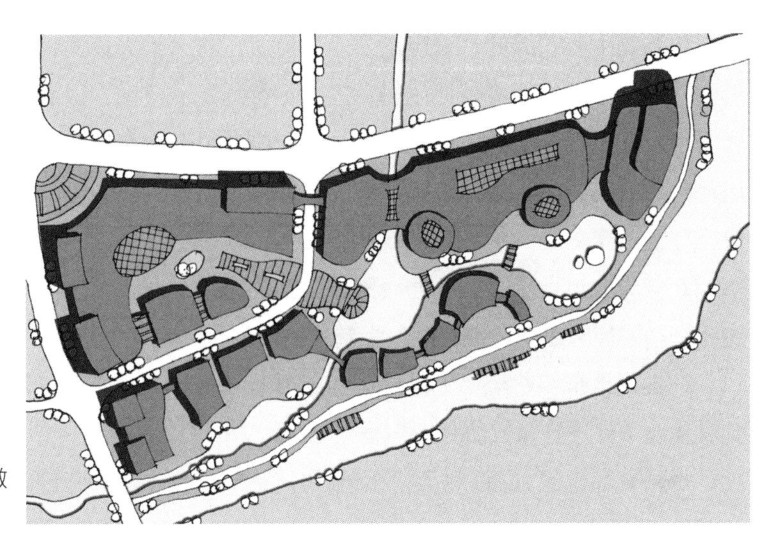

图 6.3-7 户外开敞空间营造

建筑空间沿着北侧和西侧的两条城市道路来沿街布置，中央设计了成片的大面积的连续的水面和滨水绿化空间，并且水系还和周边的城市地块直接相通，产生联系。结合滨水空间又设置了一组较小的建筑体。总体空间布局体现了实体建筑空间与开敞空间相结合，虚实相生的特征。

在详细的设计中，总体的建筑形体的设计自由活泼，既有大体量的商业综合体，又有小体量的建筑功能体块，圆形和曲线形的建筑处理也与水体的蜿蜒曲折的形态相呼应，富有活力。外部空间的设计上，该方案充分利用了基地周边的优势的“水”环境要素，将水引入基地设计了一连串的大大小小的水面，并结合水面组织了水上乐园等水上活动和滨水活动。在购物中心中设置儿童乐园等设施也是常用的方法，能够提供更加多样化的活动内容，很好的带动零售中心的活力。设计还将水体引入到建筑体内，与室内空间产生互动，使室内空间室外化，加强室内外空间的沟通。沿南侧的滨水岸线还设置了数个亲水观景平台，更好地与周边自然环境产生互动。

该方案较好地把握了购物中心外部空间环境的设计，但在其规划中也有几点问题有所忽视：①基地内车行道路的处理恰到好处，但停车空间的处理没有明确地表达出来，而且也应设置适量的地面临时停车空间来满足需求；②基地东南角的建筑处理过于满铺，没能流出足够的开敞空间，缺乏对地铁站人流交通的考虑。

6.3.2 内部环境引导型

购物中心的选址更注重交通优势，基地外部环境相对单一，缺乏良好的环境基础，但基地内部有一些可以利用的优势环境条件。在此基础上，基地内部的环境成为规划设计的重要依托，对规划设计起到有效的引导作用。

（1）现状解析及思路梳理

我国南方某特大城市是国家历史文化名城，老城内发展格局受限，难以发展大型零售购物中心。因此，采用近郊发展模式，将大型零售购物中心布置于城市南侧近郊位置，与老城连接较为便捷，且有足够的发展空间，以满足城市购物休闲的发展需求。基地选址于城市快速环路与区域高速公路交汇处靠近城市的象限内，规划用地较为方正，建设条件较好（图 6.3–8）。基地东侧及南侧为城市快速环路，两条快速环路立体交汇，在基地东南角形成一个大型立交节点，东侧快速路可直达老城；基地北侧为城市主干路，基地西侧道路则为城市支路；基地内部较为平坦，基地中部有一条河流南北向蜿蜒穿过，为基地内部提供了良好的景观生态资源。

该案例地形相对规整、设计可利用要素较少，较难寻找规划设计的切入点，需要对基地条件进行深入的分析与研究。

——交通组织方面。东侧及南侧的快速路显然不适宜开设出入口，且必须留有足够的安全防护距离，因此人流及车流的主要来源应是基地北侧及西侧的道路，其中北侧的道路与快速路直接相连，成为老城顾客的主要进入道路。而西侧的道路等级不高，且与南侧高速路没有联通，规划时可考虑将道路拓宽，并采用右进右出的方式与快速路直接相连，或保持不连通状态，作为小汽车分流道路及货运通道使用。在此基础上，基地内部还有一条支路横穿基地，并与东侧的快速路连接，由于距离北侧道路较近，可根据规划设计需求进行取消，或采用右进右出方式与快速路连接，以减少快速路的交通干扰。

——景观塑造方面。对于该方案来说，内部景观环境可借助基地内部的自然水体资源进行设计，形成水街、水景、水池等空间效果，并将主要出入口设置于北侧或西侧的道路上。这种情况下，靠近快速路的界面便成为建筑的“背面”，但同时，也是快速路重要的景观界面。因此，在“背面”的设计中，也应考虑快速路通过的观赏效果，并可设计具有突出视觉效果的标志性建筑、雕塑或景观，也成为城市的门户并可吸引大量顾客光临。

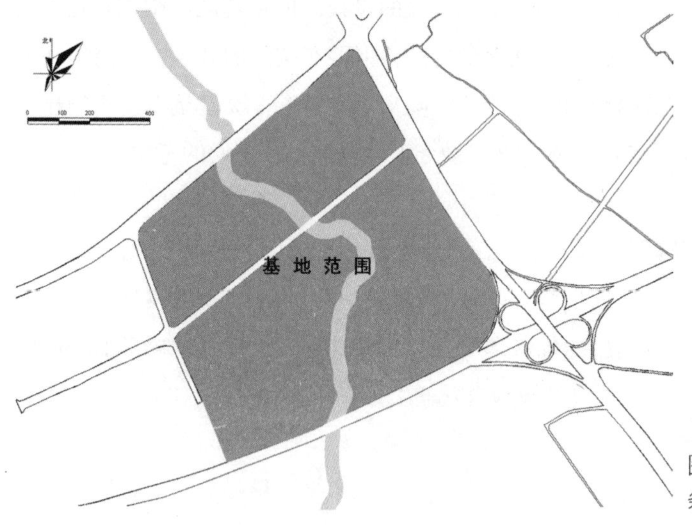

图 6.3–8　基地范围及规划条件

（2）常见错误剖析

在具体的规划设计中，由于对基地建设条件及周边资源条件分析不够深入，对基地的理解出现偏差，进而形成一些错误的处理方法，将其常见的错误方法总结如下：

——停车场环绕，缺乏集散空间。受早起郊区购物中心发展模式的影响，在购物中心的规划中，多会采用大量地面停车的模式，而没有针对性的分析特定的规划条件，以致出现一些空间问题。如图 6.3–9 所示，方案布置了大量的地面停车场，且呈环绕式围绕在主体建筑周边，几乎占据了全部的室外开放空间。看起来使用较为便捷，但缺乏足够的广场等集散空间，使得乘坐公共交通到达的人流难以进入。此外，停车场均是直接在道路上开口，且大部分停车场均仅有一个出入口，会造成使用的不便，也会对两条快速路交通产生较大干扰。

——停车设施过于集中，使用不便。如图 6.3–10 所示，该方案考虑到主要的车流方向，并避免对快速路的干扰，将停车场集中布置于基地西北角。但这一方式使得停车场过于集中，会造成高峰时期的拥堵现象，同时，由于停车场距离各个功能区均较远，有些还要跨越道路，造成了严重的使用不便。合理的停车设施布局方式应是结合内部道路系统，使得各个功能片区的到达均较为便捷，同时应考虑结合地下停车场等方式，形成多元化、立体化的停车空间，以节约用地，并更加方便使用。

——入口正对立交，背离人流方向。从图形上来看，快速路交汇的立交是一个视觉焦点，如仅从图形来考虑，就会出现将出入口与之结合设置的问题。如图 6.3–11 所示，方案将购物中心出入口正对立交设置，且从构图上直接相连。这一布局方式，既缺乏基地内部道路交通系统的支持，也完全没有考虑该公共交通人流的到达与进

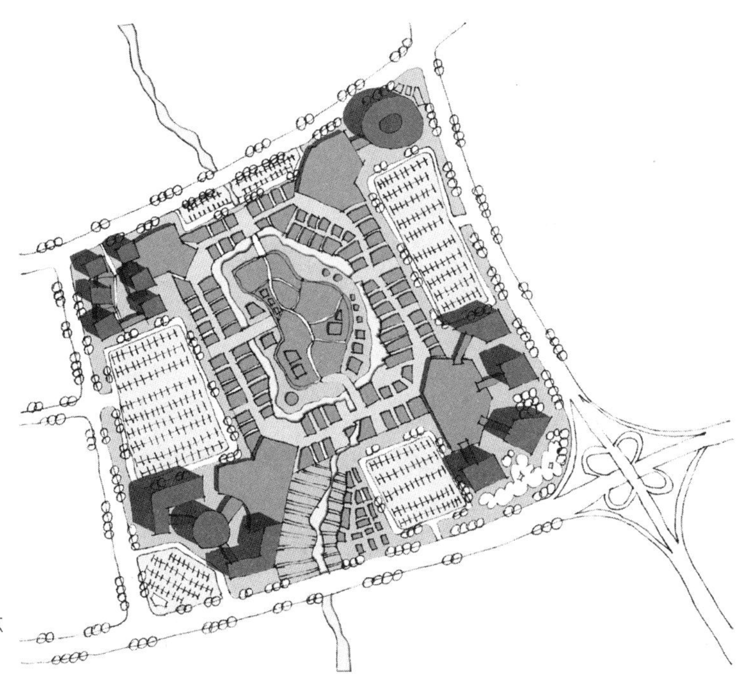

图 6.3–9 停车场环绕，缺乏集散空间

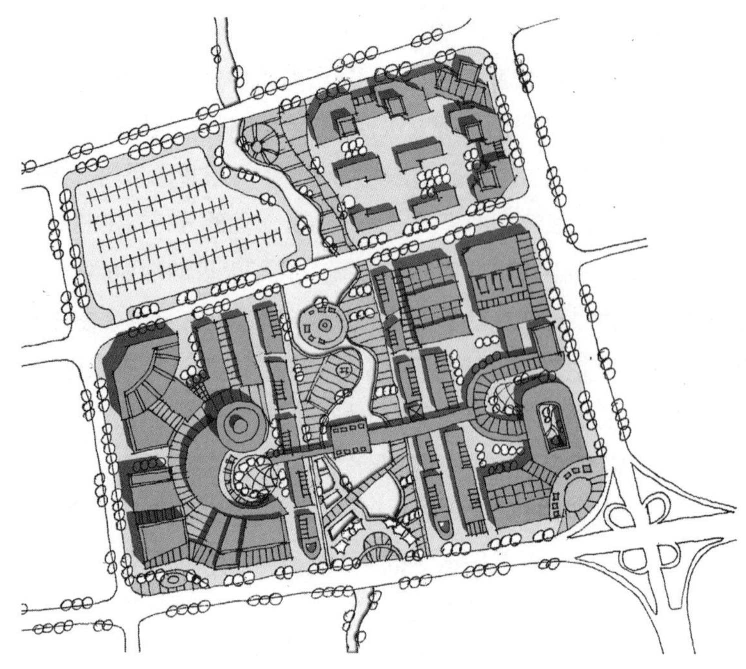
图 6.3-10　停车设施过于集中，使用不便

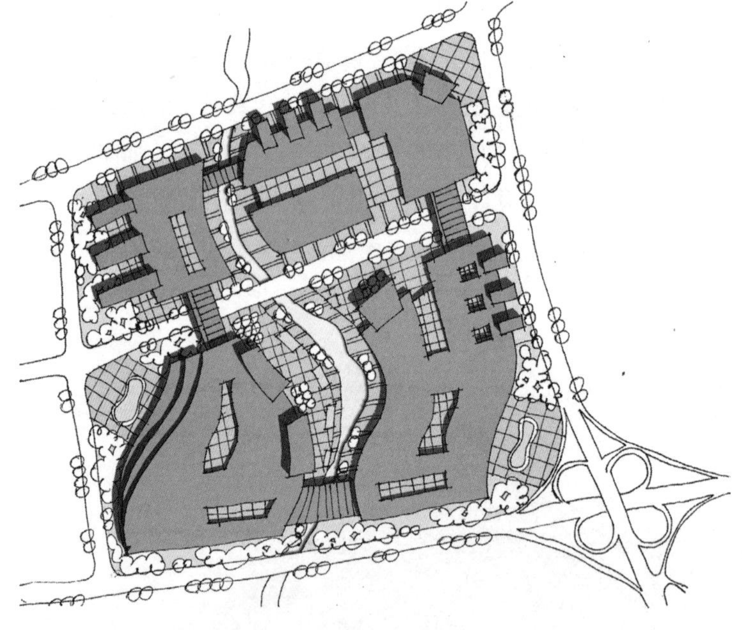
图 6.3-11　入口正对立交，背离人流方向

入。该处立交是快速路的交汇处，不可能是人流集中地区，与购物人流的来向及交通行为均相背离，同时，也没有考虑快速路立交的安全及环境问题，缺乏足够的绿化防护空间。

——功能分区过于孤立，缺乏联系。受道路及基地内部水体影响，具体的规划设计中常会以之作为功能片区划分的天然边界，而形成过于孤立的功能片区。如图 6.3-12 所示，规划以水体及横向道路为界，将基地划分为四个片区，分别布置公寓、商务、大型商业、餐饮休闲等功能。但从建筑形态、道路交通、绿化景观等各方面来看，四个片区均缺乏足够的联系，使得各功能片区均较为孤立，空间缺乏整体感，各片区也难以形成发展的合力。

——建筑体量过于细碎。大型购物中心区别于其余类型中心区的重要特征之一，就是拥有规模尺度巨大的大体量建筑，提供复合、多样的服务，满足一体化的购物休闲需求。而如图 6.3-13 所示，方案均是采用体量较小的建筑组合而成，且滨水地区更是布置了大量传统风格建筑，缺乏大尺度建筑的统领，使得整个方案更像是一个休闲购物中心（RBD），而不是一个大型零售购物中心。

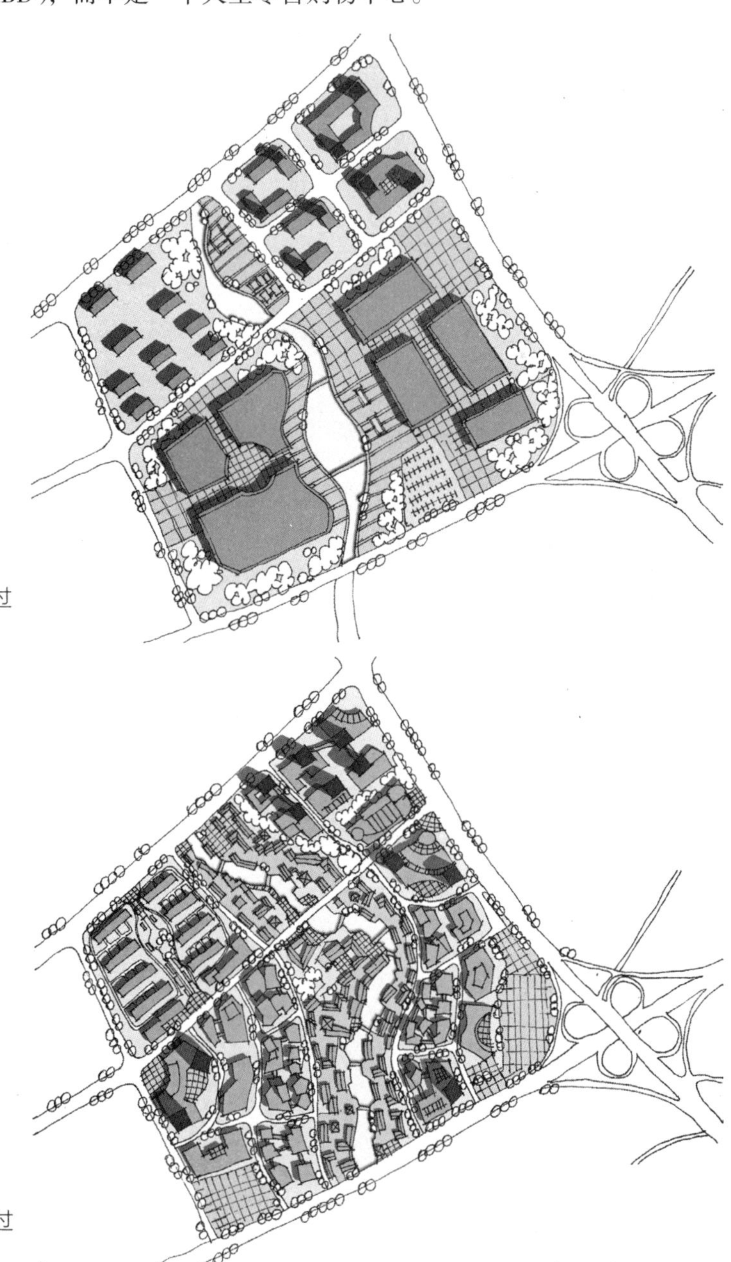

图 6.3-12　功能分区过于孤立，缺乏联系

图 6.3-13　建筑体量过于细碎

（3）典型设计解析

在对现状、规划条件及常见错误解析的基础上，为了进一步阐释内部环境引导型购物中心的设计方法，特对两个典型案例进行详细解析。两个方案均较好地处理了建筑与环境的关系，也较好地理解并利用了既有规划条件。

——依水筑核，建设环绕

这一方案是一种较为典型的利用基地内部水体的方法，即利用水体基本在基地中部穿过的特点，在基地中部将水面放大，形成一处核心水景，也成为整个方案的“虚核”，开发建设围绕该虚核布置。具体来看（图 6.3–14），在基地中部将水面进行放大处理，形成一处形态较为自由的开阔水面，水面上布置一些景观构建，同时也可结合水体设置一些大型的喷泉设施，这也是形成空间景观标志的常见手法。在此基础上，其余的功能建筑沿基地四边布置，总体上形成“内虚外实”的格局；基地西北片区布置一些小型生活型商业，并布置 SOHO 公寓，东北角布置商务办公职能，并结合布置一些商业休闲设施，基地南侧规划为大型购物休闲商业集中区，以大体量建筑所覆盖，展现了大型零售购物中心的突出特征；虽然功能分区相对明确，但无论是建筑形态，还是功能上，均有较好的衔接，保证了方案具有较好的整体感。此外，方案将主要的建筑界面与两条快速路相对应，保证了良好的快速景观界面，并在重要节点处，在建筑体量及形态上做出一些变化，形成一些标志性要素；停车系统则采用地上与地下结合的方式进行，且地面停车场均是结合一定的建筑功能布局，使用较为便捷。

整体方案较为简洁、大气，对水体利用较为合理，能较为积极地回应基地周边的既有条件，但尚有几个问题需要进一步的优化调整：①主要出入口问题。南侧的

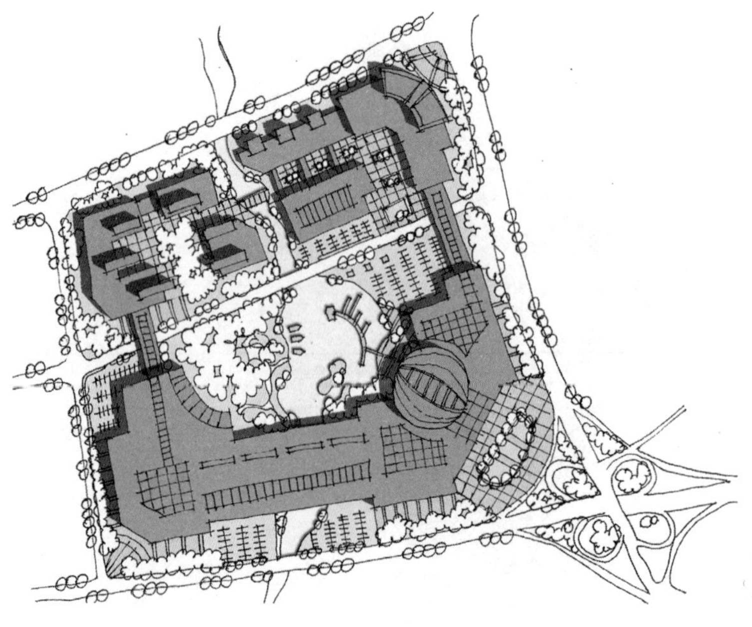

图 6.3–14　依水筑核，建设环绕

大型购物中心将主要出入口设置于立交交汇处，与实际的人流方向是相背离的，该处可以规划景观广场，形成于立交绿化景观的呼应与衔接，但不应作为人流的主要出入及集散空间。②道路系统问题。南侧的大型购物中心将紧邻快速路的一侧布置为集中停车场地，这与快速路的性质是不相符的。应增加辅助性道路与基地西侧城市道路相连，使道路及交通系统更为完善与便捷。③道路景观界面。规划将高层建筑均布置于北侧道路沿线，而使得沿快速路的建筑界面缺乏空间变化，可考虑在快速路沿线，结合辅助道路布置一些高层商务、酒店等建筑，以使购物中心的功能更加完善与复合，也可进一步丰富道路景观界面。

——引水成环，紧凑布局

对于该基地的另一种较为典型的处理方法就是将河道作为主要的室外步行空间，串联各功能组团，并形成较为灵活的空间布局形态。具体来看（图 6.3–15），方案对水体形态进行处理，并规划了新的河道，在基地中部形成一个蜿蜒曲折的水环，这一形态基本奠定了整个方案的空间形态格局。在此基础上，水环形成的岛上布置大体量建筑，作为购物中心，建筑形态与河道形态相呼应，较为自由灵活，基地东侧建筑形态与之相呼应，布置休闲、娱乐、餐饮、酒店等相关功能，基地西侧主要布置了一些集中地商务片区，配备了一些小型商业设施。水系在其间穿行均采用硬质岸线，并设有多处连接的桥梁，使之成为基地内连接各功能片区及活动场所的纽带。此外，该方案还较为注意在快速路两侧留有一定的防护绿带，并在立交处设计了一处较大型的开放空间，引水水体，布置为水上乐园，进一步丰富了购物中心的活动内容，也是整个基地的空间形态更加灵活。

该方案充分利用了水体的造型能力，形成了灵活多变的空间格局，也进一步丰

图 6.3–15　引水成环，紧凑布局

富了购物中心的活动内容，且方案整体空间形态较为紧凑，整体感也较强，但有几个问题还需要进一步优化：①对快速路的道路开口较多。两条快速路上均设有距离较近的两个开口，会对快速路的交通产生较大影响。②水上乐园的到达问题。水上乐园的位置安排较为合理，又能形成中心区的标志，但其整体处于建筑的背面，又没有道路可直接到达，会造成使用的不便。与上一问题统筹考虑，可通过优化基地内部道路系统的方式，增加并调整支路系统来解决这些问题。③不同片区及建筑之间的联系问题。虽然在方案中规划了多处桥梁连接各功能片区，但相似或相辅助功能的建筑之间缺乏足够的直接联系，会造成使用的不便，可通过增加空中连廊的方式进一步丰富购物中心的空间变化，也更便于使用。

第7章

休闲游憩中心区（RBD）规划设计

休闲游憩中心（RBD：Recreational Business District）是伴随休闲文化发展而产生的一种新的中心区类型，为游客及本地居民提供文化体验、休闲娱乐、聚会餐饮等活动，成为激发城市活力、吸聚城市人气、带动城市开发的有效方式，已成为城市文化与现代生活有机融合的有效方式，成为城市文化的标志性地区之一。

7.1 休闲游憩中心区的界定

7.1.1 休闲游憩中心区的概念

休闲游憩中心的产生源自城市休闲游憩活动的兴起，而城市游憩指的是利用城市所拥有的自然景观、人文资源作为载体进行的游憩活动，与城市旅游、城市娱乐休闲活动密不可，并且可以具体分为文化、体育、健身等多类型。

依托城市地域空间，城市游憩活动也呈现出一些独特的特性：首先游憩活动与城市各功能系统有较为紧密的联系。城市游憩活动在体现形式上往往与城市的其他功能有着密不可分的联系，如休闲购物类、工业观光类、历史文化类等，多是建立在各类城市系统产生的活动人群基础之上的，因而在空间上与城市旅游景点、休闲观光点、历史文化资源点存在着互动关系；其次城市游憩活动的展开可以利用城市既有的基础设施。对于城市游憩活动来说，游览地和依托城市是一体的，可以利用城市既有的基础设施为城市游憩活动服务。另一方面，在某种程度上，城市游憩活动可以使城市的基础设施得到更充分的利用，乃至可以促进城市基础设施建设的进一步发展与完善。

休闲游憩中心的概念则来自于城市游憩活动与城市商业服务的结合，最早于1970年，由Stansfield和Rickert在研究旅游区的购物问题时提出的，定义为：为满足季节性涌入城市的游客需要，城市内集中布置饭店、娱乐业、新奇物和礼品商店的街区。结合前人的研究及国内休闲游憩中心的实际建设发展状况，本书将休闲游憩中心定义为：以特定的城市历史、文化、景观片区为依托，以文化、景观、活动等为吸引要素，以休闲游憩为主旨，以商业零售、特色餐饮、观赏娱乐、健身康体等设施为载体的，综合性城市中心。

从定义上看休闲游憩中心与传统商业中心存在部分相同的特点。相对来说，传统商业中心类型更为明确，具有一定的发展基础及发展历史，并以传统的商业空间及特色商品的销售为主，而休闲游憩中心虽然有结合历史文化资源的开发类型，但更多的是借助历史文化产生的心理认同而激发的现代商业模式，变现为传统物质空间与现代商业业态的融合，且更为综合化与休闲化。

7.1.2 休闲游憩中心区的类型

以城市特定的历史、文化、景观片区为依托形成的休闲游憩中心，因其所依托的区域及自身条件的不同，自然而然地就形成了几种不同的功能形态特征见表7.1-1。

休闲游憩中心区的功能形态类型　　表7.1-1

类型	特征	典型案例
综合购物中心型	以大型综合型商场为主体，通常靠近体育场馆、公园广场等大型城市休闲设施，形成休闲、商业、娱乐、康体为一体的综合区域	广州天河城－体育中心

续表

类型	特征	典型案例
休闲步行街型	结合城市步行游憩活动，以商业步行街的形式集聚商业零售、餐饮、娱乐等设施，通常结合地段特色进行商业文化开发	哈尔滨中央大街
特色步行街区型	结合城市特色风貌街区、特殊功能街区或历史街区规划建设，如工业遗址、传统风貌住区、滨水景观风貌区、寺庙等传统文化风貌区等，形成一定区域范围的休闲游憩街区	无锡崇安寺景区

7.2 休闲游憩中心区的设计要点

休闲游憩中心是近年来迎合大众家庭化、休闲化生活发展趋势而逐渐衍生出来的一种新的中心区类型，具有鲜明的特征。

7.2.1 主题设计策划

休闲游憩中心的主题就像是一张名片，集中反映并代表了该地区的文化渊源及环境风貌特征，是休闲游憩中心能否取得成功的关键要素。良好的主题定位及策划，能够体现城市文化，结合片区特征，形成强烈的心理认同，进而达到吸引游客体验，激发地区活力的效果。典型的主题如南京的1912，上海的新天地、田子坊，北京的798等，归纳起来可以概括为以下几种方式。

典型休闲游憩中心主题类型　　表 7.2-1

主题类型	凝练方法	典型案例	设计意图	建筑风貌
标志文化型	标志年份	南京——1912	由于紧邻总统府，以民国元年 1912 年为主题，具有强烈的历史代入感，又传递出整体民国风貌的形象感	民国风貌
	文化溯源	武汉——楚河汉街	武汉古时属于楚国范围，该地区靠近东湖，滨水而建，以步行街为主体，最终得名楚河汉街	民国 + 现代风貌
名称沿承型	传统地名	上海——田子坊	在原马路市集基础上发展而来，保留了原有名称，是对其历史发展得延续，极易获得大众的心理认同	传统住宅风貌
	工厂名称	北京——798	在原国营 798 厂等电子工业老厂区所在，规划延续了这一名称，并保留原厂房，具有浓厚沿承意味	传统工业风貌
创新发展型	发展寓意	上海——新天地	在传统石库门旧区基础上规划建设，改变居住功能，引入休闲游憩功能，寓意打造一个新的天地	传统居住 + 现代风貌
	创新要素	南京——水游城	在南京老城南地区，创造性的以水为主题的综合休闲游憩中心，建筑风格、室内外环境也均以水为主题	现代风貌

不同的主题带来不同的空间感受及不同的文化氛围，其核心在于增加游客在其中的体验感。在主题设计策划的基础上，为了进一步增加游客的体验感，还应注意整个休闲游憩中心内，主题的传递与表达，包括建筑立面的装饰、雕塑小品、街道

家具等的设计，甚至包括广告牌的位置、色彩等均应有统一的设计或风格要求，如有些以传统风貌为主的休闲游憩中心，店招广告等会采用传统的幌子样式。此外，在主题的设计策划进一步的深化中，通常还会涉及视觉标识系统的设计。

良好的主题设计策划，会成为凝练地方文化，感受城市生活的核心区域，成为休闲游憩中心，乃至整个城市的宣传名片，进而成为城市旅游的热点地区。在此基础上，休闲游憩中心往往承担了更为复合的职能，即：本地居民休闲游憩与外地游客旅游观光。因此在休闲游憩中心的设计中，还应考虑到这种实际的发展需求，增强基础服务及配套设施，并配备一定的旅游服务与接待设施。同时，城市的休闲游憩中心也往往会成为城市节庆活动的重要场所，还应做好相应的交通设施配套以及大量人流集散空间的规划设计，并制定好相关管制措施及预案。

7.2.2 整体格局构建

休闲游憩中心的观赏游憩活动是其区别于其余中心区的特征性要素，因此在休闲游憩中心的整体格局构建中，其核心问题就是处理文化景观等核心资源以与功能区块之间的空间关系，大致可分为以下三种模式见表 7.2–2。

休闲游憩中心整体形态格局　　表 7.2–2

形态模式	模式示意图	模式特征	模式评价
核心环绕式		将休闲游憩功能集中于中心地带，商业服务等配套功能环绕于外侧，形成中央景观核心、外部功能圈层的整体结构	有利于塑造向心集聚的游憩空间，同时也使得在中间活动的人群能方便地到达各个周边功能区域，但外向型略有不足，应留出一定的临街空间
轴线统领式		以步行街为轴线，并通过轴线的组织将空间展开，沿步行街布置各类商业功能，并在局部布置景观节点和游憩广场	空间结构简单而明确，易于形成标志性的节点空间，且空间秩序感较强，但应注意步行空间的变化及休憩节点的设置
有机自由型		通常依托水体，顺应水体形态展开布局，游憩活动结合滨水界面线型展开，各类服务功能以组团的形式布置于水体周边	游憩空间与自然环境相互融合，生态景观效果较好，但整体形态布局相对松散

在具体的规划设计中，这三种模式均较为常见，下文中将各举一例予以详细阐述：

（1）核心环绕式

如图 7.2–1 所示，方案利用了河中现有岛屿，改造为生态公园，美术馆、展览馆等文化建筑结合公园布局。岛屿上，规划了慢行路径，设置两处距离和角度适当的广场眺望点，观看西侧的高层建筑群。围绕虚核分布着四个主要功能区，西侧以商业功能为主，有少量酒店高层建筑。东侧为公寓和住宅建筑。南侧和北侧则分别为办公和混合功能。

承担中心区核心职能的休闲游憩建筑基本都利用景观沿水岸布局，在河流两岸各形成一条步行商业街，两条商业街都较内向。不足的是西岸高层酒店一段，车行道路紧贴岸线，建筑退后距离不够，没有留出充足的滨水公共开阔空间。东岸的滨水商业界面处理相对较好，打通了步行街内部和滨水的空间联系，设置了亲水平台，并且搭建了步行桥梁和岛屿相连。东侧的居住区规划也存在问题，作为“虚核为心”的休闲游憩中心，所配备的居住区应当充分利用中心景观的视野条件，提升品质，而方案中居住建筑排列比较呆板，环境单调，若能增加一些退台设计，丰富建筑的高度层次，在景观设计中引入水体，效果会更好。

（2）轴线统领型

如图 7.2–2 所示，方案整体思路十分清晰，以两条相交轴线统领中心区空间结构。轴线均贯穿基地，以步行带的形式串联不同功能区，中心区核心职能则集中在轴线两侧分布。

其中一条轴线连接河岛与河流北岸，轴线南端为岛上的生态休闲功能，北端是一座中心区的标志性高层酒店，弧形的建筑平面与轴线方向相呼应，酒店前留出了开阔的景观广场。另一条轴线连接了河流的东西两岸，西岸少量用地为科技研发中心；

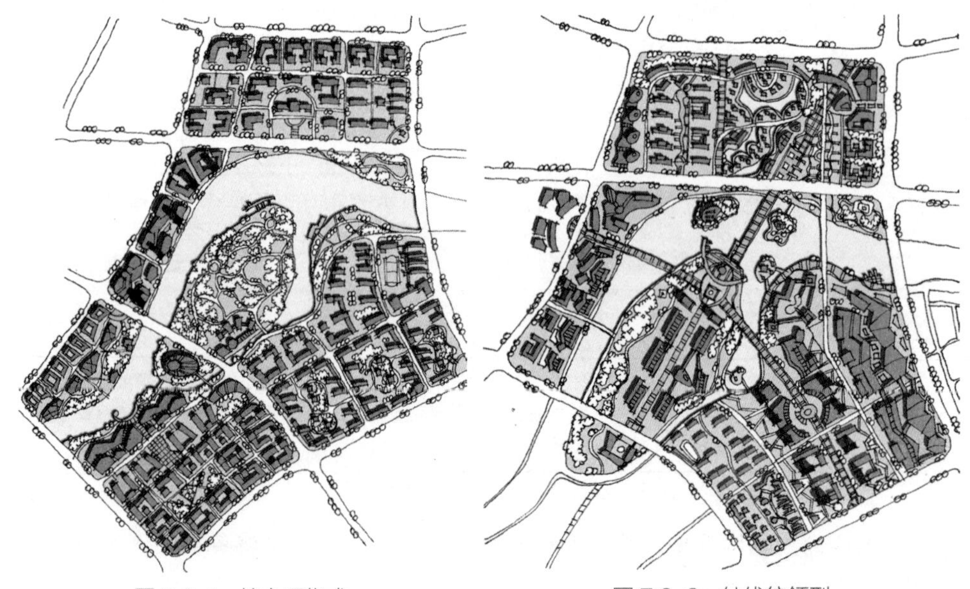

图 7.2–1　核心环绕式　　图 7.2–2　轴线统领型

东岸沿轴线是商业、酒店、公寓构成的混合功能，另有高档住区和一条商业步行街。可以看出，与虚核为心的格局不同，轴线主导的方案中，户外景观会相对分散，因此，更注重在建筑群内部营造小尺度的精细环境。

方案中处处体现出设计者对于游憩空间趣味性的考虑，化解了轴线构图的生硬感。首先，两条轴线相交于河岛上，交汇处形成了中心节点，是一处兼具活动和眺望功能的亲水平台。其次，少量建筑和大多户外场地的设计运用曲线、折线等自由形态，多处景观结合了水体，环境宜人。再者，在河道分叉位置修建三处生态小岛，布置酒吧等小品建筑。另外，基地内过河车行道下穿，保持了河岛的纯步行环境。遗憾的是，岛上部分的轴线空间设计欠佳，缺少变化。

（3）有机自由型

如图 7.2–3 所示，该方案不拘泥于轴线等几何构图，建筑和环境的关系体现出自然融洽的特点，平面形态比较活泼。但从空间结构上来讲，仍可以归纳出“一心半环”的结构线索。“一心”是指包含一座地标建筑的中心河岛；“半环”是指围绕着河岛的半环形绿带，这条绿带联系了基地的南北两岸。

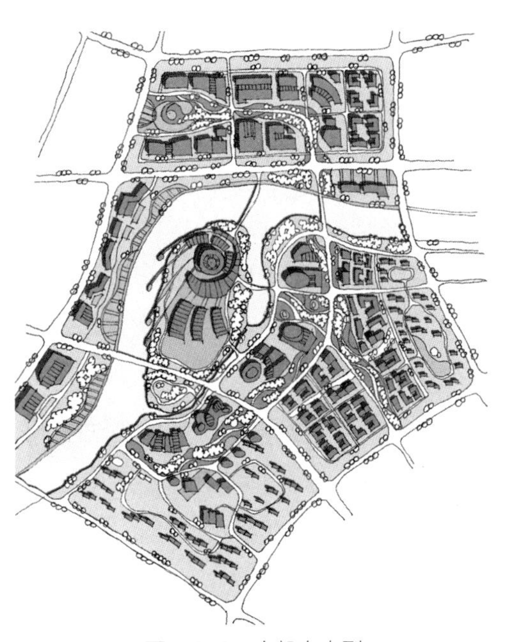

图 7.2–3　有机自由型

中心河岛上的场地与休闲设施围绕地标建筑展开，该建筑为高层酒店，设计浑然一体。半环形绿带承担着开放空间系统的作用，可以看做该中心区的一个带状公园，休闲游憩相关的功能基本都布局在绿带两侧。河流东岸以大型造型建筑为主，布局文化休闲设施和高档酒店。北岸为商业购物中心，一组低层建筑均面向绿带的一侧开口，而比较消极地处理了与河流的空间关系，这一段岸线略显浪费。西岸利用滨水优势布局休闲娱乐设施。

总的来说，有机自由型的总体格局强调以自然要素主导空间，人工要素与之相配合，往往能够产生较好的生态效益和轻松的游赏氛围。

7.2.3　游憩空间设计

对于休闲游憩中心来说，其大量的游憩活动需要在室外展开，需要赋予特色的良好的外部空间环境来承载这些功能及需求。而根据实际使用的情况及方式的不同，可以将游憩空间分为步行游线和休闲节点两个部分（表 7.2–3）。

游憩空间构成及设计要点 表 7.2-3

类别	游憩线路	休闲节点
表现形式	商业步行街	公共广场
设计要点	1. 合理划分主要街道及次要街道； 2. 避免过于平直，缺乏变化的游线； 3. 步行街道尺度不宜过大，高宽比应在 1 ∶ 2 左右； 4. 步行街两侧的建筑风貌应协调统一，并与 RBD 整体风貌相一致； 5. 街道家具、小品、雕塑等，也应于建筑风貌及 RBD 整体风貌相协调，营造整体氛围	1. 根据开放空间位置及使用需求确定软硬地铺地的比例及尺度； 2. 提供休憩座椅、种植纳凉植被、设计驻足观赏空间； 3. 布置雕塑、景观等，强化主题与风貌； 4. 选择配置具有地域特色的植被； 5. 合理利用绿化、景观的布局，引导人流集散，并引导游憩线路

流线的组织不光体现在建筑以及外部空间序列的合理组织，也体现在商业空间的合理组织上，能够体高商业行为的有效性。面对游客目的性较强的城市 RBD，游客的购物路径比较固定，路径的长度较短，为了引导其进入其他商业区域进行消费，就需要通过适度空间和环境设计来引导游客进入其他的商业区域，延长其购物路径，增加商业空间的利用率，提高商业空间的有效性。面对游客目的性不强的城市 RBD，为了避免空间的均质化导致的游客方向迷失或重复路径等不利心理影响因素，需要在节点空间对其进行引导，提高商业空间的有效性。

具体的规划设计中，游憩空间主要体现在两个方面，即商业步行街及公共广场。

（1）商业步行街设计

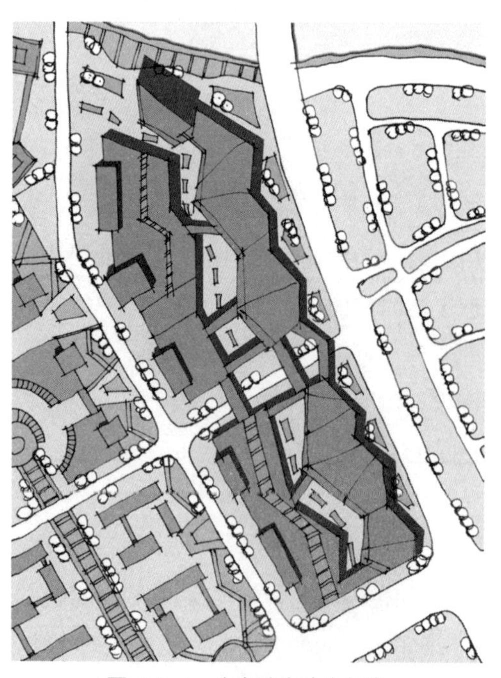

图 7.2-4　内向独立式步行街

商业步行街的空间原型是通过两侧的商业建筑限定出线性空间，可以是直线、折线或环形，人们沿着线性空间步行，开展购物、散步和餐饮等活动。按照商业建筑对街道内外空间的界定方式，可以分为内向独立和内外交互两种趋势。

内向独立式（图 7.2-4）：案例中商业街的两侧建筑呈长条形，内部街道空间比较封闭，仅在中部和两端各有一处开口，而空中的过街天桥将各个商业建筑连接成整体，这样的设计类似于综合体，与周围环境联系较弱，注重内在空间的独立组织，街道距离一般较短。在具体设计中，通过建筑轮廓的转折实

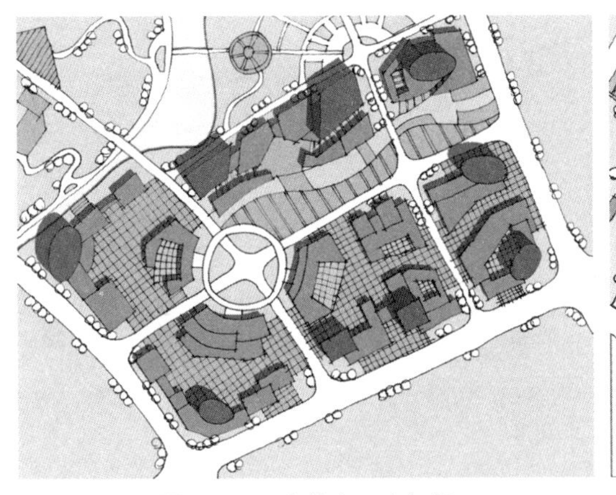

图 7.2-5 内外交互步行街

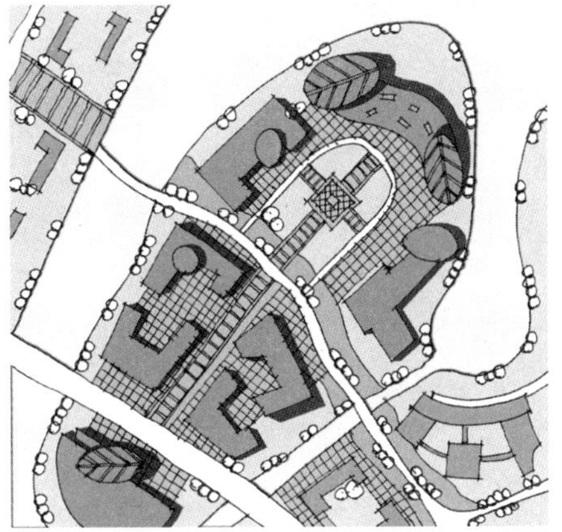

图 7.2-6 中心围合式

现了步行街空间曲折、缩放的变化，中央有绿化。

内外交互式（图 7.2–5）：图中所示的是一个“U”形的商业街空间，由若干个相对分离的单体建筑构成。大多数建筑既向内设步行街入口，也向外设城市道路入口，加之两侧的建筑并不是完全连续的，因此，步行街的内外空间比较流通，人们在步行时，能够随时进行空间位置的转换，是比较外向开放的商业步行街模式。

（2）公共广场设计

在休闲游憩中心内，公共广场除了用于停留、休憩和游玩外，也承担着大型建筑的人员集散和开展大型户外活动的功能。一些广场上会有遮阳设施和座椅，供人们使用。广场按建筑与场地的关系划分，有围合中心式和开放自由式两种设计手法；若从广场数量出发，分单一广场和广场群。

中心围合式（图 7.2–6）：通过建筑围合来塑造广场，常见四面围合和三面围合，形成的是具有向心性的广场空间。这样的广场往往位于休闲游憩中心的核心区，被酒店、商业或文化建筑围绕，广场与建筑之间常常使用灰空间来过渡。案例中的广场位于岛屿上，区位较好，但并不适合围合的设计手法，因为建筑会遮挡周围的景观环境，浪费广场的区位优势。

开放自由式（图 7.2–7）：开放自由的广场没有固定形态，广场边界比较模糊，不主要依靠建筑来界定，而是结合植被、地形和铺地变化来勾勒。图中是一个较好的开放自由式广场设计，整个广场面向水体景观开敞，椭圆形建筑位于最高点，水岸位于最低点，之间通过弧形的台阶过渡，广场空间流动性较强，与周边建筑场地、滨水步行道融为一体。

广场群（图 7.2–8）：设计一组广场时，广场与广场间的衔接及流线组织是重点。图中四个小型广场首尾相接，以一条几何形的景观水带串联成环形，水面的扩大和缩小标志着广场空间的转换。但其中一处放大水面却位于广场之间的道路上，设计不当。

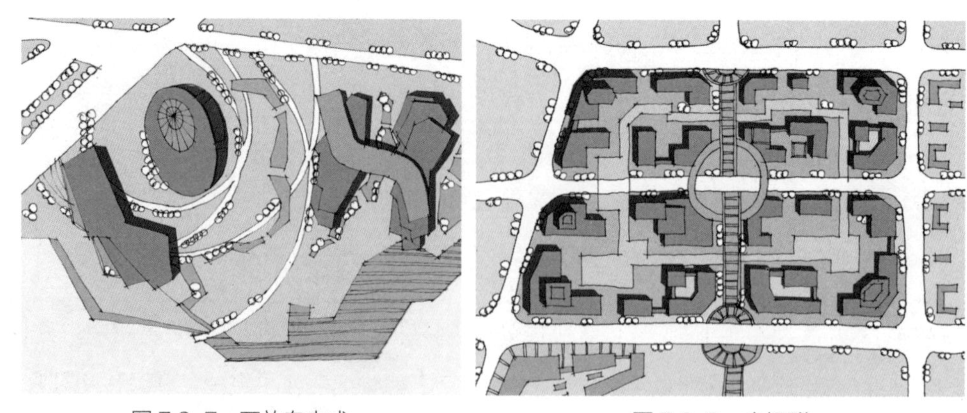

图 7.2-7　开放自由式　　　　图 7.2-8　广场群

7.2.4　休闲游憩中心区设计要点

休闲游憩中心规划设计的核心是布局和组织游憩活动，目标是吸引游憩人群，所以在这之中，人的体验和感受就十分重要，关系着设计的成败。以上所分析的主题设计策划、整体格局构建、游憩空间设计等，归根结底，都要落到以人为本上来。

总结起来，有以下七个设计要点。

（1）抓住最具吸引力的核心特色。在城市规划实践中，休闲游憩中心的形成发展，必定要依托某一核心特色，换句话说，人们之所以进入某个 RBD 中心开展游憩活动，很大程度上是被它的核心特色所吸引，有些是因为自然环境优美，有些是因为特殊的历史风貌。因此，设计者的首要任务是研究基地的现状条件和优势资源，挖掘出该中心区未来的核心特色，在接下来的设计中充分利用，并最大化地展示出来。

（2）功能类型反映游憩人群的需求。游憩活动有很多种，非经营类的如散步、玩耍、室外健身；经营类的如餐饮、住宿、购物和商业演出。几乎没有游憩休闲中心的功能类型是面面俱到的，选择以什么样的游憩功能为主，必然反映活动人群的主流需求。以历史深厚，消费文化繁荣的上海南京路为例，人们来到南京路往往希望在购物的同时欣赏其殖民风貌的历史建筑群，那么，南京路就会选择商业购物和步行游玩为主要功能，反映在设计中，要提高商业功能的比重，改善游客的步行环境。

（3）提高游憩空间的趣味性，注重小环境塑造。在 RBD 中心区内，对空间运行效率的要求降低，但对空间趣味性的要求提高。设计者除了要运用设计手法，产生多样的空间形式外，还应特别注重小环境塑造，因为小环境本身提供了宜人的尺度，可以通过细腻的设计发挥空间的感染力。

（4）合理组织游线。合理的游憩线路保障了休闲游憩中心的正常运转，因此要根据中心区的功能布置和景观格局选择合适的游线组织方式。若中心区的规模较大，应在步行游线的基础上，配置一些自行车、游览车或游船线路。

（5）坚持公共性原则。在 RBD 中心区内，尽量保持活动广场、公园绿地、滨水带等户外游憩空间的公共性，提供给城市居民和外来游客使用。一要避免住宅等私有空间过多占据这些宝贵的区域，二要防止室外商业用途过度侵蚀公共开放空间。

（6）鼓励建筑尺度的多样化。大尺度建筑在容纳活动和作为地标时具有优势，而一些小型建筑则具有灵活性和适应性，可以将它们与景观地形结合，用于酒吧、茶室等有特色的休闲功能。

（7）提倡特殊风貌旧建筑的有机更新。一些依托历史文化资源发展起来的休闲游憩中心，往往存在工业遗产、传统民居等风貌特殊的旧建筑。其中法定文物的部分，当然需要依法保护。而对于非法定文物的部分，不可全部简单拆除，而是应该在评估建筑价值的基础上适当保留。同时，提倡结合技术手段对建筑内部空间进行修复或改造，将原有功能置换为新的休闲游憩功能，保证空间特色的延续。

7.3 典型案例设计及剖析

RBD 休闲游憩中心是非综合性的特殊类型中心区。由于本身功能的诉求，在规划设计时，对外在景观环境的要求更加突出。RBD 休闲游憩中心必须依靠一定的旅游资源发展起来。或是山水为主的自然资源，或是非物质的文化资源，或是可见的历史遗产。同时服务于本地居民和外来的旅游者，着重于聚集人气与吸引消费。这类中心区在教学实践中的案例尚不多，但仍代表了中心区发展的一个重要趋势。

（1）现状解析及思路梳理

我国南方某特大城市因老城空间有限，在原老城西侧，利用地区良好的生态景观资源，兴建新城，大力发展旅游、休闲、度假等职能。而随着不断地发展，新城在集聚了一定人气的基础上，急需构建以休闲、游憩为主体的中心区，以提升新城公共服务设施水平及服务质量。基地位于新城中心区域，整个基地轮廓呈不规则的多边形。基地及周边地区城市基础设施建设较好，北侧有一条主干路与老城相联系，也作为新城发展的一条主干路；基地内及周边道路形成了一定的以基地为中心的放射形，使得基地对于整个新城的汇聚及辐射能力较强。此外，基地也具有较好的生态景观条件，中部有一条河流蜿蜒而过，河流在中部分流，形成了近似椭圆形的岛屿，形成了富于变化的水体形态及较为优美的岸线；基地北侧也有一处较大水面（图 7.3–1）。

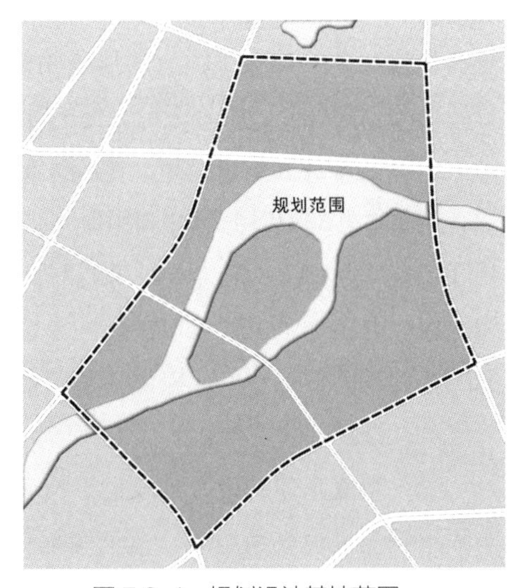

图 7.3–1　规划设计基地范围

该案例基地特征非常明显，道路及区位条件也较为清晰，且基地形态较为特殊，对该地区规划设计也需要深入分析基地条件，理解基地特征，形成针对性方案。

——功能布局方面。基地北侧的主干路是联系新老城的主要通道，也是新城内部的重要结构性轴线道路，因此具有较好的区位优势，商业、商务、金融等相关职能更宜布置于主干路两侧；基地南侧有河流穿过，并形成岛屿，更宜布置一些游憩功能，并布置餐饮、休闲服务、特色商业、特色酒店、旅游接待等职能。

——交通组织方面。基地被主干路及水体分割为多个板块，使得交通组织成为该规划设计的一个重要问题。如何通过合理的交通组织串联起各个片区，同时不破坏基地良好的生态景观条件及组团式用地格局？如何衔接基地内部交通与外围城市交通？如何分流穿越式交通对基地开发建设的影响？等问题需要深入的分析及思考。

——景观格局方面。基地现状形态较为特殊，水系从中部穿过，并在中部位置形成较大的水面和一个岛屿，形成了天然的视觉中心，同时良好的生态景观效果也使其成为景观的核心节点。在此基础上，应利用良好的水体资源条件，构建方案整体的景观格局，强化各个片区之间的有机联系，形成景观互动的游憩及观赏体系，强化方案的整体感。

（2）常见错误剖析

在具体的教学实践中，由于对基地特征认识的不足，会形成一些错误的理解与认知，进而形成一些错误或出现偏差的规划设计方案，并将其常见的错误方法总结如下。

——良好景观被住宅占据，中心区沦为住宅开发。基地具有良好的景观生态条件，为发展休闲游憩功能奠定了良好的基础。因此对于该中心区来说，这种核心的生态景观资源应该以公共服务职能为主，而不是将其私有化。如图 7.3–2 所示，方案虽然借助了优势的交通条件将商务、商业等功能布置于主干路沿线，但忽略了南侧滨水地区，并布置了大量的居住功能，使得良好的景观条件被私人住宅所占用，游憩功能无法展开，中心区沦为住宅开发。

——过度放大景观效果，造成大量用地浪费。良好的景观生态基础是基地发展的有利条件，应予以充分的利用而不是受其所限，仅作为景观、生态、公园等用地。如图 7.3–3 所示，方案将重心岛屿的大部分地区及河道两侧的大部分地区，均规划为景观生态用地，虽然可以扩展并丰富游憩活动，但过大的景观生态用地阻断了功能的连续性，使得中心区整体活力降低，同时也造成大量用地的浪费，滨水资源的价值难以得到充分发挥。

——填充水体开发，轴线过于拘谨。休闲游憩中心应契合休闲活动的特征，在空间形态上也应灵活组织，富于变化。而如图 7.3–4 所示，该方案在规划中不仅将天然形成的水湾填充，使得中心岛屿特色丧失，而且在基地中部规划了较为工整对

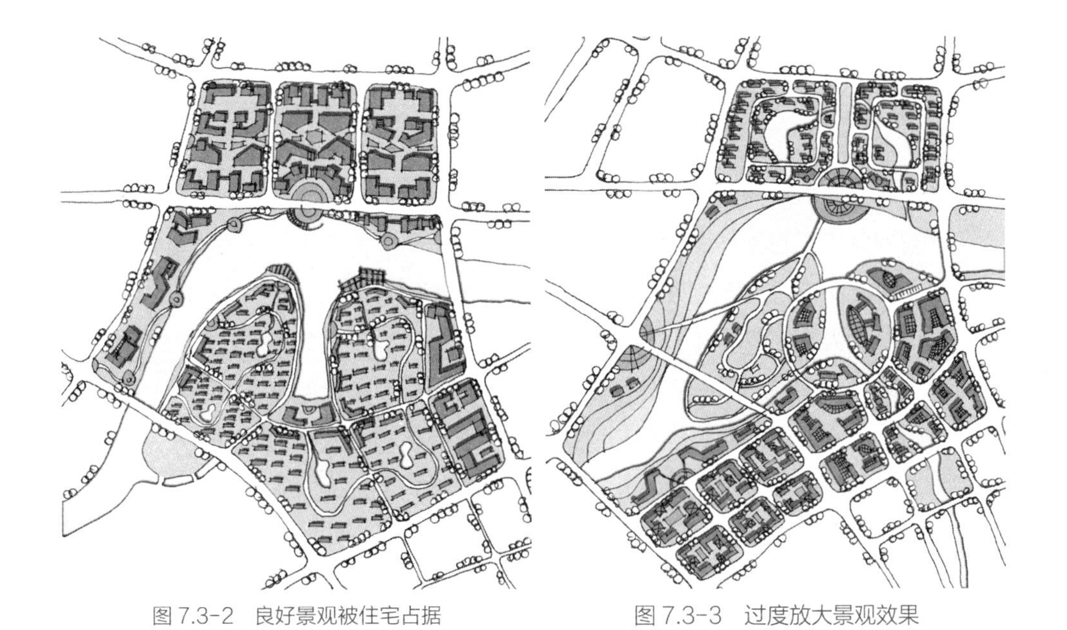

图 7.3-2　良好景观被住宅占据

图 7.3-3　过度放大景观效果

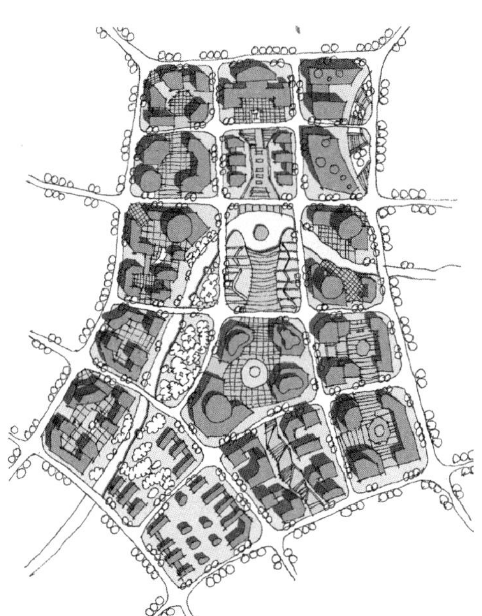

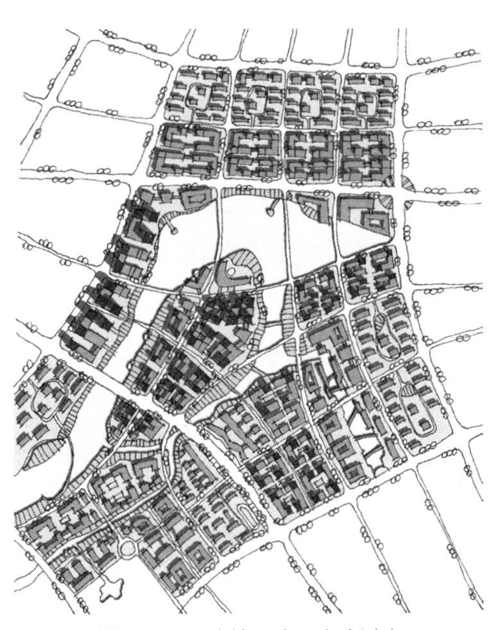

图 7.3-4　填充水体开发，轴线过于拘谨

图 7.3-5　建筑尺度及密度过大

称的中轴线，使得整个空间效果过于庄重严肃。对于休闲游憩中心来说，整体空间尺度过大且缺乏足够的变化，大型商业商务设施及空间充足，但休闲游憩活动难以展开，整个方案更像是新城的行政文化中心，休闲游憩中心的空间特征缺失。

——建筑尺度及密度过大，缺乏游憩空间。休闲游憩中心空间及建筑尺度不大，街巷空间丰富，空间及活动组织灵活多变，明显区别于传统商业中心、综合商业中心及商务中心。而图 7.3–5 中，规划方案过于强调中心区的综合商业、商务办公等职能，因此建筑尺度及密度均较大，且形成的空间形态过于平直，缺乏变化，休闲游憩中心的空间及活动特征受到挤压，不够突出，使得整个方案更加类似于一个综合商业或商务中心。

（3）典型设计解析

在对现状、规划条件及常见错误深入分析的基础上，为了进一步解析休闲游憩中心的规划设计方法，特对两个典型案例展开详细解析。

——以水为核，多轴交汇

该方案是典型的以景观为核心组织空间结构与功能布局的方案。方案以基地中心位置的放大水面作为景观核心，通过四条景观与功能轴线向四周辐射，与被水体和主干路分隔的四个板块相连，并在滨水处布置观景平台，形成整体的景观互动体系。主干路北侧地块以综合商业及商务办公职能为主，基本形成中轴对称的布局方式，建筑体量较大。中轴线南段设有大型观景平台及水上步道，与中心岛屿直接相连。轴线南侧还规划有两栋高层建筑，形成门阙效果，也形成了一个具有趣味性的观景框，使人们在轴线的行走过程中，可以观赏到不断变化的水天一色的场景。主干路南侧、水系北侧的滨水岸线布置特色商业、餐饮及休闲功能，并在中心位置规划了一处小型轴线及观景平台，与中心区域形成空间及经管的呼应关系。基地的东南片区，规划为金融、商务及一些配套的商业职能，并沿中间道路规划了一条开放式的景观轴线，同样向中心水面汇聚。中心岛屿则结合其特殊的形态及环境特征，规划为休闲、文化、娱乐及旅游接待等功能，并在岛屿中部规划了一条景观轴线，指向中心水面。方案的交通处理也较好，通过内部道路的勾连，即保持了中心水面较大的开放空间不被破坏，也使得各个片区之间的通达性较好，此外，环形道路的应用也较好地解决了岛屿的内部交通与外围交通的关系。整个方案空间形态大气有序、空间结构清晰合理，充分利用了基地各个板块的不同特征布置功能，功能布局明晰特色突出。

该方案较好的利用了基地地形及环境特征，合理有序地处理了多种功能的组织与布局关系，也通过良好的交通路网规划，加强了各个板块之间的有效联系。在此基础上，该方案还可在以下几个方面进一步的调整与优化：①综合商业、商务办公及金融区建筑体量及尺度过大。虽然与休闲、餐饮等职能的建筑体量形成了明显的对比，但建筑体量过大，超过了合理的范围，可以尝试适当缩小建筑体量，以多个建筑组合的方式形成不同功能建筑群组之间的区别。②缺乏有效的慢行系统规划。休闲游憩中心应该更加强调慢行系统的规划，该方案虽然较好地处理了道路交通的关系，但各板块之间的及内部缺乏有效的慢行系统相连，限制了游憩活动的展开。③金融片区轴线端点过于封闭。多条轴线向心汇聚的结构较为清晰，但东南板块的轴线端点被大体量高层建筑所阻断，景观廊道效果受到影响较大，难以形成。

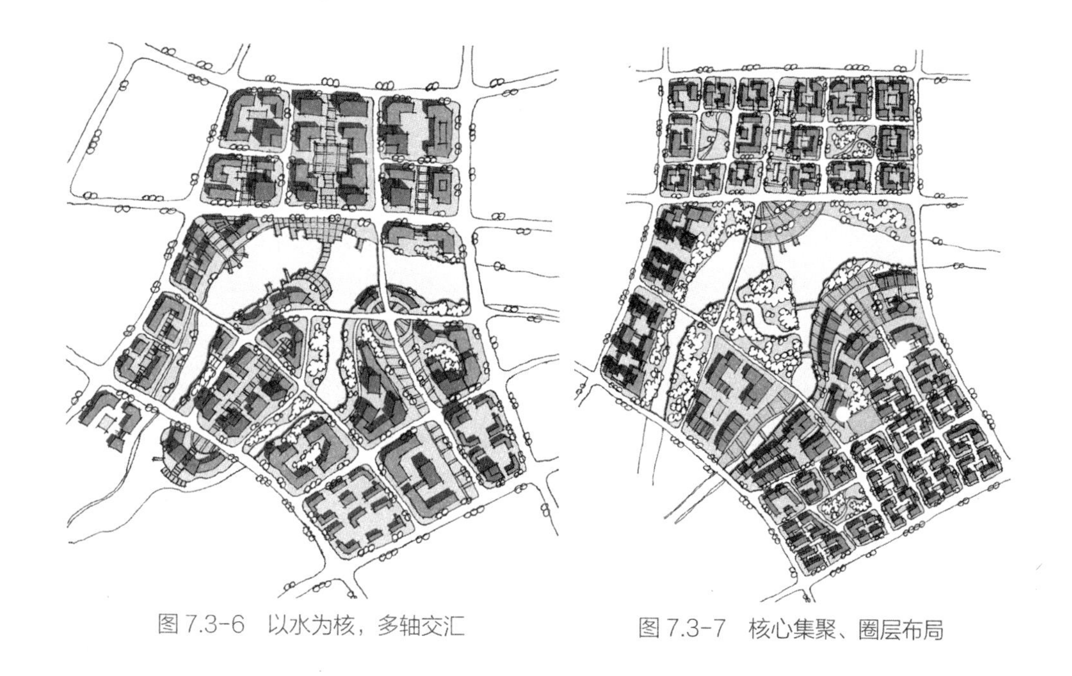

图7.3-6 以水为核，多轴交汇

图7.3-7 核心集聚、圈层布局

——核心集聚，圈层布局

该方案是较为典型的以水体及中心岛屿为中心的布局模式，但与轴线控制有所不同的是，该方案采用的是圈层式布局模式。方案结合中心水面及部分岛屿绿化，形成景观核心，并在两个主要的片区设置了集中地观景平台。围绕景观核心布置了一圈核心的公共服务设施，包括中心岛屿上的休闲文化中心及旅游接待中心、水体南岸的滨水休闲娱乐带、水体北岸的综合商业区、水体西岸的金融商务区等，形成了一个核心功能环。中心区的边缘地区则以SOHO、酒店式公寓及住宅区为主，形成了一个配套功能环，且在规划布局中增加了集中的活动绿地。

方案整体的功能布局较为合理，空间格局也较有特色，但方案也同样存在一些较为严重的问题：①道路斜穿水面。方案为了增加水体两岸的联系，在基地内部增加了一条南北向斜穿水面的道路，且这条道路从水面较为宽阔处穿过，对水体景观及格局的破坏性较大。②中心绿化面积过大。中心岛屿近一半的面积用于景观绿地，并在水体较多出进一步引入水体划分岛屿，景观提升效果有限，但却造成了用地及工程的浪费。③南侧滨水休闲娱乐带与商住混合区之间缺乏有效衔接。两者的空间形态关系缺乏有效的梳理，衔接较为生硬，无论从建筑形态上还是从绿化景观上，均缺乏有效的联系与呼应关系。④模式化模块缺乏变化。方案的商住混合地区基本采用了同一种结构类型的模块，即外围建筑环绕中心绿地的方式，模式较为方正缺乏变化，且也未根据不同的区位和功能特征做出相应的调整，使得方案拼贴感较强，消弱了方案的整体感。

Urban Central District Planning and Design

第8章

交通枢纽中心区规划设计

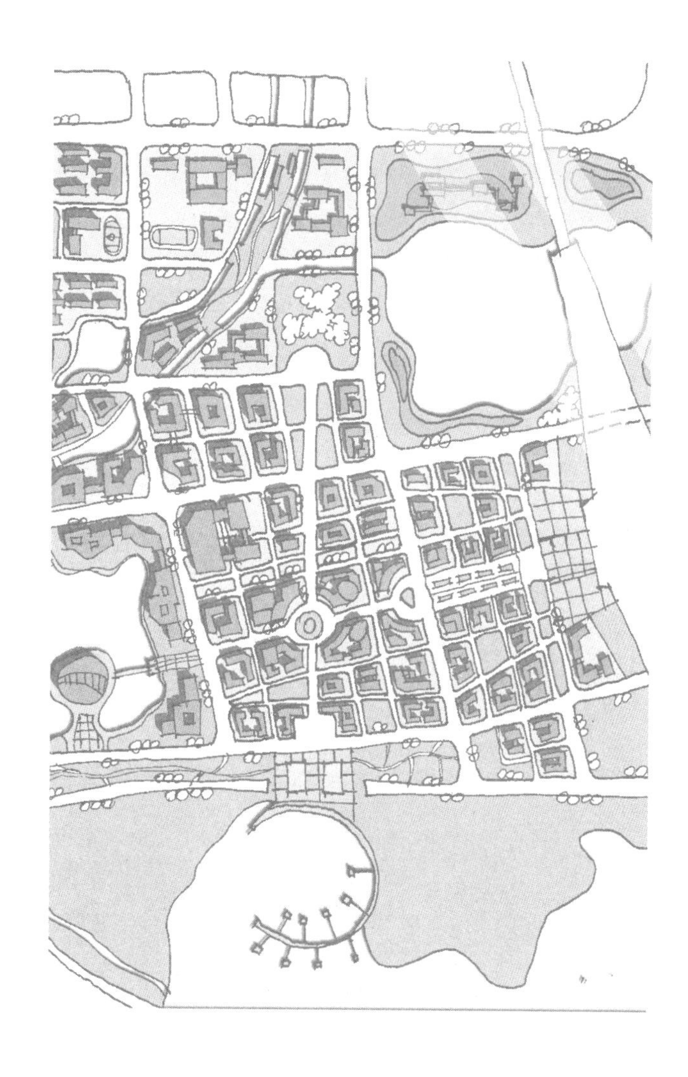

交通枢纽以其良好的客货集散功能及城市门户作用，历来就是城市的标志性空间之一，其选址建设对城市整体空间格局具有重大影响，成为城市空间拓展的有效增长极，许多城市就是依托交通枢纽的带动而产生并逐步发展壮大的。以交通枢纽为核心，城市相关的商业、商务等职能也在此集聚，形成相应的商业、商务、会展等各类中心，而随着交通速度的不断提升及交通方式的相应变化，交通枢纽中心也出现了一些新的开发利用方式及空间特征。

8.1 交通枢纽中心区的概念及特征

8.1.1 交通枢纽中心区的概念

交通枢纽中心包含了两层含义，即交通枢纽与城市中心区。

在交通学科内，交通枢纽多是指多种运输方式或多条运输干线交汇，并形成相互之间的沟通与转运的场所。常见的交通枢纽有普铁枢纽、高铁枢纽、航空港、公路交通枢纽，以及多种方式联运的综合交通枢纽（综合交通枢纽多为铁路站场、长途汽车站的综合枢纽，而上海虹桥交通枢纽较为庞大，是空港、高铁等交通联合的综合型枢纽）。

在城市规划学科内，交通枢纽以其良好的门户形象价值、人流及物流保障等优势条件，成为城市的空间增长点，吸聚了大量的商业、服务业、商务等设施在此集聚发展，由此而产生了相应的城市职能中心，成为城市中心体系的重要组成。这可以看成是道口经济效应在更大空间层面及尺度上的作用。

简单来看，交通枢纽中心就是指依托交通枢纽形成的城市中心区。而由于交通枢纽类型及等级的不同，又会形成相应特征及等级的中心区。在传统的交通枢纽城市中，多是铁路与长途汽车站结合设置，形成城市中心区，多表现为综合型商业中心（除大型商业设施外，多包含大规模批发市场功能），如郑州二七广场地区、徐州火车站地区等。随着高铁等快速交通设施的发展，新建的高铁交通枢纽则只承担客运交通，因此这类交通枢纽中心多发展为商务类中心区，如南京南站、武汉高铁站等，有些则根据城市及中心体系的发展需求，发展为会展、旅游接待等中心，这类中心多位于小城市或旅游城市，如溧阳天目湖站等。

交通枢纽中心的产生与发展有其特定的空间及资源条件，在这些条件的基础上，也就形成了一些区别于其余中心的特征，即与交通枢纽结合后的中心区的特征。

——功能复合化。多样的出行目的及需求在交通枢纽的汇聚，促使了交通枢纽中心服务设施功能的复合化发展。现在的交通枢纽中心已经不仅仅是城市对外的门户地区，更加成为城市最具活力的地区之一，表现出极大的功能复合化的发展趋势。

——空间多元化。交通枢纽注重车流、人流的引导与集散，成自身特有的空间形态。而城市的商业、商务等空间也有各自的需求及特征。不同功能的空间形态与交通枢纽标志性空间的有效组合，就形成了以交通枢纽为核心的，多元化发展的空间形态。

——立体化。在多种交通方式汇聚的压力下，交通枢纽通常采用空间分层的立体化方式进行处理。在此基础上，从交通枢纽本身，到站前广场地区，再到周边的商业、商务设施之间都会通过立体通道进行联系，以便于多种流线的交汇及各类设施的集聚。

8.1.2 交通枢纽中心区的区位特征

交通枢纽中心是一种较为典型的城市中心区类型，随着交通方式的逐步提速升级，交通枢纽服务的对象及服务方式均产生了相应的变化，特别是高铁、客运专线等交通方式的引入，使得交通枢纽产生了不同的开发模式，形成了不同的交通枢纽中心区位，可大致分为三类。

交通枢纽中心区位特征　　表 8.1–1

区位类型	区位模式	区位	典型案例
位于老城中心	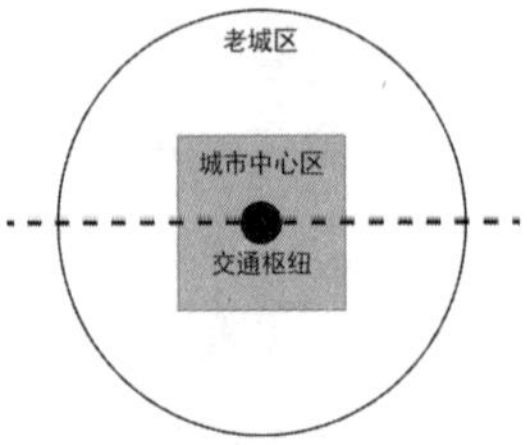 老城区 城市中心区 交通枢纽	交通枢纽处于城市中心位置，城市依托枢纽资源快速形成了以批发仓储式商贸、大型商业服务、酒店、餐饮、娱乐等为主的城市中心区，这一区位类型多为普铁枢纽	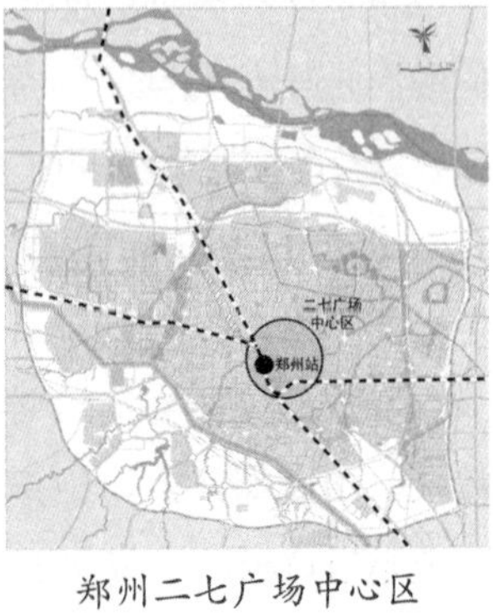 二七广场中心区 郑州站 郑州二七广场中心区

续表

区位类型	区位模式	区位	典型案例
位于城市新区	老城区 新城区 新城中心区 交通枢纽	这一区位类型多为高铁枢纽，由于脱离了货运职能，这类枢纽中心更多地考虑与人流相结合的功能，如商务办公、会议展览、旅游接待、商业零售等	南京南站中心区
位于城市边缘	城市中心区 交通枢纽 城市范围	由于地形条件等的限制，交通枢纽（特别是高铁枢纽）多选址在城市边缘，并考虑与高速公路有较好的衔接，多形成城市特定职能的中心区，如会展、旅游接待等	溧阳站前中心区

8.1.3 交通枢纽中心区的功能布局特征

交通枢纽中心是依托交通枢纽而形成的，使得交通枢纽处于较为核心的位置。而以交通枢纽为核心的功能布局也就呈现出明显的圈层式及节点式特征。

——圈层式模式

根据各功能与交通枢纽的相关性，以枢纽建筑为核心，整个中心区的功能布局呈现出圈层式特征，即不同的功能处于距交通枢纽不同空间距离的圈层中（图 8.1-1）。一般情况下，可以分为核心圈层、辅助圈层及外围圈层三个层级。

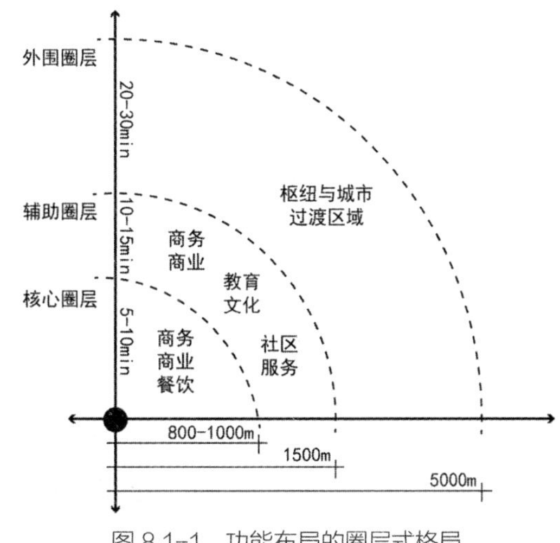

图 8.1-1　功能布局的圈层式格局

核心圈层：是围绕交通枢纽的第一道圈层，主体功能以为枢纽提供相关服务以及与枢纽大量人、货集散密切相关的功能，距离枢纽约 5 ~ 10

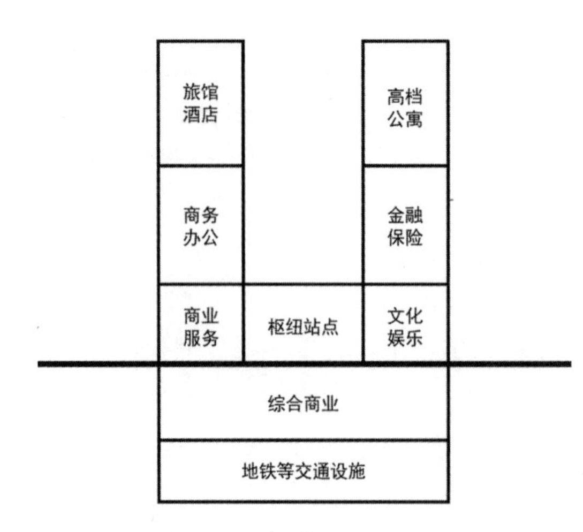

图 8.1-2　功能布局的节点式格局

分钟步行距离，主要连接方式也以无缝连接的步行交通为主，半径在 800 ~ 1000m 左右。该圈层主体功能为餐饮、商业、商务、宾馆、贸易资讯等，由于开发强度较大，通常该圈层的建筑高度与密度也是中心区最大的。

辅助圈层：位于核心圈层外围，以“核心圈层”功能的补充、辅助与延伸为主，距离枢纽约 10 ~ 15 分钟距离，需要借助近距离交通工具（多依靠地铁、轻轨等轨道交通）进行连接，半径在 1500m 左右。该圈层主体功能为小型商务办公、文化、教育、居住、社区服务等，开发力度相对于“核心圈层”有所降低，建筑高度与密度有所降低。

外围圈层：基本脱离了交通枢纽的影响，距离交通枢纽半径在 5000m 范围内，必须借助交通工具才能达到，是交通枢纽与城市相互影响的过渡区域。由于该区域与城市其余区域基本相同，其建筑高度及密度也与城市整体高度及密度较为协调，区别不大。

——节点式模式

在某些老城或地形条件较为复杂的地区，枢纽地区可供开发建设用地有限。在此条件下，枢纽中心的发展只能集中于枢纽建筑及周边少量地区，这就使枢纽中心转化为一个庞大的、依托枢纽的城市综合体，形成节点式立体开发模式（图 8.1-2）。以枢纽站点为核心，综合利用地上及地下空间布置各类功能设施。紧邻枢纽站点一般多为商业服务及文化娱乐功能，综合商业功能则多向地下空间发展，并衔接枢纽站点及城市轨道交通网络。商务办公、金融保险、旅馆酒店等功能则多向空中发展，形成结合枢纽站点的高层建筑群。这一模式使得枢纽建筑成为开发主体，各类功能较为紧凑的叠合在一起，直接将枢纽转化为城市客厅，具有较好的产业集聚效益及门户形象。但这一模式对开发及管理要求较高，而在我国现有行政及管理体制下，实现起来具有一定的困难。

8.2　交通枢纽中心区的设计手法

交通枢纽中心的规划必须首先考虑枢纽建筑与中心区之间的空间关系，而因其较大的体量及核心的地位，交通枢纽中心的设计也会更多地考虑交通枢纽的影响，形成一些特有的空间形态及设计手法。

8.2.1 枢纽与核心的布局模式

在交通枢纽中心的规划设计中，交通枢纽本身（如高铁站点、机场、港口等）就是中心区建设发展的起点和重心。一方面，它是极大规模人流和物流集散的空间节点；另一方面，其运转也需要大量的配套服务设施来支撑。而交通中心作为一个功能相对完善的城市综合区域，其内部会形成一个或多个公共服务设施高度聚集的核心区。核心区与交通枢纽之间的空间关系，一定程度上决定了中心区的功能布局模式。按照这两者的空间关系情况，可以将方案的功能布局大致分为三种模式：一体式、分离式和双核式（图 8.2–1）。

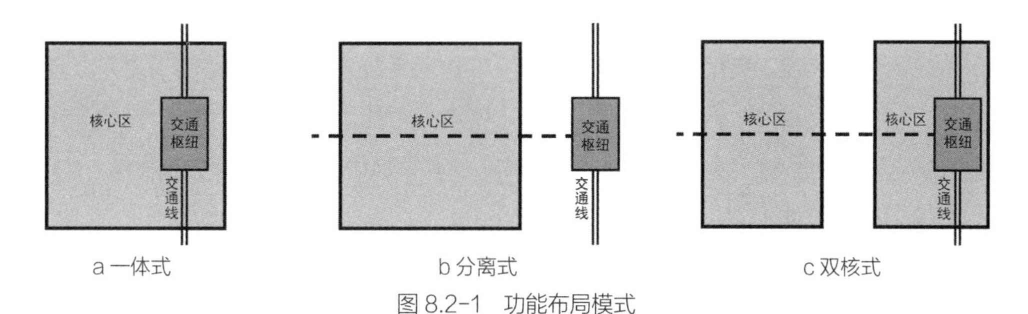

图 8.2–1　功能布局模式

（1）一体式布局

一体式布局，即交通枢纽中心的主要公共服务设施与交通枢纽结合在一起，形成核心区。该布局类型依托大规模人流物流的优势，吸引商务商业职能向枢纽周边集中，是一种较为高效的布局模式。空间上紧密结合，充分发挥了枢纽的触媒作用，紧凑的设计方式也有利于前期建设的迅速开展。一体式布局类型中应注意核心区日常交通与站点的集散交通之间的关系，应相互联系又避免影响和干扰。

如图 5.3–8 所示，商业和商务职能以高铁站为起点展开，垂直于铁路线向西发展，之间无明显的空间阻隔。以居住为主的其他片区则布局在核心区的北面和西面，东南两面由自然山水围绕，形成了一体式格局。

（2）分离式布局

当核心区与交通枢纽完全分离，二者之间无功能联系或联系较弱，称为分离式布局。在该模式中，一般将核心区布局在几何中心附近，配以充足独立的发展用地，空间形态完整，且能够较好地服务周边城市片区。但核心区与交通枢纽的空间关系疏离，不利于发挥枢纽的带动作用，其

图 8.2–2　一体式

所需要的配套服务设施易显不足。分离式布局只适用于较小规模的交通枢纽中心规划，且仍应在枢纽周围放置少量必需公共服务设施，满足正常运转需要。

如图 8.2-3 所示，核心区位于场地中心，与高铁站隔一水湾相望，是典型的分离式布局。核心区采用局部向心构图，建筑群体围绕开放空间组织，在内部形成了一条主要的步行公共活动带，作为核心区的虚轴。这条步行带在东端转折，跨过水面引向高铁站，作者似乎意图通过这条步行带联系核心区和交通枢纽。这种以步行为主的路径联系方式实际十分薄弱：一方面步行距离过长，尺度失衡；另一方面无相应的活动和功能来强化路径。因此，这条虚轴的转折达不到设计者希望的效果。高铁站西侧以环境营造为主，未设配套公共服务设施，但在东侧作了适当补充。

总的来说，该方案的布局倾向于将中心区空间系统与高铁站的空间系统作分离处理。这种割裂的做法虽尽量避开了交通、噪音等可能出现的相互干扰，但与交通枢纽联系较弱，不利于发挥枢纽优势，违背了该类特殊中心区发展的一般规律。

（3）双核式布局

双核式布局是介于一体式布局和分离式布局之间的一种布局模式，指在交通枢纽中心内部，同时形成两个核心区，其中一个为站前核心区，结合枢纽布置，另一个核心区与之相隔一定距离，靠近几何中心。通常前者以生产性服务业为主，后者则以生活性服务业为主。双核式布局综合了一体式布局和分离式布局的优点，尤其适用于规模较大，而交通枢纽又处于空间边缘的中心区，既能够充分利用枢纽的带动作用，推动中心区发展，又兼顾了空间布局的整体均衡。两个核心区之间如何联系是这类模式的设计重点。

在案例方案中（图 8.2-4），能够清晰地看到两个核心区。站前核心区紧贴高铁广场，采用放射形对称构图，形态较规整；另一个规模更大的核心区位于基地中央，被水体环绕，形态较自由，是主要核心区。整体功能布局基本合理，核心区主次关系明确。但在设计中出现了四个问题：①没有在空间结构层面对两个核心区之间的联系作出交代，而仅以城市道路相连；②两个核心区虽有形态差异，但功能错位模糊；

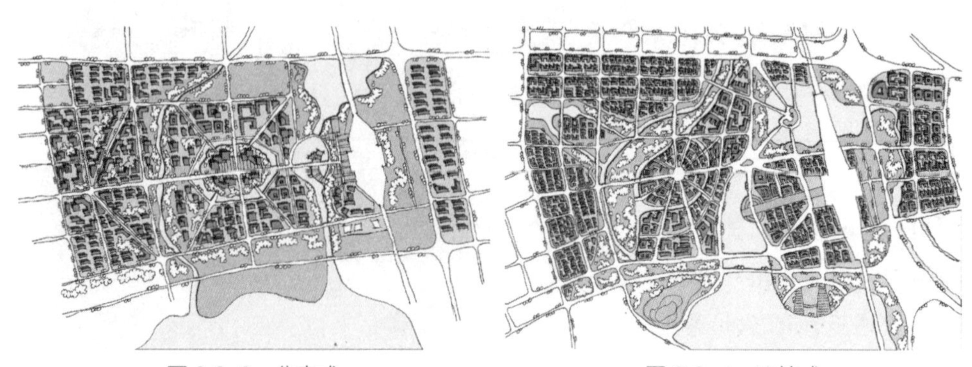

图 8.2-3　分离式　　　图 8.2-4　双核式

③在核心区外围营造出较好的景观环境，内部环境设计却缺少手法；④高层建筑少，公共建筑总量不足。

8.2.2 站前核心区的布局模式

在一体式布局和双核式布局都会形成站前核心区，站前核心区结合了枢纽和核心区两个空间要素，是交通枢纽中心设计的重中之重。因此，在这里将其单列出来进行形态设计手法的剖析。我们最常见的站前核心区形态有三类：中轴对称式、环绕式和自由式（图 8.2–5）。

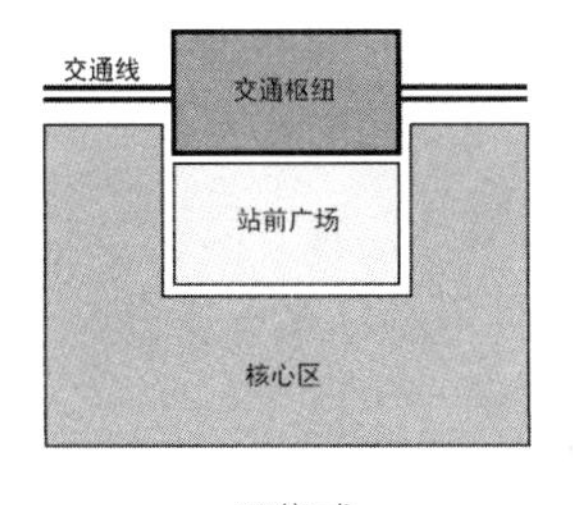

a 环绕式

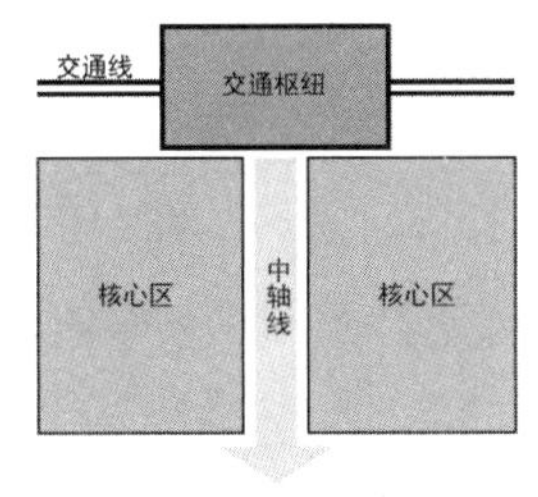

b 中轴对称式

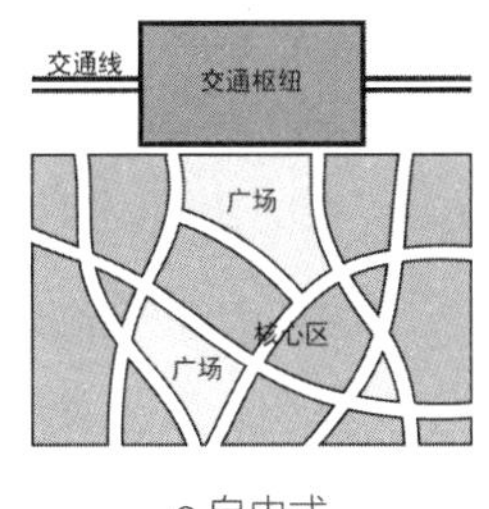

c 自由式

图 8.2–5 站前核心区的布局模式

（1）环绕式

环绕式是指站前核心区空间形态环绕站前广场组织的设计方式。与中轴对称式相比，环绕式是以围和感取代了线性的方向感，体现的是相对亲和的空间氛围。在这种情形下，沿站前广场的界面是核心区的设计重点。好的广场界面首先应该是比较连续完整的；其次建筑群外轮廓线应有错落起伏的变化；最后在建筑的立面设计上要有细节不空泛。

如图 8.2–6 所示的是一个环绕式站前核心区的设计案例。用支路将站前空间划分为小尺度的街区，各个街区内部采用围合的建筑布局模式，一组组的围合建筑又共同环绕在站前广场周边，是一个尺度十分亲切的站前核心区。具体设计中，广场空间局部使用覆顶，细腻地考虑了雨、雪、炎热等特殊天气下人们的活动和集散问题。同时，覆顶的这个灰空间既保持了广场界面的连续性，又巧妙留出了看向西面景观的视线通廊，一举两得。在交通组织方面，将公交车站、轨道交通站点等集中组织在站前广场上，使人们出站后能够十分方便地换乘公共交通。车辆进站道路高架在广场上空，

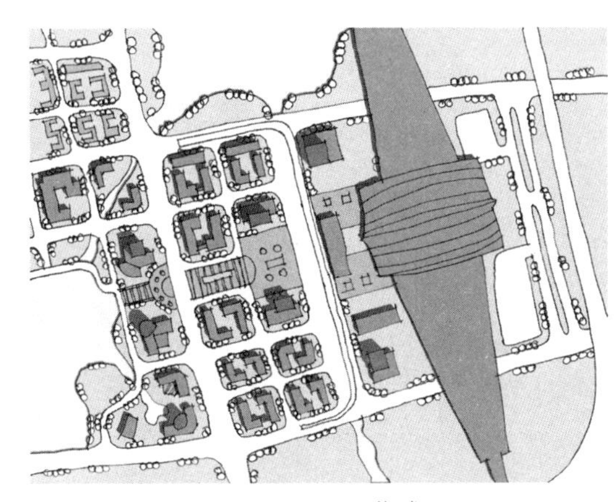

图 8.2–6 环绕式

与高铁站二层直接相连，保障了地面步行环境的安全畅通。

（2）中轴对称式

中轴对称式是指一条中轴线垂直于交通枢纽，两侧空间形态作对称设计。这种规整的设计手法易于把控，构图鲜明，一般体现大气、庄重的空间氛围，对人流方向有较强的引导性。这种情形下，中轴线是核心区的设计重点，分为实轴和虚轴两种形式。前者主要由建筑体量构成，强调有分量的形象；后者主要由开放空间构成，强调路径与活动。

如图 8.2–7 所示，案例中的核心区是围绕虚轴的中轴对称式设计。轴线东至高铁站，西至景观水面。限定轴线空间的建筑近似于三面围和式，开口面向轴线。轴线两侧的建筑群并不是刻板的完全对称，而是在空间格局大致相同的前提下，北侧的建筑群引入不规则的水面来打破，是一个在对称中有变化的设计。整个设计的主要问题集中在轴线的塑造上：①轴线空间没有起承转合的变化，只是一条大道贯穿，可以看到运用了大尺度大面积的硬地，缺少空间趣味和序列铺陈；②轴线尽端靠近水岸，却没有与滨水开放空间结合，反而被封闭的建筑遮挡了景观；③轴线两侧建筑的转折虽然增加了界面长度，但影响了建筑进深，没有必要，且建筑形式、高度雷同；④站前设计完全没有对停车问题和公交换乘作出交代。

（3）自由式

自由式是指不受轴线和环绕关系约束，空间形态比较灵活的站前核心区设计方式，建筑或开放空间多以不规则的形态出现，往往强调空间的趣味性和特色性。自由式与中轴对称式和环绕式不同，没有一个统一的空间关系要求，若设计不当易造成站前核心区空间形态的凌乱。因此，自由式站前核心区在具体设计时，一般会指定一个主题作为空间形态控制的手段，各个部分的设计在母题的基础上进行变化。

案例方案（图 8.2–8）所示的是一个以弧形界面和绿带系统为主题的自由式站前核心区设计。该设计形式感强，风格统一，缘于两个最明显的特征。一是设计者以曲线形道路分隔街区，形成不规则的街区形状，并进一步使高层建筑群产生不规

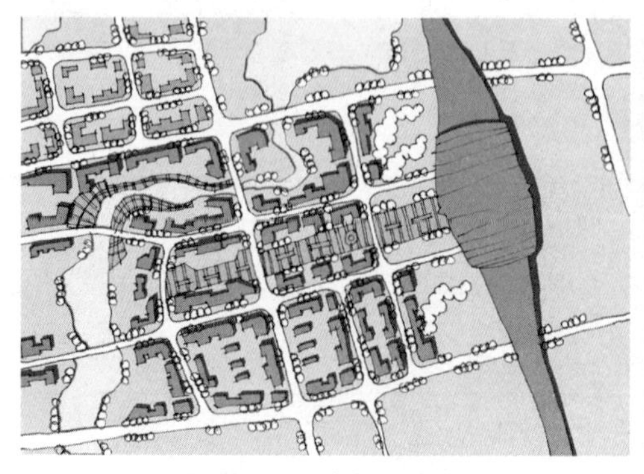

图 8.2–7　中轴对称式

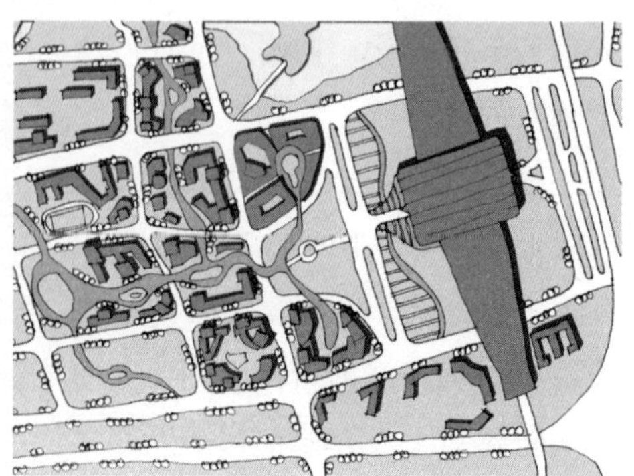

图 8.2–8　自由式

则的裙房形态，裙房向外以建筑折角契合街区边界，向内以弧形界面围和开敞空间。二是串联各个街区的绿带系统，由一条主要带和五条次要带构成，绿带在各个街区内部放大，形成中心绿地；同时也是一个从道路上空跨过的连贯步行系统。

总的来说，该设计是一个重视外部环境品质的方案。但可以看到存在以下这些问题：①站前曲线的道路形式降低了核心区的机动车通行效率，“V”字形的道路交叉口使车辆从站前到进入核心区内部变得十分不便；②站前停车和公交站场未做考虑；③异形建筑的比例过高，不利于方案设施和建筑内部空间使用。

8.2.3 门户景观的塑造方式

交通枢纽是城市的门户，人们走出交通枢纽所看到的景象被称作门户景观，是进入城市的第一印象。如何通过好的门户景观塑造，来展示城市特色，是每个交通枢纽中心设计都无法回避的主题。主要的门户景观塑造手法有三种，体现了不同的门户景观形象。

——以人工开放空间为景：展示城市良好的环境品质、文化氛围或悠久的历史内涵。

——以山水环境为景：展示城市丰富的山水资源和优美的自然景色。

——以标志建筑为景：展示城市繁荣的都市景象和经济发展水平。

以上三种手法并不一定单独使用，有时会相互结合。

（1）以人工开放空间为景

以人工开放空间为景，就是把绿地广场、步行轴线、户外空间节点等作为门户景观的主要观赏对象重点设计。这种手法不受环境条件和场地的限制，在实际规划中很常见，而且十分多样。站前人工开放空间的重心是站前广场，其他的空间设计要素也主要围绕站前广场这个视觉界面来展开。因此，广场应当把握尺度，提供适当的观赏距离和景深。以人工开放空间为景，可以将门户景观的层次与人们的活动相结合，激发站前空间活力，或将景观序列沿交通流线铺陈，步移景异。

如图 8.2-9 所示，方案在站前引入水体，结合铺地与绿化形成以人工开放空间为景的门户景观。整个开放空间主要由两部分构成：南北向延展的站前广场和东西向的步行轴线。站前广场设计以水为特色，

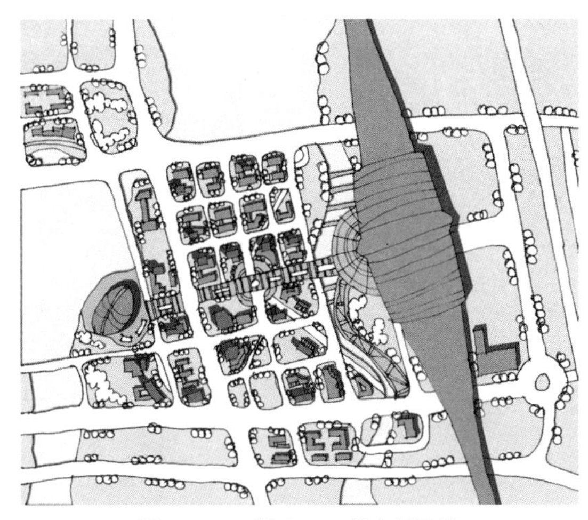

图 8.2-9 以人工开放空间为景

曲线水体契合半圆形广场，长短不一的水上桥梁和变化的滨水景观相呼应。步行轴线以广场为起点，通向造型建筑——文化中心，两侧由商务区建筑所限定，拉长了门户景观的纵向景深。

该方案的门户景观塑造可梳理为三个层次：滨水站前广场为第一层次——近景；从站前广场延伸至步行轴线上的圆形节点为第二层次——中景；步行轴线继续延伸直至文化中心为第三层次，即远景。不足之处有两点，一是站前广场作为集散功能的广场，尺度略小；二是第二层次的空间节点设计较简单，仅作圆形场地处理，若能设置一定高度的景观构筑物，形成视觉焦点，效果会更好。

（2）以山水环境为景

为了展现城市的自然魅力，许多交通枢纽会修建在有山有水的地方，门户景观设计时也充分利用这一优势，以山水环境为景。这种做法十分依赖枢纽的选址条件，适合一些山水格局突出的城市，尤其是旅游城市。自然的山体和水体本身就具有较高的审美价值，但门户景观有特定的观赏点和观赏角度，所以实际项目中往往需要对它们加以适当改造和调整，呈现出最佳的视野画面。常见的手法是以水面为近景，以山体为中远景，并适当融入建筑等人工景观。

武汉高铁站的选址具备了这样的特点，设在东湖与杨春湖之间，自然条件十分难得。案例方案（图 8.2–10）选择了以山水环境为景的门户景观塑造方式。首先，扩大了杨春湖的水域范围，从站侧湖泊拓展为站前湖泊，并向南沟通东湖，融为一体；其次，利用湖泊开挖时留下的土方，在水体西南侧筑起一些山体，形成变化的微地形；最后，在岸线营造方面，西岸以生态岸线为主，东岸以人工岸线为主。该设计对山水环境和站前空间作了结合，并通过步行桥梁延续了观景路径，整体思路比较清晰。但若从门户景观的观赏效果考虑，西岸界面的各个空间要素之间缺乏配合，山体位于画面边缘，建筑群围绕核心区开放空间组织，硬质场地沿水岸修建，未形成好的构图关系和视觉焦点。

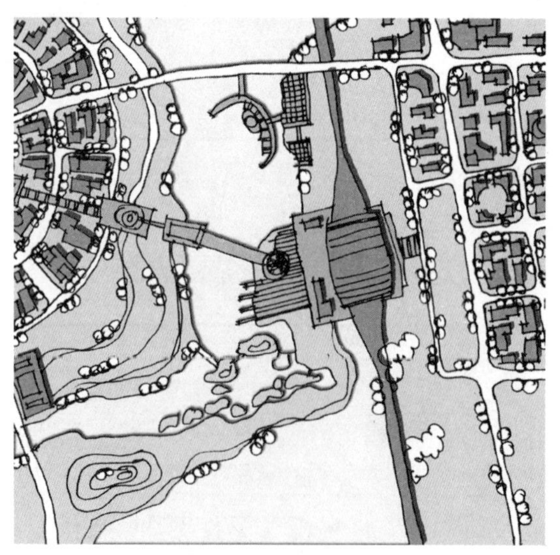

图 8.2–10　以山水环境为景

（3）以标志建筑为景

以标志建筑为景，就是将单个建筑或一组建筑作为门户的观赏对象，传递现代化的城市形象，适合一体式或双核式布局。之所以称为“标志建筑”，是指建筑在体量、形式、高度、组合关系的某一方面或某些方面比较突出，与周围建筑拉开了差距。标志建筑一般为核心区

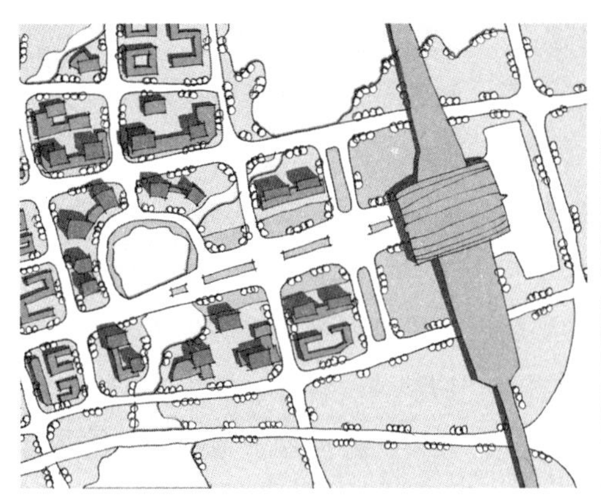

图 8.2-11 以高层建筑群为景

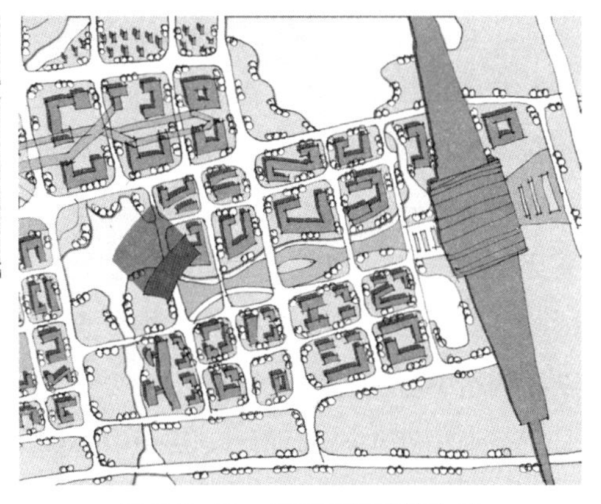

图 8.2-12 以超高层建筑为景

的公共建筑，可归纳为三个类型：高层建筑群、超高层建筑、特殊造型建筑。

高层建筑群（图 8.2-11）。以高层建筑群为景是对一组建筑的塑造，包含了两个层次。第一个层次是建筑要达到一定高度，便于识别；第二个层次是不同建筑之间相互配合，形成各自变化又协调的整体。在案例中，一组高层建筑环绕水面布局，通过景观大道与正对的高铁站相连。周围则为以体量相对较小的多层建筑为主，烘托高层建筑群。但建筑群本身比较单调，体量高度近似，缺少变化。

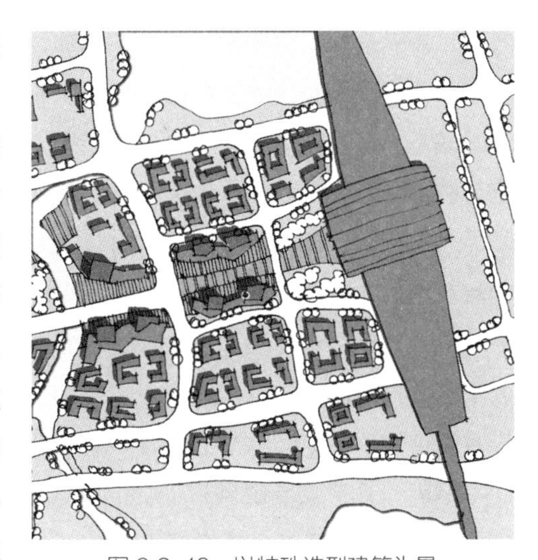

图 8.2-13 以特殊造型建筑为景

超高层建筑（图 8.2-12）。地标超高层建筑是一类单体标志建筑，作为门户景观的同时，也必然是整个交通枢纽中心的制高点。地标超高层建筑不应距离枢纽过近，应留出适当的观看距离和展示空间，并且在观看角度上不被其他建筑和景观遮挡。图 8.2-12 中所示的是一个较为成功的门户景观设计案例，体现在以下三点：①站前两侧建筑限定出宽阔的景观轴线，将人们的视线引向地标建筑，轴线距离适宜；②周边建筑较低矮，高度平缓起伏小，与超高层建筑形成了强烈的对比；③地标建筑周边环境开敞，以细腻的地面景观设计做烘托。

特殊造型建筑（图 8.2-13）。建筑作为门户景观，最常见的除了以高度为识别性，就是以特殊的造型来提高识别度，两者在设计要求方面有诸多相似之处。案例中两侧高层建筑的裙房以不规则的折线形界面出现，希望达到吸引视线的目的。但未对观赏角度和建筑环境做过多考虑，设计较粗糙。

8.2.4 交通枢纽中心区设计的基本经验

交通枢纽中心是一类新兴的城市中心区类型，它的规划设计经验还在逐步实践摸索之中。近年来，我国高速铁路网络迅速发展，许多大中城市修建了专门的高铁站，高铁作为城际交通方式，具有速度快、转换便捷的特点，与传统的公路、普通铁路、甚至飞机相比，都有其明显的自身优势，尤其体现在对周边城市区域的带动作用上。因此，高铁站中心区是我国目前交通枢纽中心建设的主流趋势，这里谈基本经验也以高铁站中心区为主要参照对象。

交通枢纽中心的设计与其他中心的设计相比，最大的特点在于——如何处理交通枢纽运转与中心区发展之间的关系。好的设计应该是做到取其利，避其不利。

（1）核心区结合交通枢纽布局。由于此类型中心区本身就是依托交通枢纽来发展的，需要借助枢纽的带动作用。因此，一般不提倡分离式布局，以一体式或双核式布局为佳。核心区主要的商业商务聚集点与交通枢纽的距离不宜太远或太近。太远时联系不便，易造成车行过短而步行又过长的尴尬。太近时，从事日常活动的人流与进出站人流之间容易出现相互干扰。

（2）以商业商务为主，兼顾休闲文化功能。在中心区的各项产业中，包括仓储物流在内的生产性服务业和商贸批发业对交通枢纽的依赖性最强，反过来说，受到的辐射带动作用也最大。故在设计中，往往以商业商务功能为主，作为该类中心区的产业支撑。同时，也应兼顾发展休闲文化功能，服务于周边居住片区。尤其是发展有特色的休闲文化功能，有助于提升中心区的魅力。

（3）门户形象反映城市 / 中心区特色。是否成功地营造了城市门户形象，是评价交通枢纽中心设计的重要指标之一。好的门户形象会让游客迅速地留下印象，并自然而然联想到相应的城市特色。反之，设计中要尽量避免出现“大广场加大高层”这样千篇一律、识别度低的门户景观。

（4）站前轴线塑造。大部分交通枢纽中心设计中都会出现站前轴线，它是一个十分复合的空间要素，涉及建筑布局、人流引导、景观互动等方面。各个方面相互促进和制约，如良好的建筑布局能够形成站前建筑群景观，而恰当的景观互动安排又能够更好地吸引人流，组织线路。站前轴线往往尺度较大，易形成一览无余、大而无当的乏味效果，应多运用铺地、绿化和构筑物进行空间亚划分，化解空旷感。

（5）双面式枢纽交通组织。双面组织枢纽周边的交通，有利于增加交通换乘空间，避免交叉干扰。一般存在两种分类方式，第一种是按交通工具的类型划分，如地铁、公交车站、长途汽车站在一面，出租车站、社会车辆停车场在另一面；第二种是按运输目的划分，如旅客进出站与转换在一面，货物进出站与转换在另一面。

8.3 典型案例设计及剖析

交通枢纽一直是城市重要的门户区域，也是城市的重点建设区域，而各类交通枢纽也多成为商贸设施的集聚场所，进而发展成为城市中心区。随着我国高速铁路的快速发展，高铁枢纽成为城市新的增长点，吸聚大量商贸、商务等设施集聚，成为带动城市发展的新中心。在此背景下，本书选择高铁枢纽中心案例进行详细解析。

（1）案例介绍及现状解析

我国中部某特大城市是重要的高铁交通枢纽城市，多条线路从城市东侧穿过，拟在东北部城市边缘位置建设高铁站点，并以此为契机，建设城市新的中心区，完善公共服务设施，带动周边地区发展，形成新的城市增长极。

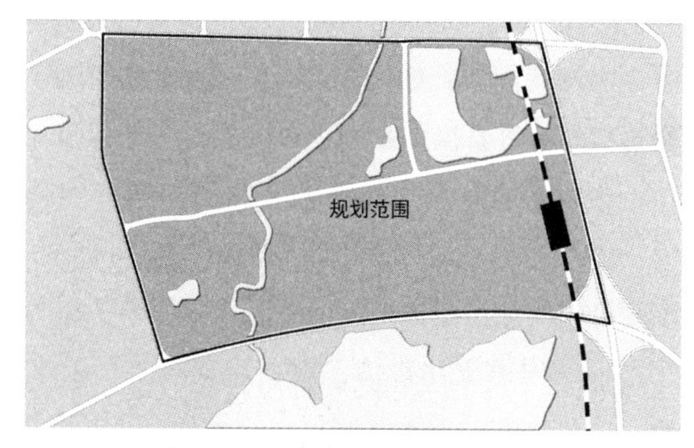

图 8.3-1 规划范围及周边条件

基地位于南北两个湖中间，北侧湖较小，南侧湖较大，是城市最大的湖，面积 88km^2，同时也是国家 5A 级风景名胜区；基地南侧为城市二环绕城高速的链接线，并与城市主干路连接，可直达老城中心区；基地东侧为城市绕城高速，高铁站紧邻城市绕城高速公路而建，便于交通的快速到达与疏散。此外，城市还有一条轨道交通线路连接高铁站点及老城中心，并在基地内设有多个站点。轨道交通主要沿中心区北侧道路通行，北侧道路也是连接高铁站点与老城中心的主要轴线道路；基地内用地以农田为主，地势较为平坦，且由于周边水量充足，基地内部具有大量鱼塘（图 8.3-1）。

（2）设计思路及重要问题

对于该方案的规划设计来说，良好的环境因素及道路交通，充足的用地条件，且几乎没有规划条件的限制，其规划设计的核心问题集中在如何利用环境优势，塑造独具特色的空间形态，如何借助既有优势资源，梳理内部系统，形成合理有序的功能布局等方面，可从以下几个方面进行深入思考。

——利用水体及环境资源构筑空间形态，优化功能配置。良好的水体环境资源以及依托南侧较大湖面形成的 5A 级景区是中心区发展的优势生态景观资源。以此为基础，是否可沟通两侧湖面，并借助水体的引入塑造以水为脉的独特空间形态？同时，是否可借助 5A 级景区的强大吸引力，结合高铁枢纽的客运优势，发展旅游接待及服务职能？城市的水体资源即是景观资源，又是形态控制要素，同时也是功能要素，应予以充分利用。

——利用不同道路条件，分流各类交通，引导功能布局。不同的道路交通条件可以引导不同功能的交通流，进一步的可与交通流相应的功能相结合。绕城高速解决城市各片区之间的快速到达问题，因此与高铁枢纽相结合；城市主干路连接基地与老城中心，引导城市建设发展，大型集中的公共设施可考虑沿路布置，形成城市发展轴线；轨道交通站点是大规模人流集散点，适宜结合布置商业、商务等就业中心或居住等生活中心。该案例交通条件复杂，应对各类交通及道路条件进行深入的分析，针对性地进行规划设计。

——利用高铁站房作为标志景观，构筑结构框架。高铁站房以大体量、特殊造型、门户区位等要素成为城市的新兴标志建筑，对于周边城市空间形态的具有较大的影响与控制作用。对于该案例来讲，高铁站房正位于中心区南北向的中心位置，又偏于中心区一端，是否可利用站房的标志作用，构筑景观轴线，组织空间形态，形成中心区发展框架？如何协调高铁站房与其余建筑的体量及空间关系？对这些问题的理解与判断将直接关系到中心区的形态结构布局。

在对基地深入分析的基础上，合理有序利用各种条件及优势资源，组织空间结构，梳理功能布局，形成结构清晰，空间有序，特征明显的交通枢纽中心区。根据该案例的实际情况，可从以下几个方面着手进行规划设计。

——沟通南北水体，规划景观核心。以水为脉，打通南北两侧湖面之间的联系，形成完整的生态景观体系，并利用基地既有的水体资源，形成中心区内的景观核心，形成城市建设与自然环境有机结合的形态格局。同时，可将硬核与景观核心结合布置，形成中心区的综合活动中心，也可提升硬核的环境品质，使得空间更具特色。

——结合轨道站点，展开核心职能。轨道交通对于中心区的发展具有强烈的带动作用，可以解决大量的通勤交通问题，并可承担一定的高铁人流的疏散问题，中心区内公共设施依托轨道交通站点形成集聚，并沿主要轴线道路延伸也成为中心区公共设施发展的主要方式之一。结合轨道接通及城市发展轴线道路形成的公共设施集聚带，更符合城市发展规律，也更便于使用。

——利用枢纽建筑，构筑景观轴线。利用枢纽建筑在空间上的标志作用，构筑正对站房的景观轴线，并可与景观核心结合，形成一条横贯中心区的景观轴线，也是中心区的结构轴线。这一方式可以突出站房的标志地位，并形成良好的门户景观形象，也可起到引导公共设施布局的作用。同时，景观轴线与自由的水体形态相结合，又能创造出人工自然有机结合的良好空间形态。

（3）常见错误剖析

在具体的规划设计教学中，由于未能处理好枢纽建筑、大面积景观水体及功能布局之间的关系，未能深入理解分析枢纽中心区的特殊性，常会出现一些结构及布

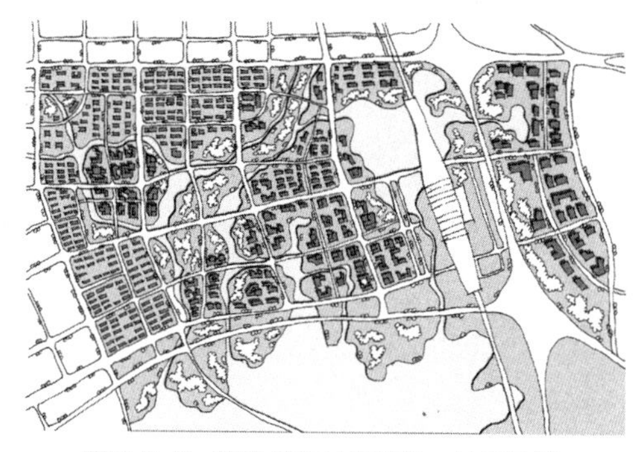

图 8.3-2 整体结构过于松散，缺乏轴线

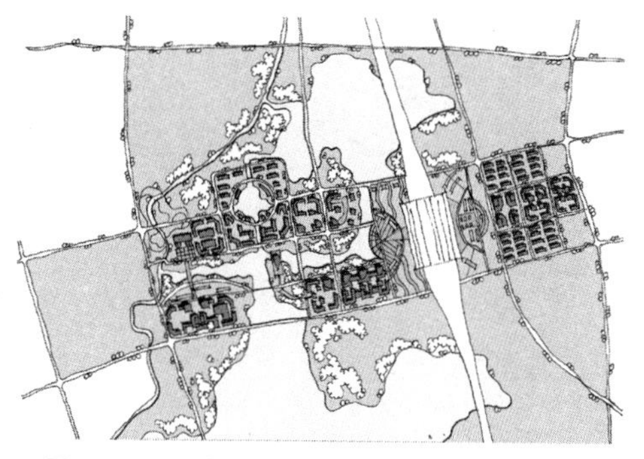

图 8.3-3 过于生态化，建设用地浪费严重

局方面的问题，现将该中心区规划设计中的常见问题总结如下。

——规划多处景观节点，使得整体结构过于松散，缺乏轴线统领。良好的水体资源是基地发展的优势条件，但不能在没有整体结构控制的基础上随意布局，这会造成中心区整体结构的混乱与松散。如图 8.3–2 所示，规划形成了多个水体景观节点，并结合布置公共服务设施，到多个节点之间缺乏有效的轴线联系，使得中心区整体结构过于散乱。

——过于强调景观生态要素，造成建设用地浪费。基地具有良好的景观生态条件，为方案提供了良好的环境基础，但不应过分夸大景观生态条件，将大量建设用地用于景观生态职能，这会造成严重的土地浪费。如图 8.3–3 所示，中心区内规划了大量的水面及绿地，连通了南北两侧湖面，也形成了中心区内一条景观生态水轴。但水面及绿地面积过大，严重压缩了城市建设用地比例，造成中心区效率低下及土地资源的浪费。

——硬核与枢纽建筑分离。枢纽具有较强的人流集散作用，其余中心区硬核的结合更有利于发挥枢纽的集聚价值，形成共同发展得合力，因此枢纽建筑与硬核间距离不宜过大。如图 8.3–4 所示，规划沟通了南北两侧湖面，并在枢纽建筑西侧形成了一处门户景观节点，但这一结构阻碍了枢纽建筑与中心区硬核之间的联系，虽然方案中利用一条步行轴线相连，但两者之间距离过大，超过步行可达距离，会大大降低硬核与枢纽建筑之间的运行效率，并造成使用的不便。

——强调形式主义，结构毫无根据。由于枢纽中心尺度较大，且标志景观、建筑较多，为了梳理复杂的关系，多会采用轴线的形式建立有序的空间结构。但轴线的建构应有一定的基础，过于随意的为了追求形式的轴线缺乏根基，会破坏基地的肌理根据。如图 8.3–5 所示，方案将景观与硬核结合布置，构筑了与枢纽建筑之间的景观轴线关系，并布置一处标志构筑物，但方案增加了一处斜线的轴线，而这条轴线即不指向老城，也与周边环境无关，显得过于突兀，也破坏了核心区外围的空间肌理。

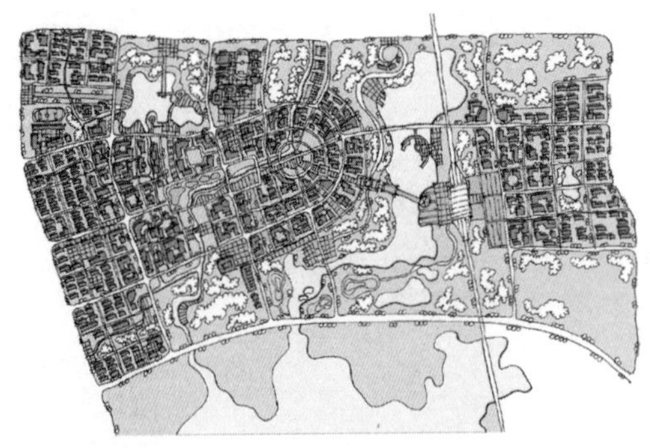
图 8.3-4 硬核与交通枢纽分离

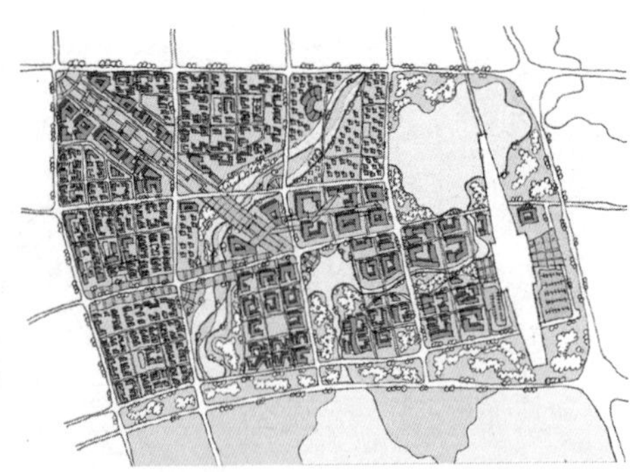
图 8.3-5 强调形式主义，结构毫无根据

（4）典型设计解析

该方案可供凭借的条件较多，关系较为复杂，如何借助优势资源塑造特色空间是规划设计的关键问题。在具体的规划设计中，有一些较为典型的处理方式，结合具体案例解析如下。

——轴核凸显，虚实相织

该交通枢纽中心区方案中各项职能的布局合理紧凑，树立了明确的轴核关系。同时，充分利用了基地内以水体为主的自然条件，发挥景观和生态功能。总的来说，整个方案思路清晰、分区有序、环境特色明显（图 8.3-6）。

设计者采用“一体式”布局，将综合核心区放在高铁站的西面，而在东面布局对交通枢纽依赖性极强的仓储物流功能，有效地发挥了高铁站的枢纽带动作用，使站点周边的土地价值得到最大化利用。在综合核心区内，形成了一条东西向的实轴，文化体育设施向景观靠拢，聚集在实轴的西端；商业商务设施向高铁站靠拢，商务高层主要沿轴线分布，强化了门户形象，商务硬核与高铁站距离恰当，联系通畅方便。另外，通过加大核心区支路网密度，提升了道路系统的运行效率，增加了活跃临街面的长度。少量教育和零售设施等分散在周边居住片区内。

该方案的水环境营造亦十分成功。在总体结构层面，一条以水为脉络的虚轴由北至南穿过场地，跟核心区的实轴相交。在具体设计层面，和其他方案相比，水面开挖面积并不算大，却实现了极多样的水体景观形式：既有较大面积的人工水域，又有街头尺度的水池；既有视野开阔的临湖岸线，又有曲折蜿蜒的滨河绿道。这些不同水体之间相互打通，串联成水网，形成中心区的生态骨架。同时，水网景观与建筑功能结合紧密。首先，在两条虚实轴线的交汇处，体育文化设施环水布置，大跨度造型建筑与大尺度水面相得益彰，互为映衬；其次，在站前核心区内，留出一条通向东湖的视觉廊道，连接滨湖广场和滨湖栈道；再者，结合深入各片区的线性水系，打造小型街头公园，布置滨水公共建筑。

总的来说，是一个可操作性强的优秀设计。若在以下方面略作改进，效果会更好。

图 8.3-6 轴核凸显，虚实相织

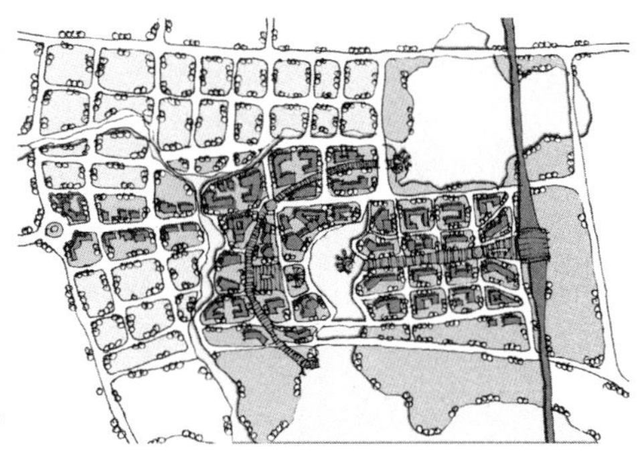

图 8.3-7 内湖分隔，跨岸发展

一是核心区靠南，稍偏离城市建成区方向；二是绿地比例高，高层建筑较少，用地集约度不够。

——内湖分隔，跨岸发展

该方案最明显的特征是对基地地貌作了大胆的改造。不仅打通了杨春湖与东湖的联系，更局部扩大河道宽度，在两湖之间形成了新的基地内湖。内湖将整个基地分隔成了独立的东西两部分，而最重要的核心区跨岸发展。这是一个设计特点十分鲜明，但问题也相对突出的方案（图 8.3-7）。

设计者在景观环境和游憩活动方面着墨较多，形成了良好的景观互动格局。首先，塑造内湖，作为核心区的公共活动中心，湖的两岸以轴线和对景相呼应，其中，东岸布局大尺度的滨水观景平台，西岸着力塑造错落有致的城市滨水天际线。其次，将主要水岸线做曲折化设计，增加了可利用的岸线长度，也提升了生态效益。再者，与许多方案对东湖的消极处理不同，该方案将东湖纳入了整个中心区的景观游憩体系。核心区半圆形构图的南端落在东湖湖岸，以一座大型摩天轮为端头节点，摩天轮除有观景功能之外，本身也是景观标志物，丰富了滨水天际线。并沿打通的河道设置三处码头，规划了东湖—内湖—杨春湖的游船线路。

该方案的主要问题突出反映在结构逻辑和空间尺度方面。核心区跨岸发展并无不妥，但需注意两岸的功能定位和空间联系。可以看到，内湖两岸均以生产性服务业为主，没有考虑错位发展，造成商务功能的总量过大，而体育文化等功能相应缺失。两岸功能雷同的情况下，更需要紧密联系，在具体设计中，两岸仅由三座车行桥梁相连，北面一座，南面两座。其中，南面两座距离过近，实际上只发挥了一座桥梁的运输效率。在步行交通方面，东岸步行系统围绕轴线组织，西岸围绕半圆形构图组织，两者并无明显关联，对人的往来活动造成了阻碍。此外，街区划分与建筑设计的尺度严重失衡，建筑体量偏大，相应地道路网密度偏小，难以支撑起中心区的交通运输需要，且高层建筑数量较多，布局缺少章法。

Urban Central District Planning and Design

第9章

体育文化中心区规划设计

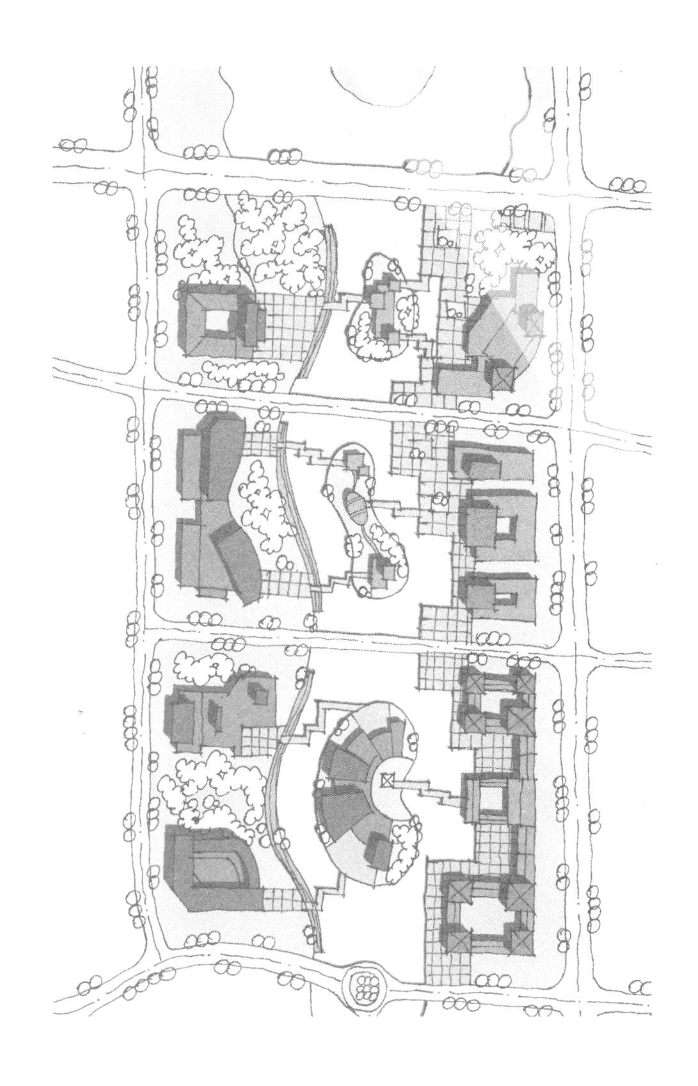

随着城市的不断发展，人们健康及文化意识的增强，体育文化事业兴旺发达，体育文化产业不断扩大，体育文化中心也应运而生。体育文化中心建筑结构复杂，科技含量高，也直接反映了城市现代化的程度与水平，成为展示城市形象的重要标志，体现精神文明的重要窗口，更是提高全民素质的重要场所。

9.1　体育文化中心区的界定

在我国，市民的体育文化活动方式与发达国家存在明显的不同，我国的市民大多在公园、广场、房前、屋后、甚至在街道上进行体育、健身、休闲、娱乐等活动，而发达国家的市民则多在体育文化场馆内进行健身、文化等活动。这也反映了我国市民乐于从事集体性质活动的特点，形成了我国特有的全民健身运动及全民文化活动。

9.1.1　体育文化中心区概念

体育文化中心是一个综合的概念，分开来看包括体育中心与文化中心两个内涵：体育中心是由体育场、体育馆、游泳馆及与之相配套的建筑或场地构成的，用于综合性体育赛事性质的运动设施。综合性体育中心一般包括赛事、训练、生活服务三部分；文化中心是由图书馆、美术馆、博物馆及与之相配套的建筑或场地构成的，用于综合性文化艺术展示交流性质等的活动。在城市的公共设施布局中，由于两者相似的空间及区位特征，常常结合在一起布置，形成城市的体育文化中心。

体育文化中心的建设及发展也具有重要意义：①重大赛事及文化活动的需要。对于城市的建设发展来说，重大事件及活动具有重要作用。如北京奥运会、上海世博会、南京青奥会、广州亚运会等，均对拉动城市建设，提升城市基础设施服务水平，提高城市环境品质等，起到了重要的推动作用；②生活消费多元化的发展需求。随着经济社会的不断发展，体育文化产业的消费层次也逐渐拉开，既有爬山、跳绳、广场舞、电影、游戏厅、票友会等大众型低消费类型，也有跆拳道、瑜伽、射击、歌舞剧、美术展、博物馆等精英型高消费类型。多元化的消费类型及方式，也带动了体育文化产业的快速发展，推动了体育文化中心的形成；③传统体育文化设施的老化。传统的功能相对单一的体育文化设施，及人民体育馆 + 工人文化宫模式，设施老化，缺乏变化，也缺乏紧跟市场不断提升的动力，因此逐渐失去了吸引力，城市也需要新的、符合现代城市及生活需求的体育文化中心为市民提供相关服务。

在体育文化中心的具体规划建设中，应注重贴近群众生活，提高体育文化中心的使用效率，应注意以下问题：①坚持舒适度、高品质、清新健康的环境。从单一的专业体育文化服务转化成为多种更灵活的半专业的活动。以群众为主导提供服务的体育文化中心应具有较大的弹性以适应发展的需求。另外，体育中心场馆的使用者多已转化为普通群众，传统的布局模式，已不再满足生活的需要。②规模、选址及布局趋向多元化。体育文化设施应考虑不同的服务需求，分层级、分对象的灵活布局。在体育文化越来越成为日常活动的背景下，社区体育文化中心、区域体育文化中心、城市体育文化中心等的规模、选址及布局更加灵活多变；③完善配套设施。在具体的规划建设中，必须考虑到体育文化中心的特殊性，考虑大体量建筑的空间及安全、大规模人流及车流的集散等问题，必须得到城市基础设施的有力支持，形成安全、完善的服务体系；④建筑体量与特色风貌。体育文化中心因其庞大的建筑体量及特殊的建筑造型，往往会作为城市的标志空间而存在，因此具体的规划建设中，应注重建筑体量及建筑风貌的把控，形成独具特色的空间标志。

9.1.2 体育文化中心区类别

体育文化中心是一个较为综合的概念，包括体育与文化两个内涵，而两者结合布置时，也通常是同等级、同类别的设施联合布置。为了进一步阐明体育文化中心的类别，分别对体育及文化中心进行分类研究（表 9.1–1）。

体育文化中心的类别划分　　表 9.1–1

划分方式	类别名称		服务对象	主要设施
按规模分	体育中心	大型体育中心	主要供世界性、国际性体育运动会使用的场所，如奥运会、亚运会、世界田径锦标赛等	主会场、主赛馆和游泳馆，其他场馆（包括网球、曲棍球、垒球等项目的场地）、运动员村和新闻设施等
		中型体育中心	主要是为国家级运动会或某个单项运动的全国性竞赛提供比赛场地，如全运会等	一场两馆（正规的体育场、体育馆和游泳馆），及专业竞技和训练场地
		小型体育中心	一般为地、市、州、县及学校提供体育运动场地	一场一馆（即体育场、体育馆），及普通和专业体育项目场地
	文化中心	大型文化中心	主要为世界级演唱会、音乐会、美术展等文化艺术类活动提供专业场馆	大规模、高等级的美术馆、音乐厅、剧院、展览馆、科技馆、博物馆等
		中型文化中心	全国性、地区性各类文化艺术活动的场所	美术馆、音乐厅、展览馆、剧院，或专业性场馆
		小型文化中心	一般为地、市、州、县等提供各类文化艺术活动的场所	展览馆、剧院等，或专业性场馆
	★大规模、高等级体育及文化中心，一般可兼容小规模、低等级体育及文化中心			
按项目分	体育中心	综合体育中心	可举办各类专项及综合型体育赛事	包含体育场、体育馆、游泳馆等综合型及专业型体育场馆
		专项体育中心	专业型体育中心，如田径中心、乒羽中心、水上中心等	以体育场、体育馆、游泳馆或乒羽馆等为主体的专项场馆基地
	文化中心	综合文化中心	可举办各专项及综合型文化、艺术、展览活动	包含美术馆、音乐厅、剧院、展览馆等综合型及专业型文化艺术场馆
		专项文化中心	专业型文化中心，如演艺中心、音乐中心、美术中心等	以美术馆、音乐厅、剧院或展览馆等为主体的专项文化活动集聚区

9.1.3 体育文化中心区的选址

体育文化是城市大系统中的分系统，其区位选址在服从城市总体规划的基础上，即应保证重大体育文化事件的安全运营，也应便于市民的日常使用。选址是否合理，不仅关系到体育文化中心本身能否正常运营和效益大小，而且还将对城市空间结构及发展产生不同程度的影响。

在对体育文化中心进行选址布局时，应首先对体育文化中心的特殊需求进行研究与梳理，体育文化中心是承担体育文化事件的重要场地，是大量人流、车流集散的场所，以此其用地条件除要满足体育文化用地的一般要求外，还须考虑以下诸因素（表 9.1–2）。

体育文化中心的选址要求 表 9.1–2

影响方面	考虑内容
用地规模	综合的体育文化中心用地面积最少应在 $50hm^2$ 以上，应至少满足一个大型比赛体育场、一个游泳馆、一个体育馆和一个美术馆、一个大剧院合理布局的要求；而独立的体育或文化中心，用地面积最少也应在 $30hm^2$ 以上。具体数值的确定则需依据体育文化中心的规模和发展方向而定
生态环境	体育文化中心用地应远离工业区、特别是某些有害的化学工业区，要位于污染源的上风向。同时，应尽量增加绿地面积，以美化环境改善基地内小气候条件，并尽可能接近公园绿地，或建在公园内，成为城市绿化系统的组成部分，也便于安全疏散
道路交通	体育文化中心应在不同方向设置多个出入口，周边道路网络密集，使之具有较大的疏散能力。同时，应合理组织公共交通，实行多方向、多方式的疏散，在有条件的城市还应尽可能利用轨道交通以增加疏散力度，并减缓地面交通压力。此外，选址时还应注意避免与城市内部主要交通干线直接相连，造成体育文化活动期间城市交通的拥堵
安全防恐	体育文化中心属于瞬时及持续性大流量人流、车流集散场所，因此，还应注重安全防恐问题，应避免地下停车空间与地面主要人流集散空间重叠，做到人流、车流、物流的合理分流，设有应急集散通道及场所，远离重大基础设施，并应注重日常及活动期间的防火及安全检查等问题

具体来看，体育文化中心与城市的空间关系主要表现为三种方式，即：位于新城（区）中心，位于新老城区交汇处以及位于老城区边缘地带，见表 9.1–3。

体育文化中心的选址模式 表 9.1–3

选址区位	区位示意	选址特征	典型案例
位于新城中心	老城区 新城区 体育文化中心	利用新城新建的基础设施及宽裕的用地发展体育文化中心，并借助体育文化中心的集聚效应及经济效应等积极影响，带动新城发展	南京河西奥体中心区
位于新老城交汇处	老城区 新城区 体育文化中心	选址于城市发展的主导方向上，可以充分利用老城既有公共设施，并起到拉动城市建设骨架以及形成联系新老城发展纽带的作用	济南奥体中心区

续表

选址区位	区位示意	选址特征	典型案例
位于老城边缘	老城区 体育文化中心	选址于城市边缘地区，形成以体育文化为核心的功能片区，通常起到带动城市跨越发展障碍，引导城市发展的作用	沈阳奥体中心区

在一些特大城市中，高等级的体育文化中心往往因其设施场馆众多，赛事活动交通及服务设施压力过大，而采用主要场馆集中，其余场馆分散布局的方式。这一方式因其既方便比赛的需要，又可避免交通量太大和赛后场馆的大量闲置，被一般大中型体育中心普遍应用。而在一些中小型的城市中，体育文化中心等级规模较低，城市的基础服务设施服务水平有限，则宜采用集中的方式布局。此外，体育文化中心的选址布局还应注意避免以下两种方式。

——选址于空间环境拥挤的城市中心。城市中心区环境局促，道路交通压力较大，难以支撑产生大量瞬时交通流的功能布局，且中心区本身是城市高端功能集聚区，大量人流的集聚也会带来安全隐患。另外，选址于城市中心区也会产生发展空间不足的问题。

——选址于功能效益不良的偏僻地区。一些城市希望通过体育文化中心的建设提升地区活力，带动城市发展，将体育中心选址于城市较为偏僻的地区，缺乏足够的居民社区和相应的设施支撑，使得体育中心不能很好地融入城市整体公共生活体系，使用效率低下，经济性很差，造成资源浪费。

9.2 体育文化中心区的设计手法

体育文化中心由于建筑体量巨大，功能形态特殊，交通压力巨大，独立性较强，因此在具体的规划设计中具有较多的特殊性。

9.2.1 功能的复合布局

现代城市内部用地紧张、寸土寸金，将有共同空间使用要求的设施聚集在一起进行总平面布局设计，实现空间共用可以节约土地资源、减小综合建设规模，同时可以提高空间的利用率，增加综合效益。相似功能的复合化设计是近年来体育中心建设中出现的新兴发展趋势，它的功能涵盖更为广泛，已经远远超出传统体育文化

图 9.2-1　南通市体育会展中心

中心的概念。常见的功能复合模式主要为体育文化中心与会展、公园等的复合布局。

——体育文化中心与会展功能复合布局。

体育中心在举办大型体育比赛时需要大量的室外空间作为人员集散、停车场地和赛事后院使用，而会展设施也同样需要大量的室外场地用于室外展览、集散和停车。同时从内部空间来看，在举行大型体育比赛时利用展览馆较大的室内空间作为临时体育比赛、热身训练等空间，扩大了场馆的比赛承办能力，而平时体育场馆大量的场地空间又可以为大型会议展览提供场地。这种室内外空间的共用可以实现体育场馆与会展设施空间效益的双赢。

典型的如南通市体育会展中心（图 9.2-1）。该体育会展中心由一个主体育场、一个游泳馆以及一个链接体育场及体育馆的体育会展馆组成。其中体育会展馆融合了 6300 座的标准体育馆（二层作为网球训练馆），以及 1000 个国际标准展位规模的会展馆。

——体育文化中心与公园绿地复合布局。

体育中心和公园、休闲广场都是为市民提供休闲健身的场所，其内容相关配套。公园、广场较宽松的用地条件有利于体育中心人车流的集散和交通组织，并且通过空间综合利用可以有力地解决场馆赛时和平时外部空间的多样化利用，而体育场馆的存在可以完善公园、广场的功能，并且为其带来大量的人气，有利于综合效益地发挥。

典型的如德国慕尼黑奥林匹克公园（图 9.2-2）。公园利用废弃机场高低不平的地形，将体育场、冰球场、游泳馆、赛车馆等建筑灵活自由的布置在不同标高上，并设计了动人的湖面和草坪，形成一处有山有水、有草有树的体育公园，从视觉上创造出湖光山色浑然一体的自然景观。整个体育中心的空间环境与公园结合紧密，创造出了不同的空间组合，或开放，或封闭，满足不同的年龄层次的需求。人工湖与游泳馆一侧，还设计有露天剧场，奥运山上则设有观景台、人工湖，此外，大片的露天草地给人们提供了丰富的户外活动空间，营造出了亲切、平民化的绿色体育中心。

又如，上海的虹口体育场和鲁迅公园（图 9.2-3）。上海虹口体育场位于老城中心区域内，属于旧体育场的翻新改造，其用地紧张，原基地形状还很不规则。在改造过程中，充分将体育场与西侧紧邻的鲁迅公园统筹考虑，共同开发管理，在体育场升级改造的过程中，也提升了鲁迅公园的功能、环境，达到社会效益与经济效益的双赢，也不会产生社会矛盾。改造完成后，从总体来看，虹口体育场又成为鲁迅公园一大景观，丰富了公园的景观层次，实现体育建筑与公园景观相融相生。

图 9.2-2 德国慕尼黑奥林匹克公园

图 9.2-3 上海虹口体育场与鲁迅公园

* 资料来源：通过 Google Earth 软件获取（下同）

9.2.2 建筑的布局及形式

根据场馆规模及使用功能的不同，体育文化中心可以分为主体功能、辅助功能和附属功能三个部分（表 9.2–1），在具体的规划设计中，应针对不同需求合理组织功能布局。

体育文化中心的功能构成　　表 9.2–1

功能类别	包含内容
主体功能	体育（包括体育场、体育馆、游泳馆等）、文化（包括美术馆、音乐厅、剧院、会展等）
辅助功能	训练场、新闻中心、医疗、商业零售、餐饮、休闲娱乐、旅馆酒店
附属功能	停车场、活动广场、绿化景观、街道家具

在具体的规划布局中，一般以主体建筑（通常为体育场）为中心展开布局，以主体建筑为中心的轴线式布局，也可以采用自由灵活的布局形式。

——三大场馆布局

在体育中心的规划设计中，核心问题就是三个主场馆的布局，包括：体育场、体育馆及游泳馆。通常三个场馆的布局会根据基地形态及地形条件的不同而有所变化，但总体格局基本上形成了两种常见的布局模式：轴线式与品字式。

轴线式布局通常将体育场置于中部，体育馆及游泳馆分列两侧，形成线型布局模式，或根据地形条件的不同，将体育场置于一端，体育馆及游泳馆线型展开。典型的品字式布局如上海东方体育中心（图 9.2–4, a）以及深圳市体育中心（图 9.2–4, b）。典型的轴线式模式如徐州市体育中心（图 9.2–5）。徐州市体育中心位于云龙湖北岸，

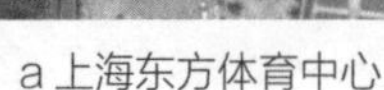

a 上海东方体育中心　　b 深圳市体育中心

图 9.2-4　品字式布局模式

图 9.2-5　轴线式布局模式

体育场、体育馆、篮球馆、训练中心呈线型沿河岸展开，同时轴线继续向两侧延伸，与徐州市艺术馆、市民文化活动中心、音乐厅等相连，形成了云龙湖北岸的一组标志建筑群。

此外，在一些基地或地形条件特殊的体育中心的规划设计中，建筑布局也可以采用非对称的自由式布局，从场地特性出发，灵活自由的布局场地、交通、绿化等区域，创造丰富的视觉景观和亲切、活泼、轻松的空间环境。自由式的布局形式中，主要建筑一般会沿自然景观或道路展开布局，典型的如上文提及的德国慕尼黑奥林匹克公园（图 9.2–2）。

——场馆形态造型

体育文化中心基本上均是大体量的建筑，且科技含量高，造型独特、新颖，往往成为片区乃至城市的标志性建筑，但这并不意味着建筑的体量及造型越大、越新奇越好，而是需要再根据环境的实际需求，对建筑的体量及造型进行控制，或突出，或隐藏，已达到整体和谐的效果。

突出的造型非常多，上文提到的体育中心主场馆的体量及造型基本均是较为突出的标志造型，这也是体育文化中心建筑形态造型的主要方式。而隐藏式布局多是通过下沉方式，将建筑部分沉入地下，以削弱建筑的体量感。如德国柏林的奥林匹克中心游泳馆为方形平面，极其单纯。设计的概念是将整个钢结构屋顶模拟成被周围苹果树围起的湖泊，为此，整个建筑下沉 17m，最高点几乎与地面平行，建筑主体完全隐入地下，在地面上仅能看到闪闪发光的屋顶，就像一个反射着阳光的湖面（图 9.2–6）。

在一些特殊的环境条件下，体育文化中心的建筑形态造型会更加强调整体感以

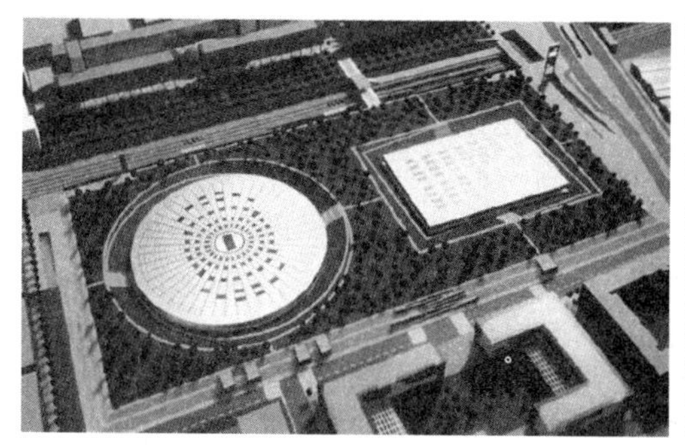
图 9.2-6 德国柏林奥林匹克中心游泳馆

图 9.2-7 广州市白云山体育中心

及与环境的有机协调。典型的如广州白云山体育中心位于白云山脚下，从原白云机场方向看去，白云山起伏连绵的背景是这块基地环境景观的突出特征。抓住这一特征，利用地段高差，采用把空间大幅度下沉的办法，尽量避免过大体量对自然景观的破坏。三个馆的屋盖结构形态都是由两片从球壳上剪裁下来的拱壳组合而成，如同三个纯粹几何形态的圆形小山，呼应着白云山的曲线形态，形成简捷单纯的整体建筑形象，生动含蓄，呈现出一种自然生长的势态（图 9.2-7）。

图 9.2-8 利勒哈默尔速滑馆

此外，体育文化中心的建筑造型也可采用一些象征意义的造型，形成强化地域及历史文化的标志。典型的如利勒哈默尔速滑馆建筑的屋盖，设计师将其处理成倒扣的北欧海盗时期的木船形状，美观别致又赋予人文及历史气息。建筑融于环境中，隐隐约约，如同一艘翻转晾晒的船只，地域标志性强（图 9.2-8）。这种方式在文化建筑中更为常见，如澳大利亚的悉尼歌剧院，荷兰的古根海姆博物馆等。

9.2.3 道路交通的组织

体育文化中心人流量大，功能复合，设计中应充分考虑与外部城市道路的协调与衔接，对其道路形式、出入口设置、消防疏散、人车流线组织、停车设置等应综合考虑，精心组织，形成安全、有序、快速、舒适、可持续发展的交通模式。

——道路交通组织原则

体育文化中心外部交通具有变化性和集聚性两大特征。变化性主要体现在体育文化活动前后所呈现出的交通量的变化，活动期间交通量大、分布集中，周围路网的最大承载力也在这时得到体现；活动后的交通量主要是来自体育文化中心健身锻炼、休闲娱乐的人群和体育中心的上下班工作人员，交通量较为稳定。聚集性则主要体现在活动期间交通规模大、集散时间集中的特点，并具有明显的时间标志，即开场时间和结束时间。

根据体育文化中心道路交通的特征，在具体的规划布局时要注意以下原则见表 9.2–2。

体育文化中心道路交通组织原则 表 9.2–2

组织原则	空间示意	组织内容
邻近快速道路	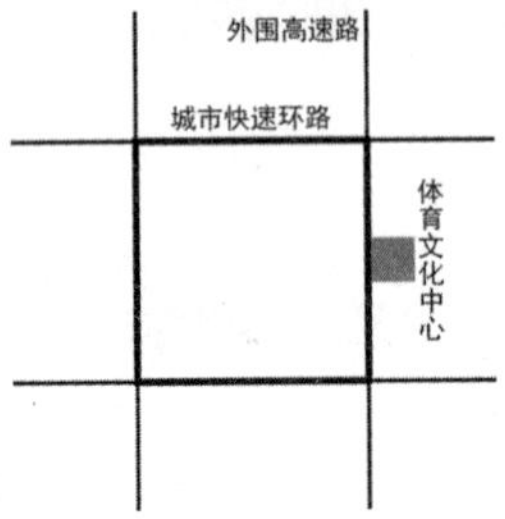 外围高速路 城市快速环路 体育文化中心	体育文化中心的交通组织应考虑城市周边地区及外围地区大量车流的集聚，邻近城市快速道路（特别是拥有快速环路的大城市、特大城市）布局，即便于大量车流通过快速路（快速环路）分流道城市其余地区，也便于外部交通通过高速道路抵达
邻近城市干路	 体育文化中心 城市主干路	体育文化中心作为城市主要的公共活动场所，也应与城市主干路网进行有效衔接，邻近城市主干路布局，便于城市内部交通的到达及疏散
公共交通支撑	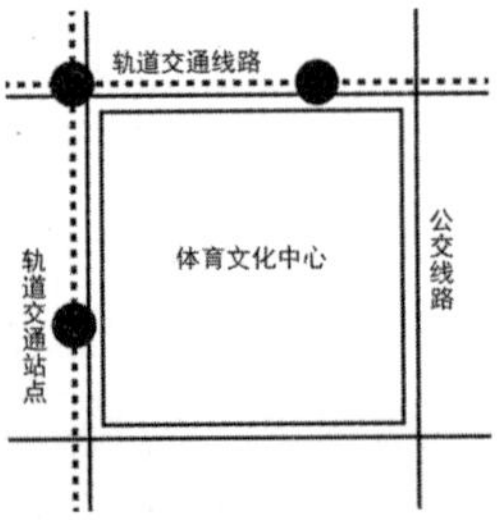 轨道交通线路 体育文化中心 轨道交通站点 公交线路	体育文化中心交通人流量较大，应在其周边布置多条公共交通线路，有轨道交通的城市还应在体育文化中心处设有站点，且为了防止瞬时人流过大造成安全事故，还应在体育文化中心设有多个站点，便于人流的组织及集散。有条件的城市应在体育文化中心设有多条轨道交通线路，以减缓地面交通压力
交通流线分流	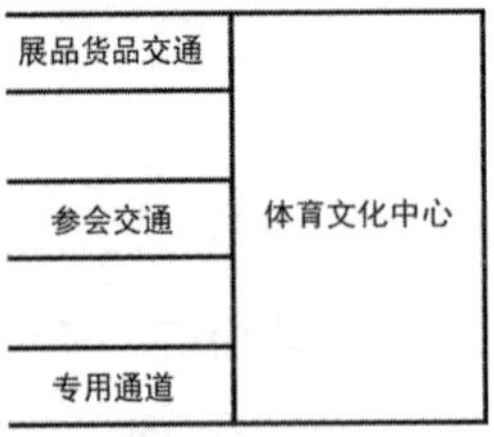 展品货品交通 参会交通 专用通道 体育文化中心	体育文化中心在举办活动期间，各类交通汇聚，交通流线组织复杂，应合理规划组织交通流线，做到各类交通的有效分离。设置展品、货品交通通道，避免与人流参会交通形成冲突，同时，重大活动期间还应设有运动员、贵宾等专用通道，避免形成相互干扰，也避免安全隐患

——停车场地设计原则

体育中心单个停车场的规模不宜过大，综合考虑不同人员、车型和车流的进出方向、固定停车与临时停车等各种因素，合理划分，避免干扰和混乱，做到安全、便捷、高效。由于停车场地相对有限，因此应尽量采用占地面积较小的“垂直式”停车泊位。在停车场设计时应适当进行人车分流设计，使人流和车流从空间上得以分离。可采用固定停车场（库）与临时机动停车位相结合的方式增加停车面积，也可以利用周边附属服务设施等增设临时停车位。此外，停车场地应尽量与绿化相结合设计，实现生态型的停车环境。

9.2.4 集散广场设计

体育中心广场的布局合理与否，直接影响到广场空间层次的创造，同时合理的广场布局可以为体育中心创造良好的交通环境，便于市民前往观赛和日常休闲。体育中心集散广场的合理布局也是城市创造高品质公共空间的有力保障，成为高效利用城市土地，节省资源的有效手段。集散广场组织形式的合理选择有助于场所感的创造，为体育中心广场多元功能的实现提供必要的保证。根据体育中心广场的平面形式、分布特点以及与场馆的关系可以分为点式、带式和廊式三种，见表9.2-3。

集散广场模式　　表9.2-3

广场模式	模式特征	典型案例
点式广场	广场的长短边比例相对均衡且独立于各体育场馆之间，广场平面规整集中，有利于管理和使用。点式的体育中心广场在形式上与其他类型的城市广场更为接近，广场用地开阔，有利于大型集会活动的开展，能较好地适应体育中心广场的多元化发展	无锡体育文化中心
带式广场	广场围绕体育场馆呈带状布置，使空间具有强烈的引导性。广场的平面形式灵活，能够与体育场馆和周边自然景观更好的结合。但带型广场形成的动态的线性空间较不适于人的停留，且不利于大型公共活动的组织和集散性健身活动的开展	合肥体育文化中心
廊式广场	体育中心总体布局具有强烈的几何感，强调空间的轴线关系，广场及绿化服从于主场馆为中心的构图原则。广场呈轴廊式布局，空间狭长，广场轴线指向中心体育场。线性的空间形态较缺乏人性化和趣味性，较难创造宜人的休闲健身空间，无法适应广场的多元化发展	广州天河体育文化中心

9.3 典型案例设计及剖析

体育文化中心是城市较为特殊的功能区域，功能相对单一，同时具有建筑体量较大、形态特殊、交通需求及变化较大、影响力较强、空间标志作用及效果突出等特点，是城市建设发展的形象及窗口地区，又与市民生活息息相关，其规划建设一直是城市管理者、规划者、建设者及广大市民共同关注的事件。在上文归纳总结的基础上，结合具体教学案例，对体育文化中心的规划设计进行详细阐述。

（1）现状解析及思路梳理

某省会城市是位于我国长江中游地区的特大城市，是国家首批历史文化名城之一，也是我国南方地区的综合性交通枢纽城市及重要的中心城市。因城市承担省市两级的服务需求，现需建设集更高水平的文化中心，以提升城市服务水平，带动城市发展。

文化中心选址于城市南侧，主要内容包括：青少年活动中心、博物馆、科技馆、音乐厅及相应的配套服务职能，以及一些配套的商务、休闲商业及酒店功能。基地北侧紧邻省政府，省政府北侧则为一个大型生态公园；基地西侧为在建多层及高层高档小区；基地东侧也为新建住宅小区，且临街多建有商业店铺；基地南侧为多层住宅小区及一个大型公建。基地北侧及东侧道路为城市级主干路，且通过东侧主干路可与南侧的城市快速环路相连。此外，东侧道路还有规划的地铁 1 号线通过，并在基地范围内设有两个站点；基地西侧及南侧道路为城市级次干路；基地中部有一条东西向次干路横向通过。基地内部地势较为平坦，植被绿化较为丰富，且基地中部位置有多处水面（图 9.3–1）。

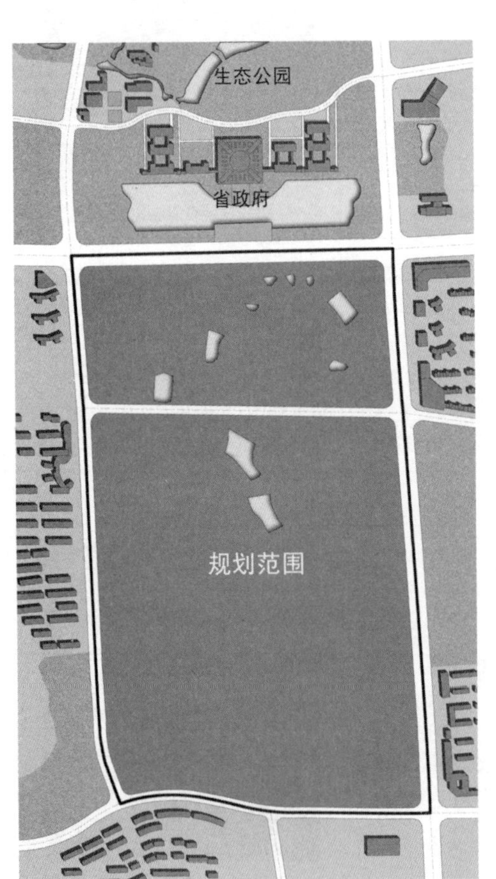

图 9.3–1　规划范围及周边条件

该案例基地较为方正，规划条件较为清晰，对其进行规划设计应充分考虑周边条件及基地自身条件，合理利用城市既有基础设施，形成具有针对性的方案。

——延展行政轴线。基地北侧的省政府形态较为规整方正，基本形成对称格局，且充分考虑了紧邻生态公园的特点，在主体建筑南侧设计了一处大型水面，水面也基本保持了对称格局。行政主体建筑位于水面北侧的中部位置，与两处广场共同构成了一个行政轴线。作为紧邻省政府的文化中心，应充分考虑行政轴线的影响，加之整个基地形态也也是一个较为狭长的格局，因此，应考虑在基地中部，顺应行政轴线的位置，规划设计一条文化轴线，与行政中心形成空间及功能呼应关系的同时，也顺应了基地的形态格局。

——依托交通条件。基地北侧及东侧为城市主干路，特别是城市东侧道路，是基地及省政府连接老城中心的主要道路，交通轴线作用明显，且规划有轨道交通线路，是城市主要的人流、车流来向。同时该道路还连接了城市快速环路，也是城市其余片区及城市外部交通的主要进入通道。在此基础上，可将商务、商业、酒店等接待、服务、配套的功能布置于基地东侧，方便使用，而将一些人流集散压力较大的功能布置于基地西侧，通过其余道路分散交通流，避免对主干路的直接交通压力。

——充分利用水体。水体条件是基地的特征要素之一，北侧的行政中心和生态公园均有大量的水体、湖面，成为塑造景观的核心要素。而基地本身也有一定的水体基础，还有几处较大的水面，且有2处水面基本位于基地中部位置。那么，是否可以依托水体条件，扩大水面构筑文化中心的核心景观？是否可以凭借居中的良好位置，构建水景轴线？对这些问题的判断和研究，可以进一步提升空间品质，塑造空间特色。

（2）常见错误剖析

在具体的规划设计教学中，由于对文化中心理解的偏颇，或过分放大水体要素，出现了一些偏差的规划设计方案，将其常见的一些错误现象总结如下：

——建筑形态过于单调。文化中心历来是展现城市文化形象的标志性窗口地区，且随着科学技术的不断发展，文化中心的各个场馆的科技含量逐渐提升，建筑造型更是屡屡打破常人们的既有认识，形成别出心裁、别具一格的造型，成为城市走向国际化的门户和窗口。而如图9.3-2所示，方案中的文化建筑形态单调，较为简朴，缺乏文化建筑应有的标志性及新奇性，使方案显得较为平淡。

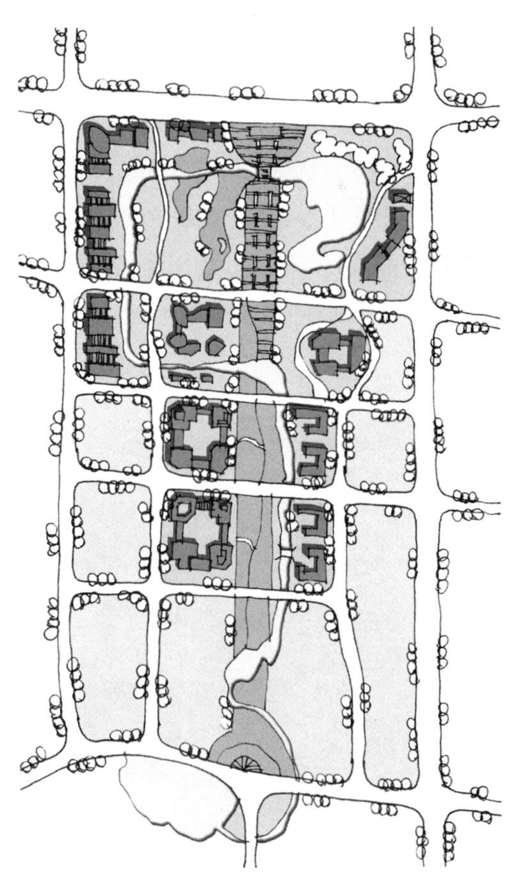

图9.3-2　建筑形态过于单调

——建筑密度过大。整个基地的建设范围是一个水绿条件优越，生态环境良好的条件，加之文化中心人流及车

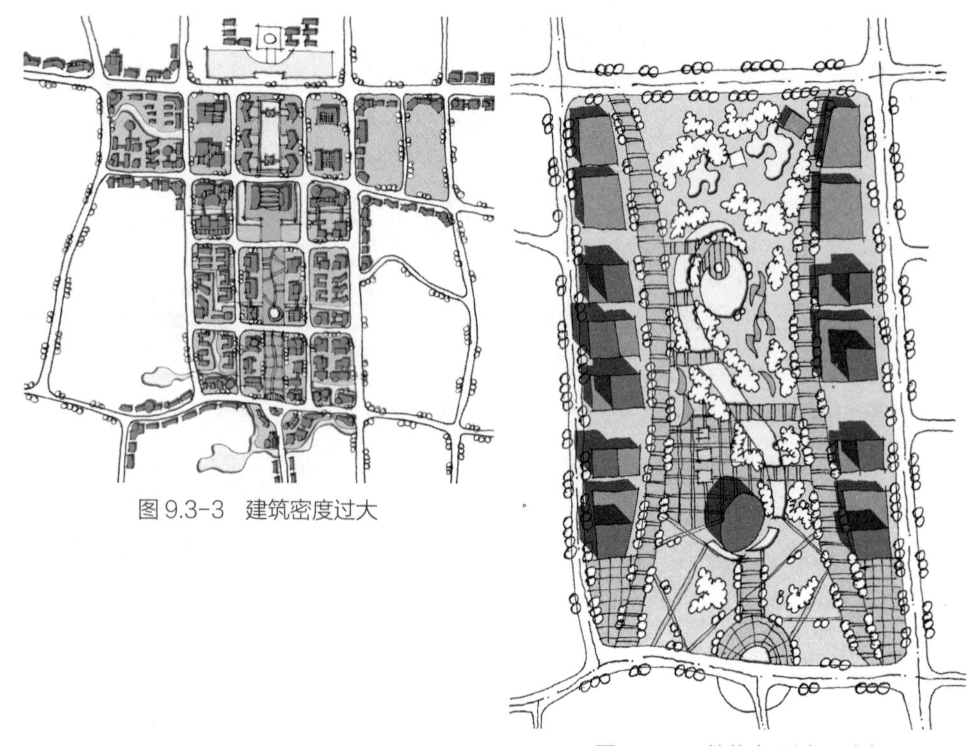

图 9.3-3 建筑密度过大

图 9.3-4 整体布局过于对称

流量较大，交通集散压力巨大。因此，文化中心的建筑密度通常较低，以留有足够的集散空间，而同时，开阔的空间也更有利于突出文化建筑的标志效果。但如图 9.3-3 所示，虽然方案整体格局较为规整大气，水体利用也较为合理有序，但整体建筑密度过高，使得整个方案过于拥挤，更加类似于一个商务中心，而不像一个文化中心。

——格局过于对称。由于受北侧行政中心的影响，将行政中心的轴线南延，方案也形成了中轴对称的格局，但考虑到文化中心的建筑特征及使用需求，方案的轴线更应注重整体格局的均衡，而不应过分强调对称，过于严谨、完整的对称格局，会使文化中心过于呆板，缺乏灵动感。如图 9.3-4 所示，方案中轴线结合水体布局，形成曲线对称的模式，形似音符，效果较好，但整体格局过于对称，两侧建筑完全相同，且建筑形态缺乏变化，使得整体格局显得呆板。

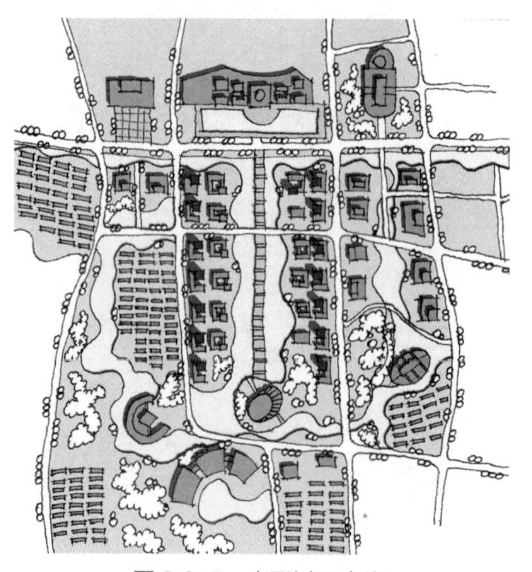

图 9.3-5 水面过于夸张

——水面过于夸张。水体是基地的特色要素，利用的好可以使整体方案更加的灵动，充满活力。但水面的利用应与实际需求结合，不应过于夸张。如图

9.3-5 所示，方案以水为轴，并与北侧行政中心呼应，在基地中部形成了一个开放水面主导的空间轴线，轴线端头布置了音乐厅，与行政中心遥相呼应。但轴线水体过多，水面过于夸张，既不利于两侧建筑功能的交流使用，也不利于后期的管理与维护，且浪费了大量的有效土地资源，土地价值及效率无法体现。

（3）典型案例解析

该方案周边条件较为明确，对基地影响较大，且基地形态较为狭长，方案的规划设计具有一定的难度。在具体的教学实践中，有一些较为典型的处理方法，较好的利用了优势资源，解决了各类问题，将其总结如下。

——水脉延展，文商分立

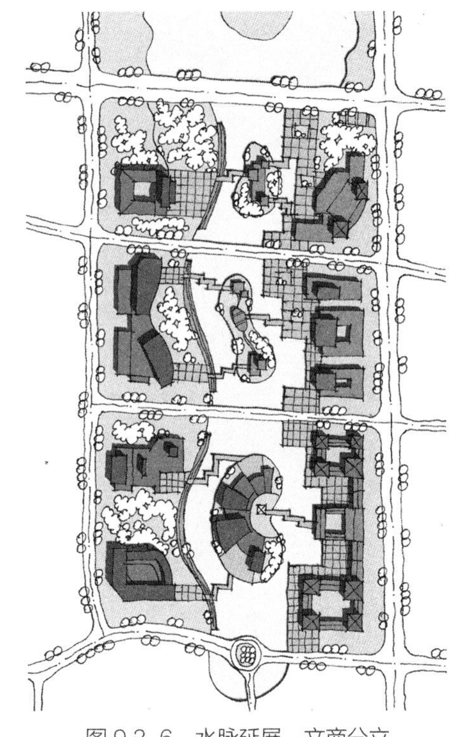

图 9.3-6　水脉延展，文商分立

该方案充分回应了行政中心的行政轴线，并充分利用了基地的水体条件，形成了一条贯穿基地的文化水轴。且该轴线也与北侧的行政中心的大型水面相呼应，形成了整体效果。同时，这一轴线方式，轴线空间较为开阔，也能进一步突出行政中心主体建筑的标志地位，使得行政与文化片区连为一体，整体感较强（图 9.3-6）。

具体来看，方案利用水体塑造文化轴线，轴线较为开阔，水面较大，但方案在较大的水面之中布置了顺应水体形态的文化岛屿，并布置一定的文化、休闲职能，特别是南段，将水面扩大，规划一处较大岛屿，布置了音乐厅，即保证了轴线较为开阔的视野，也缓解了较大水面带来的空旷感，又与北侧的行政中心形成空间呼应。同时，轴线采用的是均衡布局方式而不是完全对称的平衡布局，轴线东侧采用折线岸线的方式，并通过岸线的曲折变化形成一定的观景及活动空间，增加了空间的变化感。轴线的西侧则采用曲线岸线，与岛屿及建筑形态相协调，使得轴线灵活多变，而不死板，复合文化中心的灵动感，而又与行政中心的庄严格局相呼应。此外，方案增加了一条东西向的城市支路，与原有横向道路一起，将基地划分为三块，每一块都布置有一处岛屿，且有相应的功能，使得整个方案的空间节奏感较强，也有利于不同功能的使用，避免过多的相互干扰。以该轴线为依托，将文化功能与相关的配套服务功能分立东西两侧，东侧靠近城市主干路，布置酒店、商务、商业等配套服务设施，西侧则布置主要的文化设施，包括美术馆、青少年宫、博物馆、科技馆等，两侧通过水轴中间的岛屿连接。

方案整体思路与规划结构较为清晰合理，整体空间大气又不失灵动，较好地处

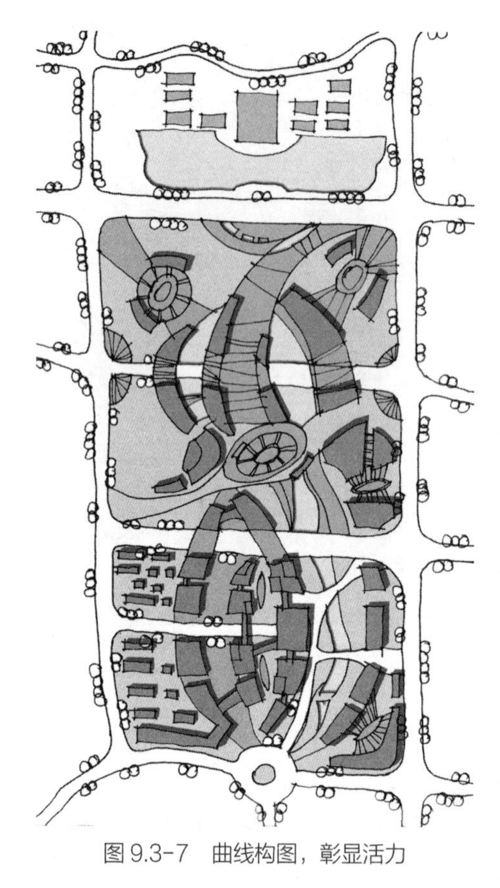

图 9.3-7　曲线构图，彰显活力

理了与周边条件的衔接及对基地本身资源的利用问题。在此基础上，方案还可在一些细节方面进一步的优化提升：整体来看，受中轴线分隔影响，功能分区过于明确，导致文化功能所占比重较低，而相关配套设施比重则相对较高。同时，该文化中心与行政中心直接相邻，因此在功能的布局中，应考虑将两者可共用的功能布置于相邻处。通常情况下，会将展览、会议等功能布置于邻近行政中心处，将美术馆等布置于较远位置。因此，可考虑将北侧邻近行政中心的地块全部布置为文化职能，布置展览馆、会议厅等文化职能，适当压缩配套设施空间，在具体的文化设施布局中，还应考虑各展馆之间的相关性，将青少年宫与科技馆靠近布置，而将博物馆、美术馆、展览馆等靠近布置。此外，音乐厅布置于水轴中间，虽然起到良好的景观及标志效果，但仅通过三条栈道连接岸线，交通压力较大，会造成使用过程中的安全隐患。

——曲线构图，彰显活力

该方案立在求新求异，力求通过曲线的构图打破行政中心的庄严感，塑造充满活力的文化中心形象。

方案在基地北侧以一个半圆形的广场呼应行政中心，同时也作为行政轴线与文化轴线的转换节点。以该广场为起点，方案设计了一个“S”型曲线作为文化中心的主轴线，轴线中部规划了一处椭圆形水景广场，作为南北段轴线的转换节点，轴线北段以硬地广场为主，轴线南段则以绿化水体为主。主要的文化设施集中于轴线北段，应形成与轴线形态呼应的弧形形态，建筑之间则以水体、绿化作为景观。主要的商业休闲设施集中于轴线南段，也设计为弧线造型，延续整体风格。同时，方案还设计了多条横向连接的步行道路，也多设计为弧线造型，并设计有圆形、椭圆形广场，作为步行集散及景观节点。

方案整体形态较为突出，整体结构别致，敢于打破传统行政轴线的束缚，也充分彰显了文化中心的活力。但这一类型的方案也有一些问题需要注意：①核心场馆不突出。为了强调方案的整体感，顺应图案化的肌理格局，各个场馆均需服从总体格局需求进行形态调整，致使核心的场馆不突出，这也是这类方案经常出现的问题，即:方案整体标志性较强,但缺乏核心标志建筑;②缺乏内部交通系统,场馆使用不便。为了保证方案的弧线造型，避免被过多的道路交通干扰，方案内部交通体系不够完善，大量场馆需要步行一定距离达到，会造成使用的不便;③整体感有待进一步突出。在方案的整体格局中，许多联系是依靠地面铺装、绿化水体造型等来维系的，且一些局部建筑的布局过于零散，整体格局又被多条横向道路所打断，因此使得方案整体感不够，建筑显得较为零碎及凌乱，应通过统一建筑屋顶连接，跨路建筑体量等将小体量建筑统一起来，形成更大的视觉冲击力，强化方案整体感。

第10章

教育科研中心区规划设计

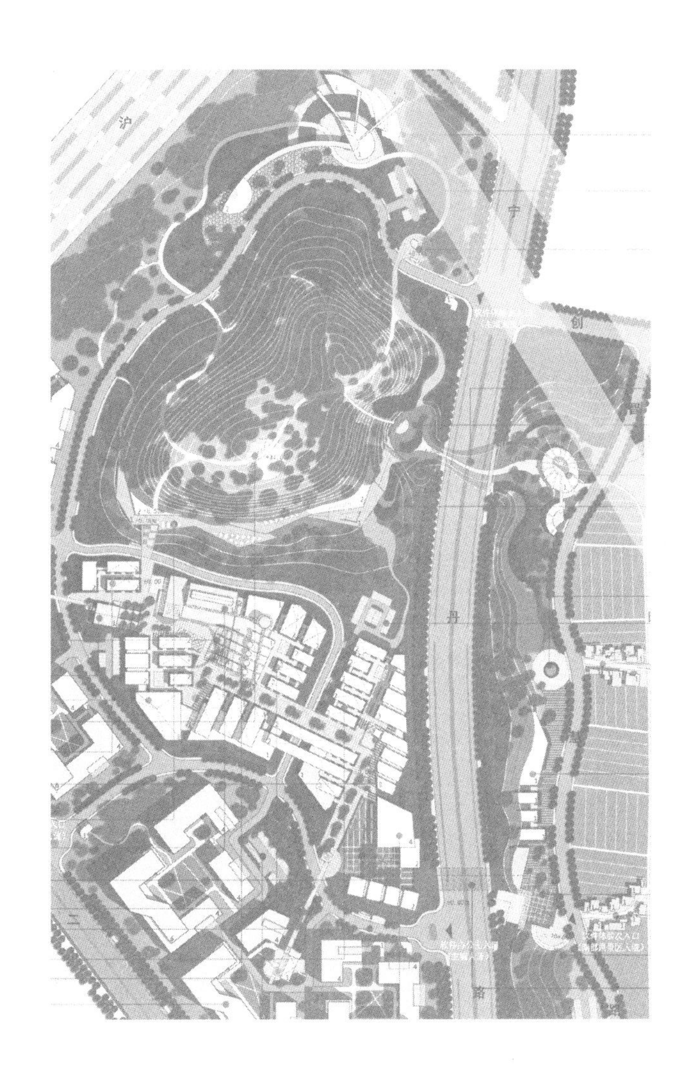

从20世纪80年代中期开始，在经济、科技和教育体制改革浪潮的驱动下，我国许多省市逐渐开始了高科技园区的开发建设。而到2000年之后，在大学扩招趋势下，一些地方政府、企业和公司通过与高校合作，兴建以发展高等教育和高新技术研发与生产一体化为目标的大学城也逐渐开始增多。在二者的建设与发展过程当中，随着其核心公共区域的不断发展完善，逐渐衍生出了一种新兴的中心区类型，即教育科研中心。

10.1 教育科研中心区的界定

10.1.1 教育科研中心区的概念界定

教育科研中心的产生经历了较长的时间，是从高科技园区逐渐演变而来。高科技园区最早出现在美国的硅谷，美国最早称为“研究园”(Research Park)，英国称为“科学园”(Science Park)或“技术园”(Technology Park)，意大利、法国则称为“科学城”(Science City)，我国则称之为“高新技术产业开发区”、“高技术区”、“高科技园”等。而随着对科技的需求不断提升，教育的发展也受到越来越多的重视，“大学城”也成为又一个科研、创新发展的重要基地。在此基础上，高科技园区及大学城规模尺度不断提升，逐渐形成城市的特定意图区，以科技创新为核心目标及生产力。

高科技园区和大学城是我国当下形成教育科研中心的两种典型的模式，随着城市空间的发展建设，逐渐根据需求形成了公共服务设施的规模集聚，开放度逐渐提高，发展成为与城市共享的公共中心，为周边的大学、科研机构、创意企业提供共享的公共服务设施及产品交流创新平台。总的来说，虽然各国高科技园受本土文化、经济发展水平以及发展方式不同的影响而略显不同，但其中心总体都呈现了以下的特征（表 10.1–1）。

教育科研中心的特征　　表 10.1–1

特征类别	特征表现
主要目的	科学研究的技术创新、产品开发活动
发展依托	一流的大学、重要的研究机构
主要功能	创业平台、研发与培训、生产、商贸服务与管理、生活配套、居住等
环境条件	优质的自然和人工环境，舒适的生活气氛，重视绿色空间系统的建设以及高品质人工空间环境的营造，拥有良好的娱乐场所、居住区以及多层次的文化生活设施
服务人群	高知人才、创新人才
配套设施	良好的交通设施、通信设施、生活设施，以及公共事业公司、教育、商务及金融机构

对于教育科研中心，当下国内外学者并没有对这一概念做严格的定义，诸如大学城、高科技园区以及科学园区的中心地块都包含在内，主要是为教育、科研这两个主导职能提供生产、生活服务的核心公共服务职能空间。高科技园区和大学城发展的社会性、开放性、共享性、综合性成为教育科研中心得以形成、发展的促进因素，融合了城市中心区的基本特征，同时又存在许多差异。结合两者中心的总体特征，我们可以初步总结出教育科研中心的基本概念——即以高等教育或高科技产业为综合环境基础，并为其提供综合商业、商务商贸、会议展览、文化娱乐以及服务管理等其他职能的区域中心地带，其服务对象以高知人群和产业研发人群为主。

教育科研中心是一个服务对象相对明确的中心类型，通常分为两个主要部分，一部分主要为商务类，包括以创新为核心的企业总部、发展公司、投资公司以及为机构、企业服务的银行、保险公司等金融机构、科技信息公司、园区的服务管理、会展中心等职能；另一部分功能则主要为商业类，包括为高知人群提供商业、文化、娱乐、医疗等公共服务以及与其结合的教育科研、商务办公、管理服务等职能。在教育科研中心的规划设计当中，要根据其服务对象的特征来适宜的调整两部分功能的构成，并随着周边城市功能空间的发展来进行逐步提升。

10.1.2　教育科研中心区的区位选址

由于教育科研中心是由部分高科技园区和大学城的公共中心发展演化而来，因此其选址主要是基于高科技园区和大学城的规划选址。我国高科技园区和大学城的选址因素有其相似的部分，二者并不是单纯的教育科研功能的集聚空间，而是从更大范围内推动城市经济和空间增长的大型建设项目以及相关功能的产业配套综合区域，推动其建设发展的外部动因是城市化手段和知识经济飞速发展的交互作用，其建设往往被作为促进城市化和城市空间结构拓展的城市增长极。就其具体区位而言，通常表现为以下几种方式（图 10.1–1、表 10.1–2）。

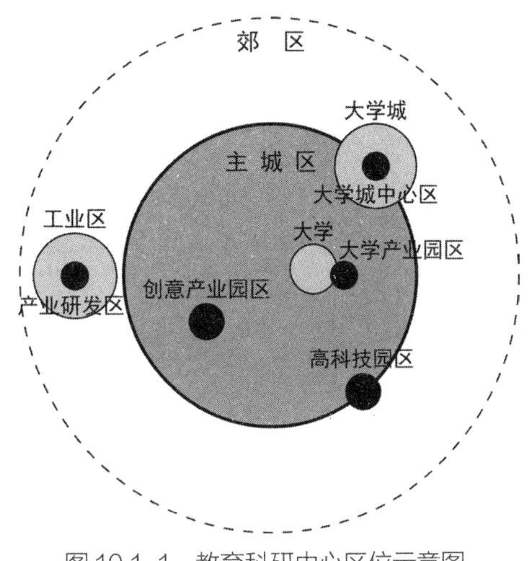

图 10.1–1 教育科研中心区位示意图

教育科研中心类型及区位　　表 10.1–2

特征	类型	区位特征
与高校结合	大学城中心区	多位于城市近郊地区，是 20 世纪 90 年代第二次院校调整后，随着大学规模的扩展而逐渐兴起的，多为多所集中建设的大学的共享区域，包括商业、酒店、会议、文化、体育、餐饮、娱乐等功能
	大学产业园区	多是位于主城区内的高校，在学校周边地区，结合学校自身学科特点及研发能力形成的研发、产业化基地及其相关的配套服务设施
与产业区结合	高科技园区	多位于生态景观较好的城市近郊地区，以科技研发、创新、商务、会议等功能为主体
	产业研发区	多位于城市郊区工业区的核心位置，作为工业区的功能提升区，为产业的发展提供产业研发、信息咨询、总部办公、工业设计、第三方物流、会议展览等功能，以及基本的生活商业配套等服务
	创意产业园区	多位于主城区内部，多为城市老旧社区、老工业区、城中村等改造后形成的，以创意产业、文化休闲、艺术设计等功能为主体的街区

10.2 教育科研中心区的设计要点

教育科研中心更多地强调与周边教育及科研设施的直接相关性，因此在规划设计中体现了一些区别于其余中心区的特殊性。

10.2.1 共享公共服务

教育科研中心，特别是依托大学城的中心区，其核心目标之一就是将周边高校的资源进行重新整合，发挥各自优势，打造公共服务设施的共享平台。利用设施的共享，可以增加设施投入，提高设施建设水平，同时也能提高各类设施的使用效率，集约、节约利用土地资源。常见的共享公共服务设施（表 10.2–1）。

可共享公共服务设施 表 10.2–1

设施类别	共享内容
体育设施	主体育场，国际标准田径场、体育馆、游泳馆，健身中心等
教学设施	高等级实验室、科技孵化园、图书馆、人才培训等
交流设施	会议中心、展览馆、科技馆、酒店等
管理设施	物业管理、信息中心、管理办公、财务平台等
配套设施	零售商业、超市、餐饮、电影院、KTV、旅馆、公园等

典型的如重庆大学城中心区（图 10.2–1）。重庆大学城分为东西两个片区，其中心区位于大学城西片区的中部核心位置。该中心区充分体现了共享的设计理念，在中心区西侧布置了博物馆、图书信息中心、科技馆等教学设施，以及主体育场、田径场、体育馆、游泳馆及健身中心等体育设施；中心区东侧则结合现状水体规划为一处大型生态公园；中心区中部轴线两侧布置为商业、餐饮、休闲、娱乐等功能；中心区中部北侧布置了一些公寓功能，而南侧则布置了教育科研基地、人才培训中心及管理办公等职能。整个中心区充分体现了共享的理念，提升了整个大学城的公共服务设施水平。在此基础上，根据教育科研中心的区位及周边建设条件，这些共享的公共服务设施也可以进一步的分级，形成城市 – 组团 – 校区的分级共享体系。通常情况下，城市级共享资源包括教育科研设施、大型体育设施、生活服务设施等，面向全社会进行服务；组团级共享资源，指若干性质相似的大学或科研结构形成的科研组团共享区，通常可包括四个部分：学术资源（图书馆、会议厅等）、体育资源（标准田径场、篮球场等）、教学资源（教学主楼、公共教室等）、生活资源（超市、浴

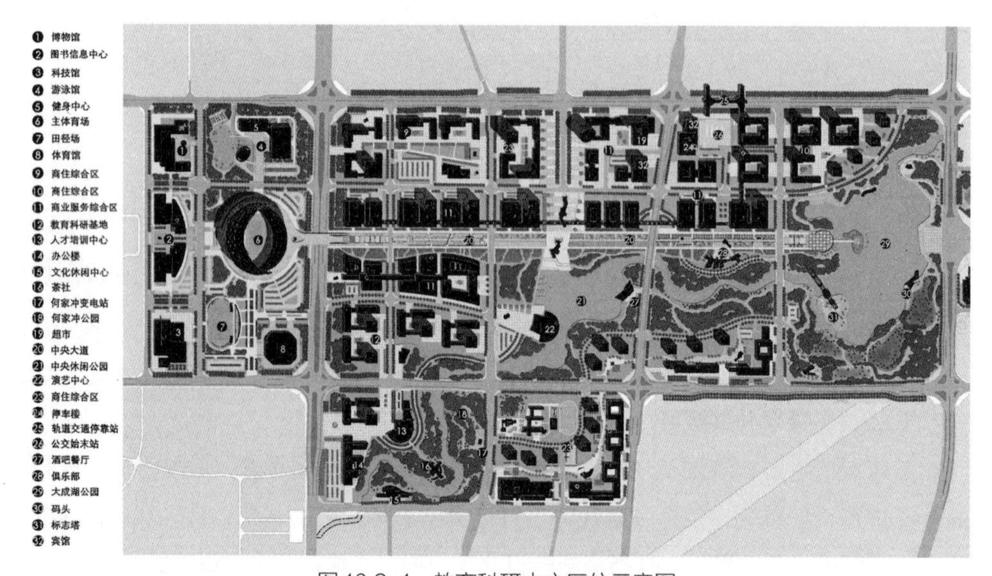

图 10.2–1 教育科研中心区位示意图

* 资料来源：东南大学建筑学院 . 重庆大学城总体城市设计，2005.

室等）；校区级共享资源则主要是指可在不同校区之间共享的资源，如实验室、教学基地等。在具体的建设中，根据共享级别的不同，可分别有政府及社会力量、组团内的高校及科研机构、高校及科研机构本身进行建设，以最大限度地节约资源及投入，并提升各个设施的使用效率。

在具体的规划设计中，教育科研中心在大学城中的空间布局主要受到大学城的地形条件、“居民”分布以及道路交通状况等的影响，其布局也有几种较为典型的模式（表 10.2–2）。

教育科研中心布局模式　　　　表 10.2–2

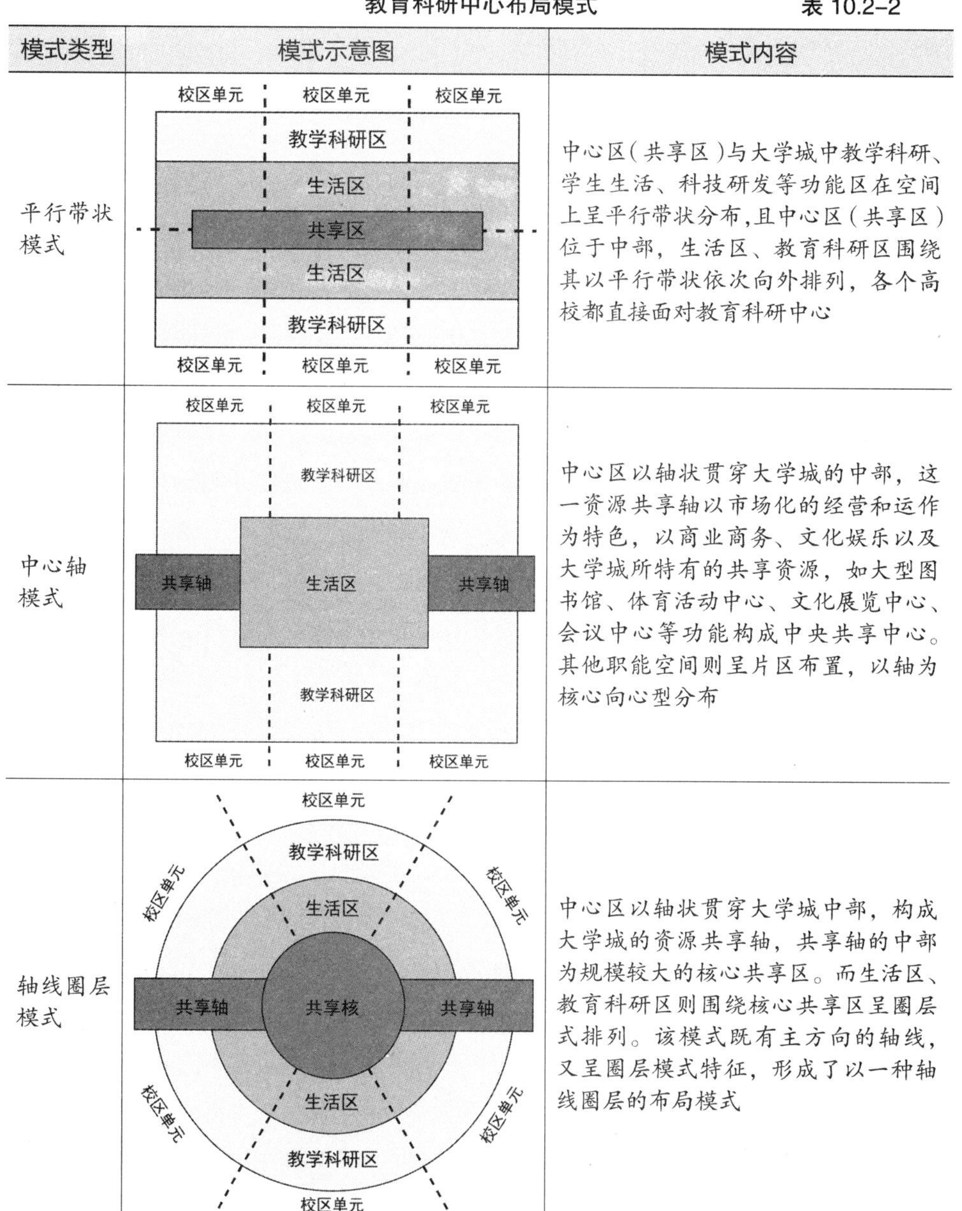

模式类型	模式示意图	模式内容
平行带状模式		中心区（共享区）与大学城中教学科研、学生生活、科技研发等功能区在空间上呈平行带状分布，且中心区（共享区）位于中部，生活区、教育科研区围绕其以平行带状依次向外排列，各个高校都直接面对教育科研中心
中心轴模式		中心区以轴状贯穿大学城的中部，这一资源共享轴以市场化的经营和运作为特色，以商业商务、文化娱乐以及大学城所特有的共享资源，如大型图书馆、体育活动中心、文化展览中心、会议中心等功能构成中央共享中心。其他职能空间则呈片区布置，以轴为核心向心型分布
轴线圈层模式		中心区以轴状贯穿大学城中部，构成大学城的资源共享轴，共享轴的中部为规模较大的核心共享区。而生活区、教育科研区则围绕核心共享区呈圈层式排列。该模式既有主方向的轴线，又呈圈层模式特征，形成了以一种轴线圈层的布局模式

（1）知识交互活动

除了提供公共服务外，教育科研中心的另一个核心职能就是提供交流平台。办公活动本质上是围绕着两种不同特性的活动展开的，一种是独立的事务性活动，可称之为自主，而另一种是教育科研活动，可称之为交流（表 10.2–3）。

教育科研的自主与交流活动 表 10.2–3

活动类别	活动空间	活动人数	活动方式	适宜工作
自主	较为封闭	个人	简单、独立、重复性高	律师、会计、作家
交流	较为开敞	群体	倚重沟通、资源共享	科研单位、研究机构

交流活动是教育科研中心区别其余中心区类别的重要特征之一。教育科研活动在强调个人的独立研究与探索的基础上，也非常注重团队之间的交流与合作，这也是激发灵感、推动创新的有效途径。而所谓的知识交互活动区域也具有一些基本的特质：

①绿化开放空间。在相对开放的空间环境中，人们心理会较为放松，交流也将更加的自由与随意。因此教育科研中心常规划有集中的开放空间，且以公园、绿地等绿色开放空间为主，以良好的环境提供良好的交流场所，并提供一些休憩活动。这里不宜采用大型广场的方式，大型广场过于开阔，绿化环境不足，与教育科研人员散步休闲的交流活动不相匹配。如北京中关村中心区（图 10.2–2），即在中心区中部规划设计了一处集中地开放空间，开放空间中心位置规划了一个通透的接待中心，周边则以绿化、水体为主，植被覆盖率较高，形成了一个环境优美、安静的交流、休憩场所。

②休闲娱乐空间。由于教育科研是一种高强度、高脑力的劳动类型，会导致从业者普遍产生一种科研技术压力及紧张氛围，会导致从业者精神过于紧张。因此，在工作之余，教育科研的从业者多会进行一些休闲娱乐活动，以舒缓神经，放松身心，同时也是一个信息交换与咨询交流的场所，由此就产生了对良好环境及休闲娱乐的高度依赖性。这就需要教育科研中心配套一定的休闲娱乐功能，且休闲娱乐功能宜结合良好的环境进行布置。如南京的徐庄软件产业基地规划中（图 10.2–3），采用多元复合组团的概念，在基地中部位置，结合现状山体规划了一处绿色的休闲服务组团，组团内部环境优美、绿化植被丰富，规划有完善的慢行休闲步道及相关设施，并设有娱乐康体中心，供科研从业人员放松休憩使用。

（2）总体格局构建

在总体空间布局中，教育科研中心整体空间格局的设计也存在不同的组合要素和布局方法。大学城一般用地面积较大，较注重开放空间的营造，教育科研中心往往结合绿带、绿心等核心开敞空间来进行布局；而高科技园的教育科研中心则偏向于紧凑集中的布局模式，利于商贸商务活动的开展，也能形成较为突出的标志景观形象（图 10.2–4）。

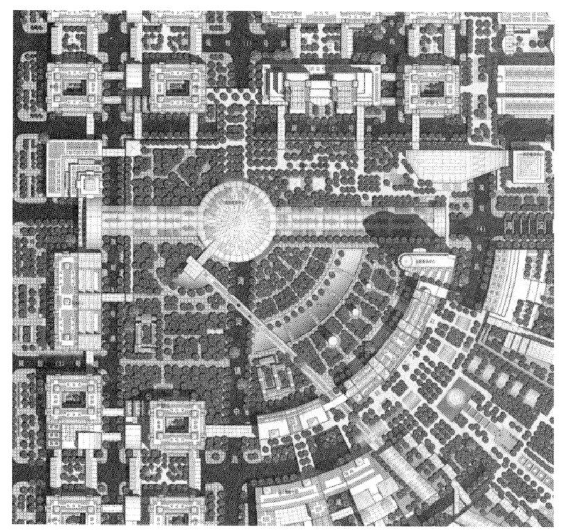

图 10.2–2 北京中关村中心区中心公园

* 资料来源：清华大学城市规划设计研究院．中关村西区修建性详细规划，2000.

图 10.2–3 南京徐庄软件产业基地

* 资料来源：东南大学城市规划设计研究院．南京徐庄软件产业基地总体城市设计，2013.

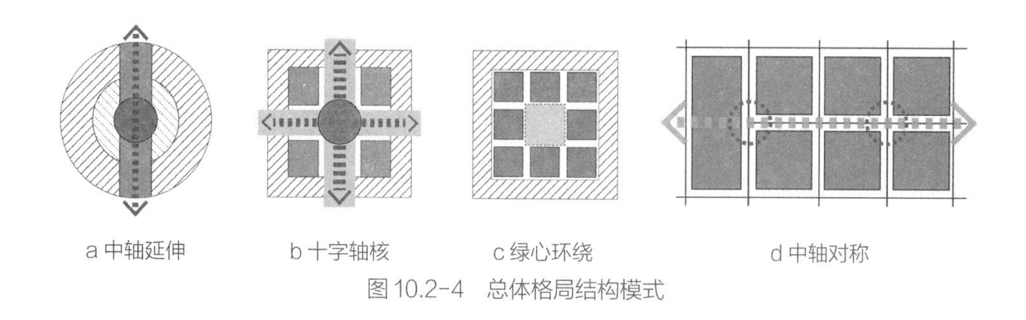

图 10.2–4 总体格局结构模式

①中轴延伸模式。体育活动中心、信息交流中心、文化展览中心以及图书馆等大型公共设施结合主要的绿化或广场空间形成教育科研中心核心的共享区域，从核心共享区域沿主要道路或主要公共交通线向两端延伸，两侧形成轴状公共设施带，主要用来布局综合商业、文化娱乐、教育科研、服务管理等功能设施。

该布局模式较适合于规模较大的大学城，中央的核心共享区域是为整个大学城所有居民服务的体育活动、信息交流的中心，是大学城教育科研中心公共活动组织开展的中心，其以大型公共设施的组合形成了大学城突出的标志性景观形象。而两侧的商业服务空间则分别服务于其周边的几个小区以及周边居民。

如在广州大学城（图 10.2–5）的设计中，其中央共享区域就采用了中轴延伸的布局模式，基地中央结合水面和绿地形成了核心共享公共中心，从公共中心沿南北向的主干道和地铁线延伸出带型的商业服务、科研办公空间，空间布局与南北两个地铁站点相结合。功能布局明确，空间形象鲜明，突出了该教育科研中心为大学城服务的典型特征。

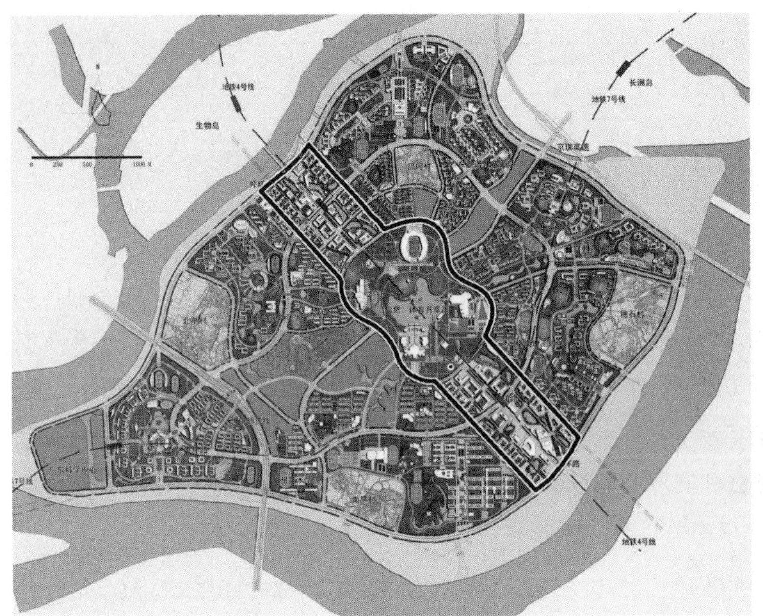

图 10.2–5 中轴延伸模式

*资料来源：中规院．广州大学城修建性详细规划，2010.

图 10.2–6 十字轴核模式

*资料来源：东南大学建筑学院．南京大学城中地块城市设计方案，2002.

②十字轴核

教育科研中心各功能空间围绕中央核心的绿地或广场空间进行布局，以大型公共设施形成布局紧凑的中心空间，同时由中央放射出绿带，形成十字轴式的开敞空间格局。该布局模式以中心绿地或广场为核心，结合主要的公共设施形成教育科研中心公共活动核，环绕绿核的各建筑空间联系紧密，形成富于层次的建筑景观空间，中心的景观形象突出。

典型案例如南京仙林大学城中心地块设计（图 10.2–6），该方案以一组环形的大型公共建筑来组织文化娱乐、教育科研、行政办公职能，建筑中央为大型的绿地广场，广场旁设计了标志性的高层建筑，以造型丰富的建筑形态和空间组合形成了教育科研中心标志性的形象空间。商业服务、金融保险、文化娱乐、商务综合等功能建筑围绕中央广场进行布局，以综合体的建筑形态形成较大体量的功能体块，各建筑体块之间通过空间连廊相互连接，建筑布局紧密，形成了较好的步行联系。从中央广场放射形成十字型的公共生活景观轴，建筑高度由绿地空间向外逐渐升高，形成了层次变化的空间环境。由绿带划分出的各建筑空间即相对独立又相互连接，共同来烘托中央公共活动核。

③绿心环绕模式

绿心环绕布局模式即以中央大型公共绿地或广场来整合空间环境，各功能建筑则围绕绿心来布局，形成全围合或半围合的空间格局。该模式是高科技园区教育科研中心常用的布局方法，公共性较强的建筑则主要集中结合中央绿心来布局，提高与公共开敞空间的互动联系；而教育科研、科技贸易功能建筑则围绕中央绿心周边布局，形成相对独立和安静的空间环境。

典型案例如北京中关村西区的规划设计（图 10.2-7），根据中关村西区的功能发展定位，其在用地范围内安排的主体功能有金融资讯、科技贸易、行政办公、科技会展、大型公共绿地等内容。在布局当中，将金融资讯中心、大型科技会展中心、综合行政管理中心以及大型商场、餐饮娱乐等带有明显公共建筑色彩的建筑群体集中布局于基地东南地块内，而将数量较大、功能混合程度较高的一般性科技贸易建筑群体围绕中心绿地展开布置，以中央大型公共绿地和开敞绿带整合空间环境。以规整的格网布局为基础，使整个中心建筑保持了整齐的城市形象，东南角以斜向开敞绿地为纽带，结合大型公共建筑、高层建筑形成了空间特色明显的城市标志性景观。

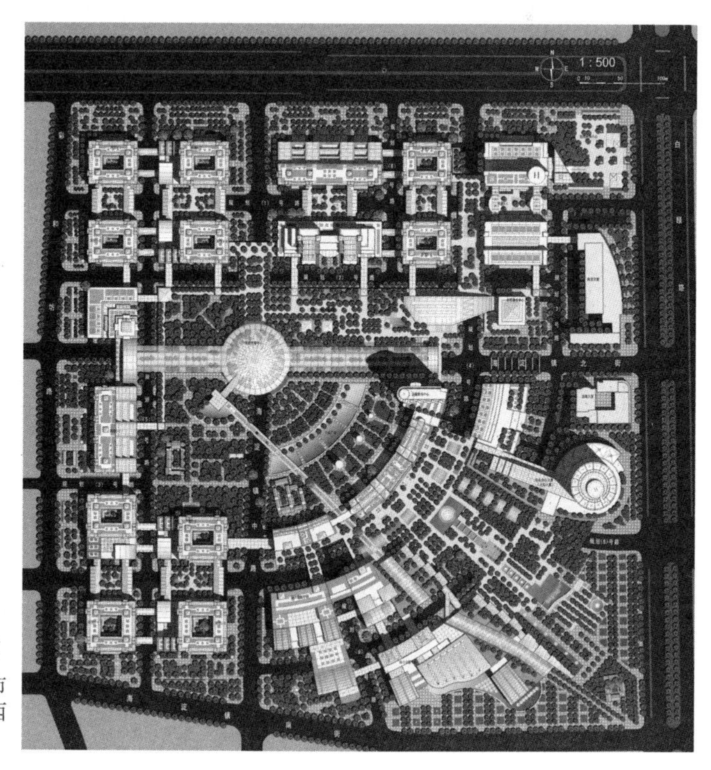

图 10.2-7　绿心环绕模式

*资料来源：清华大学城市规划设计研究院．中关村西区修建性详细规划，2000.

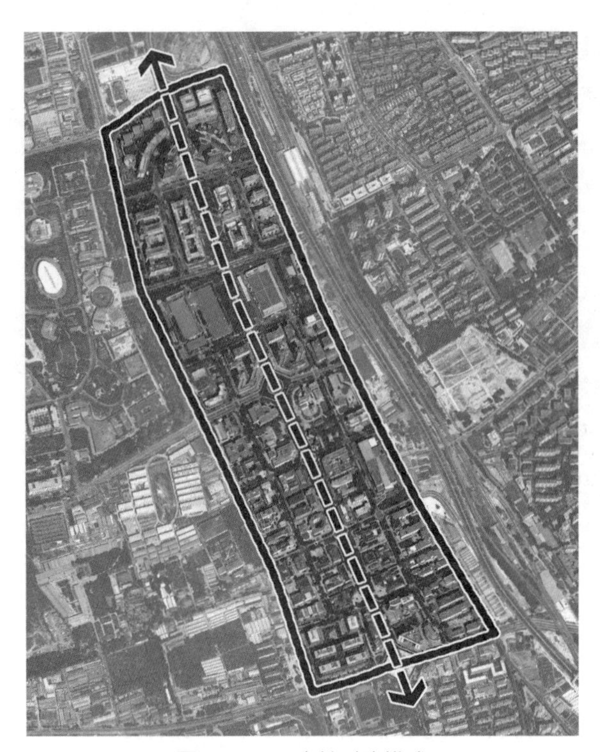

图 10.2-8　中轴对称模式
* 资料来源：通过 Google Earth 软件获取

该模式既满足了高科技园教育科研中心的功能和开发的需求，又形成了高品质的城市空间，为其商务商贸活动提供了良好的环境支撑。

④中轴对称模式

中轴对称是一种更为紧凑的高科技园区教育科研中心的布局模式，以中央主要道路为轴，两侧各功能建筑依次排列，大致呈对称布局形态。该模式也是高科技园区教育科研中心布局中较为常见的方式，往往将其靠近或沿主要的交通干道进行布局，以中轴来统领和整合空间环境，形成标志性的门户形象。

典型案例如北京中关村软件园教育科研中心（图 10.2–8），整体布局沿东侧高速路、地铁线以及西侧的城市主干道呈带型的布局，以中央道路为轴来进行统领，各功能建筑沿轴对称布局。以小街区来组织形成一个个单独的商务商贸用地，大量的公司总部布局在这些小街区内，而商业、酒店、娱乐等设施则主要布局在几个主要的道路交汇节点处，结合标志性高层建筑布局，形成富于层次变化的空间形态。布局适于其科技贸易功能的空间需求以及景观形象需求。

10.3　典型案例设计剖析

随着产业发展对科技的倚重越来越大，科学技术在各行各业中所占比重不断提升，各类科技园区得以迅速发展。教育科研中心也成为城市公共中心体系内的重要一环，也是提升城市竞争力的重要举措。教育科研中心本身特征较为明显，下文将结合具体的教学案例对其规划设计进行详细剖析。

（1）区位及现状解析

我国长江下游地区某特大城市，同时也是省会城市，为了持续提升城市竞争力，参与国际竞争，拟在城市南侧择址规划建设一处教育科研中心，以支撑并带动城市软件产业的发展。

中心区选址于城市南郊，与城市经济开发区相毗邻，距机场仅22km。基地周边主要为丘陵山地，由多个自然山体组成，是城市划定的13处环境风貌保护区之一，自然景观及历史人文资源丰富。基地内现有建筑以村庄建设用地、农田、林地及工业用地为主，基地内散布有一些水塘，同时基地西侧中部位置还有一处小型的山体。基地中部被一条南北向的道路分隔为东西两块，且东西两块之前存在约4m的高差，西高东低。穿过基地的道路也是一条主干路，并与规划的机场二通道相连。

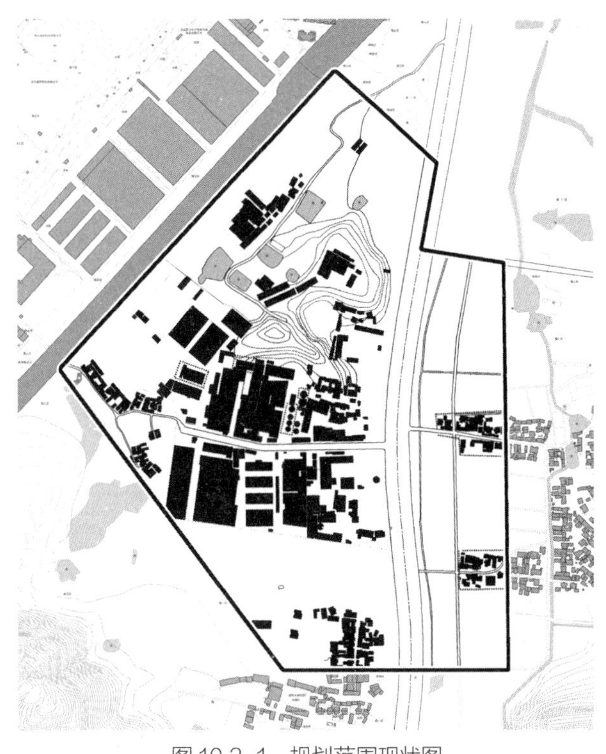

图10.3-1 规划范围现状图
* 资料来源：李京津绘制（下同）

对于该基地来说，交通区域条件优越，生态环境资源优良，周边科研基础较好，具有发展教育科研中心的良好基础。对于该方案的规划设计可从以下几个方面着手思考。

——综合考量功能定位。该基地拟规划建设为软件产业园的服务中心，带动周边软件产业的进一步发展，因此，其核心职能应以软件及相关产业为主，规划总部办公、软件研发、技术培训、创意交流等职能。在此基础上，应当进一步考虑周边良好的生态环境资源，并结合现代城市旅游的特点，将该中心打造为都市产业游、生态游的体验中心，以高技术、新产品的体验及良好的生态环境吸引游客休闲体验，并引入休闲、娱乐、餐饮等配套服务职能，在增加中心区活力、丰富中心区活动的同时，也能进一步扩大中心区影响力，起到宣传及推广作用，形成软件产业与旅游产业共同发展的双赢格局。

——合理处理空间高差。基地中部的南北向道路是一条城市级主干路，本身就会造成穿越的障碍，加之两侧存在约4m的高差，使得基地东西两侧的联系出现断裂。这就需要合理地进行功能布局，将相对独立的功能分立于主干路两侧，避免引起过多的交通及活动的联系。但同时，又必须保证规划设计方案的完整性与统一性，保证两个部分之间的有效联系，可通过立体交通的模式形成两侧活动的衔接。

——充分利用生态环境。基地外部生态自然环境较好，内部也有自然山体及多处水塘，这些条件为教育科研中心的规划设计提供了良好的基础条件。在此基础上，规划设计方案应该充分考虑并利用良好的生态自然条件，打通基地内部与周边山体等自然生态景观的联系，并合理利用内部的山体、水体，形成内外共生、共享的良好环境。

（2）规划设计方案解析

在综合考虑基地现状、周边条件及规划目标的基础上，规划提出“产游相生”的设计思路，以软件产业为主，以旅游产业为辅，两个产业相互支持、相互利用、错位发展。旅游作为一项服务娱乐产业，能够很好地与软件产生互补。软件产业可以为旅游产业提供游览资源，而旅游休闲也为激发科研人员的创作思路，缓解高强度脑力劳动的压力提供了支撑。在具体规划设计中，方案提出了“智产”的价值理念，

图 10.3-2　规划设计方案图

力图通过规划，创造一个集研发办公、展示销售、旅游休闲为一体的生活式智产园区，主要体现在以软件研发设计这一智力产业作为主要的功能载体，创造性的融合了旅游产业，并衍生出休闲服务及展示体验等特殊功能，激发了该片区的活力，更好的促进了智力活动及旅游产业的融合发展。

在此基础上，方案提出了脉的设计构思，通过功能、生态、交通、活动所形成的四条脉络将基地串联为一个整体。①功能脉。结合部分现有厂房改造及旅游、体验等功能的植入，形成核心的混合体验区，包括办公、研发、休闲、旅游、体验等功能。混合体验核心围绕基地中部道路布局，研发及办公功能主要集中于道路西侧，结合工业厂房改造建设，而旅游及体验功能则主要布置于道路东侧，利用天然的高差及道路，形成动静活动分区。混合体验核外围则分成三个组团，西南侧组团为新建的总部办公区，北侧的组团是园区配套区，东侧的组团则为依托现状村庄建设用地而形成的农家乐休闲观光区。②生态脉。根据对基地植被、坡度、坡向、生态安全、道路防护等多因子的综合分析，将基地划分为禁建区、限建区及适建区等三个等级。禁建区主要为基地中部的山体及道路两侧的防护绿地范围，限建区主要为山体的南北两侧地区，规划为园区配套组团及软件研发、办公组团，适建区则主要集中在基地的南侧及西侧，规划为了总部办公区及虚拟体验区。③交通脉。交通脉较为复杂，可利用条件有限。基地西南侧道路为规划的机场二通道，为全程高速，方案将主要的车型交通规划为环线，与中部的主干路一起组成了“中”字形结构，并在车行环线内部规划了完善的步行环线，利用道路两侧 4m 的高差，规划了两处地下通道将两侧步行系统相连，形成完整的慢行体系，并与中部山体相连，形成贯穿基地的休闲漫步系统。④活动脉。在产游相生的基础上，基地的活力充沛，形成了三种主要的活动类型，研发活动、旅游休闲及休闲体验活动，而所有的活动均是被步行环线所串联起来的，包括依托自然山体的山体体验活动、农家乐体验活动、软件虚拟体验互动、研发办公活动、产品展示交易活动等。四个脉络相互依赖，相互支撑，形成了整体有序、联系有机的教育科研中心。

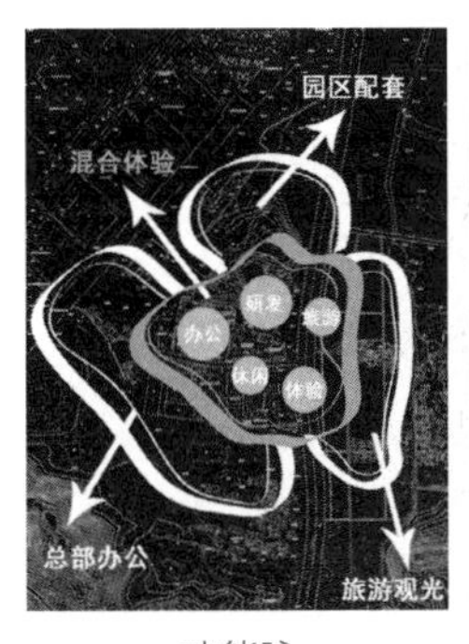

功能脉

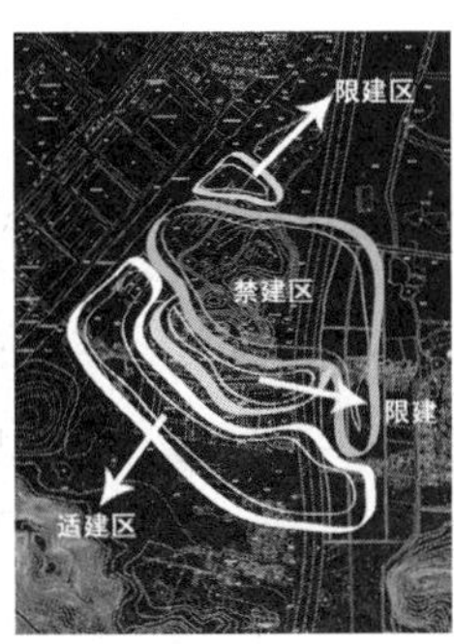

生态脉

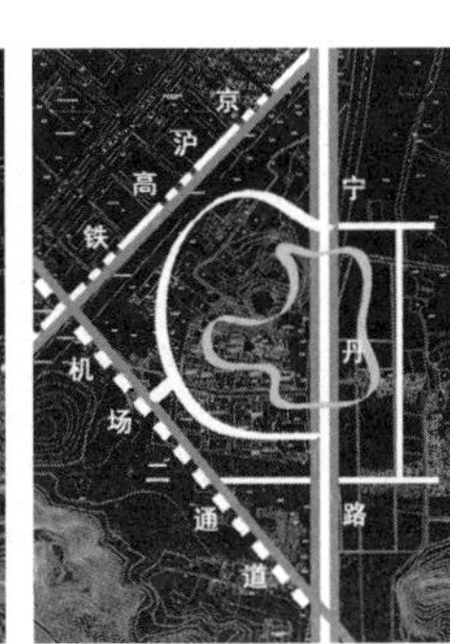

交通脉

活动脉

图 10.3-3 脉的设计思路

综合来看，方案较好地利用了基地的外部条件，较好地梳理了中心区功能、交通、活动、生态之间的关系，整个方案结构鲜明，特征突出，但仍有几处细节方面需要进一步调整与优化：①基地西侧出入口的问题。该出入口作为中心区车行的主要出入口，直接连接了机场二通道有些欠妥。通常，机场通道均会采用快速路模式，以方便汽车安全、快速的来往机场。因此，周边功能区的车流通常会通过辅道的缓冲与加速，才能进入机场通道，而不是直接的接入机场通道，这会产生很大的安全隐患。对于该方案来说，主要的车行出入口放在基地中部的主干路上更为适宜；②生态脉络问题。该方案经过谨慎严格的分析，提出了禁建区、限建区、适建区的管控要求，但这种划分方式过于严格，使得中心区内部的山体资源优势难以得到充分的利用。同时，也使得功能布局较为局促，园区的配套组团与其余功能组团之间联系较弱。而在外部生态景观资源条件较为优越的基础上，内部的小的山体完全可以在保证一定绿地率及绿化覆盖率的基础上，适当增加一些休闲、游憩、餐饮等配套服务设施，使土地可以得到更为充分的利用，也使得各个组团之间的联系更为紧密。

参考文献

[1] Park, R. E., Burgess, E. W., & McKenzie, R. D. The city [M]. Chicago, Illinois: University of Chicago Press, 1925.

[2] （美）弗朗西斯・D・K・程 . 建筑：形式、空间和秩序 [M]. 刘丛红，译 . 天津：天津大学出版社，2005.

[3] （美）西里尔・鲍米尔 . 城市中心规划设计 [M]. 冯洋译 . 沈阳：辽宁科学技术出版社，2007.

[4] （美）Brian J. L. Berry，John B. Parr 等著 . 商业中心与零售业布局 [M]. 王德等译 . 上海：同济大学出版社，2006.

[5] （美）凯文・林奇 . 城市意象 [M]. 方益萍，何晓军译 . 北京：华夏出版社，2001.

[6] 杨俊宴 . 城市中心区规划理论与方法 [M]. 南京：东南大学出版社，2013.

[7] 蒋三庚，张杰 . 中央商务区（CBD）构成要素研究——CBD 发展研究基地 2012 年度报告 [M]. 北京：首都经济贸易大学出版社，2013.

[8] 张为平 . 隐形逻辑——香港，亚洲式拥挤文化的典型 [M]. 南京：东南大学出版社，2012.

[9] 包晓雯 . 大都市现代服务业集聚区理论与实践——以上海为例 [M]. 北京：中国建筑工业出版社，2011.

[10] 陈前虎 . 多中心城市区域空间协调发展研究：以长三角为例 [M]. 杭州：浙江大学出版社，2010.

[11] 过秀成 . 城市交通规划 [M]. 南京：东南大学出版社，2010.

[12] 巨荣良，王丙毅 . 现代产业经济学 [M]. 济南：山东人民出版社，2009.

[13] 蒋三庚，王曼怡，张杰 . 中央商务区现代服务业集聚路径研究——2009 年北京 CBD 研究基地年度报告 [M]. 北京：首都经济贸易大学出版社，2009.

[14] 赖世刚，韩昊英 . 复杂：城市规划的新观点 [M]. 北京：中国建筑工业出版社，2009.

[15] 王兴中 . 中国城市商娱场所微区位原理 [M]. 北京：科学出版社，2009.

[16] 陆锡明 . 亚洲城市交通模式 [M]. 上海：同济大学出版社，2009.

[17] 孙世界，刘博敏 . 信息化城市：信息技术发展与城市空间结构的互动 [M]. 天津：天津大学出版社，2007.

[18] 段进 . 城市空间发展论 [M]. 第二版 . 南京：江苏科学技术出版社，2006.

[19] 王建国 . 城市设计 [M]. 第二版 . 南京：东南大学出版社，2004.

[20] 吴明伟，孔令龙，陈联 . 城市中心区规划 [M]. 南京：东南大学出版社，1999.

[21] 李沛 . 当代全球性城市中央商务区（CBD）规划理论初探 [M]. 北京：中国建筑工业出版社，1999.

[22] 亢亮 . 城市中心规划设计 [M]. 北京：中国建筑工业出版社，1991.

[23] 沈磊 . 城市中心区规划 [M]. 北京：中国建筑工业出版社，2014.

[24]（英）汤姆森 . 城市布局与交通规划 [M]. 倪文彦，译 . 北京：中国建筑工业出版社，1987.

[25] 张玉祥 . 广谱存在论导引 [M]. 香港：香港天马出版有限公司，2004.

[26] 张敬荣 . 行政管理学 [M]. 济南：山东大学出版社，1988.

[27] 刘永安 . 行政行为概论 [M]. 北京：中国法制出版社 , 1992.

[28] 上海市统计局 . 上海市统计年鉴 2002[M]. 北京：中国统计出版社，2003.

[29] 辞海编辑委员会 . 辞海 [Z]. 上海：上海辞书出版社，1999.

[30]（英）霍恩比 . 牛津高阶英汉双解词典 [Z]. 第七版 . 王玉章，赵翠莲，邹晓玲，等译 . 上海：商务印书馆，2009.

[31] Beaverstock J V, Smith R G, Taylor P J. A roster of world cities[J]. cities, 1999, 16（6）: 445–458.

[32] Chen H, Zhou J B, Wu Y, et al. Modeling of road network capacity research in urban central area[J]. Applied Mechanics and Materials, 2011, 40: 778–784.

[33] Kunzmann K R. Polycentricity and Spatial Planning [J]. Urban Planning International, 2008, 1: 014.

[34] Lascano Kezič M E, Durango–Cohen P L. The transportation systems of Buenos Aires, Chicago and São Paulo: City centers, infrastructure and policy analysis [J]. Transportation Research Part A: Policy and Practice, 2012, 46（1）: 102–122.

[35] Leslie T F. Identification and differentiation of urban centers in Phoenix through a multi–criteria kernel–density approach [J]. International Regional Science Review, 2010, 33（2）: 205–235.

[36] 史北祥，杨俊宴 . 城市中心区的概念辨析及延伸探讨 [J]. 现代城市研究，2013（11）: 86–92.

[37] 方如意 . 城市标志设计与城市地域文化 [J]. 艺术探索，2011，24（6）: 111–112.

[38] 边经卫 . 城市轨道交通与城市空间形态模式选择 [J]. 城市交通，2009，7（5）: 40–44.

[39] 王德，张照，蔡嘉璐，朱玮 . 北京王府井大街消费行为的空间特征分析 [J]. 人文地理，2009，3（107）:27–31.

[40] 朱玮，王德 . 南京东路消费者的空间选择行为与回游轨迹 [J]. 城市规划，2008，32（3）: 33–40.

[41] 王德，朱玮，黄万枢，等 . 基于人流分析的上海世博会规划方案评价与调整 [J]. 城市规划，2009，8：26–32.

[42] 王德，马力，朱玮 . 2010 年上海世博会场内人流模拟分析 [J]. 城市规划学刊，2006，3：58–63.

[43] 袁海琴 . 全球化时代国际大都市城市中心的发展——国际经验与借鉴 [J]. 国际城市规划，2007，22（5）：70–74.

[44] 徐雷，胡燕 . 多核层级网络—兼并型城市中心区形态问题研究 [J]. 城市规划，2001, 25（12）：13–15.

[45] 钱林波，杨涛 . 城市中心区道路交通系统改善规划——以南京中心区为例 [J]. 规划师，2000，16（1）：90–92.

[46] 叶明 . 从“DOWNTOWN”到“CBD”：美国城市中心的演变 [J]. 城市规划汇刊，1999（1）：58–63.

[47] 郑明远 . 轨道交通与城市空间整合规划方法论研究 [D]. 北京交通大学博士学位论文，2012.

[48] 罗剑，单晋 . 行人交通安全与道路运输功能的平衡——欧美城市交通宁静化的经验与启示 [J]. 道路交通与安全，2007，7（4）：7–10.

[49] 程庆山 . 商业物业的供求与商圈理论 [J]. 中国房地产，2000（4）：36–37.

[50] 王晓岗 . 关于“民主”概念的广谱分析 [J]. 人民论坛，2010（12）：48–49.

[51] 张玉祥 . 广谱价值论基础 [J]. 华北水利水电学院学报（社科版），2001（1）：1–5.

[52] 吴小丁. 郊外型购物中心的理论解释 [J]. 商业时代，2000（7）：9–11

[53] 付悦 . 商业中心区的空间构成研究 [D]. 武汉理工大学，2003.

[54] 徐洪涛 . 大跨度建筑结构表现的结构研究 [D]. 同济大学博士学位论文，2008.

[55] 姚准 . 新时期我国城市行政中心规划建设初探 [D]. 东南大学，2002.

[56] 东南大学城市规划设计研究院 . 潍坊白浪河城区中心区域城市设计，2013.

[57] 上海同济城市规划设计研究院 . 黄骅市城市中心区城市设计，2009.

[58] 上海同济城市规划设计研究院 . 合肥滨湖新区概念规划，2009.

[59] 中国航空工业第三设计研究院 . 乔司新城中心区城市设计，2011.

[60] GMP. 无锡太湖新城中央商务区城市设计，2006.

[61] AS. 无锡太湖新城中央商务区城市设计，2006.

[62] RTKL. 无锡太湖新城中央商务区城市设计，2006.

[63] 广州市规划局 . 广州市琶洲 – 员村地区城市设计竞赛，2008.

[64] 东南大学建筑学院 . 重庆大学城总体城市设计，2005.

[65] 清华大学城市规划设计研究院 . 中关村西区修建性详细规划，2000.

[66] 东南大学城市规划设计研究院 . 南京徐庄软件产业基地总体城市设计，2013.

后记

城市中心区是城市建设、公共服务等最为密集与集中的区域，是城市的形象窗口地区，也是规划设计的重点及难点地区，而对于中心区的研究则一直是东南大学建筑学院的传统优势研究方向。作者长期致力于城市中心区的教学、研究与实践，通过大量理论研究、工程实践及教学过程的不断总结与归纳，逐渐丰富并完善了城市中心区规划设计的体系及方法，进而创作了这部教材。

由于城市中心区自身及城市空间的复杂性及动态性，对其的研究、分析与总结不可能一蹴而就，而是一个长期不断探索的过程，也是一个不断实践、总结与深化的过程。城市中心区的本质是公共服务及要素的集聚，基于这一认识，针对中心区服务对象、服务方式、服务设施等的不同，我们构建了城市的中心体系，进而将中心区划分为生产服务、生活服务及公益服务等三个大的类别，并进一步将其分解为综合商业中心、商务中心、传统商业中心等10个具体的类型。由于每个类型的中心区都具有一些区别于其余中心区的特殊性，形成了各自独特的空间及功能形态，也就产生了不同的设计要点及设计手法。这些则构成了本书的主体写作框架，也是本书重点阐述及剖析的内容，并希望通过针对性较强的讲解，使学生及规划设计从业人员能够较为深入的理解各类中心区，进而顺利地开展城市中心区的学习及规划设计工作。

本书的创作过程中也得到了诸多人和部门的帮助。首先要感谢的是吴明伟先生，吴先生是东南大学城市中心区研究方向的奠基人，在研究视野及技术方法方面，给予了我们许多建设性的意见与帮助。感谢东南大学建筑学院的同学们长期以来为本书的创作提供了良好的素材；同时，本书案例的收集工作也得到了诸多地方规划建设主管部门的帮助，在此一并表示感谢。

城市中心区的规划设计问题是现代城市发展的一个热点及核心问题，在具体的规划项目实践中也得到了越来越多的体现，在教学过程中也正受到越来越多的关注与重视。本书是我们教学及实践工作思考与总结的阶段性成果，也仅仅是一个深入研究中心区规划设计技术方法及本科生教学的开始，也希望能够借此推动城市中心区规划的教学工作，并得到更多教师与学者的有益建议。

杨俊宴，史北祥

2015年7月于南京